森の日本文明史

安田喜憲 著

古今書院

History of the Forest in Japan

Yoshinori YASUDA

Kokon-Shoin Publisher, Tokyo, 2017

『森の日本文明史』目次

第一章
災害列島日本を守る森

3.11 東日本大震災の津波で陸上にまで運ばれた大型船
宮城県気仙沼にて.（撮影 安田喜憲）

一　地球環境危機の時代における歴史意識

地理学から何が発信できるのか

私たちは3・11の東日本大震災を体験して、これまでのなんでもない日常が、いかに尊く大切なものであったかを実感した。家族の絆がどれほど大切かを身に染みて知らされた。

人が幸せに生きるということは、なんでもない平穏な日々の暮らしを積み重ねることにある。一つ屋根の下、家族みんなが元気で暮らすことが、生きる最高の喜びであることを私たちは学んだ。

この3・11の東日本大震災の危機の時代を体験した若者の中から、きっと未来の東北、いや未来の日本と地球を救う若者が生れるにちがいない。そうでなければ、二万一〇〇〇人に及ぶ尊い犠牲になった方々はうかばれない。

東北は今、巨大地震と津波、放射能汚染の恐怖の中で、なんとか復興をとげようと必死でがんばっている。そして世界は、核戦争の危機と、地球環境問題という重大な危機に直面している。

私たちはどのようにすれば東北の復興に寄与できるのか。巨大災害と核戦争の危機と地球環境問題の危機に直面して、いったい地理学の研究から何が発信できるのか。

日本列島という風土的基盤の上に営まれた地理学の研究を通して、私たち日本人が東北の復興に寄与し、地球環境を保全し、世界の平和と人類の繁栄にいかに貢献できるかが、今問われているのである。研究を研究者の仲間内だけにとどめるのでなく、東北の復興と日本の再生そして地球と人類の救済と世界の繁栄に役立ってこそ、はじめて地理学を研究する意味がある。

歴史は危機意識から生まれる

危機意識を人間にもたらすものは、巨大災害と戦争である。柏祐賢氏（柏、一九六八）も「歴史は危機意識において書かれる。断崖の上に立ってはじめて、過ぎ来し道の平坦を知る」と指摘している。

これまで考古学や歴史学などの歴史科学や地理学の研究を、研究者の仲間内だけのものに閉じ込めてきたという傾向はなかっただろうか。国際的にはほとんど通用しない偏狭な歴史の解釈や地理学的研究が横行してはいなかったであろうか。日本の歴史科学者や地理学者は、網野善彦氏（網野、一九八七）のいう「島国論の虚偽性」や「学会の仲間内」の中にどっぷりとつかってはいなかっただろうか。

上原専禄氏（上原、一九五八）は「日本史研究が世界史研究と密接に結合すること、さらに進んでは、日本史研究自体が世界史研究の有機的一環として行われることを私は望んでいる」と記している。

今、世界の人々が、日本の歴史科学や地理学の研究が、危機に直面した東北をどう復興させ、日本をどう再生し、世界の平和と人類文明史の発展にどう貢献できるかを、かたずをのんで見守っている。

日本列島には数万年前から人類が居住しており、一万年以上も持続した縄文時代が存在し、世界にもまれな巨大古墳を造成した古墳時代が存在した。しかも、そうした日本歴史の独自性は、日本列島の風土の独自性と密接不可分のかかわりを持っていた。

こうした縄文時代や古墳時代の歴史の展開が、七世紀以降の日本の歴史の展開に、ひいては現代を生きる我々の未来にも深い影を落としているのである。日本の歴史は七世紀に突然はじまったわけではない。七世紀以降の歴史も、それ以前の数万年にわたる歴史の延長線上に位置するのである。そしてそれは現代にまでつながっているのである。

今必要なのは、日本列島の数万年の歴史を、その特色ある日本の風土とのかかわりにおいて、世界史・人類文明史との有機的連環の中で見通し、それを東北の復興や日本の再生にどう生かすかという視点である。しかし、これまでの日本史研究の叙述は、七世紀以降に力点があり、それ以前の先史時代はあたかも日本史がなかったかのような印象を受ける。しかも第二次世界大戦後の日本史の叙述は、歴史の展開における風土の役割を軽んじてきた。日本列島の風土が日本史の展開に大きな役割を果たしたという視点は、階級闘争史観に重点を置く歴史観によって軽んじられてきた。

だが巨大災害に直面した今、日本が風土とのかかわりにおいて危機の時代を迎えた今、階級闘争史観では何の役にも立たない。マルクス史観に立脚した人々が「非科学的歴史学」「地理的決定論」の名のもとにさげすんだ歴史の展開における風土の役割を重視する歴史観こそが、今、東北の復興と日本再生に必要とされているのではあるまいか。

本書の目的

本書は日本列島の上に展開された歴史を、列島の風土、とりわけ森の風土とのかかわりにおいて、世界史・人類文明史的な視野に立って論じるものである。

その際、私は先史—歴史—日本史—世界史の区別に本質的な意義を認めず、石田英一郎氏（石田、一九七〇）が指摘したように、日本列島の風土と歴史を、人類誕生の太古にはじまって以来、現在に至るまでを、一貫してかつ世界史的連続体として論じたい。

巨大災害の恐怖と核戦争・放射能汚染そして地球環境問題に直面する私たち日本人が、どう東北を復興させ、どう日本を再生し、どう危機を回避するかの道を、地理学の立場から模索しようというのが本書の目的なのである。

二　災害列島日本

多雨・多雪の列島

一九二七年の二月、和辻哲郎氏はヨーロッパへの船旅に出た。和辻氏は南回り航路での体験に基づく直感から、ユーラシア大陸を大きく三つの風土的類型に区分した。モンスーン・砂漠・牧場である。そして日本をモンスーンの中に含めた（和辻、一九三五）。

モンスーンとは季節風のことである。夏と冬に風向のことなる卓越風が吹く。その卓越風の風向の差が、少なくとも夏と冬で一二〇度以上ある地域がモンスーン域とよばれる。モンスーンアジアの夏を特徴づける卓越風は南西モンスーンであり、冬には北東モンスーンが吹く。そしてこの季節による風向の変化は雨の変化をともなっている。例えばインドでは南西モンスーンの吹く夏は雨季であり、北東モンスーンの吹く冬は乾季となる。インドの雨季のはじまりは平年では六月である。モンスーンバーストとよばれる雨季の開始が速いか遅いかは、インドの農業生産にきわめて重大な影響を与える。

このインドのモンスーンと日本の梅雨は連動している。インドで南西モンスーンが吹き雨季がはじまると、日本列島では梅雨前線の活動が活発化する。そしてインドのモンスーンと日本の梅雨をつなぐものは、ヒマラヤを含むチベット高原である。ヒマラヤ・チベット山塊が暖められた時、南西モンスーンは活発化し、逆の場合は不活発となる。

図1−1にはユーラシア大陸の文明を胚胎した地域の代表的気候ダイアグラムを示した。メソポタミアのキルクークの年降水量は三七九ミリメートル、地中海のアテネは四〇二ミリ、サントリーニ島は三五七ミリである。これら畑作牧畜に生産の基盤をおいた古代文明を胚胎した地域の雨は冬に降る。

夏は雨が一滴も降らない乾季である。

一方、近代文明を胚胎した北西ヨーロッパのフランクフルトの年降水量は六一四ミリ、バーミンガムは七五七ミリであり、夏・冬ほぼ平均して降る。しかし、東京の年降水量一五六三ミリに比べれば、それは半分以下にすぎない。和辻氏は夏の乾燥を北西ヨーロッパの牧場的風土の特性として取り上げた。ヨーロッパは日本と比べるとはるかに降水量の少ない所なのである。

モンスーンアジアの降水量は、地域によって大きな差がある。カラチでは一九六ミリ、ジャイプールは六一〇ミリ、南京は一〇一七ミリ、北京は六〇四ミリ、大丘は九八〇ミリである。しかし、降水量の分布は夏に集中している。冬は雨の少ない乾季である。モンスーンアジアの雨は夏に降る。

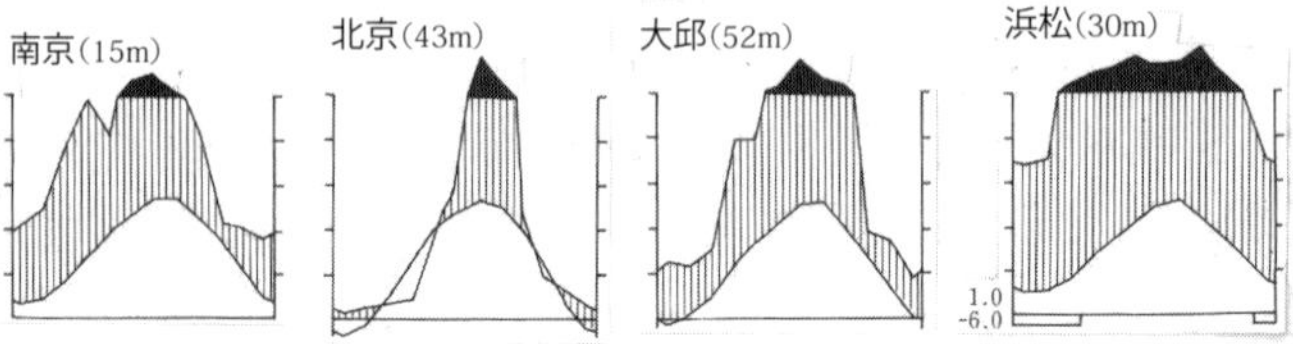

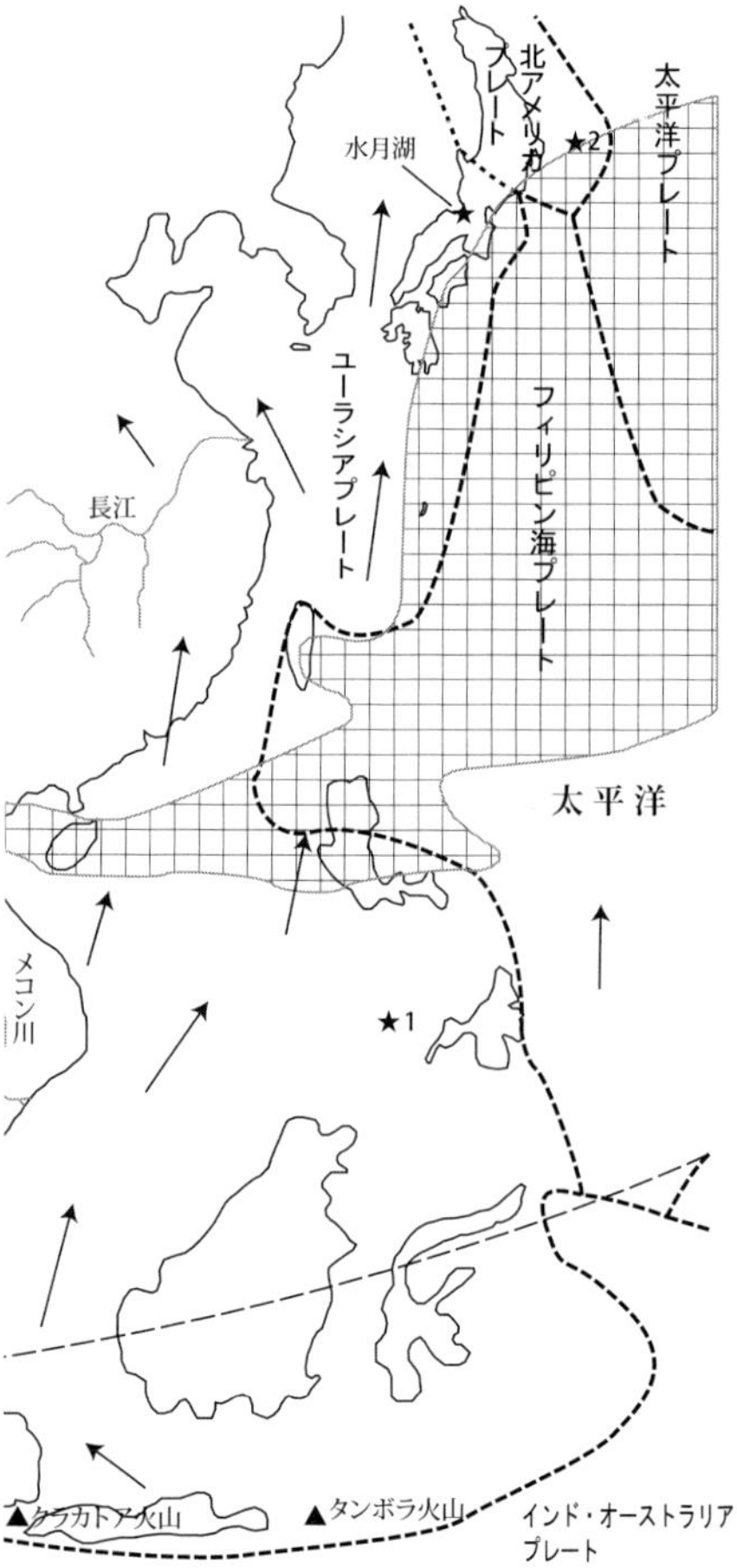

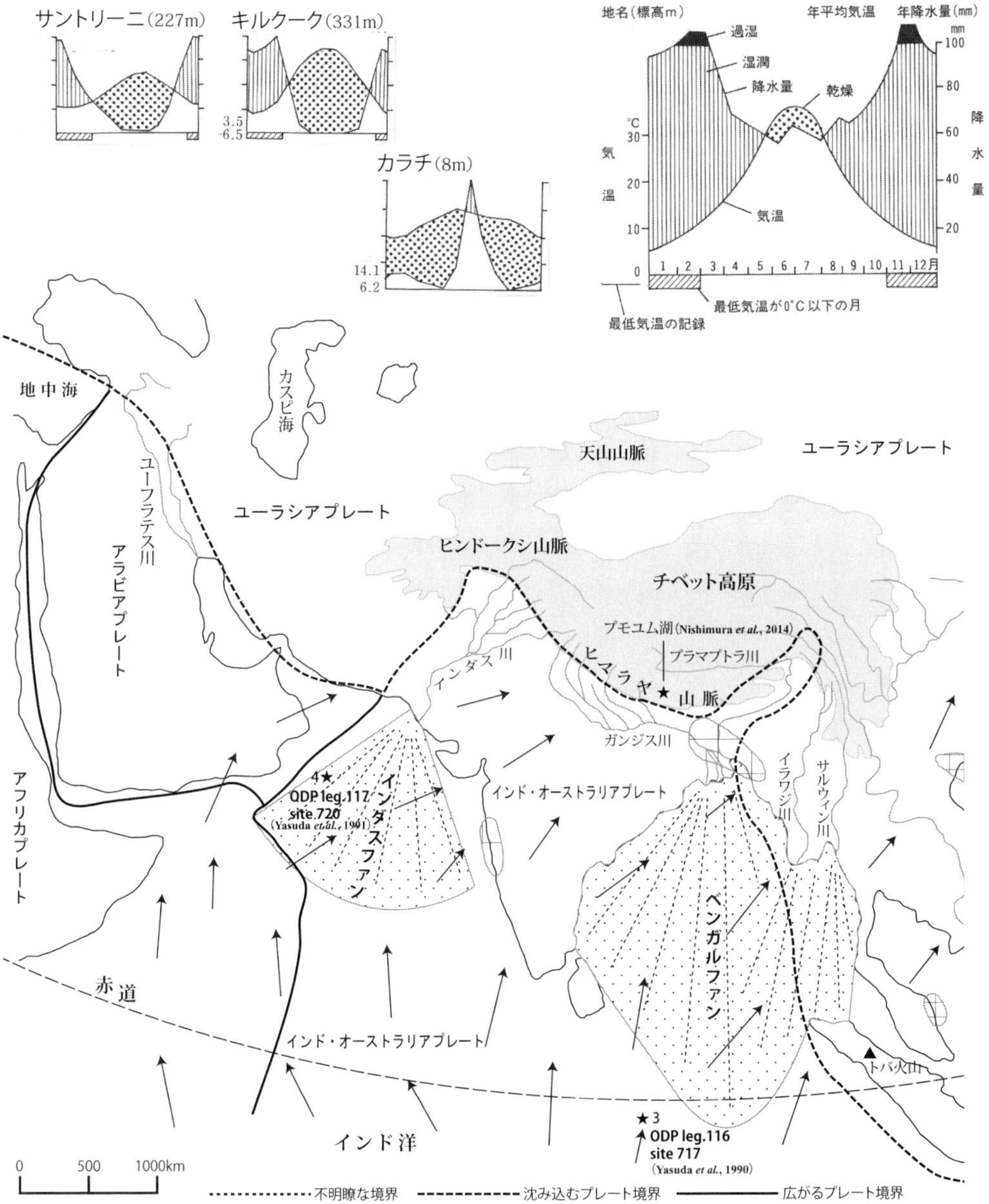

図 1-1　チベット，ヒマラヤ山塊の東西の気候コントラストと海底扇状地の分布

そうした中で、日本列島の年平均降水量は一七〇〇ミリと極端に多い。降雨は夏・冬ともまんべんなくあり、浜松にみられるように二〇〇〇ミリ以上の年降水量も希ではない。屋久島や大台ヶ原のように四〇〇〇ミリを超える所さえある。これは古代文明を発展させた西アジア地域の年降水量が五〇〇ミリ以下、近代文明を発展させた北西ヨーロッパの大半が一〇〇〇ミリ以下にとどまっているのをみれば、温帯—亜熱帯地域の中では非常に特異な風土特性であると言えるだろう。

和辻氏はこうしたモンスーンアジアの夏の暑熱と結合した湿潤は、自然の暴威を意味すると指摘している。それは荒々しい力となって人間に襲いかかり、人間をして「自然への対抗」を断念させるほどに巨大である。したがってそこでの自然は人間に対して、受容的忍従的にならざるをえないと指摘した。牧場的風土では理性の光がもっとも輝くのに対し、このモンスーンの風土では感情的洗練がもっと自覚されるとも記している（和辻、一九三五）。

しかし、第二次世界大戦後の日本人の自信喪失の中で、和辻氏や飯塚浩二氏（飯塚、一九六六・一九六八）など多くの思想家は、自然に対する受容的忍従的な性格のため、日本は欧米の理性の文明・力の文明に敗退した、と考えるようになった。欧米の理性の文明、力の文明への礼賛の中で、モンスーンアジアの自然に対する受容的忍従的な性格は、退歩と非科学的の象徴となって色褪せていった。日本の歴史学や地理学が自然と人間の関係を本気になって取り上げようとしなくなったのも、この頃からのことである。

森の列島

一九八〇年に私（安田、一九八〇）は、日本文化は森の文化であることを環境考古学の立場から歴史的に実証した。当時においては、いまだなお日本文化を森の文化であると指摘することは勇気のいることであった。しかし、日本列島の風土の変遷を文化とのかかわりで一つ一つ丁寧にあとづけていくと、日本文化が森と深いかかわりの中で発展してきたことは、否定することのできない事実だった。

さらに私は、日本列島の森の文化を世界史の中で比較研究する試みを行ってきた。安田（一九八八）では、地中海地域の文明の盛衰を、森林の荒廃とのかかわりで明らかにし、いかに日本列島が森の恵みに支えられてきたかを国際的な視野からはじめて解明した。安田（一九九二）では、日本文化を支えた風土の根幹には森の存在が必要不可欠であったことを再確認した。そして安田（一九九五）では、森の日本文化の中につちかわれてきた思想や生き方こそが、この地球環境の危機に直面し、自然と人間の共存にゆきづまった現代を切り開きうる可能性を秘めていることを指摘した。安田（一九九六）では、日本文化の根底には縄文時代以来の森の文化の伝統が存在し、その縄文の文明原理こそが二一世紀の未来の人類を救済しうる可能性を秘めていることを指摘した。

このように、私はこれまで一貫して日本人と日本文化の形成を、森とのかかわりあいの中で論じてきた。これまで偉大な思想家や哲学者が日本文化を論じる時の風土的基礎の取扱いは、時代によって様々である。しかも、日本文化を森とのかかわりにおいて論ずる視点はあまりなかった。その中で、梅原猛先生（梅原、一九九三）は、和辻哲郎氏のモンスーン・砂漠・牧場の区分に対して、モンスーンを森に置換え、ユーラシア大陸の風土の構造を森林・砂漠・草原（牧草地）に区分する視点を提示した。そして日本を森の文明として位置づけた。

このことによって、日本人の人類史的位置は、モンスーンの暴威に圧倒された「受容的忍従」の民ではなく、森の文明をはぐくんだ「森の民」として世界史における新たな位置づけを確保したのである。

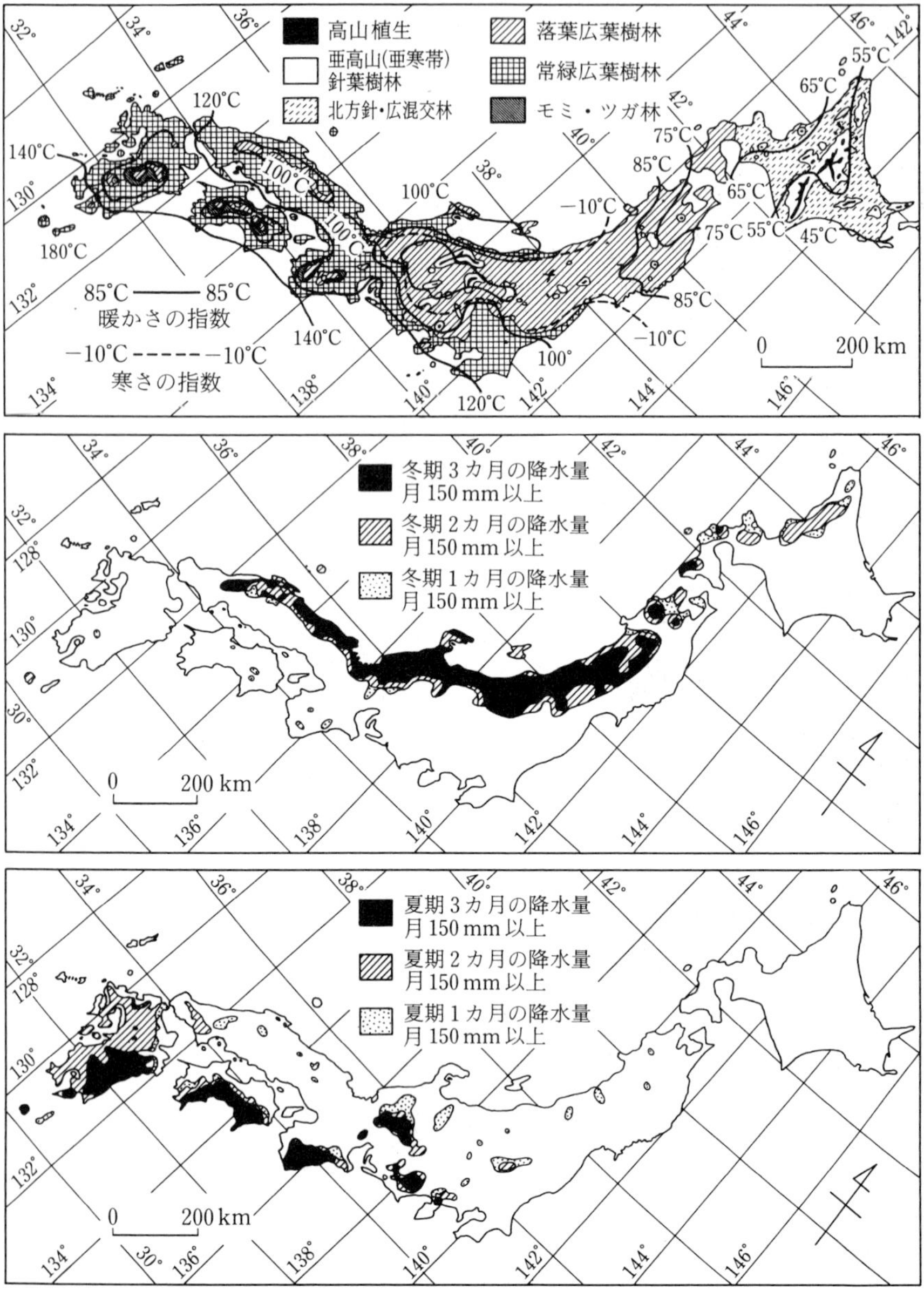

図 1-2　日本列島の森の分布と日本列島の降水量分布（安田，1993）

上：日本列島の森の分布

中：日本列島冬期 3 か月の降水量の分布

下：日本列島の夏期 3 か月の降水量の分布

降水量にめぐまれた風土は、森の生育には絶好の条件をもたらした。日本列島は緑の森の列島である。北緯四五度から北緯二四度まで、日本列島は南北に長く連なる。このため亜寒帯から亜熱帯まで多様性に富んだ森の生態系が分布している（図1‐2）。

渡島半島をのぞく北海道は、エゾマツ・トドマツを中心とする亜寒帯針葉樹林が分布する。平地にはミズナラ・エゾイタヤ・シナノキなどの落葉広葉樹が混生した北方針・広混交林が発達する（吉岡、一九七三）。温度条件ではブナはこの北方針・広混交林の分布域で生育可能である。しかし実際にはブナは黒松内低地以北には分布しない。それには道央部の乾燥した気候、完新世に入ってからのブナの移動速度などがかかわっている。渡島半島にはブナ・ミズナラなどの冷温帯落葉広葉樹林が分布する。渡島半島にブナの森が到達したのは約八〇〇〇年前（紀藤、二〇一五）で、現在も黒松内低地以北に拡大しようとする時代にあたっているが、それを阻止しているのは人間活動である。

津軽海峡が最終氷期の寒冷期にもしっかりと陸続きにならなかったため、北海道の動物相は本州とはかなり相違している。北海道の動物相は、ヒグマ・クロテン・ユキウサギ・エゾライチョウ・ハシブトガラスなど、むしろサハリンや沿海州に近い動物相で構成されている（堀越・青木編、一九八五）。

東北地方から中部地方にかけての東日本には、ブナ・ミズナラを中心とする冷温帯落葉広葉樹林が分布する。林内にはツキノワグマ・ノウサギ・ニホンカモシカ・イヌワシ・クマゲラなどたくさんの種類の動物が生息している。林床には採りきれないほどのキノコも生える。しかし、天然のブナ林は皆伐造林によって、いまではほとんど姿を消し、スギの造林地に変わってしまった。

ブナは暖かさの指数八五度以上の所では生育できない。一方、常緑広葉樹のカシ類・シイ類は寒さの指標マイナス一〇度以下の所では生育できない。日本列島には暖かさの指数八五度以上で、寒さの指標マイナス一〇度以下の所がある。このブナもカシ類もシイ類も生育できない所には、中間温帯林（暖温帯落葉広葉樹林）が分布する（吉良ほか、一九八〇）。それはモミ・ツガ・コナラ・クリなどからなる雑木林である（吉岡、一九七三）。現在では仙台市青葉山、四国・九州の山地などにわずかに残存しているにすぎない（図1-2のモミ・ツガ大木）。しかし、縄文時代の前期・中期には、日本列島に広く分布し、縄文文化を発展させる母なる森となった（安田、一九八〇）。この森の中にはイノシシ・シカなどの大型哺乳動物のみでなく、ギフチョウなどの昆虫類も豊富である。

関東平野から西日本には、タブ・クス・カシ類・シイ類などの常緑広葉樹林（照葉樹林）が分布する（山中、一九七九）。この森の中には対馬陸橋伝いにやってきたカワネズミ・サンショウウオ類・シマヘビ・アオダイショウなどの固有種も多い。しかし、西日本の常緑広葉樹林は弥生時代以降の農耕活動によって破壊されつくした。現在では鎮守の森などにそのおもかげを見るにすぎない。

南西諸島にはマングローブ・ガジュマルなど亜熱帯林が本州型の常緑広葉樹林とともに生育している。イリオモテヤマネコ・ヤンバルクイナからハブやサソリにいたるまで、特異な動物が生息している（堀越・青木編、一九八五）。

日本列島の最終氷期には、日高山脈・北アルプスの一部をのぞいて、氷河は発達しなかった。同時に日本列島の脊梁山脈は列島軸にそって南北に配列している。このため人間を含めた動・植物の移動が容易だった。ヨーロッパでは東西に配列するアルプスが、氷期の寒さを逃れて南下した動・植物の障壁となり、多くの種が絶滅した。しかし、日本列島内の移動は容易だった。暖地性の動・植物は南下し、海岸部などの限られた所に、氷期の寒さを耐えてじっと生きのびた。

完新世に入って気候が温暖化するとともに、これら暖地性の動・植物がただちにゲリラのように北上・拡大した。このため日本列島には第三紀以来の古型の植物さえ生きのびることができた。森は古型と新型の植物が入り混じって、複雑な階層構造をつくり出している。

日本人は縄文時代以来、こうした多様性に富んだ森の生態系に適応を深め、森の文化を発展させてきた。東日本と西日本の森の生態系の相違は、列島の東西の文化的地域性にさえ大きな影響を与えてきた。さらに旺盛な森の再生力は、里山の森の資源を核とする稲作漁撈社会を結実させることを可能にした。

この、森の日本文化をはぐくんだ豊かな森を生み出したのは、じつは日本列島の周囲を取り囲む海だった。

海の列島

日本列島の降水量の分布は、明白な季節的地域性を示す。冬期三ヶ月の降水量の分布の中心は日本海側にかたよる。夏期三ヶ月の降水量の分布は西南日本の太平洋側に集中している（図1－2）。この日本列島の降水量分布の著しい季節的地域性は、豪雨・豪雪となって、日本人の生活をおびやかし続けてきた。

世界の他の地域においても、多雨・多雪の所はある。しかし、日本列島のように豪雨・豪雪にともにみまわれる所で、先進国になっている国はきわめて少ない。この特異な風土の形成に深くかかわっているのは、列島のまわりを囲む海である。

北陸地方を襲う豪雪は三メートルもの雪の下に、全てを埋めつくしてしまう。冬二月、対馬暖流によって温められた日本海の表面水温は摂氏一〇度前後を示している。日本海側が豪雪にみまわれるのは、シベリア高気圧の倒来によって、上層七〇〇ヘクトパスカルの気温が、マイナス二〇度以下になった時である。日本海表層の水温と大気の温度較差が、さかんに蒸発を引き起す。それが蒸気霧となって日本列島に吹きよせられ、脊梁山脈にぶち当たって上昇し積乱雲をつくって、豪雨・豪雪をもたらす。一方、西南日本の豪雨は大洪水を引き起し、長い間、日本人を苦しめてきた。モンスーンアジアにおける最大日雨量四〇〇ミリ以上の地域は、日本列島から台湾・海南島・ルソン島などに限られている（図1-1）（吉野、一九七三）。日雨量だけを見ただけでも、日本がいかに激しい豪雨にみまわれる所であるのかがわかる。

破壊的な集中豪雨をもたらすのは台風と梅雨前線である。はるか南方の太平洋上で発生した熱帯低気圧が台風となって日本列島を襲う。梅雨末期の豪雨もまた太平洋からやってくる海洋性熱帯気団（中村ほか、一九八六）が運んでくる水蒸気が原因である。近年では地球温暖化の影響もあり、一時間降雨量一〇〇ミリを超える豪雨がざらになってきた。

このように日本海と太平洋は、日本列島に豪雨と豪雪をもたらし、巨大な台風を生み出して、日本人を長らく苦しめてきた。しかし、同時にこの多雨・多雪の風土は、植物の生育には絶好の条件を提供することとなった。日本列島の豊かな森は、列島を取り囲む海がもたらした豊かな降水量によって、はぐくまれてきたのである。

同時に列島の豊かな森は、海を豊かにした。森の生み出す栄養分は川をへて海に流入し、プランクトンを育て魚介類の繁殖に絶好の条件を生み出した。日本列島を取り囲む豊穣の海は、豊穣の森と森里海の命の水の循環を繋いできたライフスタイルによって生み出されたのである。

和辻哲郎氏（和辻、一九三五）は青くどこまでも澄んだ地中海が、じつは死の海といってよいほどに生物の少ない痩せ海であることに気づいていた。日本近海に生息する海産動物の種類は約三四九二種以上であるのに対し、地中海には約一三二二種前後の海産動物しか生息しない。北米海岸においても約一七七四種前後であることをみれば、いかに日本近海の生物相が豊かであるかがわかる。

こうした豊かな海の生物相は、日本近海が亜寒帯から亜熱帯まで多様性に富む海中気候帯（奥谷・鎮西、一九八〇）を有しているからである。

黒潮で代表される暖流と親潮で代表される寒流が、日本列島の東北地域でぶつかり、潮境をつくる。そこは豊かな漁場となっている。黒潮はフィリピン沖などからカツオやマグロを日本近海へと運んでくる世界でもっとも強大な海流である（堀越ほか、一九八七）。しかしそれだけではない。日本列島沿岸に豊かな漁場が存在するのは、列島が亜寒帯から亜熱帯の森におおわれ、森の栄養分が海に流入することによって、豊かな生物相を育んでいるからなのである。

人間は生きるためにはタンパク質を食べなければならない。日本人は縄文時代以来、主たるタンパク質を魚介類に求めてきた。このことが日本人の心や体の形成、さらには日本列島の森の生態系にまで、きわめて大きな影響を与えた。日本人は魚介類を食べるために森を守ってきたのである（安田・阿部、二〇一五）。

近年では漁業関係者によって魚付林の重要性が再認識され、漁業関係者が植林をはじめている（畠山、二〇〇六）。海で働く漁師が森を育てる時代になってきたのである。

伊勢の志摩観光ホテルの元総支配人高橋忠之氏は、「伊勢エビやアワビがおいしいのは、長良川や木曽川によって、上流から伊勢湾に豊かな森の栄養分が運ばれてくるからだと思う」とおっしゃっていた。「北海道でサケが一番おいしい川の上流には、立派なブナの森があり、そのサケはブナの森の味がする」ともおっしゃっていたのが印象的であった。

海の料理の秘訣は、その流域の森の味をどのように生かすかにかかっているのだ。川や海に生息する魚介類の中には、流域の森の味がしみこんでいるのである。『森は海の恋人』の著者畠山重篤氏（畠山、二〇〇六）は、この海の豊かさに対する森の重要性にいちはやく着目した人である。その思想と活動は、田中克氏によって『森里海連環学への道』（田中、二〇〇八）として体系化され、我々の大きな活動の指針となっている。

列島の面積は三七万平方キロメートルであり、世界の陸地のわずか〇・五％にすぎない。しかも六八〇〇以上もの島がある。海岸線の総延長はじつに二万九〇〇〇キロメートル以上にもおよんでいる（湊、一九七七）。このことは、日本人が海と接する機会を多くした。そして、日本人は古来よりこの豊穣の海の恵みの中で、海の文化をはぐくんできた。海の恵みにめぐまれた日本人は、タンパク質を魚介類から取り、主食に米を食べる『稲作漁撈文明』（安田、二〇〇九）のライフスタイルを発展させた。

縄文時代の貝塚のみでなく、稲作漁撈民は乳用や肉用の家畜のかわりに、魚介類をタンパク源とすることで、独特の農耕社会を構築した。海藻やイワシが肥料になった。海から取れる塩もまた炭水化物の多い食事には、なくてはならないものであった。

和辻哲郎氏（和辻、一九三五）は、地中海は古来「交通路」であり、それ以上の何ものでもなかったと指摘している。これに対し、日本人にとっての海は、まさに食料の宝庫であった。同時に日本人にとっても、海は交通路としても重要だった。

豊穣の日本の海は、交通路としてもまた重要な役割を果した。弥生時代の稲作が日本海沿岸を短期間に一気に北上できた背景には、すでにこの時代、日本海沿岸の航路が確立していた可能性が高い。日本列島を大陸からわかつ日本海は、交通路と同時に大陸での破壊の嵐から日本民族と日本文化を守るというやわらかなフィルターの役割を果たしてきた。

このように日本人の生活と文化の発展に、海はきわめて大きな貢献をした。しかし同時に、日本列島周辺の海洋環境は、後述するように、日本人が列島に居住して以来、その海洋環境を大きく変化させてきた。この海洋環境の変化が、日本列島の気候・風土とりわけ森の変遷にきわめて大きな変化を与え、ひいては日本人の生活や文化にも影響を及ぼしてきたのである。

大洪水との闘い

豪雨・豪雪にみまわれる日本列島の川は急流である。それは山地が海岸までせまり、平野の面積が小さいためである。しかも、日本の山地は侵蝕が激しく、大量の土砂を河川に供給する。中部地方の河川では、河口まで礫の見られるところがある。こうした急流な河川がひとたび豪雨にみまわれると、土砂流となって大洪水を引き起すのである。

弥生時代以降、日本人はこの洪水の多発する沖積平野に居住することをよぎなくされた。日本の農耕社会の発展は、洪水との闘いの歴史でもあった。こうした洪水による被害は、近年においてさえなお甚大なものがある。

過去百年間の水害による死者・行方不明者数の変化を見る（町田・小島、一九八六）と、第二次世界大戦直後の一九四五年から一九五九年までの一五年間に、犠牲者数がきわだって多いことがわかる。それは、森が荒廃したためである。第二次世界大戦中の乱伐によって、山林が荒廃し、これが大洪水を引き起こす原因だった。森が荒廃した時、川は暴れるのである。

川が暴れる時は、海も荒れる。一九五九年に五〇〇〇人以上もの死者をだしたのは伊勢湾台風である。九月二六日の夜半、潮岬に上陸した伊勢湾台風の中心気圧は九二九・七ヘクトパスカル、最大風速六〇メートルを超える大型の台風であった。甚大な災害の原因は、強風により高潮が押し寄せたことと、木曽川・長良川・揖斐川の大河川の堤防が決壊したことである。弥富町鍋田干拓地では、一夜にして一八一戸の集落三〇九人が、完全に姿を消してしまった。

一夜明けた伊勢湾北部は、どこに村があったかわからないほどに一面の水におおわれていた。養老山地の上から見たその光景を私は忘れることができない。死者・行方不明者五五六五人、家屋の全・半壊戸数一六万戸という未曾有の大水害であった（伊藤、二〇〇九）。

一九八二年七月二三日の長崎市の豪雨災害では、梅雨末期の集中豪雨により一時間降雨量一八七ミリに達する驚くべき値を記録した。この水害の死者・行方不明者は二九九名に達した。その大半は豪雨による崖崩れと土砂流によるものであった。一九八〇年代には一時間降雨量一八七ミリという降水量は驚くべき値であったが、二〇一〇年代に入ると、一時間降雨量が一〇〇ミリを超える豪雨は各地で頻発するようになった。二〇一五年九月一五日、台風一八号の影響で記録的豪雨となり、北関東の鬼怒川が氾濫し、茨城県常総市では堤防が決壊して多くの被害を出したことは記憶に新しい。

このような大洪水を防止する要因として深くかかわってきたのが森だった。大洪水の苦い体験から、日本人は山に木を植えることの大切さを古くから認識していた。

二〇一三年一一月一〇日フィリピン中部に接近する直前に、台風三〇号の中心気圧は八九五ヘクトパスカルになった。最大瞬間風速は一〇五メートルにも達した。この猛烈な台風の襲来で、第二次世界大戦の激戦地となったレイテ島をはじめ大きな被害が出た。二〇一三年一一月一一日の段階で死者は一万人以上にのぼる可能性があった。まるで津波におそわれたように家々は砕け散り、巨大な船が町の中に運び込まれていた。低気圧が海面を数メートルも押上げ、それが高潮となって内陸にまで船を運んだのである。食料不足から各地で略奪が起きているというニュースが駆け巡った。二〇一五年九月二八日に台風二一号に襲われた沖縄県与那国島では、最大瞬間風速八一・一メートルを記録した。

　そうした災害の恐怖を私たちは、二〇一一年三月一一日の東日本大震災で身近に体験することとなった。

環太平洋の災害と文明

我々の暮らす環太平洋造山帯は地震・津波・火山・洪水など多くの巨大災害の巣窟である。なぜ環太平洋造山帯に巨大災害が多発するのか。それは環太平洋をとりまく造山帯が地殻変動によって山ができる地震の巣窟であるとともに、太平洋という広大な海原が気候変動を大きく左右しているからである。

　南半球の東太平洋側にリマン海流という寒流が海底から湧昇する時、南アメリカの太平洋岸はラニーニャに見舞われ旱ばつが起きる。逆に冷たい寒流の湧昇が弱い時には、東太平洋の表面水温は上昇し、エルニーニョに見舞われ大洪水が起きる。一方、西太平洋の表面水温が上昇すると、日本列島は二〇一四年の春先のような豪雪に見舞われる。

　3・11東日本大震災の巨大津波で二万一〇〇〇人に及ぶ方がお亡くなりになった。こうした大災害は環太平洋地域で繰り返されてきた。一九八五年一一月一三日の

図 1-3　地震で周囲が 2 m以上沈下したチリのバルデビアのヤシの木
地震前の地表の高さを示しているのは立命館大学高橋学教授.（撮影 安田喜憲）

深夜、突然巨大な土砂流が南米コロンビアの街アルメロ（図1‐4）を襲った。ラグニージャ川（図1‐4左下）の上流にあるネバドデルルイス火山が噴火した。熱い火山噴出物は氷河をとかし山体崩壊を引き起こした。それは途中のラグニージャ川の川床に堆積した土砂をまきこみ、大土砂流となってアルメロの街を襲った。ラグニージャ川は扇頂部で西に向きを変えていたが、大量の土砂流はその流路を突き破り、まっすぐに扇央部に立地するアルメロの街を直撃した。時刻は真夜、熟睡した二万五〇〇〇人もの人々があっという間に大土砂流の下敷きになった（図1‐4左中）。

ネバドデルルイス山が噴火し、アルメロの街を大土砂流が襲ったのはこれが最初ではなかった。一五九五年三月一二日には六〇〇人の死者が、一八四五年二月一九日には一〇〇〇人の死者を出す大惨事が引き起こされていた。ところがその過去の教訓はまったく生かされることなく、一八四五年に廃墟と化したアルメロの街の上に新たな街がつくられたのである。

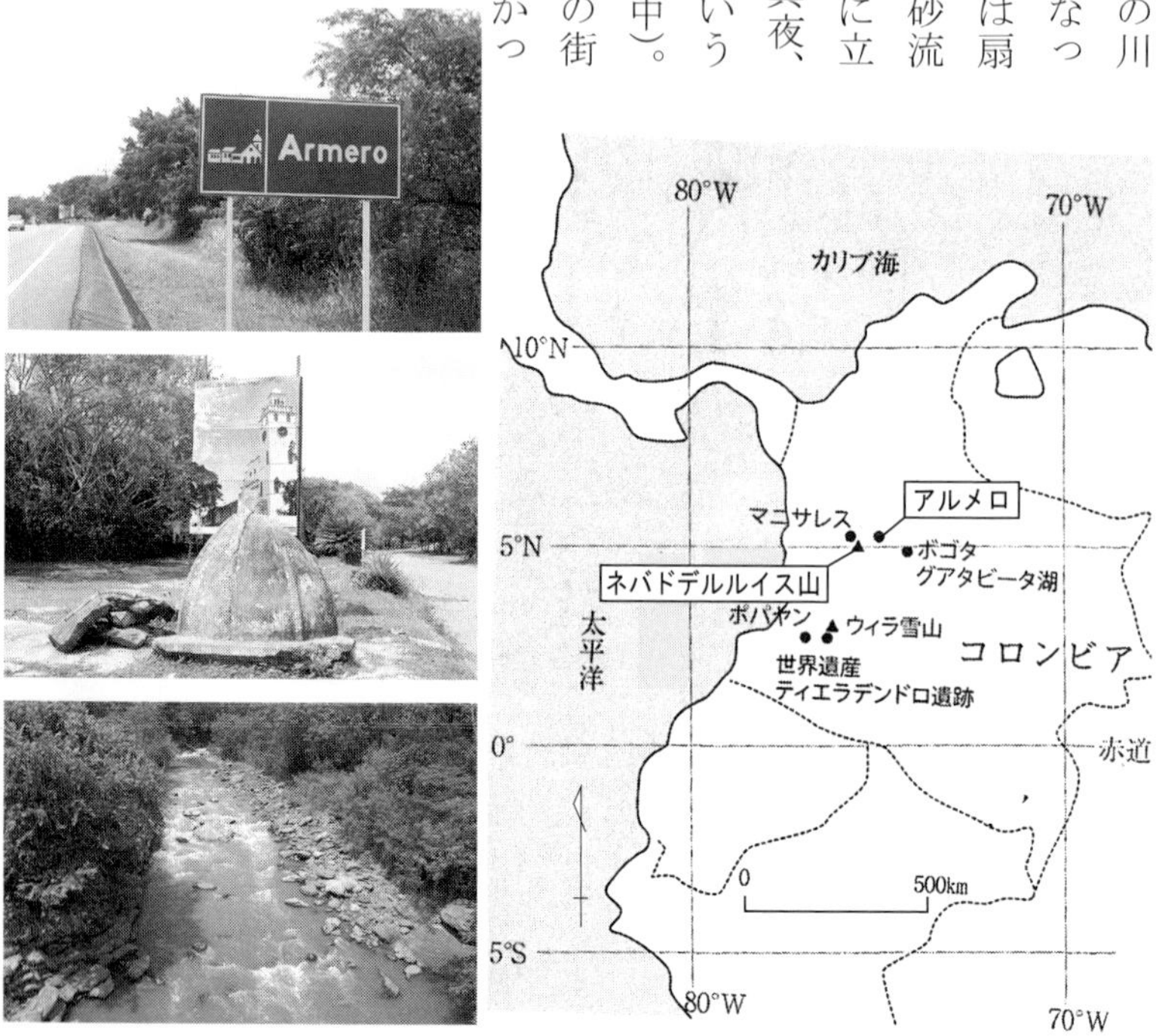

図1-4　南米コロンビアのアルメロの町とネバドデルルイス山
右：位置図（安田，2015を一部修正）
左上：大土砂流が襲った南米コロンビアのアルメロの町を示す道標．
左中：教会も先端部の屋根だけを残して一瞬にして土砂流に埋没した．
左下：土砂流をもたらしたラグニージャ川．　（以上，撮影 安田喜憲）

こうして悲劇は三度繰り返されることになった。人々の涙を誘ったのは、下半身が土砂流に埋まった少女を重機がないために助けることができず、三日後に少女が死亡したことだった。

火山噴火の巨大災害としては、一八一五年に起きたタンボラ火山（図1－1）の噴火がある。この時は九万二〇〇〇人の死者が出た。さらに一八八三年のクラカトア火山（図1－1）の噴火では三万六〇〇〇〇人の死者が出ている。いずれもインドネシアの火山であり、そうした火山噴火による巨大災害は環太平洋地域に集中している。

富士山もまた環太平洋造山帯の風土を代表する火山である。静岡県はこうした富士山の噴火や東南海地震にそなえて万全の防災対策がとれるよう、日夜努力を積み重ねている。その象徴が3・11の東日本大震災の時に全国の知事の中で真っ先に東北の支援に駆け付けたのが、静岡県の川勝平太知事であったことに象徴されている。今回の二〇一三年二月一四日の豪雪にたいしても静岡県は災害対策本部速報をこまめに出し、敏速な対応を行っていた。日頃からの防災訓練が有事の時に発揮されるのである。

津波浸水想定区域に移転する病院

静岡市の田辺信宏市長は、台地の上にある静岡市清水区の桜ヶ丘病院を、地震によって液状化の危険性までが指摘されている海岸の低地に移転させる計画を発表された。津波がやってくると指摘されている津波浸水想定区域内の清水区の低地に桜ヶ丘病院を移転し、そこを拠点病院にしてにぎわいの街づくりをしたいという計画である（静岡新聞二〇一六年一二月三〇日朝刊）。津波は防潮堤があるからせいぜい一〇センチメートル来るだけだと、たかをくっておられるようだ。しかし一〇センチメートルも津波が来たら周囲は泥の海になる。しかもちょっと行くと六〇センチメートルも水没の危険性がある。だから一階は柱だけにして二階以上に病院の機能を集中するという。病院の二階と私鉄静岡鉄道の新清水駅の二階を高架横断橋でつなぎ、そこをオープンデッキにしてにぎわいの街づくりにしたいという計画である。しかし、周囲が泥の海になったとき、泥の海の中にある拠点病院に、どのようにして怪我人を運び込むのであろうか。高架横断橋を通っていくしかない。それは救急車ではなく歩いて怪我人を運び入れるということなのであろうか。津波だけではない。地震で液状化が起これば、水道管は寸断され、病院にとってきわめて重要な命の水さえ守ることができなくなる。3・11東日本大震災の津波の恐怖の後、いかなる理由があろうとも、台地にある病院を津波や液状化の危険が指摘されている低地に移そうとする自治体は少なくなった。

もちろん拠点病院の桜ヶ丘病院を台地から低地に移転させるには、にぎわいの街をつくるためだという理由があった。富士山をのぞむオープンデッキをつくり、にぎわいをつくりたいという。地震や津波が来なければ、それはまことに魅力的な計画である。しかし、科学者は近いうちに東南海地震が来ると予測しているのである。「静岡県民は目先の発展を希望しているのです。これが静岡県民の総意なのです」と大野剛氏は声高におっしゃった。大野氏は私の秘書を八年も務めてくれた人で、写真が趣味の人である。本書の第六章の扉写真などを提供いただいた方である。大野氏にそう言われて、私は目の前が暗くなった。そういえば、大野氏が住んでおられる焼津市の市長さんも、市庁舎を津波が来る低地に建て替えるということで見事当選を果たされたばかりだった。世俗的・現実的利害が優先する選択をされるのが静岡県民なのかもしれない。

静岡県民の総意がそうだとすれば、その選択の危険性を訴えるのがリーダーたるものの勤めではないかと私は考えるのである。静岡県川勝平太知事はこの移転に強く警鐘を鳴らしている。しかし、政令指定都市の行政は県の行政から独立している。いくら知事が警鐘を鳴らしても市長が移転を決行すれば、それはもはや止めることはできないのである。

寺田寅彦氏はこう述べている。「こんなにたびたび繰り返される自然現象ならば、当該地方の住民は、とうの昔に何かしら相当な対策を考えてこれに備え、災害を未然に防ぐことが出来ていてもよさそうに思われる。これは、この際誰しもそう思うことであろうが、それが実際はなかなかそうはならないというのがこの人間界の人間的自然現象であるように見える」(寺田、二〇一一)。

「天災は忘れられたる頃来る」という名言を生んだ寺田寅彦氏の一九三三年の『鉄塔』に掲載された人間的自然現象の一文を、私は思い出さずにはおれない。

南米コロンビアのラグニージャ川の大土砂流は、歴史をたどれるだけでも過去に二回も起きていた。一九五八年の大土砂流は、三度目の土砂流だった。だからアルメロの町の人々は当然その経験を活かして町を移動していると思った。しかし、それはまったく活かされていなかったのである。目先の欲望と利害が土砂流の起こる危険地帯に二度も町をつくらせたのである。そして大土砂流によって、二万五〇〇〇人もの死者が出て、はじめて人々は移動を決意したのである。

二〇一一年の3・11東日本大震災のとき、多くの人は津波は貞山堀の運河(石巻から岩沼まで掘削された人工の運河)を越えては襲ってこないだろうとたかをくくっていた。事実、経験的に知る限りこれまで貞山堀を越えてきた津波はなかった。しかも津波がなかなか来ないので予報のまちがいではないかとさえ思った人もいる。ところがやってきた津波は高さが一〇メートル以上にも達する巨大なものだった。そして二万一〇〇〇人に及ぶ死者が出たのである。

同じようなことが、今後の静岡市清水区でも引き起こされないとは断言できない。もちろん、来ないにこしたことはないが、来ないと否定することはできない。

その危険性はわかっていても、人間は目先の利害を考えるとやめられないのである。それが人間というものの性《さが》、寺田寅彦氏の言う人間的自然現象なのであろう。静岡県民がなんとか無事に東南海地震と津波の災害をのりきってくれることを祈らずにはおれない。

もうひとつの静岡県のうごき

巨大災害に見舞われる確率が高い地域ほど、人々は災害に対して敏感になる。東京が直下型地震に見舞われた時、静岡県はその避難地として、これからも大きな役割を果たすだろう。静岡県は「ふじのくに地球環境史ミュージアム」と「ふじのくに富士山世界遺産センター」を設立し、過去の教訓を現在から未来への防災対策に役立てることも決定した。日頃からの県民の防災意識の高揚こそが、何よりも重要な防災対策になるのである。

首都直下型地震と東南海地震と津波に見舞われる恐怖の中に生きる我々日本人は、自然災害の恐怖とダメージを文明発展の中に取り込むことによって、新たな時代を創造していかなければならない。それは環太平洋造山帯に生きる人々の宿命なのである。災害と共存する中で、自然を畏敬し、自然を崇拝する文明の伝統の重要性をもう一度再認識しなければならないのである。

三　3・11東日本大震災その時

福島の哀しみと民族移動

「会津戦争は、悲しみの戦争であった。賊軍のレッテルが貼られると、すべての人は官軍の旗になびき、我も我もと参戦した。人間はどうしてこうも非常で残酷なのか」と星亮一氏（星、二〇〇三）は記している。

日本の漂流の危機の時代に、福島はいつも犠牲になる。

これまで私がくりかえしのべてきたように（平野・安田、二〇一〇）、日本の歴史において、現代は日本の漂流第三の危機の時代であった。

第一の危機の時代は明治維新、第二の危機の時代は第二次世界大戦の敗戦、そして第三の危機の時代が現代である。第三の日本の漂流の危機は、グローバル化の中、市場原理主義と金融資本主義が進展する中、3・11東日本大震災によって引き起こされた。

この3・11東日本大震災と福島原子力発電所の事故は、日本の漂流第三の危機のはじまりであると私は思う。その理由は、原子力発電所の事故によって、福島県民が移住を余儀なくされているからである。

福島県民は日本の漂流の危機の時代、いつも移住を余儀なくされる。

第一の危機の時代、会津の人々は戊申戦争に敗北し、青森や北海道に移住を余儀なくされた。

第二の危機の時代、戦地から多くの復員者が帰国し、満州から帰国した人々の多くが開拓団になって入植した。福島には磐梯山の山麓などに入植が行われた。さらに貧しい福島の若者は、集団就職の列車に乗って東京へと移住した。

そして第三の危機の時代、二〇一一年の福島原子力発電所の事故で、今度は、浜通りの原発に近接した人々が、故郷を捨てて、他府県への移住を余儀なくされている。

なぜかいつも福島の人々は、日本の歴史の転換期に、「哀しみを抱きしめて生きる」ことを余儀なくされる。いやそれは福島だけではない。明治以降の東北地方は、いつも日本発展の犠牲になることを強いられてきた。

福島の人々が移住を余儀なくされる時は、東北の人々が「哀しみを抱きしめて生きる」ことを強いられる時なのだ。それは日本の危機の時代・転換期のはじまりなのである。

これほどの福島の人々の移住をともなう危機は、日本にとっては、明治維新に匹敵する危機であり転換期であると思う。文明の転換をともなうような危機であり、小手先の改革ですますことができるような危機ではない。

もちろん第一の危機の時代にも、第二の危機の時代にも、日本は不死鳥のようによみがえり、新しい時代を構築できた。この第三の危機の時代も、日本人は必ず克服し、新しい時代を構築できると確信する。しかし、そのためには文明の在り方を根本的に転換することが要求されているのである。

しかも、これまでの危機と異なって、目標とするモデルがない。第一の危機の時代にはヨーロッパ文明という文明モデルがあった。第二の危機の時代にはアメリカ文明という文明モデルがあった。しかし、今回の第三の危機の時代には、学ぶべき文明モデルがない。日本人は日本人独自の力で、新たな文明の時代を構築していかねばならないのである。

3・11大災害の当日

二〇一一年三月一一日、午後二時四六分、東日本大震災は起こった。

その日の午前八時から午前九時過ぎまで、私はＮＨＫ経営委員長代行として、自民党総務部会に出席していた。一月二五日に小丸成洋委員長が、会長選混乱の責任をとられて辞任されたあと、その責任を一身に背負って、国会議員の先生方のご質問に対応した。

その日の自民党総務部会は、じっに三回目の会議だった。これほどにＮＨＫ問題で，総務部会が紛糾したことは、前代未聞だった。

「もしこのまま総務部会が会長選の混乱をひきずって、ＮＨＫの予算審議にはいることができないとなれば、国民の生命財産をあずかる公共放送としてのＮＨＫの重大な責務が果たせなくなる」という思いで、必死に対応した。私の気持ちを察して、ＮＨＫ経営委員会事務局の井上芳樹氏が、国会対応を全面的にバックアップしてくださった。

座長を務めてくださった岩城光英前自民党参議院議員が、三回目の最後に「これで次回から予算審議にはいりましょう」と言ってくださったので、ほっとして会場をあとにした。

同郷の三重県出身の川崎二郎自民党衆議院議員をはじめ、今回お世話になった先生方にご挨拶した後、途中、参議院と衆議院の議員会館をつなぐ地下通路で、黄川田徹民進党（当時は民主党）衆議院議員にお会いした。黄川田議員も今回の混乱をできるだけ早く収束できるようご尽力くださった先生である。

「おかげさまで予算審議にはいっていただけると思います」とお礼を申し上げた。黄川田議員の執務室には、三陸の美しい風景画が飾られていた。「陸前高田を訪れてまたお会いしたいですね」と申し上げた。しかし、その時、なぜかいつもとはちがって、黄川田議員のお顔が暗かったのが印象に残った。

ＮＨＫ経営委員会事務局の皆様と打ち合わせをした後、新幹線に乗り、京都駅に着いたのが午後二時二五分だった。私が乗った新幹線がなんの問題もなく運行された最後の新幹線のようだった。研究室にもどったら「先生たいへんなことがおこっていますよ」と言われてテレビをつけたら、真っ黒な津波にのみこまれていく名取平野が放映されていた。

画面には名取平野に黒い津波が侵入する先端部分が映しだされていた。つぎつぎと田畠が飲み込まれ、家々が津波にのまれ破壊されていく。津波から必死にのがれようとする車も、あっというまに津波にのみこまれていった。藻屑になった家々から、火災がところどころで引き起こされていた。

これが科学技術で武装した、二一世紀の現代に引き起こされている現実とは思えなかった。まるで夢を見ているようだった。

「地球環境とのかかわりにおいて引き起こされた事件は、必ず繰り返される」という私の格言は、またもや的中してしまった。

いかに科学技術で武装しようとも、人間は自然の子である以上、自然の猛威には勝てないのである。それにしてもこの大災害の報道に対するNHKの対応は迅速だった。その後の国会で、国会議員の先生方も、口々に、今回の震災の対応に対する、松本正之会長（当時）を中心とするNHKの対応のすばらしさを、褒め称えた。「それにくらべ経営委員はだらしない」と言わんばかりだった。

しかし、松本会長を選んだのは経営委員である。私は記者ブリーフィングの時、JR東海の副会長をされていた松本会長を選んだ理由の一つに、「JR東海とNHKはともに、国民の生命財産をまもる危機管理において共通している点」を挙げた。

もちろん経営委員が今回の3・11の東日本大震災の襲来を予測していたわけではないが、危機管理にすぐれた能力と経験のある松本会長を選び、国民の生命財産を守る公共放送としてのNHKの役割をその時点で果たせたのは、天の命であったと私は思っている。

松本会長も三重県のご出身だった。川崎二郎議員といい、「今回は伊勢神宮に助けられたなあ」と思った。

私の人生にも大きな刻印を残した大災害

3・11東日本大震災とNHKの会長選挙にかかわる混乱は、私の人生においても大きな意味をもった。NHK会長選挙の混乱は、ニュースでも報道されたので、多くの友人から「安田さんなにか悪いことでもしたの?」という問い合わせが殺到するほどだった。まあ正直なところ、私のまったく関与しないところでことが進み、その後始末だけをさせられたという気持である。

同じことは3・11の東日本大震災で被災されたみなさまにも言える。まったく自分たちの知らない太平洋の海底で起きたプレートの移動が、巨大津波となって自分たちを襲い、家や財産だけでなく、命まで奪っていく。

人生とはそういうものなのであろう。

私は名取市の自宅がどうなったか気になっていた。しかし、NHKの予算が国会で承認されるまでは、その責務を果たさざるを得なかった。連日、東京のホテルに泊まりこんで対応した。二〇一一年三月三一日、国会でNHK予算がようやく承認され、私はやっと自宅がどうなっているのかを見に帰ることができた。

被災地の現場は

学生時代、修士論文のテーマに「仙台平野の微地形と人類の居住」を選び、五〇ccの中古バイクで仙台平野をくまなく調査した。

〝いぐね〟とよばれる屋敷林に囲まれた農家が点々とつらなり、「美しい海が広がるなんとすばらしい所だ!」と実感した。関西育ちの私にとっては、東北の大地は異郷の地であり、風の香りさえ違うように思えた。「ようし定年後はここを終の棲家にするぞ!」と決め、太平洋と仙台平野を見下ろせ

図 1-5　2011 年 3.11 東日本大震災直後の
仙台空港周辺（遠景）の惨状（撮影 安田喜憲）

図 1-6　大津波によって流出した仙台平野の
マツの防潮林（撮影 安田喜憲）

図 1-7　仙台平野の内陸にまで運ばれた漁船
（撮影 安田喜憲）

る宮城県名取市の高台に家を建てた。

京都から帰郷し、仙台空港に降り立つと、なつかしい風の香りがした。仙台平野の美しい風景に心が癒された。

しかし、仙台空港の周辺（図１－５）は、名取川河口の閖上港から侵入した大津波によって、直径三〇センチ以上の防潮林のマツの巨木（図１－６）が根こそぎなぎ倒をされ、海岸部の家々はあとかたもなく壊滅していた。子どもたちとよく食べに行ったおいしいお寿司屋さんも、完全になくなっていた。閖上港に停泊していた大きな漁船が内陸深く、家の軒先にまで運ばれ、がれきの山に埋まったり乗り上げたりしていた（図1 - 7）。

南北に走る高速道路（仙台東部道路）の盛り土が、防波堤の役割を果たして、それより西側には津波は大規模にはおしよせなかった。しかし、高架になった高速道路の下を通る道路の周辺は、盛り土が途切れているため、津波はそこからさらに内陸に侵入していた。

波分神社《なみわけ》（図1 - 8）が、仙台平野遠見塚の自衛隊の駐屯地に近接して存在する。それは仙台東部道路よりさらに内陸に入ったところである。実際はもう少し海寄りの東側にあったものが移転し、現在の位置になったらしい。歴史時代には、この周辺まで津波が押し寄せて来たという伝承があることから、波分神社として名前がつけられたのである。しかし、現代人は波分神社があることさえとっくに忘れさっていた。

現代文明のシンボルとしての車が問題だった。市街地は車の残骸であふれていた（図1 - 9上）。これほどに車があったのかと思うほど、がれきの山になった車がいたるところに散乱していた（図1 - 9下）。ボーリング場が遺体安置所になっていた。涙が出た。青春時代の懐かしい美しい仙台平野の風景は、いつ取り戻せるのだろうか。

三陸海岸の惨状

トンネルを抜けると風景は一変した。三陸の沿岸部は悲惨だった。真っ黒ながれきの山が目に飛び込んできた。それは地獄の風景だった。

トンネルに入る前の内陸部は、地震によって道路が寸断されているとはいえ、家々は残っていた。「これならなんとか立ち直れるな」と思った。ところが、トンネルを抜けて一歩、三陸海岸に足を踏み入れた途端、風景は一変した。

この地方独特の、赤い瓦屋根が、家をおしつぶしたような状態で、低地の家々はすべて潰れていた（図1-10）。屋根が残っておればまだいいほうで、大半は家の痕跡がないまでに、完全に破壊されていた。とりわけ陸前高田は、海岸部にビルの残骸が残る以外は、家の痕跡さえないまでに、徹底的に破壊されていた（図1-11）。どこに家が、どこに町があったのかさえわからない状態だった。黄川田議員は陸前高田のご出身であり、ご家族が被災されていた。

私はお世話になった黄川田議員をさがして、いくつかの避難場をまわったが、けっきょくお会いすることはできなかった。混乱のさなか、そんなゆうちょうなことをしている雰囲気ではなかった。

三月一一日にお逢いしたときの、あの黄川田議員の暗い印象がよみがえってきた。なにか予感され

図 1-8　仙台市遠見塚古墳の前にある波分神社.

ここまでは津波が来たことを示す.
（撮影 安田喜憲）

図 1-9　車の残骸

上：岩手県釜石市.
下：宮城県名取市.（以上，撮影 安田喜憲）

ていたのだろうか。いや私にだけそう見えたのかもしれない。「この人は亡くなるのではないか」と思うと、本当に亡くなることがこれまでもたびたびあった。人には未来を予感する、不思議な予知能力のようなものがあるようだ。

大船渡市は漁港に近接して、スーパーやホテルが建ち並ぶ繁華街があるが、完全に機能を停止していた（図1‐12）。

かつてイトヨの生息する美しい水の郷の調査で訪れた大槌町（図1‐13）も、町長さんが亡くなり、イトヨの生息する美しい川も、ひょっこりひょうたん島のモデルになった島の見える街並みも、サケの養殖場も、すべてが破壊されていた。

図 1-10　屋根だけが残って押しつぶされた宮城県気仙沼の家屋（撮影 安田喜憲）

図 1-11　岩手県陸前高田の町並みは完全に破壊されていた（撮影 安田喜憲）

図 1-12　完全に機能を停止した岩手県大船渡市の商店街（撮影 安田喜憲）

気仙沼では、重油が漏れ出して引火し、それが津波とともに運ばれたため、市街地が火の海になった。町は焼けただれた黒いがれきの山にかわった（図1‐14）。気仙沼だけではない。三陸沿岸の美しいリアス式海岸の町は、すべて黒いがれきの山に化してしまった。

湾には大型マグロ船が黒く焼けただれ（図1‐15）、なかにはまったてに海底につきささっているものもあった。

気仙沼に本部のある「NPO法人森は海の恋人」運動の常務理事、畠山信氏は、津波が押し寄せたとき、船を助けようと思って舞根湾から沖合に出た。しかし時すでに遅く、巨大津波の力には抵抗できず、船を捨てて、命からがら大島に泳ぎ着いた。大島では三日の間、ほとんど食べ物もなく過ごし、四日目に、自衛隊のヘリコプターに助けられた。

被災されたほとんどの方は、三月一一日から最初の四日間が大変だった。水と食料だけではない、電気もガスもなく、真っ暗闇の中で、寒さに震えながら耐えなければならなかった。肉親の安否も気がかりだった。

とりわけ二〇一一年の春は、異常に寒い春だった。四月二日に畠山重篤先生のお見舞いに行った時にも、雪が降ってきた。畠山先生が「安田君、本当に地球温暖化は進行しているのかね？」とおっしゃったのが印象的だった。雪と寒さが、食料も暖房もない飢えた被災者の体を直撃した。

気仙沼から夜遅く、がれきの間をぬけて真暗闇の中を帰る途中、目の前に巨大な絶壁が忽然と出現してきた。よく見ると大きな船だった（第一章扉写真）。巨大船が真新しい家を直撃して止まっていた。気仙沼の市街地は津波とその後の火災でダブルパンチを受けていた（図1‐16）。

図 1-16　真新しい宮城県気仙沼市の家を直撃する漁船（撮影 安田喜憲）

図 1-13　街並みが消失し町長さんも亡くなった岩手県大槌町（撮影 安田喜憲）

図 1-17　岩手県釜石市の岸壁に衝突する巨大な船（撮影 安田喜憲）

図 1-14　瓦礫の山になった宮城県気仙沼市街（撮影 安田喜憲）

図 1-18　宮城県女川町の江ノ島共済会館
津波を受けて土台から横倒しになり，かつ10m 以上も移動していた．（撮影 安田喜憲）

図 1-15　真っ黒に焼けただれた気仙沼湾のマグロ船（撮影 安田喜憲）

同じことが繰り返される

岩手県釜石市の商店街は家々の形が残っているものもあるが、すべて津波が二階部分まで浸水し、町は完全にがれきにかわってしまっていた。岸壁に巨大な貨物船が衝突し、座礁していた（図1‐17）。三陸沿岸の海で暮らす人々にとってなくてはならない船が、人々を襲い、家々を打ち砕く凶器にさえなってしまっていたのである。こんな巨大な船を楽々と内陸にまで運ぶ津波の力の大きさを知って、「現在も、人類は海の力には勝てないなあ」と思った。

まったく同じ光景が、一九三三年に釜石を襲った昭和三陸地震津波でも引き起こされていた。その一九三三年代と違っているのは、船が鉄になり、より大型化したことである。そして災害の規模もより大きくなったことである。けっきょく同じことが繰り返されるのである。

岩手県宮古市田老地区は、一九三三年の昭和三陸地震津波で壊滅し、その教訓で、総延長二四三三メートル、海抜一〇メートルにも達する巨大な防潮堤をつくったが、けっきょくなんの役にもたたなかった。一九三三年の大津波のあとの田老地区の風景と、二〇一一年の大津波の後の風景は、まったく同じだった。大規模な防潮堤をつくって自然に対抗しようとしても、結果は同じなのである。

ただし、このコンクリートの防潮堤があったおかげで死者の数は少なかった。それを理由に、仙台湾周辺では巨大な防潮堤を建設する計画が持ち上がった。

図1‐18は宮城県女川町の江島共済会館である。コンクリート四階建ての建物は、土台ごと横だおしになった。しかも建物はもともとあった所から一〇メートル以上も動いていた。津波の威力のものすごさを示す一例である。

ガソリンが手に入らない

死者と行方不明者あわせて二万一〇〇〇人に及ぶ人々が、犠牲となる大惨事になっているとは、被災された当事者はほとんどわからなかった。真っ暗闇の中で、被災者は、いったい今、何が起こっているのかさえわからなかった。情報源は携帯ラジオやカーラジオとカーテレビだけだった。

我が家の隣家の奥様は、地震が起こったとき、買い物途中だった。仙台市内から自宅にたどり着かれるのに、通常は二〇分もかからないのに、大渋滞で五時間以上もかかったそうである。その上、停電でオートロックになっているご自宅に入れず、一晩、車の中で過ごされた。

幸い長女は東京に出張中で、我が家は無人のため、人的被害もなく、そのうえ岩盤の高台にあったため、大した物的被害もなく、被災を免れることができた。ほんのわずかの高度差や地盤の固さの違いで、天国と地獄が隣り合っていた。

情報源となったカーラジオやカーテレビにも限界があった。それはガソリンが手に入らなくなったからだ。ガソリンを買い求める長蛇の列ができた。電池式の携帯ラジオと、そこから流れるＮＨＫの地震情報が命を守るたよりだった。

もちろん同じころ、東京も大パニックに陥っていた。路上を何百万人もの人が、徒歩で帰宅するさまが映し出されていた。長女はどうしているだろうか気になったが、幸い母校の東京大学の研究室にもぐりこみ、一晩を明かすことができた。それでも翌日以降は、次女のいる千葉で避難生活を余儀なくされた。

東京がマグニチュード９もの直下型地震におそわれていたら、想像を絶する被害が出たであろう。

沿岸漁業の再生支援のためのシンポジウム

私にすぐできることはないかと考えた。森鐘一氏は、三重県で森里海の連環に立脚した藻場の再生に取り組み、森エコロジーという会社を経営していた。藻場とは海底の海藻の茂るところで、魚の産卵場となり、魚介類の重要な生息場所となっている所である。近年、こうした藻場が沿岸部で急速に消滅しはじめており、森氏はその藻場の再生に取り組んでいたのである。

同じ海で働く気仙沼の畠山重篤先生を支援するため、森氏は大型トラックに自分の使用している二台の船を、道路事情の悪い中、三重県から気仙沼まで運んできた。私はこの行動には感動した。

今回の巨大津波で、三陸沿岸の漁業が壊滅していた。一刻も早く沿岸漁業の再生に取り組まなければならなかった。

被災を免れた我が家は、こうした被災者支援のために、遠方から来てくださる皆様の宿泊所になった。

私にできることは何かを考えた。けっきょく私にできることは、沿岸漁業再生のシンポジウムを開催し、その道筋を見つけることしかなかった。「こんな時にシンポジウムを開くとは何事だ」と、きびしいお叱りの言葉もいただいたが、畠山重篤先生や田中克先生と相談して二〇一一年四月三〇日と五月一日に、気仙沼と一関市で「「沿岸漁業の再生：東日本大震災『森は海の恋人運動』を緊急支援する研究会」（主催：「国際日本文化研究センター安田喜憲研究室」「NPO法人　森は海の恋人」「NPO法人　ものづくり生命文明機構」）を開催した。

開催にあたって、帯広市の宮坂建設工業株式会社の宮坂寿文氏が、資金の支援をしてくださった。宮坂氏は震災直後に気仙沼にコンテナ三台分の資材とともに入り、冷凍会社の再建を支援されていた。

シンポジウムの当日、大分県から北海道まで、全国から九〇名以上の方にご参加いただいた。そのシンポジウムの内容の概略は『文明の原理を問う』（安田、二〇一二）に掲載した。その後、被災された皆様を元気づけるシンポジウムが数多く行われたが、おそらくこのシンポジウムが最初のものであったろう。

シンポジウムは、牡蠣の養殖に一生をささげてこられた畠山重篤先生の「これだけの被害を受けても、海にうらみはない」という言葉からはじまった。北海道「北の縄文を発信する会」会長の浜名正勝氏は「宮沢賢治のデクノボーとは、法華経の菩薩行のことだ」と指摘された。

東北の人々にとって、美しい海と大地にはぐくまれて生きることが最高の喜びなのである。だからいくら打ちのめされても、自然とともにまた生きる道を選ぶのである。

岩手の花巻に暮らした宮沢賢治氏は、そうした東北人の生き方を実践した。それはまさに法華経の菩薩行だった。

私は、こうした東北人の生き方を守りぬかねばならないと思った。

そのためには美しい大地と美しい海を復活し、一日も早く生業につき、海とのかかわりの暮らしを復活することが必要であると思った。

三重県漁連の永富洋一会長（当時）は、気仙沼と石巻に二〇艘の小型漁船を寄贈することを約束された。国会議員で唯一の水産学博士である横山信一公明党参議院議員は、沿岸漁業がいかに生態系の保全や資源の管理に、大きな役割をはたしているかを述べた。

産卵期には漁を止め、捕獲する魚の大きさを決め、畠山重篤先生のように山に植林し、森里海の連環の中で、沿岸の生態系と水の循環を保全しながら、養殖業を営んでいるのが沿岸漁業者なのである。沿岸漁業の従事者こそ、海の環境を管理し、漁業資源を保全し、森里海の連環を守っている人々なのである。

その日本の海の環境と資源を守る沿岸漁業の従事者が、今回の津波で大被害を受けた。日本列島沿岸の生態系を保全し、日本の海の環境を守るためには、一日も早く、沿岸漁業者に立ち直っていただかなくてはならない。

沿岸漁業者による船の寄贈

私は「稲作漁撈文明こそが地球と人類の未来を救済する」（安田、二〇〇九）と指摘してきた。その稲作漁撈文明を守るためにも、沿岸漁業の再生は必要不可欠だった。

寄贈する船の台数は、その後一〇〇艘にまで増加した。だが、いざ寄贈する段になって、いろいろ問題があることが発覚した。

畠山重篤先生の指示に従って、まず最初の二〇艘は「牡蠣の種」が奇蹟的に残った石巻の漁民に配った。ところが、宮城県漁業協同組合連合から「船を分配するのは特定の地域ではなく、平等に分配してもらわなくては困る」というクレームが来て、その後の支援はこの公平にどう船を分配するかの議論で、とどこおってしまった。

これまでは、石巻漁業協同組合は独自の判断でできた。ところが二〇一〇年、宮城県は個別地域の漁業協同組合を一本化し、宮城県漁業協同組合連合を組織したのである。

さらに宮城県は、これまで小さな漁業協同組合に守られてきた沿岸漁業に、外国資本や民間の企業が、自由に参画できる方針を打ち出した。漁業特区を石巻に作ったのである。そうなれば、小さな沿岸漁業は、価格競争に負け、完全に壊滅するだろう。これまで守られてきた資源の管理や生態系の保全が、市場原理主義のもとで破壊される危険性がある。

資源収奪型の漁業で得られた安価な水産物を食べるのか、それともちょっと高いけど資源管理や生態系の保全がゆきとどいた安全で安心な水産物を食べるのか。それは、私たち消費者にも突きつけられた課題である。

資源の管理や生態系の保全は、地元のことをよく知った人でないとできない。地元のことをまったく知らない巨大資本がやって来て、価格競争だけで、資源を収奪し、生態系を破壊するのは、もう止めにしなければならない。

日本の沿岸漁業が競争力を強化し、価格競争に負けないようにするためには、「資源の管理や生態系の保全に寄与しているかどうか」という付加価値を考慮することが必要である。沿岸漁業は日本の環境を守り、国土を守り、水産資源を守る役割を果たしているのである。経済効率のみで、この日本の沿岸漁業をつぶすことは、日本の自滅につながる。

規制に縛られた行政マンの苦悩

同じことは被災者の義捐金の分配でも起こっていた。行政の担当者は義捐金を被災者に公平に分配しなければならない。そうしなければ自分が責任を取らされるという思いから、分配はとどこおった。

さらに南三陸町歌津地区の被災地に、テント生活で支援に入っておられたアミタホールディングス株式会社の竹林征雄氏によれば、住田町は森林資源が豊かで、仮設住宅になるような立派な木造の建物を一三棟も建てていた。そこで町は「それを緊急の仮設住宅にしたい」と行政に申請した。ところが、担当者から「それは仮設住宅としては立派すぎ規格にあわないので県では仮設住宅として認められない」というクレームがつき、仮設住宅として認めるかどうかを議論する珍事まで引き起こされた。

家を失い、今すぐに避難し住む家が必要なときに、行政が「それは仮設住宅に適合しているかどうか」を議論しなければ、使えない珍事が引き起こされていたのである。

ようやく、仮設住宅ができても、今度はそこに入りたいという希望者がなかなか現れなかった。それは仮設住宅にはいったら、食事の支給がなくなるからである。すべてを流され、義捐金さえ十分に届かない被災者に、「仮設住宅を提供するから、明日から自分で食事をつくれ」と言うのは酷である。

石巻市や女川町の被災者は、被災直後の約二週間は、ろくに食糧も水もない状況がつづいた。ところが宮城県庁には、全国から救援物資がとどいていた。その救援物資がほとんどゆきわたらない状況がしばらく続いた。道路事情が悪いわけではない。運ぼうと思えば、どんなことをしてでも運べた。しかし、宮城県の対応は早いとは言えなかった。それはいかに規制に違反せず、いかに平等に分配するかを議論していたからではあるまいか。

一刻を争う人の生き死にかかわっているときに、既存の規則や法律が足かせになった。国民の生命や財産を守るはずの規則や法律が、人の命を救うための物事の進行をおくらせる役割しか果たしていないことに、ジレンマを感じられた行政マンが、多くおられた。

すべての行政マンが、命がけで被災者の救援にあたられた。ご家族が被災され行方不明になっておられても、被災された方のために、我が身と命を削って対応された。

しかし、ほとほと仕事に疲れ果て、自分の仕事に対する生きがいと規則・規則で縛らなければならない現実の仕事のギャップを感じて、震災後三ヶ月ほどたってから、退職届を出される市町村の行政マンが続出した。

南三陸町歌津地区のように、漁師の講が今も機能し、行政にたよらずに、自分たちとボランテイアの助けを借りて、自立へと動きはじめたところもあった。規則に縛られて、物事の進行を自分の意に反して遅らさざるを得ない行政と、生きるために必死で闘っている被災者のせめぎあいが、被災地では続いた。

消防団と自衛隊の活躍

そんな中で、今回、自衛隊と消防団の活動は見事だった。自衛隊全隊員二三万人のうち、一〇万人が被災地に投入された。「それは臨戦体制だった」。そして国の防衛は、この時点で、完全に破綻していた。にもかかわらず、隣国の中国やロシアさらには韓国や北朝鮮が、日本を侵略する気配をみせなかったのは、被災された東北の人々の立派な行動のおかげだった。誰一人として泣き叫ぶわけでなく、暴動が起きるわけでもなく、他人のものを奪い合うわけでもなく、「じっと哀しみを抱きしめて耐えに耐える」その東北人の気高い姿こそが、世界の人々を驚嘆させ、日本人に対する尊敬の気持ちを起こさせたのである。

自衛隊の活動は人命救助、不明者の捜索、物資の輸送、がれきの撤去、行方不明者の捜索、被災者への給水、さらには入浴や医療の支援など多岐にわたった。被災された方が、炊き出しで温かい食事を食べておられる時も、自衛隊の隊員は缶詰などの冷たい食品でずっととおされていた。遺体の捜索にあたられた若い隊員の中には、あまりの衝撃に、心を病む人が多く現れた。

二〇一一年六月三〇日、被災者からの感謝の声のなかで、現地からの自衛隊の撤収がはじまった。それ以上に命がけで人々の救済にあたられたのは、地元の消防団の人々であった。多くの民間人で構成される消防団の方々が、水門を閉めに行ったり、他人の救助活動をされる中で亡くなった。民間の消防団員の年額報酬はわずか二万四〇〇〇円、一ヶ月あたりたった二〇〇〇円である。それでも消防団員の方は自分の命を懸けて、他人の命の救済にあたられた。佐々木秀之氏が指摘されるように〝消防魂〟（佐々木、二〇一三）がなければとてもできるものではない。

ご遺体は靴下をのぞいてはぎとられ、無数の傷があった。「ご遺体と遭遇した瞬間は今でも目に焼き付いている。このような苦しみは二度と起こしてはならない」「あそこから手が見えてます」と言われた倉庫内の瓦礫の山、「それは悪夢を見ているような毎日であった」と佐々木氏は述べている（佐々木、二〇一三）。

稲盛和夫先生が、「安田君何かできることあるか」と言ってくださったので、「行政だけでは限界があるので、ボランテイアの活動を支援してください」とお願いして「東日本大震災復興ボランテイア助成制度」を稲盛財団環境文明倫理研究センターの中に設立いただき、ボランテイア活動の助成を行った。わずか二週間の公募期間にじつに三〇〇件以上の応募があった。様々の方の善意の活動が行われていることを知った。

最悪の原子力発電所の炉心溶融

二〇一一年四月二六日の「電気新聞」には、日本原子力技術協会最高顧問の石川迪夫氏が、「溶融した炉心が圧力容器の中に残っておれば、直径四メートル・高さ二メートルほどのハマグリ状で、その中は二千数百度の溶融した炉心が煮えたぎり、厚さ二〇～三〇センチメートルの鋳物状になっている。そしてその皮殻の裂け目からは、蒸発ガスと化した放射性物質が絶え間なく吐き出されている。それは背筋の寒くなる話だ。」と述べておられる。原子力の専門家は早くからメルトダウンを予測していた。しかし、そのことを一般の市民には知らせなかった。

巨大津波で多くの人々が被災している時、東京電力福島原子力発電所の事故によって、原子力発電所周辺の住民は、大混乱に陥っていた。以下は電気新聞（電気新聞、二〇一一）の記録である。

政府は二〇一一年三月一一日に、福島第一原子力発電所から半径三キロメートル以内の住民に避難指示を出し、三〜一〇キロメートル圏内の住民に屋内退避の指示を出しただけである。

三月一二日午後三時三六分、一号原子炉建屋で水素爆発が発生し、政府は避難指示対象を半径一〇キロメートルから二〇キロメートルに拡大した。

三月一四日午前一一時頃、さらに三号原子炉建屋が爆発。四号原子炉では使用済み燃料プールの温度が上昇し、使用済み燃料が露出。

三月一五日、二号原子炉でも圧力抑制室で損傷が発生し、四号原子炉建屋から出火した。政府は発電所から半径二〇キロメートル圏内の住民に避難の徹底を指示するとともに、半径三〇キロメートル圏内の住民に屋内退避を要請した。

三月一六日、東京電力は、消防車による原子炉圧力容器への注水を開始した。そして、福島市内の水道水一キログラムから放射性ヨウ素一七七ベクレル、セシウム五八ベクレルが検出された。

三月一七日、陸上自衛隊と警視庁機動隊による放水。陸上自衛隊はヘリコプターで七五トンの海水を散水した。

こうした命がけの努力にもかかわらず、事故現場は一進一退をくりかえし、放水口付近からは、高濃度の放射性ヨウ素131、セシウム134、137、バリウム140、ランタン140、テルル132などが検出された。また発電所の敷地内からはプルトニウム238・239・240やストロンチウム90までが検出された。

四月二日には毎時一〇〇〇ミリシーベルト以上の高濃度の放射性物質が海に流出していたことが明

らかとなった。茨城県沖のコウナゴからは、四〇八〇ベクレルもの放射性ヨウ素が検出された。

四月一二日に原子力安全・保安院は、福島第一原子力発電所の事故を、国際原子力評価尺度でレベル五からレベル七に引き上げると発表した。

五月一日には、郡山市の下水処理施設の汚泥から、高濃度の放射性物質が検出された。汚泥一キログラムから二万六四〇〇ベクレル、汚泥を燃やしたスラグからは、三三万四〇〇〇ベクレルもの放射性セシウムが検出された。こうした下水処理施設の汚泥からの放射性物質の検出は、そののち各地にひろがり、東京都の下水処理施設からも検出された。放射性物質は陸上のみでなく、海底の泥からも検出された。

そして、その放射能を大量に含んだ汚泥はたまる一方で、持っていくところがない。政府は一日も早くこの汚泥の処分場を、原子力発電所の近隣などに確保する対策を取らなければならなくなった。

五月一五日、東京電力ははじめて、一号原子炉の炉心が、三月一二日の段階で溶融（メルトダウン）していたことを公表した。四月二六日の段階で石川氏が予測していたとおり、炉心はメルトダウンしていたのである。

こうした放射能の放出を回避するために、原子力発電所を安定冷却させ、放出をできるかぎり小さくして停止させることに、関係者は最大の努力を傾注した。冷却を強めて、メルトダウンした炉心を固定化することに、最大限の努力を払った。

万死してもなお償えない罪

人間の生命にとって危険なものは、臭いや五感でほとんど感知できる。ところが、放射能だけはまったく感知できない。人間や人間以外の生きとし生けるものの生命あるものが、まったくその危険性を感知できない放射能によって、生命の根幹を形成するＤＮＡが破壊されていく。

なぜ生命は放射能の危険性を感知できないのか。それは、三八億年前に生命が誕生するためには、まず宇宙から降り注ぐ宇宙線から守られるということが、大前提だったからである。放射能から生命が守られる条件が整えられて、はじめてこの地球上には、生命が誕生することができた。

生命が存在すること自体が、放射能のないことを前提としているのである。だから生命は、放射能に対しては、まったく危険性を予知する能力を有していないのではあるまいか。

福島第一原子力発電所の近隣の人々は、いったい何が起こったかもわからずに、ともかく着の身着のまま避難した。

さらに原子力発電所の現場も、凄惨をきわめていた。現場の作業員は、コンクリートの床にダンボールを敷き、仮眠を取り、体を休め、食事は乾パンなどの粗末なものだった。過酷な労働条件のもと、死者もでた。

今回の原子力発電所の事故を引き起こした最大の要因は、この先進国の日本で、日本人の命を左右する原子力発電所で、一九七一年につくられた原子炉がいまだに使われていたことである。五〇年も前と言えば、ミゼットというオート三輪車が田舎にようやく普及し、庶民が車というものを手にできた時代である。その時代につくられた一号原子炉が、いまだに使われていたのである。この技術大国と言われる日本においてである。五〇年後の今、誰がミゼットに乗っているであろうか。

「なぜそんな古ぼけた原子炉を使っていたのか」。それは経済効率を重視したが故である。近隣の住民は「こんな古い原子炉からは、かならず放射能が漏れている」と言っていた。にもかかわらず東京電力は一九七一年につくられた原子炉を使い続けた。

それは「原子力発電所の経営にあたる人々が、人間の命より、お金を大事にしたからである」。儲けることを第一にし、株主の利益の優先を第一にしたからである。そして命の大切さを第二にした。しかも、それは自分の命ではなく、原子力発電所周辺にくらす住民の命をである。

その経済性を重視したがために、原子力発電所周辺の大地は、今後、一万年は安心して暮らすことができない大地になってしまったのである。

金儲けをしたいという一部の人間の欲望が、むこう一万年もの間、人間だけではない、生きとし生けるものが安心して暮らすこの美しい福島の大地を、安心して暮らせない大地に変えてしまったのである。天から、神からさずかったこの美しい大地に安心して住む権利を、奪い去ったのである。この美しい大地と海と空を、放射能で汚染したという罪は、万死してもなお、償えない罪である。

おじいさんが漁に出かけ、みんなで泳いだ海で、当分の間は泳げなくなった。

おじいさんやお父さんが一生懸命、汗水たらして耕してきた美しい水田や畑、畔道に咲く野の草花を摘みながら、お母さんと一緒に家路についた道。おじいさんやお父さんが漁をした海からは朝日が昇り、秋祭りをした神社の森の向こうに夕日が落ちていった。自分達の生命を育んでくれたその大地と海に、自分が生きている間は、安心と安全を取り戻すことができないかもしれないのである。

もう一度繰り返そう。今回の原子力発電所の事故の最大の罪は、目先の経済効率のために、福島の人々から美しい大地と美しい海で安心して暮らす権利を奪ったことなのである。

当分の間、原子力発電所周辺の人々は、我が家に帰れても安心して暮らせない。

だから私は、「その罪は万死してもまだ償えない」と言うのである。

人心乱れる時、天は怒る

これほど情報網が発達し、流通機構が国土のすみずみにゆきわたっている現代、緊急に解決すべき義捐金の配布さえ、とどこおった。そこには責任を取りたくないという、現代文明を支える官僚組織の抱えた矛盾が端的に露見していた。それは日本のリーダーたちの心の腐敗を物語っていた。

阪神淡路大震災の時にも同じことが引き起こされたという。日本赤十字に蓄えられた義捐金の一部は、けっきょく劇場や橋などの公共施設となって使用され、本当に必要な被災者に全額配られることはなかったという。

義捐金は行政のものではない。義捐された方は一刻もはやくそのお金が被災者に届くことを願って義捐した。にもかかわらず、リーダーや行政の、誰も責任をとらないシステムによって、配布が遅延した。現代文明のかかえた闇が、義捐金の配布の在り方にも表れていた。

「公平・平等に配分しなければ自分が責任をとらなければばならない」という官僚や行政の責任回避の在り方が、義捐金の敏速な配分さえ不可能にしたのである。

現代文明を支える制度を抜本的に変えることなくして、こうした問題はまた繰り返されるであろう。従来路線の延長の話ばかりでは、目前の課題を解決することさえできないのである。新しい文明の時代を創造していくことが必要なのである。

本来は東北の被災者の支援のために贈られた義捐金が、東北ではなく、東北以外の地の発展のために使用される可能性さえあった。

実際この私の懸念は見事に当たった。震災復興予算として計上されていた費用が、震災復興とはまったく関係のない他の地域の道路や橋や堤防の復旧に流用されていたのである。

こうした記事を読むと、被災地に暮らすものとしては、「宮城県や福島県は、将来的には放射能汚染によって、人の住めない大地になるのであるから、そこに義捐金を投入して、支援するのはもったいない」という考えが、東京のリーダーたちのどこかにあるのではないかという疑念さえ湧いてくる。だから義捐金の支払いはおろか、がれきの撤去もなかなか進まないし、下水処理施設の修復さえまったく手がつけられなかったのではないか、と考えたくなる。

福島原発でつくられた電気は、福島県民はまったく使っていない。すべて東京へ運ばれた。福島の人々は東京都民の犠牲になって苦しんでいるのである。今回、東北の人々の支援のために贈られた義捐金まで、それ以外の日本の地方がくすねようとしているとすれば、それはもう許されざることである。福島の人々にこれほどの辛酸をなめさせた東京電力の在り方については、私は厳しい批判を展開した（安田、二〇一一）。

石原慎太郎元東京都知事は「天罰だ！」と発言されたようであるが、それはまさに天罰なのである。東京都民のために地方を犠牲にしても、なんとも思わない人々に対する天罰なのである。ひょっとすると前東京都副知事さんの言葉（読売新聞二〇一一年六月二〇日の朝刊）からうかがわれるように、「その天罰は自分たちに対する天罰だ」ということを一番よく知っておられたのが、元東京都知事ご自身だったのではあるまいか。

石弘之氏（石、二〇一一）が指摘されるように、まさに「人心乱れる時、天は怒る」のである。

四　森が危機から人々を救済した

〝いぐね〟の効果

仙台平野には〝いぐね〟とよばれる屋敷林に囲まれた農家が点々とつらなり、海岸には美しいクロマツの防潮林が広がっていた。

〝いぐね〟は防風林の役割を果たし、家を守るだけでなく、〝いぐね〟は薪やキノコなど日常生活に必要な資源を供給するとともに、そこは多くの動植物が生息し、生物多様性を維持する上でも一役かっていた。

しかも、今回の大津波から家を守るに際しても〝いぐね〟は大きな役割を果たしていたのである。〝いぐね〟は、まず海岸の防潮林が津波でなぎたおされた後の第二・第三の砦になったのである。太平洋に面した海岸のクロマツの防潮林は壊滅的打撃を受けたが、その次にあるクロマツの防潮林や〝いぐね〟の背後にあった家屋は、津波による破壊をまぬがれた。〝いぐね〟やクロマツの防潮林は防波堤の役割を果たし、津波の直撃を和らげたのである。

さらに〝いぐね〟やクロマツの防潮林はガレキをトラップするうえで大きな役割を果たしたことを、小金澤孝昭氏（小金澤・海川、二〇一二）が明らかにした。〝いぐね〟やクロマツの防潮林は津波で内陸に流されるガレキをトラップし、さらなる災害の拡大を防いでいた。森が人々の財産を守るとともに、流入・流出するガレキをトラップし、さらなる大災害につながることを防いでいたのである。

確かに、海岸にもっとも近いクロマツの防潮林は流されたが、その背後にある〝いぐね〟や〝鎮守の森〟そしてクロマツの防潮林はみごとにその役割を果たしていたのである。

「照葉樹林があったからこそ日本人は今日まで生きてこられたのだ」と指摘され、北九州の新日鉄大分製鉄所からはじまり、全国にタブノキ、シイ類やカシ類の照葉樹を植林されているのが宮脇昭先生（宮脇、二〇一一）である。なぜタブノキやカシ類の照葉樹は津波に強いのか。それは根が直根性で深く広く張るためである。

津波に強いタブノキは、岩手県釜石市の太平洋沿岸部まで分布している。だから津波で生まれたガレキで防潮堤をつくり、その上に照葉樹のポット苗を植林して、「森の防波堤」をつくれというのが、宮脇昭先生の主張である(宮脇、二〇一一)。私はこのお考えに大賛成である。太平洋沿岸に三〇〇キロメートルにわたる「森の防波堤」を築く。それはなにも照葉樹だけでなく、マツも立派にその役割を果たしている。それらのマツも混植した防潮林は、津波で亡くなった方への鎮魂の「森の長城」ともなる。

場の持つ摩訶不思議な力

不思議なのは神社の小さな祠が残っていることであった。仙台空港周辺の家屋がすべて流されているのに、小さな神社の祠だけは残っていた（図1‐19）。隣り合った家が皆流されているのに神社の小さな祠は無傷だった。周囲の人々は「神の力だ」と言っていたが、それはおそらく鎮守の森のおかげなのであろう。小さな祠のある部分だけが森で囲まれ、かつ少し土盛りされて高くなっていた。

仙台市荒浜の狐塚（図1‐20）は、周囲の建物がすべてなくなったのに、高さ一・六メートルの盛り土の上に建てられた稲荷大明神が祀られた小さな祠は、やはり奇蹟的に無傷で残っていた。この狐塚は「敷地を移すことは絶対に禁止され、道路建設の時にも移される

図 1-19　仙台空港の南の神社の祠
そのまま残っていた．（撮影 安田喜憲）

ことはなかった」、と佐々木氏は述べている（佐々木、二〇一三）。

今回の津波と神社の関係を調査されたのは熊谷航氏（熊谷、二〇一二、高世ほか、二〇一二）である。熊谷氏が南相馬市周辺の海岸部を中心に調査された結果、最近移設されたり建てられた神社はすべて流されているが、由来のわからない古い神社はほとんど残存していた。その神社の残存状況は海抜とはほとんど関係なかった。さらに〝いぐね〟の背後の神社はまったく無傷だった。

周囲の家屋がほとんど流亡しているのに、古い神社の祠だけがポツンと残る風景は、場の力の存在を考えざるを得なくなる。場には我々が測りしれない力が存在するのかもしれない。

その場の持つ力に注目してきたのは地理学者である。地理学者はそれを風土という呼び名でよんできた。だが戦後日本の地理学会では、風土の力を主張することは、非科学的・封建的な地理学者であると見なされた。しかも風土は封建的な因襲と深く結びつけて考えられていた。当時は、人間は風土性を超克しグローバルに生きることこそがすぐれた人間の生き方であると見なされていた時代である。だから「人間は風土的過去を背負って生きる」などと私が主張すると、「安田は環境決定論者だ、風土決定論者」だと批判を受けた。しかし、私はそうした批判にめげることなく、『日本文化の風土』（安田、一九九二）や『東西文明の風土』（安田、一九九九）と題する本を刊行してきた。

最近になってやっと「風土という場所性を捨てて画一化してきた近代経済の限界」までが企業経営

図 1-20　仙台市荒浜海岸の狐塚

この小さな祠も残っていた．立っているのは立命館大学中川毅教授．（撮影 安田喜憲）

の立場からも指摘されるようになり、「二一世紀の経済は、資本主義ではなく、場所主義で経営される」（前川、二〇一三）とまで指摘されるようになった。

風土の重要性を訴え続け、それが地理学者に理解されるのにじつに三〇年かかった。私はかって学会誌に「日本文化風土論の地平」と題する論文を投稿したことがあった。しかしその論文は突き返されてきた。当時はまだワープロもなく万年筆で「失礼だ！」と書かれていた。私はこれが学会のレフェリーの言葉かと目を疑ったが、これでは自分の研究はとうてい理解されないと思って、私はその学会を退会した。その後、この論文は国際日本文化研究センターの『日本研究』二（安田、一九九〇b）に刊行され、さらに拙著『日本文化の風土』（安田、一九九二）に再録された。

魅力ある学問をつぶすのも生かすのも人間なのである。３・11の大津波を契機として、人々は場の摩訶不思議な力に注目した。その場の持つ力、場所性に魅かれて研究をはじめたのが地理学者なのである。場所性、場所の力と乖離した地理学などあり得ないのである。

クロマツの防潮林と御救山

これまで日本人は、気象災害や地震で庶民の暮らしが危機に直面した時、その危機の打開策として森の資源を利用し命を繋いできた。

日蓮が生きた時代も中世温暖期後期の災害の多い時代だった（須田、二〇一二）。

一二五七（正嘉元）年の旧暦八月二三日午後八時、鎌倉は巨大地震に見舞われ、翌年の一二五八（正嘉二）年旧暦一〇月一六日には、鎌倉は大洪水に見舞われる。さらに一二五八年の夏以来、諸国には集中豪雨と干ばつが襲来し、正嘉の大飢饉とよばれる大凶作に見舞われた。

その正嘉の大飢饉で苦しむ民衆を助けたのは森だった。人々は山野を食料を求めてさまよった。鎌倉幕府はこうした流民が山野や河海に自由に入ることを許可し、食糧の調達のたしにさせたのである。

一七八三（天明三）年、第二小氷期の気候寒冷化によって、東北地方は天明の大飢饉とよばれる大凶作と飢饉に見舞われた。

長谷川成一氏（長谷川、二〇〇七）によれば、弘前藩津軽領では、一七八三年九月から一七八四年六月にかけて、八万一七〇二人の餓死者が出た。弘前藩は窮民を救済する施行小屋、施粥、年貢の減免、酒造の禁止などの対策を打ち出した。その中にこれまで御留山として藩が管理していた山林を百姓に開放して、森林の資源を自由に利用させる「御救山」を設定することが含まれていた。

藩がこれまで御留山として管理していた山を開放し、その木材や薪を伐採し、それを販売することで現金収入を得たり、山菜などを食料として採集し、下草を肥料として採取することによって、飢饉の窮乏から庶民が立ち直ることをはかったのである。

3・11の大津波によって壊滅した仙台湾沿岸のクロマツの防潮林も、この天明や天保の大飢饉の時に、「お救山」として、人々を救済した。菊地慶子氏によれば、クロマツの木の皮の中の白い部分を削り、これを灰水で煮沸し、お湯で煮た後、二日ほど水でさらし、さらに細かく砕いて、もう一度水で洗って、米や大豆に混ぜて松皮餅をつくったということである（菊地、二〇一三）。海岸のクロマツ林は樹皮をはがされ、まるで枯れ木のように白々と見えたということである。

日本人が危機に直面した時、山と森は幾度となく日本人を救済してくれた。おそらくこの3・11の東日本大震災に際しても、日本の森の力は、震災復興に大きな役割を果たしてくれるであろう。

二〇一三年六月九日、輪王寺日置道隆住職たちが中心となって、岩沼市の千年希望の丘で植樹祭が行われた。四五〇〇人以上の人が詰めかけた（さらに二〇一四年の植樹祭には七〇〇〇人もの人が参加した）。宮脇昭先生たちは、ポット苗の照葉樹の苗木を三万本用意されて植樹にあたられていた。震災復興への思いを森に託すことは、何百年もの昔から日本人がやって来たことであり、間違いのないことなのである。

式年遷宮の語るもの

故郷の三重県にも、すばらしい二一世紀の森の哲学を語るものがあることを知ったのは、最近のことである。灯台下暗しとはこのことを言うのであろう。私は初めて伊勢神宮のことについて書いた（安田、二〇〇七）。

伊勢神宮（図1‐21）は稲作漁撈民の信仰の頂点をなす神社である。この伊勢神宮では二〇年ごとに式年遷宮が行われている。式年遷宮は六八五年に天武天皇によって制定された。天武天皇は翌年の六八六年にお亡くなりになり、実際には皇后の持統天皇が第一回の式年遷宮を実施した。内宮の式年遷宮は持統天皇四年の六九〇年に、外宮の式年遷宮は持統天皇六年の六九二年にはじまった。

式年遷宮は二〇年ごとに伊勢神宮のお社を建て替える行事である。お社を建て替える場合、二〇年前と同じ方法でかつ同じ大きさで立て替えなければならないことが決まっている。同じ方法で立て替えるというのは、技術の伝承という面において大きな役割を果たすことが指摘されてきた。しかし、なぜ同じ大きさなのか。すべてが右肩上がりがよしとされる現代人には、このことがわからなかった。

それでも伊勢の人々は二〇年ごとに一三〇〇年もの間（途中一時的に中断するがほぼ継続的に）、式年遷宮を続けてきたのである。

しかし、地球環境が危機的様相を示し、あと二〇年後の式年遷宮がまともに行えるかどうかわからなくなった現代になって、はじめて二〇年ごとに式年遷宮を行うことの意味がわかったのである。

二〇年というのは一世代である。おじいさんが式年遷宮をやれば、つぎの式年遷宮は子どもが、そしてその次の式年遷宮は孫がというふうに、一世代ごとに式年遷宮を行う。この美しい地球で一三〇〇年もの間、代々遷宮を行えるということは、なんという喜びなのか。

二〇年先、四〇年先にはたして式年遷宮を執り行うことができるかどうかの危機の淵に立ったとき、その喜びがはじめてわかったのである。稲作漁撈民にとっては、右肩上がりではなく、この美しい地球で持続的にたんたんと生続けることこそが、もっとも重要な事なのである。

その式年遷宮には大量のヒノキ材が必要である。もちろん古いお社の材木は末社に分配され、廃棄することなく完璧にリサイクルされる。しか

図 1-21　伊勢神宮のみそま山

白い線が 2 本書かれたヒノキは 200 年後に伐採する．2013 年の式年遷宮はこのみそま山のヒノキ材を一部使用して行われた．（撮影 安田喜憲）

し、新しいお社を建てるためのヒノキ材は、飛騨などから調達する必要があった。やっと二〇一三年の式年遷宮から、伊勢神宮は背後のみそま山に植林したヒノキ材で一部をまかなえるようになった。

その、みそま山のヒノキの大木には、白いペンキが一本塗ってあるものと、二本塗ってあるものがあった（図1－21）。聞けば白いペンキを一本塗ったヒノキは百年後に、二本塗ったヒノキは二百年後に伐採するものだそうである。日本人は地球環境が危機的様相を示し、あと五〇年後に現代文明は崩壊し、百年後には人類の絶滅の危機さえささやかれているときに、百年後、二百年後の未来の自然を信じて生きているのである。

自然を信じ・人を信じ・未来を信じて生きる

自然を信じることができるものにとって、人間を信じることはやさしい。稲作漁撈民としての日本人は自然を信じ、人間を信じて生きてきたのである。自然を信じ人間を信じることは未来を信じることである。

これにたいして畑作牧畜民（安田、二〇〇九）の漢民族やアングロサクソン人が信用できるのは、肉親と親戚それに友達までである。中国の住宅の窓には泥棒よけの鉄格子がしてあるし、アメリカ人はピストルを手放せないのである。肉親の外側にある他人やましてやさらにその外側にある自然を信じることなど、多民族国家に生きる漢民族やアングロサクソン人にとっては、とうていできない話なのである。

世界が他人を信用せず、ましてや自然を信じることのできない漢民族やアングロサクソン人によって支配されようという時に、日本人は人を信じ、自然を信じ未来を信じる心を世界に広めることが必要なのである。そうしなければ、資源をめぐる核戦争の危機の回避は困難であろう、ましてや地球環境問題の解決などほど遠い話になってしまうのである。

しかし、残念ながら構造改革の名の下に畑作牧畜民の心が日本にも蔓延し、振り込めサギなど、これまでには考えも及ばなかった犯罪が急増している。

「だまされるほうが馬鹿なのだ」という風潮さえ蔓延しはじめているし、「田舎者だからだまされるのだ」というさげすみのまなざしさえ感じられるこのごろである。構造改革と規制緩和の下、お金持ちや権力を持った人々だけが有利な弱肉強食の格差社会が生まれつつある。しかしそれは稲作漁撈民の歴史と伝統文化にはなかった社会である。我々はもう一度、日本人とは何者かをじっくりと考え、その足元を考え直す時なのではあるまいか。

五　巨大な災害は天才を生む

物理帝国主義からの転換

今回の巨大地震の到来を正確に予知できなかった地震学者や、原子力の安全神話をかかげてきた科学者、さらには福島第一原子力発電所の事故で放射能の拡散を知りながら、混乱を恐れてそれを報道しなかった科学者や行政担当者は、大きな責任を負わなければならないだろう。

国民の膨大な税金を使用して、「我々が予知できるのは、明日地震が起こるのか、三〇年後に起こるのか、三〇〇年後におこるのかを区別できない段階である」と語れる科学者の「良心」が問題である。国民の税金を使用して作成したスピードの解析結果に、原子力発電所から北西部の飯館村方向に、大量の放射能が拡散していることが表示されているのに、それを国民のパニックを防ぐという名目で発表しなかった政治家や行政マンそして科学者たち。彼らが、人の命、とくに福島をはじめとする東北人の命を軽視した罪は免れ得ないだろう。

二〇〇九年に、イタリア中部のラクイラでマグニチュード六・三の巨大地震が発生した。当時は群発地震が続き、人々は不安におののいていた。その不安を鎮めようと国立地球物理学火山学研究所所長や政府防災局の副長官らが、「群発地震を大地震の予兆とする根拠はない」と記者会見で発表した。それを聞いて安心した多くの市民が地震に巻き込まれ、三〇〇〇人以上の人々が死亡した。「科学者や当局の対応が市民に安心感を広げ、慎重に対応しておれば救えた命も救えなかった」と裁判になった。その結果、高リスク検討会に出席した七人の科学者や行政担当者に、禁錮六年の有罪判決が言い渡され、二〇一三年一月一八日にラクイラ地裁より九四六頁に及ぶ判決理由が発表された（朝日新聞、二〇一三年一月一三日朝刊）。

日本人は優しい民族であり、イタリアのような裁判になることはないであろう。いや何もわからない庶民は、政府や立派な科学者の言われるままにただ従っている。それよりも一日も早く復興をお願いしたいというのが本音である。

しかし、その復興さえまともに進まない。そして本来復興に使われるべき予算までが他の目的に使用されるという事態までが発生した。日本は、政治も行政もそして科学者もみんな「良心」を失った腐敗の国になろうとしているのであろうか。３・11の東日本大震災はそのことに対する警告だったのではないか。

地震予知の主導権を握っているのは、地球物理学者である。地震の研究は、地理学者も行ってきたが、地理学的研究には、これまでほとんど研究費が配分されなかった。

その結果「予知できるのは明日地震が起こるのか、三〇〇年後におこるのか区別できない段階である」とテレビのインタビューに、何のうしろめたさも感じることなく、科学者の「良心」にはじることもなく、どうどうと語れるのである。

もし我々が行っている年縞《ねんこう》の(注1)研究や地理学者が行っている変動地形や津波の研究に、もっと予算を投入し、かつ我々の意見を聞いてくれていたら、こんな福島第一原子力発電所のような事故は起こらなかったかもしれない。

官僚と特定の科学者とのなれあいによって、地球物理学中心の地震予知の研究が進展した結果が、こうした大災害に対応できない結果にもなった。本来なら年縞の研究や地理学の変動地形や津波の研究に、もっと予算を投入し、本格的に押しすすめれば、正確な地震予知ができたかもしれないのである。その研究がまったくかえり見られなかったことは、まことに残念であった。

大学の理学部では、優秀な学生から物理学・化学・生物学・地質学・地理学の順に専攻を決める傾向がかつてあった。最低レベルの地理学は、「理学部の塵だ」とよく言われた。こうした科学の世界におけるヒエラルキーが、現在の原子力発電所の問題に直結していることは明らかである。福島第一原子力発電所の残骸は、まるで物理帝国主義の残骸を見るようだ。

現在問題になっている地球温暖化予測の、ＩＰＣＣ（政府間気候変動パネル）のクライメート事件もまた、地球物理学者が引き起こした事件である。

ホッケースティックモデル（Steffen,W. *et al.*, 2004）が提示された時、我々の年縞を分析して過去の気候変動を復元した結果がまったく無視されていた。過去一〇〇〇年間の気候変動は、誤差の範囲とされ、一直線にして、未来のシュミレーションが行われていた。

（注１）湖底に年輪と同じく毎年毎年１本ずつ形成される縞々の堆積物があることをアジアで最初に発見したのは，福井県水月湖においてである（安田，2014）．私はこの縞々の湖底堆積物を年縞と呼んだ．この年縞の数をかぞえることで正確な年代軸が得られるとともに，その年縞に含まれる花粉や珪藻などの化石を分析することで，過去の気候変動や森林変遷が年単位で解明できるようになった（中川，2015，安田，2016 参照）．

過去一〇〇〇年の間にも、中世温暖期や小氷期といった、大きな気候変動があり、それが人類の暮らしや文明の興亡に大きな影響をあたえているのに、ＩＰＣＣのシュミレーションモデルでは、それらの気候変動は、いっさい無視され一直線になっていたのである。

そして一八世紀の産業革命以降、突然一気に、気温が上昇に転じたように描かれていた。まるでホッケーのスティックのようになっているので、ホッケースティックモデルとよばれている。そのホッケースティックモデルの製作者も地球物理学者である。

そのモデルが出るにおよび、世の中は地球温暖化一色になり、原子力発電は地球温暖化に貢献するものとして、一気に脚光を浴び、世界中が原子力発電に乗り出したのである。ＩＰＣＣのパチャウリ議長たちは、これで二〇〇七年にノーベル平和賞を受賞した。

おまけに、そのモデルの制作は、意図的にデータを改竄してつくられたものであったことが、メイルのやり取りの中で暴露されてしまったのである。これをウオーターゲート事件になぞらえて、クライメート事件と言う。

科学の世界を支配し、今も支配し続けている物理帝国主義への懐疑こそ、この福島第一原子力発電所の事故とクライメート事件がもたらした一つの大きな教訓なのではなかろうか。それは生命を軽視する科学の進展に対する警告である。

頭のいい人だけが世の中を支配すると、人間が見えなくなってしまう。生命の重要性が見えなくなり、科学が人間に与える影響、技術が人間社会に与える影響が見えなくなってしまう。

なぜなら彼らはそんな人間のことなんか、生命のことなんか、ましてや人間が作った歴史や伝統文化のことなんかに興味がないからである。自分の興味あること、自分の夢を達成することだけが関心事の、いわばオタクなのである。

彼らにとって、自分のやっていることが、人間や文明社会にどんな影響を与えるかは二の次なのである。だから生命を危険にさらす原爆でも開発できたのである。

こういう人々が科学の世界を支配し、人類文明をリードしているかぎり、地球と人類の平和な時代がやってくることはないだろう。もちろん、物理学の研究はきわめて重要であり、物理学の研究なくしては人類の繁栄はありえない。その物理学に携わる優秀な研究者が、もうすこし生命の尊厳や歴史と伝統文化の大切さに目覚めてくれたら、世の中はもっともっと良くなるのではあるまいか。

中世温暖期には地震が多発した

私たちの年縞や年輪をもちいた最新の気候変動の研究は、西暦七四〇年から一三〇〇年の間が、中世温暖期とよばれる温暖な時代であったことを明らかにした（安田、二〇一三）。

とりわけ西暦九八〇年から一一八〇年の間が、中世温暖期の極期だった（図1‐22）。

平清盛が生まれた一一一八年は、まさに中世温暖期の極期の真っ最中だった。この中世温暖期の極期の気候は温暖でかつ湿潤であり、西日本の農村は生産力があがり、平清盛は宋との貿易によって、富を手中にして権勢をきわめた。平氏の繁栄期は中世温暖期の極期に対応している。

ヨーロッパではグリーンランドに人々が移住し、巨大な教会が建てられた時代である。グリーンランド南西部のナラスク地方では、当時に入植した人々が建てた大きな教会の跡が残っている（安田、二〇一四）。

じつはこの地球温暖化の中世温暖期に、巨大地震が多発しているのである。

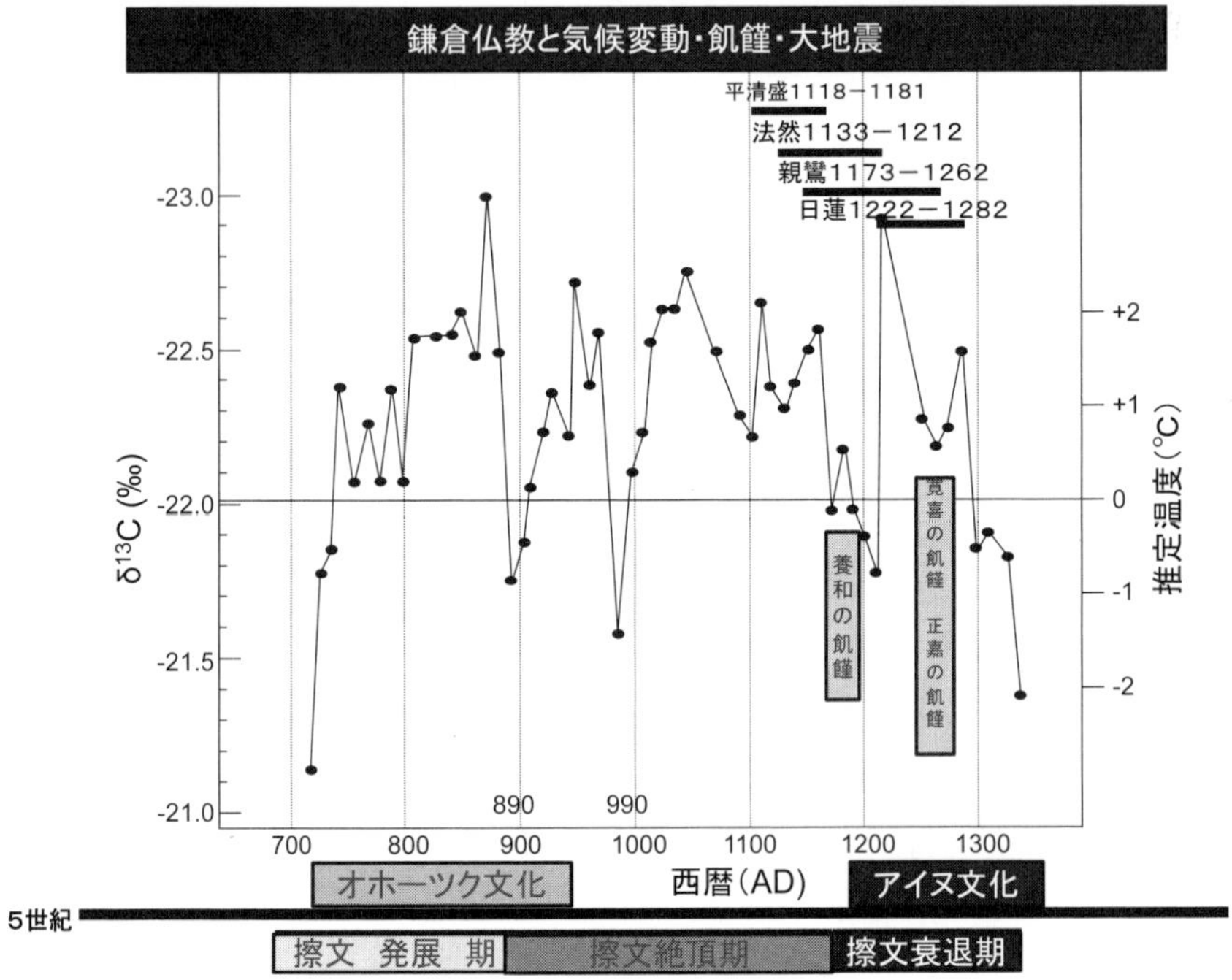

図 1-22　中世温暖期の気候変動

この時代は鎌倉仏教の天才たちの出現した時代だった．北海道では
オホーツク文化・擦文文化の盛衰があった．（安田，2013）

表1－1は京都の花折断層によって引き起こされた中世温暖期の巨大地震の一覧を示したものである（金折ほか、一九九二）。M6・4以上の巨大地震は、中世温暖期の八二七年

表 1-1　中世温暖期の京都周辺の大地震

西暦	日付 (旧暦)	マグニ チュード	被災地
827 年	8 月 11 日	M6.7	京都
855 年	不 明	大地震	大和
856 年	不 明	M6.5	京都
881 年	1 月 13 日	M6.4	京都
938 年	5 月 22 日	M7.0	京都・近江
976 年	7 月 22 日	M6.7	山城・近江
1070 年	12 月 1 日	M6.4	山城・近江
1091 年	9 月 28 日	M6.4	山城・近江
1177 年	11 月 26 日	M6.4	大和
1185 年	8 月 13 日	M7.4	近江・山城

中世温暖期はまた花折断層の活動期にあたり，近畿地方で巨大地震が多発している．金折ほか（1992）による．表中の「不明」と「大地震」は筆者記入．

から一一八五年に集中し、一〇回も引き起こされている。西暦八六九年に引き起こされた貞観地震と今回の3・11東日本大震災が酷似することが指摘される。鎌田浩毅氏（鎌田、二〇一五a・b）は、九世紀の日本と現代の日本の類似性に注目し、日本列島大変動の時代がはじまったと指摘している。

そして一一八五年八月一三日のM7・4の巨大地震を最後に、京都周辺では一三一七年のM6・7の地震まで一三〇年以上の間、巨大地震は起こらない。

なぜ地球温暖化の時代に地震が多発するのか。そのメカニズムについては、現時点ではまだ明白になっていないが、過去の気候変動と巨大地震発生との間には、因果関係がありそうである。おそらく巨大地震も気候変動も太陽活動や月の引力などの宇宙的要因によって引き起こされている可能性が大きい。

中世温暖期の極期が終わった西暦一一八〇年ごろ、一時的に気候が寒冷化する。

こうした一時的な気候悪化期によって、中世温暖期は西暦七四〇〜九八〇年までの中世温暖期前期と、西暦九八〇年から一一八〇年までの中世温暖期中期（極期）と、西暦一一八〇年から一三〇〇年ころまでの中世温暖期後期の三時期に区分される（安田、二〇一六）。

日本列島の中世温暖期の前半は湿潤であったが、中世温暖期の後半には干ばつが多発した（安田、二〇一三）。

中世温暖期中期（極期）と中世温暖期後期とを分ける短期間の気候悪化期の終末期に、平清盛が死に、養和の大飢饉がおこっている。

鴨長明の『方丈記』には、一一八〇（治承四）年の四月、都で辻風が吹き、多くの建物に損害が出たこと。その年の六月、平清盛は都を京都から福原に遷都した。しかし、福原の地は山が海に迫り、都とするにはせまかったため、新しい都はいまだに定まらない。無政府状態になった京の都は荒廃し、立派な屋敷も荒れほうだいになった。世の中は浮足立って、人の心も定まらないと書いている。鴨長明二六歳頃のことである。

そしてその翌年一一八一（養和元）年閏二月四日（旧暦）に、「平氏にあらずんば人に非ず」とまで言われた平氏の頭領平清盛が死亡した。混乱を収拾すべき責任者が他界したのである。

そんな中、一一八一年に飢饉が起こる。清盛の死亡した年は、養和の大飢饉と言われる飢餓の時代だった。京の都には餓死者があふれ、飢えに苦しむ人々が続出した。

京の都だけではない。西国は夏に干ばつに見舞われ、秋には台風や大洪水に見舞われ、五穀は実らず、疫病が流行して、養和の大飢饉は西日本全域を襲った。凶作は一一八二（寿永元）年まで続き、京の都には死体が累々と横たわった。

仁和寺の隆暁法印という人は、その死体の額に阿の字を書き、仏縁を結ばせた。京の都の北は一条から南は九条、東の京極通りから西の朱雀大路の間だけでも、四万二三〇〇体の死体があったと鴨長明は書いている。長明がその地獄の光景を目のあたりにした前後にも、多くの死者が出たであろうから、その数ははかりしれないとも書いている。

その大飢饉のさなかに平清盛は死に、平氏は滅亡へと向かう。

その養和の大飢饉においうちをかけるように、一一八五（元暦二）年旧暦八月一三日、大地震が起こったと鴨長明は記している。山は崩れて川を埋め、津波が起こって陸地に侵入し、地割れができて地下水があふれ出て、都の周辺の建物はほとんどが崩れ倒れて、塵がたちのぼっている。しかも余震が続き、その余震は三ヶ月ばかりしてやっとおさまったと鴨長明は記録している。地震にたいする記載が正確であることがわかる。

そして、一一八五年に壇ノ浦の合戦で、平氏一門は源義経ら源氏に敗れ、滅亡する。

鴨長明はこうした気象災害と大地震で被災し、その上、源氏と平氏の争いで治安の乱れた都をさけて、京都盆地南東部の山科の日野の山中に隠れ住んだのである。

現在では雑木林とヒノキの植林地になっている京都盆地南東部の日野の山中に、鴨長明の隠遁地はあった。人々は混乱する都をさけて、山に隠遁したのである。気象災害と地震そして治安のみだれた世の中で、人々を救ったのはやはり山であった。鴨長明を救ったのも山であり森であった。

法然の宗教改革

気候悪化による飢饉と大地震がおこった不安な時代に、人々が救いを求めたのは法然の専修念仏など、新たな新興宗教だった。鴨長明の「方丈記」は、法然が土佐に、親鸞が佐渡に流された一二〇七年頃に書きはじめられ、一二一二（建暦二）年頃に完成したものである。

二一世紀の地球温暖化の時代が宗教の世紀になることは間違いあるまい。

A・トインビーが『歴史の研究』（トインビー、一九六九〜一九七二）を書き、文明論に大きく傾倒していくきっかけは、同時代性の認識にあった。トインビーが生きた二〇世紀初頭の一九一四年八月に第一次世界大戦が勃発した危機の時代だった。

オックスフォード大学で、古代ギリシアの歴史家トゥキュディデスの『戦史』の購読をしていた時、突然、トインビーの脳裏にひらめいたことは、「自分が生きているこの二〇世紀初頭の第一次世界大戦の危機の時代と、二三〇〇年以上前にトゥキュディデスが生きたペロポネソス戦争の時代の同時代性の認識」だった。

梅原猛先生は六五歳から七五歳の一〇年がかりで、法然の研究に携わられた。だが私は梅原先生が、なぜ法然の研究（梅原、二〇〇〇）にあそこまで没頭されているのか、よく理解できなかった。法然の生い立ちと梅原先生の生い立ちがかさなるところがあり、とくに母への熱い思いが、梅原先生を法然研究に駆り立てたことは事実であろう。

しかし、二〇一一年三月一一日の東日本大震災で、二万一〇〇〇人にも及ぶ死者と行方不明者が出る地獄の風景に直面して、私ははじめて、その重大な意味が理解できた。

法然が比叡山を降り「ひたすら阿弥陀仏を唱えれば、すべての人々が極楽往生できる」という、専修念仏の浄土宗をとなえ、賀茂川の河原で貧しい人々の救済にあたった時代は、中世温暖期中期（極期）と中世温暖期後期を区切る、養和の飢饉と呼ばれる気候悪化の時代だった（図1‐22）。この気候悪化により、洪水や干ばつ、さらには長雨によって、諸国では飢饉が多発し、京の都は大火や地震の災害に見舞われ、四万人以上の死者であふれていた。

さらに平清盛が死亡し、隆盛をほこった平氏は凋落し、政治的混乱の中、都では強盗が横行し、治安は乱れた。その上、人々の不安を解消し、救済にあたるべき宗教界は混乱の極みにあった。

法然はその危機の時代に、弱者を救済し、女性を救済する新たな宗教革命を行ったのである。これまでは金持ちや貴族、しかも男性しか行けないとされた極楽に、「南無阿弥陀仏」の名号を唱えれば、女人でも誰でも往生できるという宗教革命を断行したのである。民衆に極楽の門を開放したのである。

この法然の思想は親鸞・一遍へと受け継がれ、鎌倉仏教の大きな流れをつくる。

山折哲雄先生（山折、二〇一六）は、それは日本の基軸時代のはじまりだと指摘されている。そのはじまりは法然にあると私は思う。

人の心が乱れ、天変地異が起こるとき、人々は宗教に救いを求める。
法然・親鸞・栄西・道元・日蓮と、偉大な宗教家が誕生した背景には、権力闘争により人心の乱れた世相と、地震などの天変地異や気候変動などによる飢饉によって、庶民の生活が困窮していたことが背景にあったことは確実である。

日蓮の立正安国論が書かれた時代も危機の時代だった

すでに述べたように日蓮が「南無妙法蓮華経」を唱え日蓮宗の布教に新天地を求めた時も、鎌倉は前代未聞の巨大地震に見舞われ、諸国は集中豪雨などの異常気象で、正嘉の飢饉とよばれる大飢饉が発生した時代だった。日蓮が『立正安国論』を著しそれを北条時頼に提出したのは、こうした巨大地震と飢饉に鎌倉が見舞われた時代だった。

一二六〇年に提出された『立正安国論』の書き出しは「天変地妖・飢饉疫癘、遍く天下に満ち、広く地上にはびこる」という書き出しからはじまる。そこには『立正安国論』を著す数年の間に、たてつづけに起こった巨大災害がいかに民衆を苦しめたかが物語られている。この災害の国難から民衆を救うために『立正安国論』は著わされたのである。

日蓮が「南無妙法蓮華教」の七文字を太平洋から昇る朝日に向かって唱え、日蓮宗が誕生した一二五三（建長五）年には、二月（以下の月日の記述は旧暦）に鎌倉大風大雨雷・五月に旱ばつ・六月一〇日に鎌倉大地震。翌年の一二五四（建長六）年の一月に鎌倉大火・一一月一八日に鎌倉は大地震に見舞われている。そしてそれから毎年のように立て続けに、一二五五（建長七）年　疫病流行／一二五六（康元一）年　冷夏・関東暴風雨／一二五七（正嘉一）年　五月一八日鎌倉大地震・六〜七月旱ばつ・八月一日鎌倉大地震・八月二三日関東大地震・一一月八日鎌倉大地震／一二五八（正嘉二）年　一月鎌倉大火・六月大飢饉・八月大雨・一〇月鎌倉大雨洪水／一二五八（正元一）年　天下大飢饉疫病多発／一二五九（文応一）年　三月二五日鎌倉大地震・四月鎌倉大火・六月関東大暴風雨、と鎌倉が巨大災害に見舞われているのである（以上須田、二〇一二に基づく）。

その上、文永の役（一二七四年）・弘安の役（一二八一年）が起こり、蒙古が来襲して日本国が外敵の脅威にまで直面することになった。

その七五〇年以上前の時代は、まさに現代の世相と酷似しているではないか。

その時代の有様は、二〇一一年の東日本大震災や二〇一六年の熊本地震に見舞われ、集中豪雨や災害が頻発し、おまけに尖閣諸島や竹島の領土をめぐって中国や韓国と対立し、市場原理主義・金融資本主義の跋扈によって日本文化の伝統と日本人の心が危機に瀕している現在の日本の状況とよく似ている。

同時代性の認識

この混乱する二一世紀初頭の現代の未来には、かならず宗教が大きな力を持ってくるであろう。法然が専修念仏を説き人民の救済を行い、日蓮が「立正安国論」を提出して、日本の国家の未来を憂いたように、こうした混乱と危機の時代には、かならず新たな日本文明の時代を切り開く天才が出現してくるはずである。そしてその天才は3・11の東日本大震災を受けた東北の地から出てくるのではあるまいか。この東北の森の中から、人類の未来を救う大天才が出現することが、今、待望されているのである。

今その説が評価されなくとも、五〇年後いや百年後に評価されることがあるのである。最澄や空海の大天才が生きた時代も、中世温暖期の開始期にあたる地球温暖化の時代だった。その時代はまた旱ばつや洪水さらには地震などの災害の多発する時代だった。

最澄は、生きている間はほとんど評価されなかった。南都六宗は反最澄でかたまっていた。それでも最澄は自らの信念に忠実に生きた。念願であった一向大乗戒壇が認可されたのは、最澄が死んでからである。最澄の一乗主義は、最澄が生きている間はまったく評価されなかった。

最澄は、あらゆる人間、生きとし生けるものすべてに仏性がやどるという一乗主義の理論を、日本ではじめて提示した。空海も同じだった。空海の即身成仏の思想は人が生きるというだけで仏だという理論に立脚している。だが当時の流行の思想は、だれもが仏になれるのではなく、仏の教えを聞き、修業をし、他の人々にもその境地を広めることができる人だけが仏になれるという、三乗主義の理論が主流だった。最澄と論争した徳一はまさにこの三乗主義者であり、その論争は「三一権実論争」と言われる（白岩、二〇一一）。

最澄や空海の現世肯定の一乗主義は、当時は異端の理論だった。しかし、その誰もが仏になれるという異端の思想こそが、その後、法然の女性も往生できる思想を生み、親鸞の悪人さえ往生できるという思想になり、日蓮の生命を育む女性を大切にする思想へと発展し、千年以上の日本人の魂の根幹を形成する神仏習合思想の潮流になるのである。

今、評価されなくとも五〇年後、百年後に評価される時代はなからずやってくる。そのことを信じて、与えられた天命を全うするのが、生きるということなのである。

第一章の引用文献

・アーノルド・トインビー『歴史の研究』（歴史の研究刊行会訳）全二五巻　経済往来社　一九六九〜一九七二年
・網野善彦「問題の所在」『日本の社会史1：列島内外の交通と国家』岩波書店　一九八七年
・飯塚浩二『地理学と歴史』古今書院　一九六六年
・飯塚浩二『地理学方法論』古今書院　一九六八年
・飯沼二郎『風土と歴史』岩波新書　一九七〇年
・石弘之『地球クライシス』洋泉社新書　二〇一一年
・石田英一郎「文化人類学序説」『石田英一郎全集1』筑摩書房　一九七〇年
・伊藤安男『台風と高潮災害　伊勢湾台風』古今書院　二〇〇九年
・上原専禄『歴史学序説』大明堂　一九五八年
・梅原猛「森の文明・草原の文明」伊東俊太郎・安田喜憲編著『草原の思想・森の哲学』講談社　一九九三年
・梅原猛『法然の哀しみ』梅原猛著作集一〇　小学館　二〇〇〇年
・奥谷喬司・鎮西清高「日本をめぐる海とその生物」阪口豊編『日本の自然』岩波書店　一九八〇年
・柏祐賢『危機の歴史観』未来社　一九六八年
・金折祐司ほか「近畿地方に被害を与えた歴史地震（M≧6・4）の時空分布に認められる規則性」応用地質　三三　一九九二年
・鎌田浩毅『西日本大震災に備えよ』PHP新書　二〇一五年a
・鎌田浩毅『せまりくる天災とどう向き合うか』ミネルヴァ書房　二〇一五年b
・鴨長明『方丈記』岩波文庫　一九九一年
・菊地慶子「失われた黒松林の歴史復元」岩本由輝編『歴史としての東日本大震災』刀水書房　二〇一三年
・紀藤典夫「北海道南部における最終氷期以降の植生変化」安田喜憲・阿部千春編『津軽海峡圏の縄文文化』雄山閣　二〇一五年
・吉良竜夫・四手井綱英・沼田真・依田恭二「日本の植生」阪口豊編『日本の自然』岩波書店　一九八〇年
・熊谷航「古の神社が教えるもの」致知　六月号　二〇一二年
・高世仁・吉田和史・熊谷航『神社は警告する』講談社　二〇一二年
・小金澤孝昭・海川航太「仙台平野の伊具根・海岸林の被害状況と防災効果」東北地理学会春季学術大会発表　二〇一二年
・佐々木秀之「消防団体験から書き起こす東日本大震災」岩本由輝編『歴史としての東日本大震災』刀水書房　二〇一三年
・寒川旭『日本人はどんな大地震を経験してきたか』平凡社新書　二〇一一年
・白岩孝一『徳一と法相唯識』長崎出版　二〇一一年
・須田晴夫『日蓮の思想と生涯』論創社　二〇一二年

・田中克『森里海連環学への道』旬報社　二〇〇八年
・寺田寅彦（山折哲雄編）『天災と日本人―寺田寅彦随筆集』角川ソフィア文庫　二〇一一年
・電気新聞編『東日本大震災の記録』社団法人日本電気協会新聞部　二〇一一年
・中川毅『時を刻む湖』岩波書店　二〇一五年
・中村一明・松田時彦・守屋以智雄編『日本の自然　一』岩波書店　一九八七年
・中村和郎・木村竜治・内嶋善兵衛『日本の自然　五』岩波書店　一九八六年
・長谷川成一「山と飢饉」、長谷川成一編『供養塔の基礎的調査に基づく飢饉と近世社会システムの研究』弘前大学　二〇〇七年
・畠山重篤『森は海の恋人』文春文庫　二〇〇六年
・平野秀樹・安田喜憲『奪われる日本の森』新潮社　二〇一〇年
・星亮一『会津落城』中公新書　二〇〇三年
・堀越増興・青木淳一編『日本の自然　六』岩波書店　一九八五年
・堀越増興・永田豊・佐藤任弘『日本の自然　七』岩波書店　一九八七年
・前川正雄『再起日本！』ダイヤモンド社　二〇一三年
・町田洋・小島圭二編『日本の自然　八』岩波書店　一九八六年
・湊正雄監修『日本の自然』平凡社　一九七七年
・宮脇昭『瓦礫を活かす「森の防波堤」が命を守る』学研新書　二〇一一年
・安田喜憲『環境考古学事始』ＮＨＫブックス　一九八〇年
・安田喜憲「環日本海文化の変遷―花粉分析学の視点から」国立民族学博物館研究報告　九　一九八四年
・安田喜憲『森林の荒廃と文明の盛衰』思索社　一九八八年
・安田喜憲『気候と文明の盛衰』朝倉書店　一九九〇ａ年
・安田喜憲「日本文化風土論の地平」日本研究　二　一九九〇ｂ年
・安田喜憲『日本文化の風土』朝倉書店　一九九二年
・安田喜憲「列島の自然環境」『岩波講座日本通史第一巻』岩波書店　一九九三年
・安田喜憲『森と文明の物語』ちくま新書　一九九五年
・安田喜憲『森の日本文化』新思索社　一九九六年
・安田喜憲『東西文明の風土』朝倉書店　一九九九年
・安田喜憲「一〇〇年後の日本文化」『科学』七七　岩波書店　二〇〇七年
・安田喜憲『稲作漁撈文明』雄山閣　二〇〇九年
・安田喜憲編『文明の原理を問う』麗澤大学出版会　二〇一一年
・安田喜憲『環境考古学への道』ミネルヴァ書房　二〇一三年

・安田喜憲『一万年前』イーストプレス　二〇一四年
・安田喜憲『日本神話と長江文明』雄山閣　二〇一五年
・安田喜憲『環境文明論：新たな世界史像』論創社　二〇一六年
・安田喜憲・阿部千春編『津軽海峡圏と縄文文化』雄山閣　二〇一五年
・山中二男『日本の森林植生』築地書館　一九七九年
・吉岡邦二『生態学講座　九』共立出版　一九七三年
・吉野正敏『モンスーンアジアの水資源』古今書院　一九七三年
・和辻哲郎『風土：人間学的考察』岩波書店　一九三五年
・Chinzei,K. *et al*.,: Postglacial environmental change of the Pacific ocean coasts of central Japan. *Marine Micropalaeontology*, 11, 1987.
・Kudrass, H.R. et al., : Global nature of the Younger Dryas cooling event inferred from oxygen isotope data from Sulu Sea cores. *Nature*, 349, 1991.
・Nishimura. M. *et al*., : Paleoclimatic change on the southern Tibetan Plateau over the past 19,000 years recorded in Lake Pumoyum Co, and their implications for the southwest monsoon evolution. *Palaeogeography, Palaeo climatogy, Palaeoecology*, 396, 75-92, 2014.
・Steffen,W. *et al*.: IGBP Executive Summary, Global change and the earth syste. IGBP Secretariat Royal Swedish Academy of Science, 2004, ; *Global change and the earth system*.Springer, Heidelberg, 2004.
・Yasuda, Y., Amano, T. and Yamanoi, T.: Pleistocene climatic changes as deduced from a pollen analysis of site 717 cores. *Proceedings of the Ocean Drilling Program, Scientific Results,* 116, 249-257, 1990.
・Yasuda, Y. Niitsuma, N. and Hayashida, A: A pollen analysis of the Indus deep sea fan from site 720 cores. *Proceedings of the Ocean Drilling Program, Scientific Results*, 117, 283-290,1991.
・Yasuda,Y :Climate change and the origin and development of rice cultivation in the Yangtze River basin, China. *AMBIO*, 14, 502-506, 2008.

第二章
森と海の日本文化

青森県三内丸山遺跡のクリの巨木柱根
(撮影 安田喜憲)

一　森の旧石器文化の誕生

列島の地域性の形成

現代人の直接の祖先は、現代型新人ホモ・サピエンス（*Homo. sapiens*）である。現代型新人はアフリカで約二〇～一五万年前に誕生した（宝来、一九九七、尾本、二〇一六）。その現代型新人がアジアモンスーン地帯に出現したのは中国南部で、約一〇～七万年前のことと言われる（Shutler, 1984）。

現代よりもうひとつ前の間氷期は約一四～一一万五〇〇〇年前である。間氷期は約一一万五〇〇〇年前頃に終わり、最後の氷河時代、最終氷期がはじまる。約一一万五〇〇〇～七万年は初期氷期とよばれる。この時代の日本列島の様子は福井県三方湖の花粉分析の結果から、スギが圧倒的に多い、冷涼で湿潤な時代だったことが明らかとなっている（図２‐１）。

気候は約七万年前頃から寒冷化が顕著になる。この頃、日本列島では阿蘇山が大爆発し、スマトラ島のトバ火山（図１‐１）が大噴火した。これが〝火山の冬〟をもたらして気候の寒冷化のきっかけとなったという説もある（Rampino and Self, 1992）。日本ではこの約七万年前にはじまる寒冷期が、最終氷期の主要氷期の開始期と見なされている。最終氷期の主要氷期は約七万～一万五〇〇〇年前で、下部・中部・上部に細分される（図２‐１）。下部は約七万～五万年前の寒冷な亜氷期、中部は約五万～三万三〇〇〇年前のやや温暖な亜間氷期、上部は約三万三〇〇〇年前～一万五〇〇〇年前の寒冷な亜氷期である。

明らかに日本列島に現代型新人ホモ・サピエンスが登場したと文化的に判断されるのは、三万三〇〇〇年前頃である。これまでとはまったく違った石器の制作方法をともなった後期旧石器文化が出現する（岡村、一九九〇）。
この新しい石器製作技法は、石刃技法とよばれる。石刃技法はあらかじめ用意していた石核から、類似した石刃を連続して剥離する技法である。これによって石器の大量生産が可能となった。この技術革新は、人類が一つの観念を長く持ち続ける能力を獲得したことを意味する。加藤晋平氏（加藤、一九八八）はこれを「後期旧石器革命」とよんだ。

日本列島で旧石器文化に大きな転換が起きた時代には、ヨーロッパでも重要な事件が引き起されている。旧人のネアンデルタール人が絶滅し、新人のクロ

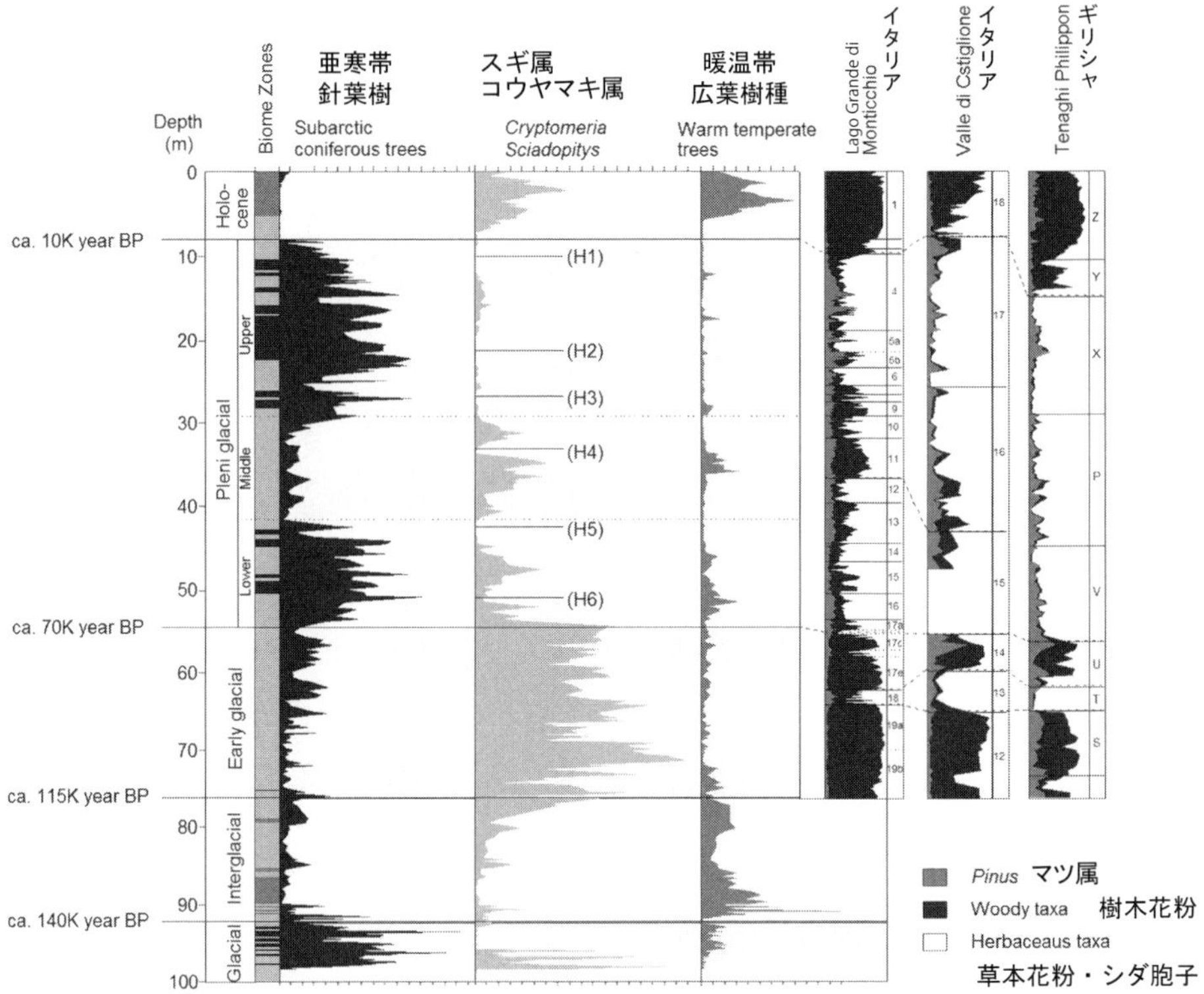

図 2-1　過去 14 万年間の気候変動を示す福井県三方湖の 1991 年ボーリングの花粉分析結果

出現率はハンノキ属を除く樹木花粉数を基数とする％（左）とヨーロッパの連続性の高い花粉分析結果（右）との比較．ヨーロッパでは最終間氷期まで連続した分析結果はない．H1 ～ H6 はハインリッヒイベントを示す．ギリシャおよびイタリアの花粉分析は Allen *et al.*, 2000, Follieri, 1988, Wijmstra, 1969 による．（安田喜憲 原図）

マニョン人の繁栄の時代が訪れるのである。

日本列島で旧石器文化が新たな段階をむかえ、ヨーロッパでクロマニョン人の繁栄の時代がはじまった三万三〇〇〇年前は、気候が著しく寒冷・乾燥化した時代であることが明らかとなってきた。その気候変動を最初に明らかにしたのは日本の研究者だった。群馬県尾瀬ヶ原（Sakaguchi, 1978）、福井県三方湖（安田、一九八二）、福島県法正尻湿原（Sohma, 1984）などの花粉分析の結果は、約三万三〇〇〇年前頃に、日本列島の気候が著しく寒冷・乾燥化したことを明らかにした。

さらに日本海の隠岐堆から採取した堆積物の酸素同位体比の分析結果（大場・加藤、一九八六）は、約三万年前頃、日本海が湖に近い状態になったことを明らかにした。海面の低下によって、対馬暖流にかわって黄河でうすめられた海水が流入した。このため、海水の鉛直混合が衰退し、海底は無酸素状態となって、多くの底生生物が死滅した。日本海側の積雪量は減少し、いっそう寒冷で乾燥した気候が卓越するようになった。

ほぼ同じ頃、動物相にも変化があった（亀井・広田、一九八三）。約三万三〇〇〇年前よりも古い時代の上部葛生層の大型哺乳動物化石は、ニホンカモシカ・ニッポンムカシジカ・カズサジカ・ヤベオオツノシカ・トラ・ヒョウ・ヤマネコ・ムカシアナグマなど、温帯型の森林に生息する動物で構成されていた。ところが約三万三〇〇〇年前頃を境に、小型ウマ・ヘラジカ・オーロクス・バイソンなど北方の寒冷な草原に適した動物が付け加わる。

このような約三万三〇〇〇年前頃の日本列島の大きな転換は、以下の図式で説明できる。まず気候が寒冷化した。このため海面が低下し、宗谷海峡には陸橋が形成された。津軽海峡の幅はきわめて狭くなった。この狭くなった津軽海峡は冬には凍結し、その氷の橋を渡って北方系の哺乳動物が南下し、それを追って石刃技法をたずさえた新人が日本列島にやってきたのである。

鹿児島湾が二万九〇〇〇年前頃、大噴火した。そのAT火山灰の降灰の直後に、朝鮮半島から剥片尖頭器を持った人々がやってきた（加藤、一九八八）。当時の対馬海峡には、日本海の水が東シナ海に流出するせまい水道があったものの、ウミアックのようなボートを使えば渡峡は困難でなかった（安田、一九八七）。

これに対し、津軽海峡の渡峡は困難であったらしい。津軽海峡が完全に陸化するのは稀で、移動性の大きな小型動物だけが通過できる「氷の橋」（河村、一九八五）が寒冷期に一時的に形成される程度であった。対馬海峡越えの南回りコースで進入したナイフ型石器文化の遺跡が、北海道には少ない。また宗谷陸橋越えで大陸から南下したマンモスが、本州までは来ていない。それは大型哺乳動物は渡橋が困難であったという津軽海峡の古地理の条件が反映しているらしい。

約三万三〇〇〇年前頃の気候悪化期は、新人が爆発的に拡散した時代である。逆に旧人のネアンデルタール人はこの気候の寒冷・乾燥化に適応できずに絶滅した。

後期旧石器時代に入ると日本列島の遺跡数は爆発的に増加する。とくに最終氷期の約二万五〇〇〇～一万六五〇〇年前は、ナイフ型石器の隆盛期だった。

日本列島の地域性は森の相違が原点にあった

最終氷期の約二万五〇〇〇年～一万六五〇〇年前に大発展するナイフ型石器文化は、寒冷な気候に適応した文化だった。中部地方以北の東日本には、東山型ナイフや杉久保型ナイフのような縦長剥片によってつくられた、すらりとしたナイフ型石器が分布する（図2-2右）。一方、西日本には横長

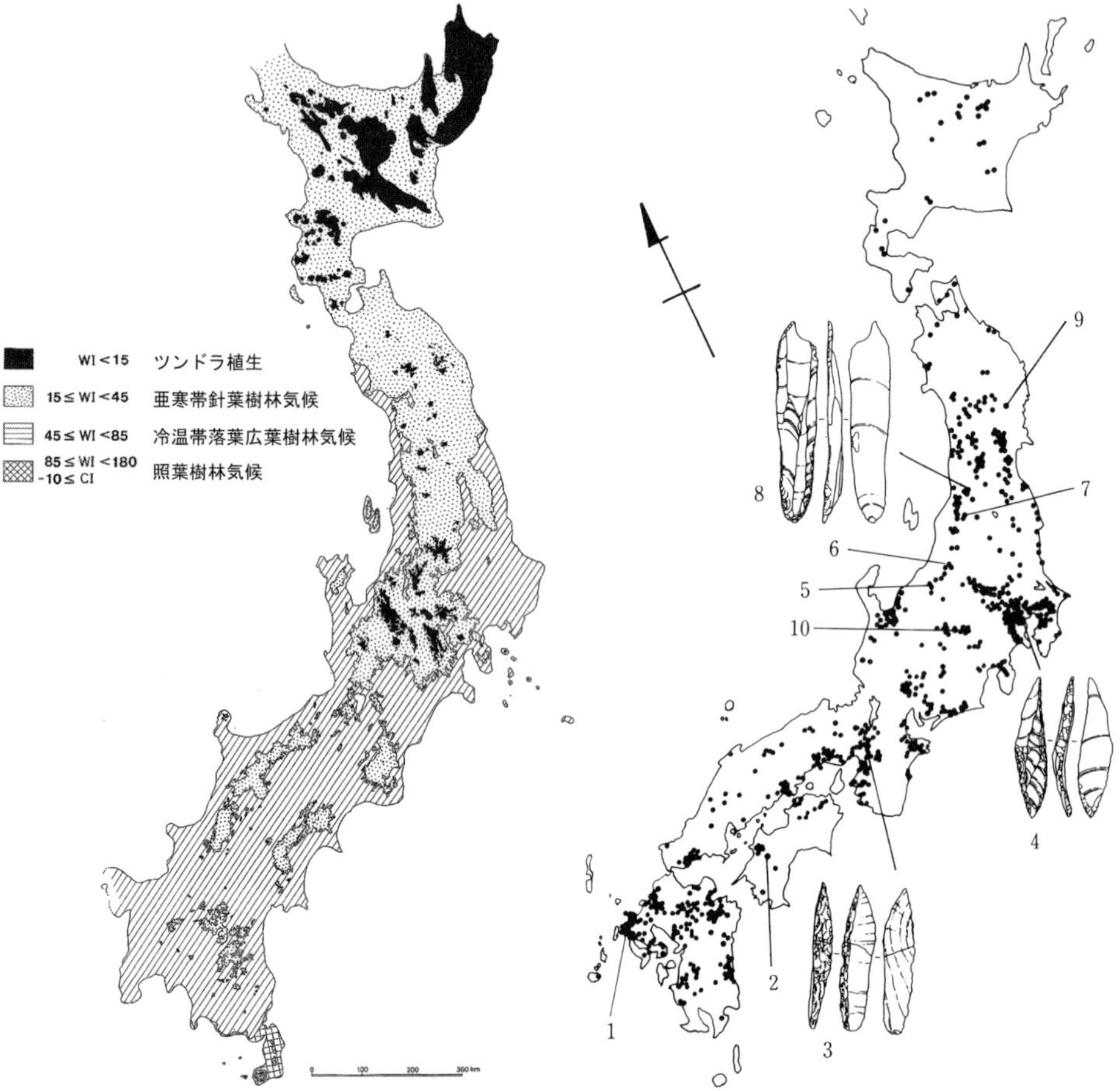

図 2-2　約 2.1 万年前の最終氷期最寒冷期の森林帯気候の分布図（左）（安田，1990）**と後期旧石器時代遺跡の分布（右）**（安田，2005）

2000 年の前期旧石器の捏造事件の発覚によって，1993 年に発表した安田（1993）の旧石器時代の遺跡分布図からは，前期旧石器の遺跡はすべて削除された．ここに掲載した後期旧石器時代遺跡の分布（右）は 2005 年の普及版（安田，2005）のものである．

1 福井洞窟遺跡，　2 上黒岩洞窟遺跡，　3 国府遺跡と国府型ナイフ，
4 茂呂遺跡と茂呂型ナイフ，　5 野尻湖遺跡，　6 田沢遺跡，　7 小瀬ケ沢遺跡，
8 日向洞窟遺跡と東山型ナイフ，9 花泉遺跡，10 矢出川遺跡

剥片を素材とした国府型ナイフが分布する(図2-2右)。当時の森林帯気候の分布図(図2-2左)と対応させると、東山型ナイフや杉久保型ナイフの文化圏は亜寒帯針葉樹林気候に、国府型ナイフの文化圏は冷温帯落葉広葉樹林気候の分布圏に対応する。

とりわけナイフ型石器に共伴する加工具や、基部に調整を加えたナイフ型石器の分布は、東西に明瞭な地域性を示している(小野ほか、一九九二)。こうした石器の東西の地域性は、石器の材質の違いだけでなく、生態系の相違にもとづいた文化総体の差を表しているとみなすべきであろう。気候帯の相違にともなう植物相の相違が狩猟対象となる動物相の相違を生み、それが石器の形態を始めとするナイフ型石器文化の地域性を誕生させたと見なされる。

この後期旧石器時代のナイフ型石器文化に始まる列島の東西の地域性は、その後の日本文化の展開の中にも受継がれていく。

しかし、復元された当時の植物相は、あまりにも森が多いことに驚かされる。東京都多聞寺前遺跡(安田、一九九〇)では、全出現花粉・胞子の六〇%以上が樹木の花粉で占められていた。仙台市富沢遺跡では樹根まで発見されている(仙台市教委、一九八九)。

図2-1にはギリシャのテナギ・フィリポン湿原(Wijmstra, 1969)やイタリアのモンティチョ湖(Allen *et al.*, 2000)やカスティグリオーネ谷の分析結果(Follieri *et al.*, 1988)と、日本の福井県三方湖の花粉ダイアグラムを対比して示した。主要氷期上部の亜氷期に、イタリアやギリシャの分析結果では、樹木花粉は一〇~二〇%前後の出現率を示すにすぎない。それ以外はアカザ科やヨモギ属などの草本類の花粉で占められている。ところが日本列島では三方湖の分析結果に代表されるように、樹木花粉は五〇%以上の高い出現率を連続的に示す。同じような分析結果は、ヨーロッパアルプス以北のフランスでも得られ

ている（de Beaulier and Reille,1992, Reille and de Beaulier, 1995, Reille *et al*., 2000）。ヨーロッパは、はるかに草原の多い環境であり、それに比べると、日本列島ははるかに森の多い環境であったことが示されている。

クロマニョン人は大草原のビッグゲームハンターだった。大草原に群なすウマやバイソンを群ごと捕獲する。このイメージはたしかに、イタリアやギリシャ・北西ヨーロッパのフランスには適用できる。しかし、日本の旧石器時代にはあてはまらない。日本列島では大型哺乳動物が生息できるような草原は、火山噴火によって森が破壊されたようなきわめて限られた所でしか存在しなかった。旧石器時代の初期以来、磨製石斧が本州を中心とする三〇ヶ所以上もの遺跡で見つかっている（小野ほか、一九九二）。関東地方ではそれら磨製石斧は、最終氷期最寒冷期に一時的に消滅する（小菅、二〇一四）。それ以前の岩宿時代Ⅰ期や、最終氷期最寒冷期よりも後の時代の、縄文時代草創期からは重要な石器として出土するが、二万五〇〇〇年前から一万六〇〇〇年前頃までは顕著に出現しないのである。森の発達がもっとも悪い最終氷期最寒冷期に磨製石斧の出現が一時的に関東地方でとだえる。それは磨製石斧が樹木を伐採する道具として使用されていたことを示すのであろう。日本列島ではこうした森の多い環境で、植物利用が古くから行われていたのである。

長野県野尻湖立ケ鼻遺跡（中村・野尻湖発掘調査団、一九八九）では、スモモの種子化石が多く検出された。花粉分析の結果ではサクラ属の出現率は低く、サクラ属の花粉生産量が小さいとは言え、周囲に生育していたとは見なしがたい。おそらく食用にするために遠方より採集してきたものと思われる。また仙台市富沢遺跡ではチョウセンゴヨウの種子が出土している(鈴木・竹内、一九八九)。チョウセンゴヨウの種子も重要な食料であったと見なされる。

大草原のビッグゲームハンターは大虐殺者だった。火を使い、群を崖から追い落して数百頭を一気に殺戮した。後期旧石器時代の末期、マンモスやウマそれにオオナマケモノやバイソンなどの大型哺乳動物は、こうした狩猟圧の中で絶滅もしくは減少していった。

日本列島のナウマンゾウやオオツノシカなども、おそらく、後期旧石器時代人の狩猟圧によって絶滅に追い込まれたのであろう。二〇三〇点ものナウマンゾウの骨が、第八次と第九次の発掘調査だけで発見された野尻湖立ケ鼻遺跡（中村・野尻湖発掘調査団、一九八九）はそうした大殺戮の現場なのであろう。

しかし、日本の旧石器時代人は、大陸に比べてはるかに森の多い環境の中で生活した。チョウセンゴヨウの種子など植物食を示唆する遺物や、磨製石斧など樹木の利用を示唆する遺物が出現する。これらは世界の中における日本の旧石器時代の文化的特質を示していると言えよう。

佐々木高明氏（佐々木、一九九一）は、日本の旧石器時代の人々は、アク抜きを必要としないチョウセンゴヨウ・ハイマツ・ハシバミ・クルミ・クリなどの植物性食料も、可能な限り利用していたに違いないと指摘している。そして現在の北アメリカ西部や北東アジアの亜寒帯林地帯の先住民の生活が、日本の旧石器時代人の生活を考える上で参考になるだろうと指摘している。日本の旧石器時代の文化は、大草原のビッグゲームハンターではなく、むしろ亜寒帯〜冷温帯林の「森の狩猟民」としての性格をより強く持った文化であったと言えるだろう。

二　森と海の文化としての縄文の誕生

森の文化の形成

最終氷期の寒冷期に大発展したナイフ型石器文化は一万六五〇〇年前以降衰退期に入る。かわって槍先型尖頭器の文化が登場してくる。さらに北海道には大陸から細石刃文化を持った人々がやってきた。

こうした一万六五〇〇年前の石器形態の変化や新たな細石刃文化の流入の背景には、気候の温暖・湿潤化による植物相の変化と、それにともなって引き起こされた動物相の変化が深くかかわってくる。

一万六五〇〇年前以降、気候は湿潤化が顕著になる。それは北緯四〇度以南の日本海側の多雪地帯を中心として、ブナ属の花粉が増加することでわかる（Yasuda, 2002）。日本海側のブナ林の拡大は、冬期の積雪量が増加したことを示す。

ブナは日本海側の多雪気候に適応した植物である。ブナの生育には表層土壌の発達が不可欠である。積雪量の増加は、前年の腐植層を保持し、土壌形成を促進した。ブナは春先の萌芽後の低温に弱い。春先に若芽が雪によって低温から保護されない場合は、成林しないとも言われる（Sakaguchi, 1978）。

さらに日本海側の各地では、一万六五〇〇年前以降、地すべりや洪水による堆積物の欠損が多発し、不安定斜面が出現する。こうした不安定な堆積環境の出現も、一万六五〇〇年前以降の降雪量・降水量の増大によって引き起こされたものである。

降雪量・降水量の増加は、大型哺乳動物には決定的なダメージを与えた。雪におおわれた草原では、マンモスなどは冬に食料を確得するのが困難となる。夏には温暖化で凍土が融け、ぬかるみや湿原となる。そして森がゲリラのように拡大し、草原を圧縮していった。ヨーロッパでマンモスが絶滅するのは一万六五〇〇年前である（安田、二〇〇四）。

土器の出現は森の文化誕生の証？

芹沢長介氏（芹沢、一九五九）は新津市荒屋遺跡から四〇〇点以上の特徴的な細石器を発見し、荒屋型彫刻刀と名づけた。加藤晋平氏（加藤、一九八八）はこの荒屋型彫刻刀をメルクマールとして、その故郷を探求した。その結果、荒屋型彫刻刀をともなう細石刃文化の故郷は、バイカル湖周辺であるという結論に達した。バイカル湖周辺に居住していた人々が東方に移動・拡散し、一万六五〇〇年前頃、日本列島の北海道から本州の日本海側に到着したのである。それは大規模なモンゴロイドの民族移動であったと見ることができる。

ではなぜバイカル湖周辺に居住していた人々は、東方に移動・拡散したのであろうか。それは一万六五〇〇年前以降顕著となった温暖・湿潤化の中で、大型哺乳動物を生息させる草原のバイオマスが減少したことに求められる。人口圧と食料不足の中で、新たな食料資源を求めての新天地への移動が引き起されたのである。新たな食料資源とはサケ・マス類の魚類資源と森のナッツ類であったと見なされる。

荒屋型彫刻刀を持ち楔形細石刃核を持つ遺跡は、河川沿いに立地する場合が多い。彼らは内陸河川や湖沼のサケ・マスを中心とする内水面漁業の技術を有していた（加藤、一九八八）。食糧危機の中、人々は大型哺乳動物にかわるタンパク源として、サケ・マスなどの内陸湖沼や河川の魚類に新たな食料源を求めたのである。

これを裏づける重要な事実が、東京都秋川市前田耕地遺跡から見つかった。前田耕地遺跡は多摩川と秋川の合流点付近に立地していた。縄文時代草創期の竪穴住居跡から七二〇〇点ものサケの顎歯が見つかった。おそらく小支谷に産卵のため遡上してきたサケを捕獲していたのであろうと、発掘担当者は指摘している（東京都立埋蔵文化財調査センター、一九九二）。

さらに前田耕地遺跡では二二四六点の尖頭器と無文土器が出土した。一万五〇〇〇年前以降の晩氷期に入ると尖頭器文化が発展してくる。とりわけ舌状の基部を持った有舌尖頭器が特徴的に登場してくる。有舌尖頭器はその後しだいに形を小さくして石鏃に変化していく。前田耕地遺跡ではクマの骨が出土しているが、同時代の愛媛県美川村上黒岩洞窟遺跡・新潟県上川村小瀬ヶ沢洞窟遺跡・山形県高畠町日向《ひなた》洞窟遺跡（図２‐２右）から出土した動物遺体は、ニホンジカ・イノシシ・アナグマ・テン・ツキノワグマ・タヌキ・ノウサギなどである。大型哺乳動物は姿を消し、温帯の森林に生息する中・小型哺乳動物へと狩猟対象動物が変化している。こうした動物相の変化が、森林内の狩猟に適した有舌尖頭器を生むきっかけであった。

長崎県吉井町福井洞窟遺跡（図２‐２右）から発見された隆起線文系土器を産出した層に含まれる炭片の放射性炭素年代は、約一万四七〇〇年前であった（芹沢、一九七四）。その年代が当時においては世界最古であることから、人々を驚かせた。しかし、近年では隆起線文系土器は、北海道を含む日本各地から発見されるようになった。前田耕地遺跡で見つかった無文土器のように、隆起線文系土器よりさらに古いと見なされる土器も発見されはじめた。

土器の起源については、大陸北方説、大陸南方説、日本列島自生説が混在し、明白な結論を得るまでには至っていない。長野県では、シベリアに起源すると見なされる神子柴《みこしば》型石斧に共伴して無文土器が発見されている（森嶋、一九七〇）。あるいは北九州では、大陸南方につらなると見なされる細石刃とともに隆起線文系土器が発見されている。とりわけこれまで最古の土器とは無縁と考えられていた北海道の大正３遺跡からも縄文時代草創期の土器が発見された（安田、二〇一五）。

たしかに、土器は一万六五〇〇年前の気候の温暖・湿潤化によって、ブナやナラ類の温帯の落葉広葉樹の森がゲリラのように拡大した時誕生している。しかし、本州最北端の津軽半島の大平山元遺跡から一万六五〇〇年前の最古の土器が発見され、北海道帯広の大正3遺跡からも最古の土器が発見されたことにより、人々が海とのかかわりを積極的にとるようになったことが一つの要因であると見なされるようになった（安田、二〇一五）。

とりわけ津軽海峡は三本の氷の橋で本州と北海道を繋いでいたと見なされている。最終氷期最寒冷期の日本海は、湖の状態だった。それでも蒸発は行われていたであろうから、現在より日本海の海面は一〇〇メートル以上低かったと見なされる。そして氷の橋が融けた夏は、太平洋の海水が津軽海峡で滝のようになって日本海に流れ下っていた可能性がある。そして三本の氷の橋が切れた時、大量の太平洋の塩分の濃い海水が、落差数十メートルの大瀑布となって、日本海に流入していたかもしれない。

そうしたまさに大変動が引き起こされたであろう津軽海峡周辺で、最古の土器が出現するのである。その背景には土器の誕生には、人類が海の資源、とりわけ魚の油を積極的に活用することが重要な要因であった可能性が指摘された（Craig *et al.*, 2013, 安田、二〇一五）。すでに日本の考古学者によって、漁撈との関連で土器が誕生した可能性が指摘されている（梶原、一九九八）。それは卓見であった。

佐々木高明氏（佐々木、一九九一）は初期の土器のほとんどが深鉢型であることや、土器に煤やこげつきが付着していることから、土器がまず煮炊き用の容器として出現した、煮炊きによって肉や植物の繊維が柔らかくなり、ドングリなどのアク抜きも可能となった、さらに煮沸には消毒の効果もあり、いろいろなものを煮込むことによって新しい味を出すこともできた、土器の発明によって縄文人は安全でかつ温かくうまい汁ものを食べることができるようになった、と指摘している。

土器の出現は、人々が温帯の落葉広葉樹の森の生態系に適応し、魚の油など漁業資源を利用し、森の資源と海の資源に強く依存した生活を開始し、森と海の文化を誕生させる出発点であったことはまちがいないだろう。しかし、さらなる探究が求められる。

海の文化の形成は完新世に入ってから?

縄文時代の開始期をいつにするかは、まだ決着していない。小林達雄氏らのように、最古の土器が出現してからを縄文時代と定義する説は単純明快である（小林、一九八六）。これに対し、土器の出現と縄文時代の開始はべつの問題としてとらえる立場がある。戸沢充則氏は、隆起線文系土器や爪型文系土器は、各地から発見されているが、その後の縄文土器にみられるような地域色が認められないこと、最古の土器を出土する遺跡は、山間の洞窟遺跡など小規模なものが多く、貝塚を持たないこと、遺跡のあり方も流動的・不安定で、地域の特色に応じた地方文化を発展させるまでにいたっていない点を指摘している（戸沢、一九八四）。戸沢氏は人々が山間の洞窟を捨て、開けた台地や海に面した丘陵で生活を営み始め、貝塚を残すようになった撚糸《よりいと》文系土器群の時期が、縄文文化の開始をつげる時代であると指摘している。

戸沢氏は縄文人が貝塚を残し、海に出て漁撈活動を行うようになるのは、一万一五〇〇年前以降の関東の撚糸文系土器群の登場からであると指摘した。この戸沢氏の時代区分に立てば、縄文時代の開始期は完新世（後氷期）の開始期と一致することになる。

しかしすでに述べたように、土器づくりが魚の油をとるなど漁撈と深くかかわり、かつ津軽海峡周辺の海洋環境の大変動がその誕生に深く関わっていたとすれば、貝塚の形成期ではなく、海と日本人のかかわりはもっと古い時代にまでさかのぼることになる。

気候は一万五〇〇〇年前から顕著に温暖化する。福井県三方湖や水月湖の花粉分析の結果では、一万五〇〇〇万年前から寒冷気候を示すツガ属・モミ属などの針葉樹の花粉が減少し、かわってコナラ属コナラ亜属が増加し、気候が温暖化したことを示している（安田、一九九〇、二〇〇九、Yasuda *et al.*, 2004）。さらに房総半島沖（北緯三四度四三分一秒・東経一四〇度三二分七秒・水深二〇二メートル）（図1-1）から採取した堆積物の浮遊性有孔虫などの微化石の分析結果（Chinzei *et al*, 1987）は、一万五〇〇〇年前から寒流系種と暖流系種がいれかわり、黒潮の北上が始まったことを明らかにしている。

気候は一万五〇〇〇年前以降、確実に温暖化した。この気候の温暖化と植物相の変化によって、ナウマンゾウやオオツノシカなどの大型哺乳動物の生息環境が悪化した。旧石器時代人の人口圧の増大と乱獲も絶滅に拍車をかけた。

晩氷期の一万五〇〇〇年前から一万一五〇〇年前は激動の時代だった。気候は温暖・湿潤化したとは言っても、まだきわめて不安定であった。北欧でベーリング・アレレード期と名づけられた温暖期（一万五〇〇〇～一万二八〇〇年前）の後に、突然氷河時代の寒冷気候のゆりもどしの時代がやってくる。ヤンガー・ドリアス期（一万二八〇〇～一万一五〇〇年前）である。

この寒冷気候のゆりもどしは、北米大陸をおおっていたローレンタイド氷床がベーリング・アレレードの温暖期に急速に融解し、融解した氷水がセントローレンス川を奔流となって大西洋に流れ込んだため引き起されたというのがこれまでの定説であった。大西洋の表面水温が低下して、現在のような深層水の循環が消失したと言うのである。

事実、この寒冷気候の顕著なゆりもどしを指摘する分析結果は、これまで大西洋沿岸にかたよっている。日本近海（Chinzei *et al.*, 1987）やフィリピン近海（Kudrass, 1991）など太平洋の海底堆積物の分析結果（図1-1）にも、ヤンガー・ドリアス期の寒冷気候の証拠が残されていることが明らかとはなっている。しかし、ヤンガー・ドリアスの寒冷期の証拠は太平洋沿岸ではそれほど顕著ではない。全地球的な寒冷気候のゆりもどしがあったとしても、その影響が顕著に表れたのは大西洋沿岸であったと見なされる。篠塚・山田（二〇一五）はヤンガー・ドリアスの寒冷期の証拠は、秋田県一ノ目潟の年縞の地球化学的分析結果から、きわめて微弱であることを指摘している。日本列島におけるヤンガー・ドリアス期の寒冷化の証拠は微弱であり、縄文時代草創期の人々が連続的に居住することが可能だったのである。

こうした激動の晩氷期が終了し、気候がもう氷期の寒冷気候に逆もどりすることがなくなったのが、約一万一五〇〇年前（正確には一万一五〇〇年前から一万一七〇〇年前の間）である。しかもその温暖化はきわめて急速に短期間に引き起こされたことが近年指摘されるようになった。中川（二〇一三、二〇一五）は福井県水月湖の年縞の分析結果から、その年代を一万一六〇〇年前とし、年縞の層準で、まさしくここで大きな変動が引き起こされた時代だと言えることを特定している。わずか五〇年ほどの間にグリーンランドでは七度もの気温の上昇があったという報告（Dansgaard *et al.*, 1993）もある。そして海面の急上昇が引き起こされた。その時代は縄文人が海と積極的なかかわりを持ちはじめた時代である。

森と海の文化の確立

横須賀市夏島貝塚の第一貝層からは、縄文時代早期初頭の撚糸文系土器が出土した。第一貝層の木炭の放射性炭素年代は一万五〇〇〇年前であった（芹沢、一九七四）。貝塚からはハマグリ・アサリ・ミルクイ・カガミガイ・オキシジミなどの貝類のみでなく、コチ・ハモ・クロダイ・カツオ・マグロなどの魚骨類とイノシシ・シカ・キジ・カモなどの中型哺乳動物と鳥類の骨も出土した（小林、一九八六）。またヤスや釣針・骨針など漁撈具も出土し、縄文時代早期の人々が積極的に外洋にもこぎだし海産資源の利用を行っていたことがうかがわれる。これまでのところ夏島貝塚より古い貝塚はわずかである。

貝塚の形成はもっと古くさかのぼる可能性もある。海面下や沖積低地の下に埋もれた古い貝塚が、未来には発見されるだろう。より古い時代の貝塚は、より低い海面に対応して形成されたはずであるから、今後さらにより古い時代の貝塚が海底や沖積層に埋もれて発見される可能性は否定できない。

さらに、西田正規氏（西田、一九八九）は縄文時代の生産用具の時代的変化を明らかにした。縄文時代の食料獲得にかかわる基本的な道具類は、縄文時代早期後半にほぼ出揃い、その後、縄文時代を通じて変わることなく使われる。大量のドングリ類の貯蔵がはじまり、頑丈な家をつくり定住生活がはじまる。したがって縄文人の生活に必要な生産用具がほぼ出揃った縄文時代早期後半以降を、本格的な縄文文化の開始期とみなすという見解を西田（一九八九）は提出した。縄文時代の全体的な文化的特質をふまえるなら、土器の出現はその根幹に置かれるべき事象とは思われないとも指摘している。

西田氏が指摘した縄文時代早期後半の約九〇〇〇年前（西田氏は八〇〇〇年前と指摘しているが、ここではその年代を補正し、約九〇〇〇年前とする）は、対馬暖流が日本海に本格的に流入し、日本列島の多雨・多雪の海洋的風土が完成した時代に相当している（Yasuda, 2008）。またブナ林が北緯四〇度以北にも拡大し、現在に近い分布域に達した。海面が急上昇して、日本海に対馬暖流が本格的に流入して、豪雪地帯も出現し、列島の森の分布や気候がほぼ現在に近い状態となった。その約九〇〇〇年前に、縄文時代の生業にかかわる道具がほぼ出揃い、森と海の列島に適応した縄文時代の生業が体系づけられ確立したのは納得がいく。

これまで小林氏（小林、一九八六）・戸沢氏（戸沢、一九八四）・西田氏（西田、一九八九）によって提示された縄文文化形成期における重要な三つの画期は、いずれも日本列島の自然環境の転換期に相当している。とりわけ一万五〇〇〇年前から九〇〇〇年前までは、地球の歴史においても、氷期の大陸性気候から後氷期の海洋性気候が確立するまでの移行期であった。日本列島に生活した人々は、新たに出現してくる海洋性気候の生態系に適応しながら、縄文時代の生活様式をしだいに確立していったのであろう。

列島の自然環境の変動とのかかわりにおいて、縄文文化の形成期を位置づけるならば、最終氷期の大陸性気候が後氷期の海洋性気候へと移行を開始した一万六五〇〇年前は縄文文化への助走期であり、海洋性気候に移行した一万五〇〇〇年前は、縄文文化が確立した時代であり、海洋的な風土が列島に確立した九〇〇〇年前は、縄文文化が発展期に入った時代であると見ることができるのではあるまいか。

ナッツ類の集約的利用

九〇〇〇年前から六三〇〇年前（補正値）は、クライマティック・オプティマム（気候最適期）とよばれる高温期だった。途中八二〇〇〜八〇〇〇年前を中心とする寒冷期によって、クライマティック・オプティマムは前期（九〇〇〇〜八〇〇〇年前）と後期（八〇〇〇〜六三〇〇年前）に区別される。この高温期に、縄文時代早期後半〜前期の内湾型の文化が発展した。九〇〇〇年前から六三〇〇年前は縄文文化の発展期とみなすことができる。

しかし、六三〇〇年前頃、東アジアでは気候最適期の高温・湿潤期は終了し、気候の寒冷・乾燥化が引き起こされる。西アジアのメソポタミア地方では五七〇〇年前頃、気候が乾燥化し、砂漠化が進行する中で、牧畜民が大河のほとりに集中してきた（安田、二〇〇〇）。もともと大河のほとりには農耕民が生活していた。この気候の乾燥化を契機とする大河のほとりへの人口の集中と、農耕民と牧畜民の文化の融合が、都市文明を誕生させる契機だったと私（安田、二〇〇〇）は指摘した。

こうして高等学校の世界史で学ぶ肥沃な三日月地帯には、都市文明が誕生した。その都市文明は、富をたくわえ、ひたすら都市・神殿・墓など壮麗な装置を残す文明であった。しかも、そこは自然からの激しい収奪と、搾取と支配がつきまとう、社会的不平等をかかえた厳しい競争原理の支配する社会であった。文明は一部の支配階級だけのものであった。メソポタミアに文明が誕生して以来、近代ヨーロッパ文明にいたるまで、これまでの世界史上の文明の大半は、このストック型の文明であったと矢野暢氏（矢野、一九八八）は指摘している。

西アジアの大河のほとりで都市文明が誕生した五七〇〇年前、日本列島にも事件があった。九〇〇〇〜六三〇〇年前の縄文海進期には、内湾が形成され、豊かな海産資源と暖温帯落葉広葉樹の森の資源に依存した内湾型社会が発展した。それは森と海の文化の発展期であった。

しかし、六三〇〇年前以降、気候最適期の高温期は終了し、気候が冷涼・湿潤化する。気候の冷涼・湿潤化の証拠は群馬県尾瀬ヶ原（阪口、一九八四）・野田市五駄沼《ごだぬま》（阪口、一九八七）、平塚市東海大学構内王子ノ台遺跡（安田、一九九二）などの花粉分析の結果や鳥取県東郷池の年縞の分析結果（Kato *et al.*, 2003）から、明らかとなっている。冷涼化による海面の低下は、北海道・関東・東海・北陸・南西諸島など各地で指摘されるようになり、「縄文中期の小海退」（太田ほか、一九九〇）とよばれている。気候の冷涼・湿潤化は上部沖積砂層を発達させ、内湾を埋めた。こうした内湾の環境の悪化によって、縄文時代前期の内湾型社会はゆきづまった。

こうした時、中部山岳の八ヶ岳山麓や関東平野の西部といった内陸の特定の地域に、縄文時代中期の遺跡が爆発的に増加する。しかし、なぜこの時代、急激な人口の増加があったのかは、まだよくわからない。どうやらリョクトウやアズキなどの豆類の栽培化とエゴマなどシソ属の栽培化があったようである（松谷、一九八八、中山、二〇一五）。この八ヶ岳山麓や関東西部の火山灰台地は、ナラ・クリ林が旺盛な繁茂をとげることができる所である。私（安田、一九九〇）は内湾の環境の悪化の中で、こうした内陸のナラ・クリ林などの植物資源により強く依存した内陸型社会が形成されたためではないかと考えている。豆類やシソ属の栽培化の技術革新もあったかもしれない。ナラ・クリ林の生育適地や豆類やシソ属の農耕栽培の技術を求めて、人々が移動・集中してきたことも予想されるが、考古学の遺物からは、人間の移動・集中を物語る証拠はいまのところ見つかっていない。

藤森栄一氏（藤森、一九六五）は雑木林の動・植物相の豊かさに注目し、それが縄文時代中期文化の発展を支えた自然的背景であったと考えた。そして、ドングリ・クリなどの植物性食品へ強く依存する社会は、原始的な焼畑式農耕に移行していったであろうと推定した。エゴマや豆類の栽培化などの原初的農耕が存在した可能性は高い。

これに対して、縄文人がクリの実などの採集にあたって集約的な利用大系を持っていたことは、私（Yasuda, 1978）が指摘したことであるが、その後、富山県大門町小泉遺跡の花粉分析の結果（第五章参照）から、明白に指摘された（安田、一九八七）。その後、東海大学構内王子ノ台遺跡や青森県三内丸山遺跡をはじめ縄文時代前期以降の各地の遺跡の花粉分析の結果は、クリ・クルミ・トチノキなどの花粉が異常に高い出現率を示す例をいくつか明らかにしつつある（安田、一九九二、Kitagawa and Yasuda, 2008)。縄文時代中期文化の発展が、クリ・オニグルミ・トチノキ・ドングリ類などのナッツ類の集約的利用の上に成立したものであることは、まずまちがいのない事実であろう。

縄文の森は権力者の欲望から自由だった

縄文時代中期に入ると、縄文人の精神世界を表現する呪術や儀礼にかんする遺構や遺物が充実してくる。例えば土偶の数が急増してくる。しかもその急増する所は東日本のナラ・クリ林帯である。縄文文化の文化的中心地は東日本の落葉広葉樹林帯にあったことを示す一例である。

こうした呪術や儀礼にかんする遺構や遺物が急増してくるのは、佐々木高明氏（佐々木、一九九一）が指摘しているように、縄文時代中期に人口が極大に達し、高密度化した社会の中で、異常に高まった社会的緊張を緩和する文化的装置が必要であったからであろう。では、なぜ著しく高密度化した社会は、高等学校の世界史で学んだ西アジアのような都市文明を誕生させなかったのであろうか。

まず第一に、穀物栽培の農耕をもたなかったため、生産力が不安定で人口の可容力が小さかったという点があげられるだろう。ドングリやクリは異常寒波に弱く、収穫が不安定である（小山、一九八四）。縄文時代中期末、八ヶ岳山麓の縄文時代の遺跡数は四分の一以下にまで突然激減する。自然生態系の人口許容量ぎりぎりに近いところまで達していた社会が、短期間の気候の悪化などによってドングリの不作がつづき、人口許容量が激減して、カタストロフィックな崩壊が引き起こされたのである。私（Yasuda, 2008）は、四二〇〇年前の気候の悪化が中国大陸の長江文明のみならず、日本の縄文時代中期の社会に大きな影響を与えたことを指摘した。

しかし、西アジアのような都市文明が誕生しなかった理由として、穀物栽培の農耕を持たなかったというだけでは不十分である。縄文時代前期の能代市杉沢台遺跡では、小型住居の二〇倍以上の広さを持ち、長径三〇メートル以上に達する大型住居が発見された（林、一九八六）。金沢市チカモリ遺跡からは縄文時代後・晩期の環状に配列された巨大な木柱群が発見された（小島、一九八六）。盛岡市西田遺跡や秋田県鹿角市大湯環状列石、長野県原村阿久遺跡のように、大量の石材を環状に配列した墓地。これらの石は集落から数キロメートルも離れた地点から採取されたものもある（小林、一九八六）。あるいは北海道千歳市木臼《きうす》遺跡の環状土籬とよばれる直径六〇メートル以上の円い土手をめぐらせた墓地（高橋、二〇一五）。それらはいずれも、小さな古墳などとうていおよびもつかないくらいの規模を有している。しかし、その墓地は共同墓地であって、特定の支配者や個人のためのものではない。大型住居跡は雪国に適応した共同作業所ではないかとも指摘されている（渡辺、一九八一）。さらに一九九四年には青森市三内丸山遺跡が発見され、大型住居跡や巨木を使用した建築物など縄文都市の存在を思わせるような巨大な縄文集落が発見された（梅原・安田、一九九五）。

佐々木高明氏（佐々木、一九九一）が指摘しているように、これらの巨大遺構は、人口三〇～五〇人程度の数家族で構成されたとみられる縄文時代のムラ一つでは、とうてい作るれるものではない。かなり広い地域から数百人を超える人が集まり、共同で作業しないことには作ることができない。縄文人たちが目ざしたものは、畑作牧畜民が目ざした都市とは、別のものであったと言うことができる。特定の権力を持った王は誕生せず、三内丸山遺跡からは多数の墓地が発見されたが、特定の権力者の存在を思わせるような墓は出現しなかった（梅原・安田、一九九五）。

佐々木高明氏（佐々木、一九九一）は北米西岸のインディアンや東南アジアの社会には、偏った富をいっきょに社会に還元する再配分のシステムが存在することから、成熟期の縄文社会には、富の再配分のシステムが有効に作動し、それがエネルギーに満ちた社会を構築していたと指摘している。常識として教えられてきた世界史の文明の誕生は、畑作牧畜民というフィルターを通して見た文明の誕生ではなかったかということを、いま一度思い起こす必要があるのではあるまいか。

縄文の社会は、一部の支配者に全ての富が集中し、その富は貯蔵され、不平等を生み、さらなる搾取と収奪のために戦争を顕在化させるような西アジアの畑作牧畜型の社会とは、社会システムが根本的に相違していたと言えるだろう。西田正規氏（西田、一九八九）は、縄文時代の社会は、不平等を顕在化させることを回避したのではないかと指摘している。さらに佐原 真氏（佐原、一九八七）は、縄文時代には人殺しの武器はなかったとも指摘している。

縄文人たちは、富が一部の人々にのみ集中することを回避し、社会的緊張を緩和する呪術や儀礼の文化的装置を有効に働かせ、平和で安定した社会を長らく維持したのではないだろうか。私たちがこれまで世界史の常識として疑うことのなかった古代文明の誕生とは、畑作牧畜民のライフスタイルを通して見た世界史の常識であったことを思い起こす必要があるのではないか。そのことをもう一度考えてほしい。

富が一部の支配者に集中しなかったことは、自然にとっても幸いだった。メソポタミアや古代地中海世界で森が破壊しつくされたのは、巨大な神殿や戦争のための戦艦の造船など、権力者の欲望を充足させるためであった。ウルクの王ギルガメシュがレバノンスギの森を破壊したのは、立派な都市をつくりたいという自らの欲望の果てであった（梅原、一九八八）。

縄文時代の森は、こうした一部の権力者の欲望から自由であることができた。富が一部の権力者に集中しない社会は、自然を無用な収奪から守った。それ故、縄文時代は長らく自然と共存・調和した社会を維持することができたのであろう。

三　戦争のない平和な社会

森と海の文化の再認識

アジアモンスーン地帯のホモ―ヒト属―は九〇万年前、ヒマラヤが隆起し、アジアモンスーンの循環が確立したときに進化と拡散を開始した。その頃地球は約一〇万年の周期をもって氷期と間氷期を交互にくりかえす激動の時代に入った。現在の日本列島の山や平野の配列が形成されはじめ、日本史の舞台としての列島が誕生したのもこの頃のことである。

ホモ―ヒト属―は約一〇万年を周期とする氷期と間氷期の激動の時代を生きぬき、進化・発展してきた。地球が恐竜を絶滅させた小惑星の激突のような天変地異をこうむることなく、約一〇万年を周期とする生命システムを維持する限り、ホモ―ヒト属―の生物種としての存続は、地球によって保障されているように思われる。しかし、皮肉にもこのような幸運を無視するかのように、ホモ―ヒト属―は自らの手によって核戦争の危機を招来し、地球環境を破壊して自滅への道を歩みつつあるかに見える。

約三万三〇〇〇年前頃、旧人にかわって爆発的に世界中に拡散した現代型新人ホモ・サピエンスは、わずか三万年ちょっとの間に、温帯の大森林をことごとく破壊し、大型哺乳動物を絶滅に追い込み、海や大気を汚染し、地球の気候まで改変するようになってしまった。それは四六億年の地球の歴史では、ほんの一瞬のことにすぎない。三万年前にこの地球を支配することをゆるされた我々現代型新人ホモ・サピエンスとは、いったい何者なのであろうか。我々はなぜ破壊と殺戮をくりかえすのであろうか。

現代型新人ホモ・サピエンスは、大草原のビッグゲームハンターであった。何百頭ものバイソンやウマを一気に殺戮する地球最大の破壊者が登場したのである。しかし、その中でも、日本列島の後期旧石器時代人は、森の多い環境の中で、森の狩猟民としての性格をかねそなえていた。その文化は、草原のビッグゲームハンターの文化とはかなり相違していたように思われる。そこには、その後の縄文時代の自然と共存した森の文化を誕生させる片鱗がすでに出現しているように思われる。

日本列島が大陸と明白に異なった道を歩みはじめたのは、一万五〇〇〇年前だった。ブナやナラ類の温帯の落葉広葉樹の森の拡大にともなって、人々は森と海の資源を利用する森と海の縄文文化を発展させた。

一万一五〇〇年前の急激な地球温暖化と急速な海進に対応して、沿岸部の縄文人は、より強く海産資源を利用することになった。貝塚の出現がその証しだった。しかし、もっと古い貝塚は海面の低かった時代にもつくられており、今後の調査によって地下深くから発見される可能性があった。

同じ頃、大草原の過酷な風土の中で途方にくれていた西アジアの人々に比べて、それははるかに食物にめぐまれた森の風土だった。四季おりおりの豊かな森と海の資源の中では、食物を貯蔵したり、他人のものを搾取して不平等を生む必要がなかった。これに対し、草原の過酷な風土の中でムギ作農業と牧畜をセットにする技術の開発によって危機を乗り切った西アジアの人々にとっては、貯蔵は生き残りの必須条件だった。他人を搾取することも止むを得なかった。しかし、意外にも家畜とセットになった畑作牧畜型の農業は生産性が高かった。ムギ類は貯蔵にも適していた。余剰と富が貯蔵され、人口が増大し、不平等が顕在化して支配者が生れた。

こうして五七〇〇年前の気候悪化を契機として、西アジアでは都市文明が誕生した（安田、二〇〇〇）。しかし、この都市文明は森と海の文化とは対極する社会であった。その社会の富は一部の支配者階級に集中し、生産力の拡大をドラスティックに推進し、軍事力を増強していく社会であった。この社会の下では、自然は文明の発展と一握りの支配者の欲望の中で激しく破壊された。文明が崩壊した後には、荒野だけが残った。メソポタミア文明からギリシャ・ローマ文明、そして近代ヨーロッパ文明へと受継がれた文明は、いずれも激しい森林の破壊をともなっていたことを、私（安田、一九八八）は明らかにした。そして、支配者階級のためにのみつくられた壮麗な神殿や墓地・宮殿など文明の装置に、魅了された現代人は、こうした文明のみを人類の進歩・発展の所産と見なしてきた。

こうした発展・破壊・搾取型の文明の背景には、草原と砂漠という過酷な風土があるように思われる。マンモスを絶滅に追い込んだビッグゲームハンターも、温帯の森を破壊した畑作牧畜型の農業も、人類を戦争に駆り立てた都市文明も、ともに森ではなく草原と砂漠の風土を背景として誕生している。

これに対し、豊穣の森と海を背景として誕生した縄文社会は、富が一部の人々にのみ集中することをさけ、社会的緊張を緩和する呪術や儀礼を有効に働かせ、戦争のない平和で安定した社会を一万年以上にわたって維持した。それ故、縄文時代の日本列島の自然は、一部の支配者の欲望から自由であることができた。権力者に富が集中しない社会は、人と人が殺し合うこともなく、無用な自然の収奪も回避された。

森と海の文化の価値の再発見

近代文明の延長線上に位置する現代文明が、階級支配の文明であることはいうまでもない。支配と搾取、収奪と殺戮の論理は、一国内の富める者と貧しい者、大企業と中小企業という階級関係にとどまらず、先進国と発展途上国という国家間の関係にまで及び、いまや全世界をおおってしまった。この階級関係を全世界に広めたのが近代文明だった。マルクス主義もまた階級関係の逆転を試みたにすぎず、階級支配の文明の枠を出るものではなかった。その文明の下では人類史の解釈さえ、階級関係の範疇の中でのみ論じられた。そして、物欲と権力欲のとめどもない増幅作用の中で、競争の原理、闘争の精神がいやが上でも増幅され、搾取と収奪がくりかえされた。

その搾取と収奪のもっとも底辺に位置したのが、物言えぬ自然だったのである。先進国の大企業が発展途上国の熱帯林を買いあさるだけではない。発展途上国の富める者が貧しき者をさらに搾取し、そのもっとも貧しき者が焼き畑を行い熱帯林を破壊する。放射能の処理施設をもたない最下級の軍隊が、大量の放射性廃棄物を海に投棄する。

最底辺で搾取されつづけたのは、いつも自然だった。二〇世紀後半に顕在化した地球環境問題は、この階級支配の文明が持った自然搾取の酷悪の構造に起因していることは、もはや誰の目にも明らかである。

この醜悪の構造を回避し、自然と人類が共存可能な新たな文明の潮流を創造するためには、日本列島で一万年以上の長きにわたって維持された縄文時代の社会や文化に学ぶべきところがきわめて大きいと思うのである。地球環境の危機に直面した今日、日本文化の基層に横たわる森と海の文化の価値の重要性を再認識し、人類の繁栄と幸福のために役立てていくことが必要なのではないだろうか。

第二章の 引用文献
・梅原 猛『ギルガメシュ』新潮社　一九八八年
・梅原 猛・安田喜憲編『縄文文明の発見』ＰＨＰ　一九九五年
・太田陽子・海津正倫・松島義章「日本における完新世相対的海面変化とそれに関する問題」第四紀研究　二九　一九九〇年
・尾本恵市『ヒトと文明』ちくま新書　二〇一六年
・岡村道雄『日本旧石器時代史』雄山閣　一九九〇年

・小野昭・春成秀爾・小田静夫編『図解・日本の人類遺跡』東京大学出版会　一九九二年
・大場忠道・加藤道雄「最終氷期以降の古環境の変遷」季刊考古学　一五　一九八六年
・梶原洋「なぜ人類は土器を使い始めたのか―東北アジアの土器の起源」科学　六八　一九九八年
・加藤晋平『日本人はどこから来たか』岩波新書　一九八八年
・亀井節夫・広田清治「最終氷期の動物相―陸上哺乳動物を中心に」月刊地球　四三　一九八三年
・河村善也「最終氷期以降の日本の哺乳動物相の変遷」月刊地球　七二　一九八五年
・小菅将夫『石器が語る時代の変化』岩宿博物館　二〇一四年
・小島俊彰「縄文時代」、河原純之編『図説　発掘が語る日本史3』新人物往来社　一九八六年
・小林達雄編著『図説　発掘が語る日本史2』新人物往来社　一九八六年
・小山修三『縄文時代』中公新書　一九八四年
・阪口豊「日本の先史・歴史時代の気候」自然　五月号　一九八四年
・阪口豊「黒ボク土文化」科学　五七　一九八七年
・佐原真『大系日本の歴史1　日本人誕生』小学館　一九八七年
・佐々木高明『日本の歴史I　日本史誕生』集英社　一九九一年
・篠塚良嗣・山田和芳「年縞による縄文時代における気候変動」安田喜憲・阿部千春編『津軽海峡圏の縄文文化』雄山閣　二〇一五年
・鈴木敬治・竹内貞子「中～後期更新世における古植物相―東北地方を中心として」第四紀研究　二八　一九八九年
・芹沢長介「新潟県荒屋遺跡における細石刃文化と荒屋型彫刻刀について」第四紀研究　一　一九五九年
・芹沢長介『最古の狩人たち』講談社　一九七四年
・仙台市教育委員会「仙台市富沢遺跡」第四紀研究　二八　一九八九年
・高橋理「石川低地帯の縄文文化―キウス周堤墓群」安田喜憲・阿部千春編『津軽海峡圏の縄文文化』雄山閣　二〇一五年
・東京都立埋蔵文化財調査センター『縄文誕生―平成四年度展示解説』一九九二年
・戸沢充規「原始社会」、『日本歴史大系1』山川出版社　一九八四年
・中川毅「水月湖の年縞はなぜ重要か」号外地球　六三　海洋出版　二〇一三年
・中川毅『時を刻む湖』岩波科学ライブラリー　二〇一五年
・中村由克・野尻湖発掘調査団「野尻湖立ケ鼻遺跡の旧石器文化と古環境」第四紀研究　二八　一九八九年
・中山誠二「中部高地における縄文時代の栽培植物と二次植生の利用」第四紀研究　五四　二〇一五年
・西田正規『UP考古学選書13　縄文の生態史観』東京大学出版会　一九八九年
・林謙作編著『図説　発掘が語る日本史1』新人物往来社　一九八六年
・藤森栄一編『井戸尻』中央公論美術出版　一九六五年
・宝来聡『DNA人類進化学』岩波科学ライブラリー　一九九七年

・松谷暁子「電子顕微鏡でみる縄文時代の栽培植物」佐々木高明・松山利夫編『畑作文化の誕生』日本放送出版協会　一九八八年
・森嶋稔「神子柴型石斧をめぐっての再論―その神子柴文化の系譜について」信濃　二二　一九七〇年
・安田喜憲「福井県三方湖の泥土の花粉分析的研究」第四紀研究　二一　一九八二年
・安田喜憲「森の民としての日本人の空間認識」歴史地理学紀要　二七　一五〜三八ページ　一九八四年
・安田喜憲『世界史のなかの縄文文化』雄山閣　一九八七年
・安田喜憲『森林の荒廃と文明の盛衰』思索社　一九八八年
・安田喜憲『気候と文明の盛衰』朝倉書店　一九九〇年
・安田喜憲「古代祭式と気候変動」、中西進編『古代の祭式と思想』角川選書　一九九一年
・安田喜憲『日本文化の風土』朝倉書店　一九九二年、『日本文化の風土　改訂版』二〇一一年
・安田喜憲「列島の自然環境」朝倉直弘ほか編『岩波講座日本通史』第一巻　岩波書店　一九九三年
・安田喜憲『大河文明の誕生』角川書店　二〇〇〇年
・安田喜憲『気候変動の文明史』ＮＴＴ出版　二〇〇四年
・安田喜憲『気候と文明の盛衰』（普及版）朝倉書店　二〇〇五年
・安田喜憲『稲作漁撈文明』雄山閣　二〇〇九年
・安田喜憲「年縞が解明する縄文の人類史的意味とその開始をめぐって」安田喜憲・阿部千春編『津軽海峡圏の縄文文化』雄山閣　二〇一五年
・矢野暢『フローの文明・ストックの文明』ＰＨＰ研究所　一九八八年
・渡辺誠「縄文時代におけるブナ帯文化」地理二六　一九八一年
・Allen, J.R.M., Watts, W.A., Huntley, B.: Weichselian palynostratigraphy, Palaeovegetation and Palaeoenvironment; the record from Lago Grande di Monticchio, southern Itary. *Quaternary International*, 73/74, 91-110, 2000.
・Bottema, S.: Pollen analytical investigation in Thessaly (Greece). *Palaeohistoria*, XXI, 193-217, 1979.
・Chinzei, K., Fujioka, K., Kitazato, H., Koizimi, I., Oba, T., Okada, H., Sakai, T., and Tanimura, Y.: Postglacial environmental change of the Pacific Ocean off the coasts of central Japan. *Marine Micropalaeontology*, 11, 273-291, 1987.
・Craig, O.E. *et al.*: Earliest evidence for the use of pottery. *Nature*, 496, doi:10.1038/nature12109, 2013.
・Dansgaard, W., Johnsen, S.J., Clausen, H.B., Dhal-Jensen, D., Gunstrup,N.S., Hammer, C.U., Hvidberg, C.S., Steffensen, J.P., Sveinbjornsdotir, A.E., Jouzel,J., Bond, G. : Evidence for general instability of past climate from a 250-kyr ice-core record. *Nature*, 364, 218-220, 1993.
・de Beaulieu J.-L and Reille M.: The last cimatic cycle at La Grande Pile (Vosges, France) ; A New Pollen Profile. *Quaternary Science Reviews*, 11, 431-438, 1992.
・Follieri M., Magri D., Sadori L.: 250,000-year pollen record from Valle Di Castiglione (Roma). *Pollen et Spores*, 30, 329-356, 1988.

- Kato, M. *et al.*,: Varved lacustrine sediments of Lake Tougou-ike, Western Japan, with reference to Holocene sea-level changes in Japan. *Quaternary International*, 105, 33-37, 2003.
- Kitagawa, J. and Yasuda, Y.: Development and distribution of *Castanea* and *Aesculus* culture during the Jomon Period in Japan. *Quaternary International*, 184, 41-55, 2008.
- Kudras H. R.:Global nature of the Younger Dryas climate event. *Nature*, 339, 1989.
- Nakagawa, T. *et al.*,:Asynchronous climate changes in the north Atlantic and Japan during the last termination. *Science*, 299, 688-691, 2003.
- Pons, A., Guiot, J., de Beaulieu, J. L. and Reille, M.: Recent contribution to the Climatology of the last glacial-interglacial cycle based on French pollen sequences. *Quaternary Science Review*, 11, 439-448, 1992.
- Rampino, M. R. and Self, S.: Volcanic winter and accelerated glaciation following the Toba super-eruption. Nature, 359,1992.
- Ramsey, C.B. et al.: A complete Terrestrial Radiocarbon Record for 11.2 to 52.8 kyr B.P.. Science, 338, 370-374, 2012.
- Reille M. and de Beaulieu J-L., : Long Pleistocene pollen records from the Praclaux Crater, South-Central France. *Quaternary Research,* 44, 205-215, 1995.
- Reille M., De Beaulieu J-L., Svobodova H., Andrieu- Ponel V., Goeury C.: Polleen analytical biostratigraphy of the last five climatic cycles from a long continental sequence from the Velay region (Massif Central, France). *Journal of Quaternary Science,* 15, 665-685, 2000.
- Sakaguchi,Y. : Climatic changes in central Japan since 38, 400yBP. *Bulletin of the Department of Geography, University of Tokyo*, 10,1-10, 1978.
- Shutler, R.: The emergence of *Homo sapiens* in southeast Asia and other aspects of Hominid evolution in east Asia. Whyte,R.O. (ed.) : *The evolution of the east Asian environment, vol.2*, Centre of Asian Studies, Univ. Hong Kong, 818-821, 1984.
- Sohma, K. : Two late-Quaternary pollen diagrams from northeast Japan. *The Science Report of the Tohoku University, 4th series (Biology)*, 38, 351-369, 1984.
- Wijmstra T.A.,: Palynology of the first 30 metres of a 120m deep section in northern Greece. *Acta Botanica Neerlandica,* 18, 511-527, 1969.
- Yasuda, Y.: Prehistoric environment in Japan. *Science Report Tohoku University, 7th series (Geography)* 28, 117-281, 1978.
- Yasuda, Y (ed.): *The Origins of Pottery and Agriculture.* Lustre Press and Roli Book, Delhi, 1-400, 2002.
- Yasuda, Y. *et al.*: Environmental Variability and human adaptation during the Lateglacial / Holocene transition in Japan with reference to pollen analysis of the SG4 core from Lake Suigetsu. *Quaternary International*, 123-125, 11-19, 2004.
- Yasuda, Y.: Climate change and the origin and development of rice cultivation in the Yangtze River basin, China. *AMBIO*,14, 502-506, 2008.

第三章 スギの森と日本人

静岡県富士宮市の富士山信仰の中心地
山宮にあるスギのご神木
（撮影 安田喜憲）

一　屋久島花之江河《はなのえご》湿原の花粉分析

スギは日本人の心とむすびついている

幼い頃、両手をいっぱい広げても、かかえきれないスギの大木が神社にあった。これは私だけでなく、多くの日本人の思い出でもある。「日本人は、山でスギを見出した時、はじめて日本人としてのスタートをきったと言っていいのではないか」と遠山富太郎氏（遠山、一九七六）は述べている。

屋久島でこんな話を聞いた。屋久杉（図３－１）を切る時、きこりはまず酒と米をそなえ、斧を木にたてかける。一晩あと、もし屋久杉にたてかけた斧が倒れていなければ、その木を切ってもよいという許しが森の神、木の精から出たと考え、その木を切った。反対に斧が倒れていたら、その木は絶対に切らなかったという（図３－２）。

樹齢数千年の縄文杉が今日まで生き続けてきたのは、降水量が多く、温暖な気候に恵まれたという自然条件のためだけではない。縄文杉の中に、六〇〇〇年の命の重みを見つめた日本人の心があって、はじめて可能だったのである。

だが戦後七〇年の間に、日本人の生活は急変した。都市の子どもはもちろんのこと、農・山漁村に住む子どもでさえ、自然とのふれあいは極端に少なくなった。両手をいっぱい広げてもかかえきれないスギの木肌のぬくもりを記憶にもつ子どもは少なくなった。スギの大木の茂る神社の境内は、子どもの遊び場ではなくなった。

図 3-1　鹿児島県屋久島の仏陀杉
（撮影 安田喜憲）

そして、屋久島のきこりは、斧からチェーンソーにきりかえてから、容赦なく屋久杉を切り倒すようになった。六〇〇〇年の命を、今ここで断つ心の痛みを感じる人は、少なくなった。

屋久杉はつぎつぎと切り倒されていく。これはまた、縄文時代以来、スギとともに受け継がれてきた日本文化の伝統の崩壊でもある。森の文化の断絶がはじまったのである。

本章の目的は、花粉分析の手法によってスギと日本人のかかわりあいの歴史を明らかにするところにある。そのことによって、森の民としての日本人の文明史的位置と、未来の世界に対する役割を明らかにしたいと思うのである。

図 3-2　伐採された屋久杉の切り株
（撮影 安田喜憲）

海抜一六三〇メートルの湿原

花之江河《はなのえご》湿原（図3-3右）は、鹿児島県屋久町の海抜一六三〇メートル（北緯三〇度一八分三〇秒、東経一三〇度三〇分四五秒）に位置する。東西約八〇メートル、南北約五〇メートルの湿原は、屋久島の宮之浦岳の山頂近くに広がる（図3-3左）。

湿原周辺にはスギやヤマグルマとともに、ヤクシマシャクナゲ、ミヤマビャクシン、ツゲ、ハイノキ、ヤマボウシ、アセビ、ヒメヒサカキなどの低木類が生育している。湿原内には、ホシクサ属、ミカヅキグサ属、ミズゴケ属などで代表される湿原植生が展開している（宮脇、一九八〇）。

これまで花之江河湿原の花粉分析については、宮井嘉一郎（宮井、一九三七）の先駆的調査研究と竹岡政治（竹岡、一九七一）の結果がある。しかしこれまでの花粉分析結果では、湿原の泥炭の年代測定値がないため、およそ一万年前にさかのぼるであろうと推定されている段階であった。そのため屋久島の縄文杉が、いつ頃から存在したかを明白に断定できなかった。さらに現在では花之江河湿原周辺に顕著に生育しないヤナギ属の花粉が化石から多く検出されており、その原因の究明もなされていなかった。

試料の採取と層序

一九八三年五月に、花之江河湿原の調査許可を得て、花粉分析の試料を採取した。花粉分析の試料はヒラー型ボーラーで採取した。ボーリングによって明らかになった湿原本体は予想外に浅く、泥炭の層厚は厚い所で一・五メートル前後であり、その下位には軽石層の二次堆積を含む砂礫層が五〇センチメートルの層厚で検出され、基盤の花崗岩の風化土層に達した（図3－4）。

ボーリング調査の結果、花之江河湿原には、軽石層を境として、新・旧二回の湿原形成期が存在することが明らかとなった。旧い花之江河湿原を古花之江河湿原の時代、新しい花之江河湿原を新花之江河湿原の時代と呼ぶ。古花之江河湿原の堆積物はI地点（図3－4）で検出された。I地点では軽石層に覆われた暗灰色泥炭質粘土が検出された。この泥炭質粘土の^{14}C年代測定値は歴年代に補正して六九八〇＋一一八〇年前（KSU-649）であった。年代測定値からこの軽石層はアカホヤ火山灰～幸屋《こうや》火砕流（町田、一九七七、新東、一九八八）に比定される。ただしアカホヤ火山灰～幸屋火砕流の年代は七三〇〇年前と考えられているので、この^{14}C年代測定値は泥炭質粘土層をバルクで計測したために、やや新しく出ているとみなされる。アカホヤ火山灰の二次堆積である可能性もある。

この軽石層に覆われた湿原を古花之江河湿原と呼ぶ。しかし、古花之江河湿原の堆積物は湿原の周

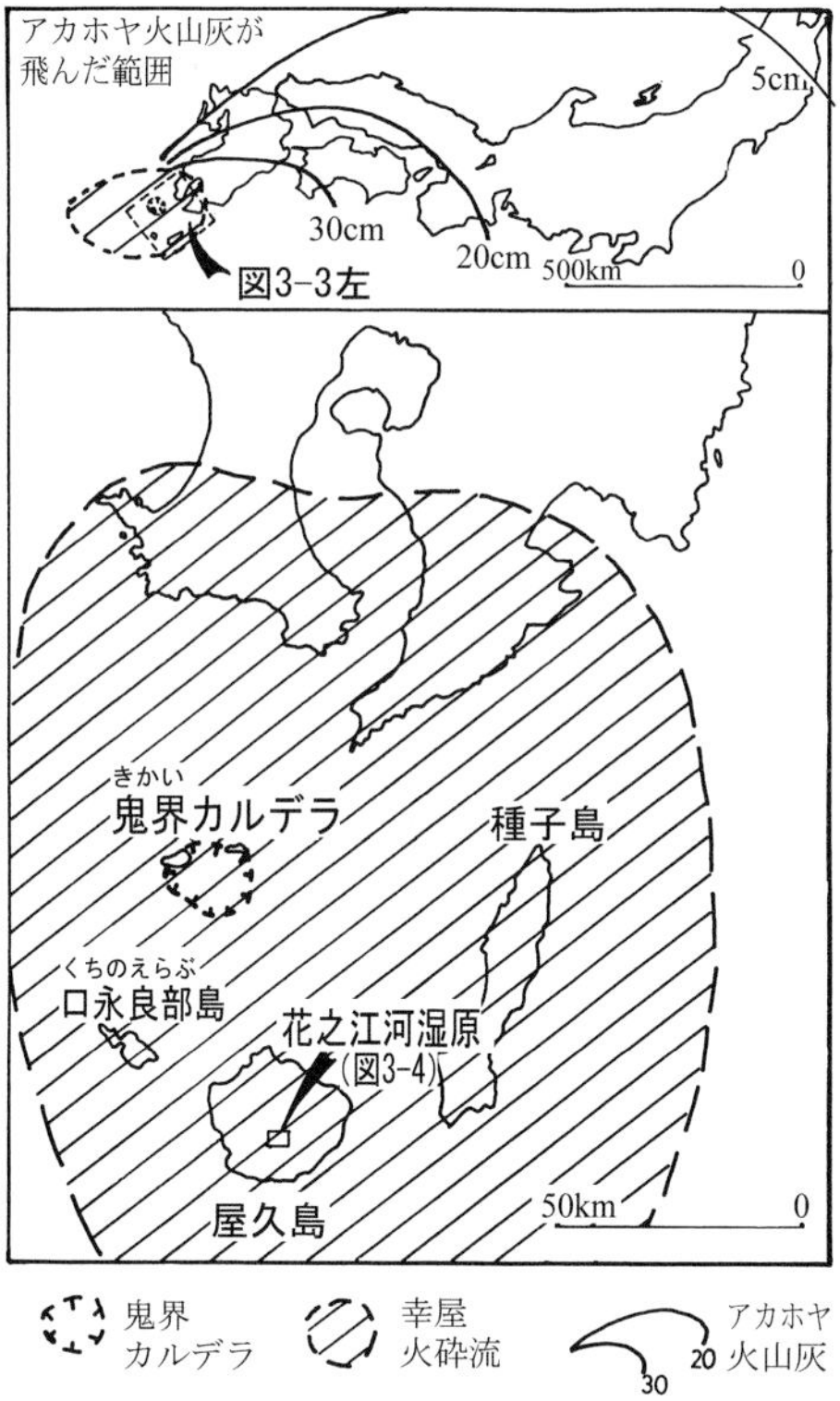

図 3-3

上：花之江河湿原（撮影 安田喜憲）

左：屋久島花之江河湿原と幸屋火砕流・アカホヤ火山灰の分布

アカホヤ火山灰の飛んだ範囲は秋田県一ノ目潟の分析結果にもとづき安田が修正．（町田，1977，一部安田修正）

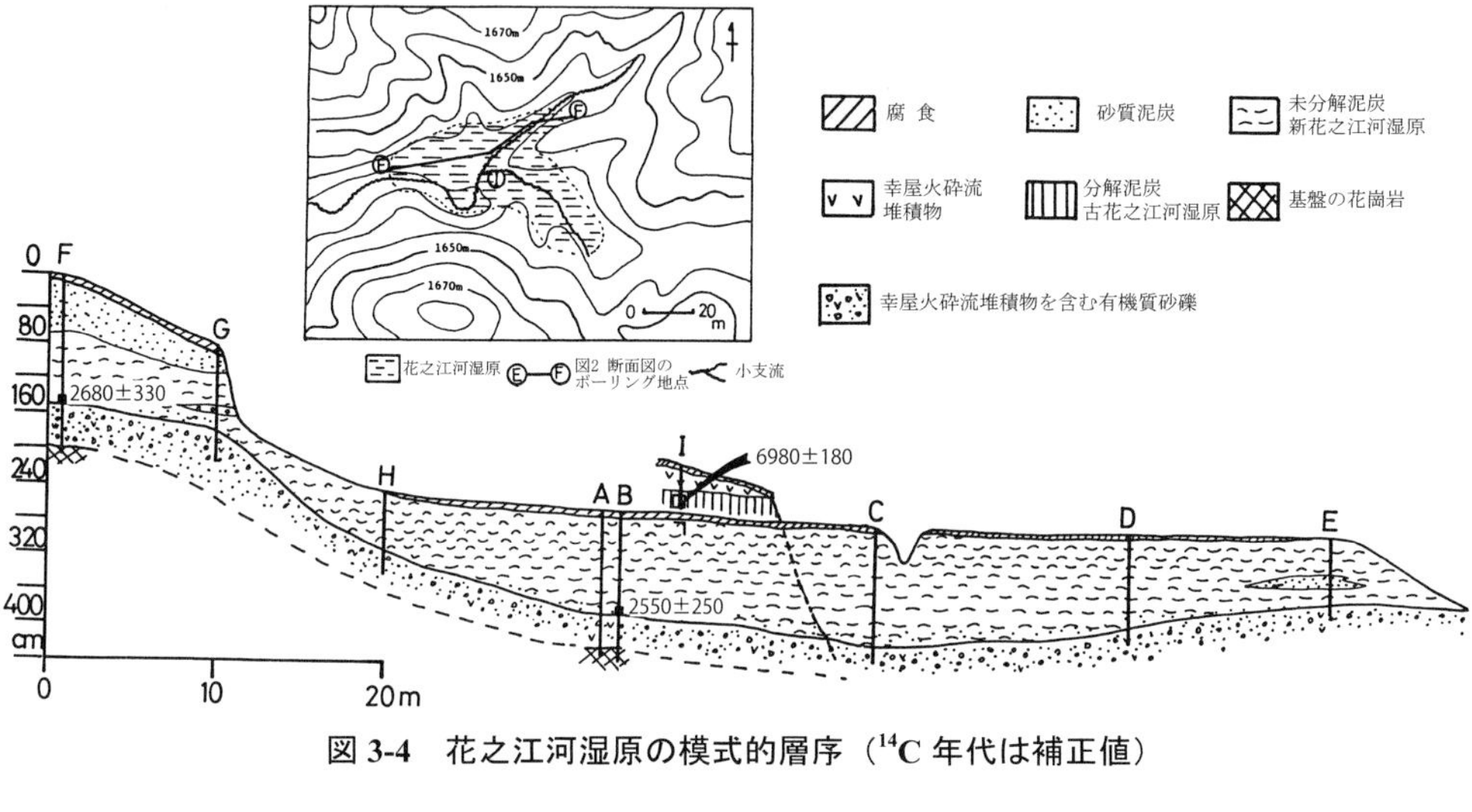

図 3-4　花之江河湿原の模式的層序（^{14}C 年代は補正値）

囲にわずかに残存している程度で、その実態は不明の点が多い。

新花之江河湿原の堆積物は、軽石層堆積後、その堆積原面が浸蝕された凹地に堆積した褐色未分解泥炭層である。層厚は一〜一・五メートル前後である。泥炭層の^{14}C年代測定値は二五五〇±二五〇年前（GaK-11602）と二六八〇±三三〇年前（GaK-11603）であった。^{14}C年代測定値から、新花之江河湿原は、約二六〇〇年前に形成がはじまったと判断される。

花粉分析の方法は、KOH 処理—水洗—比重分離（塩化亜鉛使用）—水洗—酢酸処理—アセトリシス処理（無水酢酸九：濃硫酸一の混合液で三分間湯煎）—酢酸処理—水洗—マウント—検鏡の順に実施した。検鏡に際しては、通常四〇〇倍を使用し、五〇〇個体以上の樹木花粉を同定した。また残渣をカルノア液で固定し、走査型電子顕微鏡で観察した。

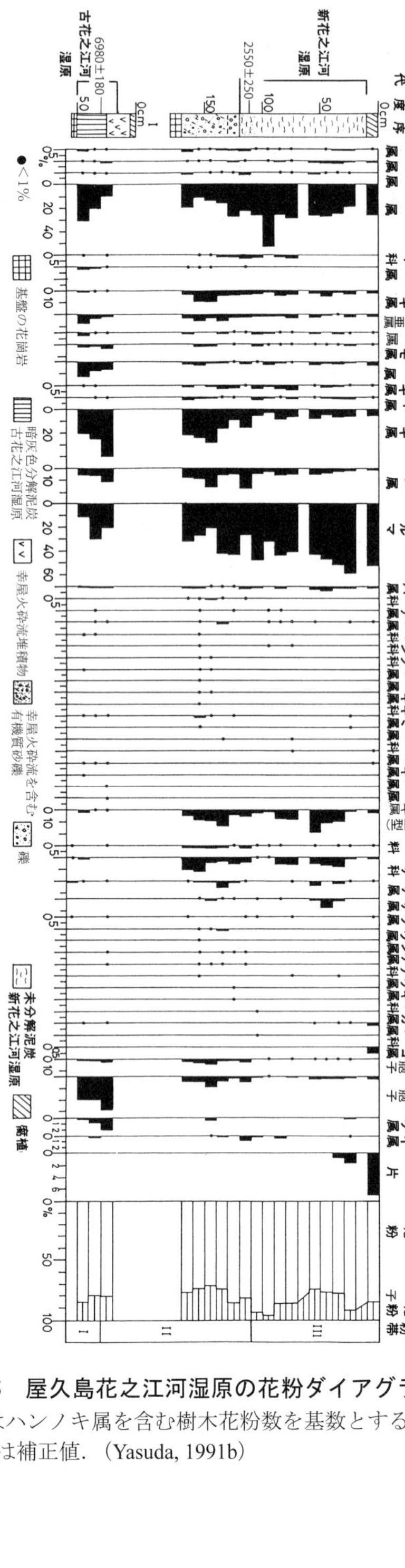

図 3-5　屋久島花之江河湿原の花粉ダイアグラム

出現率はハンノキ属を含む樹木花粉数を基数とする％，^{14}C 年代は補正値．（Yasuda, 1991b）

花粉分析の結果（Yasuda, 1991b）は図３‐５の花粉ダイアグラムに示す。図３‐５の花粉ダイアグラムは、ハンノキ属を含む樹木花粉を基数とする％で表示してある。以上の花粉分析の工程は、後述する本書中の他の地点の分析にも同様に適用されている。

花粉分析の結果から、以下の特徴的な時代が明らかとなった。

古花之江河湿原の時代

この時代はアカホヤ火山灰〜幸屋火砕流堆積以前である。この時代の最下部でスギ属が三〇・八％の高い出現率を示し、つづいてツゲ属の一二・三二％、コナラ属アカガシ亜属が六・九％、ハイノキ属が二〇・四％、ヤマグルマが一一・三％と高い出現率を示す。この他、シイ属が二・二％、マキ属が一・八％、ヤマモモ属が二・一％など、暖温帯要素が全層準中、最も高い出現率を示す。また羊歯類胞子も多産する。

今西錦司氏（今西、一九五〇）は屋久島の暖帯常緑広葉樹林とスギ・モミ・ツガ林の境界高度を九〇〇メートル前後に置いている。これに対し、宮脇昭氏（宮脇、一九八〇）はヤブツバキクラスとブナクラスの境界を、一二〇〇メートルに置いている。スギ属とともにコナラ属アカガシ亜属、ツゲ属、シイ属、ハイノキ属、ヤマモモ属、マキ属などの暖帯要素の多産するこの時代の花粉組成は、現在の海抜一〇〇〇〜一二〇〇メートル前後の植生の群集組成に類似している。当時の森林帯は少なくとも四〇〇メートル以上、現在よりも上昇していたとみなされる。

古縄文杉の絶滅期

古花之江河湿原の上部の時代に入ると、スギ属、ツゲ属、シイ属、コナラ属アカガシ亜属、マキ属が減少する。スギ属は三〇・八％から三分の一以下の九・六％にまで減少する。これに対し、ハイノキ属、ツツジ属、ヤマグルマなどがシダ（羊歯）類胞子とともに増加する。そしてその直後に軽石層が堆積する。軽石層の中からはもちろん花粉化石を検出できなかった。

こうした古花之江河湿原時代末期の植生の変化は、以下の火山活動とのかかわりにおいて説明できよう。花之江河湿原から発見された軽石層は、屋久島の北約五〇キロメートルの鬼界《きかい》カルデラから噴出したものである（図3-3）。古花之江河湿原の末期、鬼界カルデラの活動が活発化するにともない、火山灰や軽石などの降下が増加し、スギの生育しにくい環境が出現し、ハイノキ属、ツツジ属、ヤマグルマなどの樹種が拡大した。そして最後に、鬼界カルデラの大爆発によって、火砕流堆積物が屋久島をおおった。

町田 洋氏（町田、一九七七）によればこの時の火砕流堆積物は二〇〇メートル以上の厚さに達する流動層であり、それは海面上をわたり屋久島の宮之浦岳をものりこえた大規模なものであったという。屋久島には「アカボコ」とよばれるこの時の火砕流堆積物が、所によっては三メートルの厚さにまで堆積している。宮之浦岳にいたる傾斜の急な山岳斜面にもよく残っている。年降水量が一万ミリに達する年さえある多雨地帯であるにもかかわらず、大量のテフラが保存されている。このことはいかに鬼界カルデラの爆発が大きく、かつ火砕流堆積物の量が多かったかを物語る。古花之江河湿原周辺に生育していた古縄文杉は、このアカホヤ火山灰〜幸屋火砕流によって、壊滅的な被害を受けたであろう。

本書執筆中の二〇一五年五月二九日、屋久島北西方約一二キロメートルにある口永良部《くちのえらぶ》島が噴火した。噴煙は九〇〇〇メートルの高さまで上昇し、島民一三〇人は屋久島に避難した。アカホヤ火山灰と幸屋火砕流を噴出した鬼界カルデラの大爆発は、はるかに大規模なものであった。

当時南九州に生活していた縄文人たちも、この鬼界カルデラの噴火によって大きな影響をこうむった（図３－６）。新東晃一氏（新東、一九八八）は鬼界カルデラの噴火を境として、これまであった南九州独自の平底円筒の塞《せ》ノ神《かん》式土器文化が消滅することを明らかにした。鬼界カルデラの大噴火の直前まで、南九州には平底の貝殻文系円筒形土器をもつ独自の縄文文化が発展していたのである（図３－６ステージ１～２）。

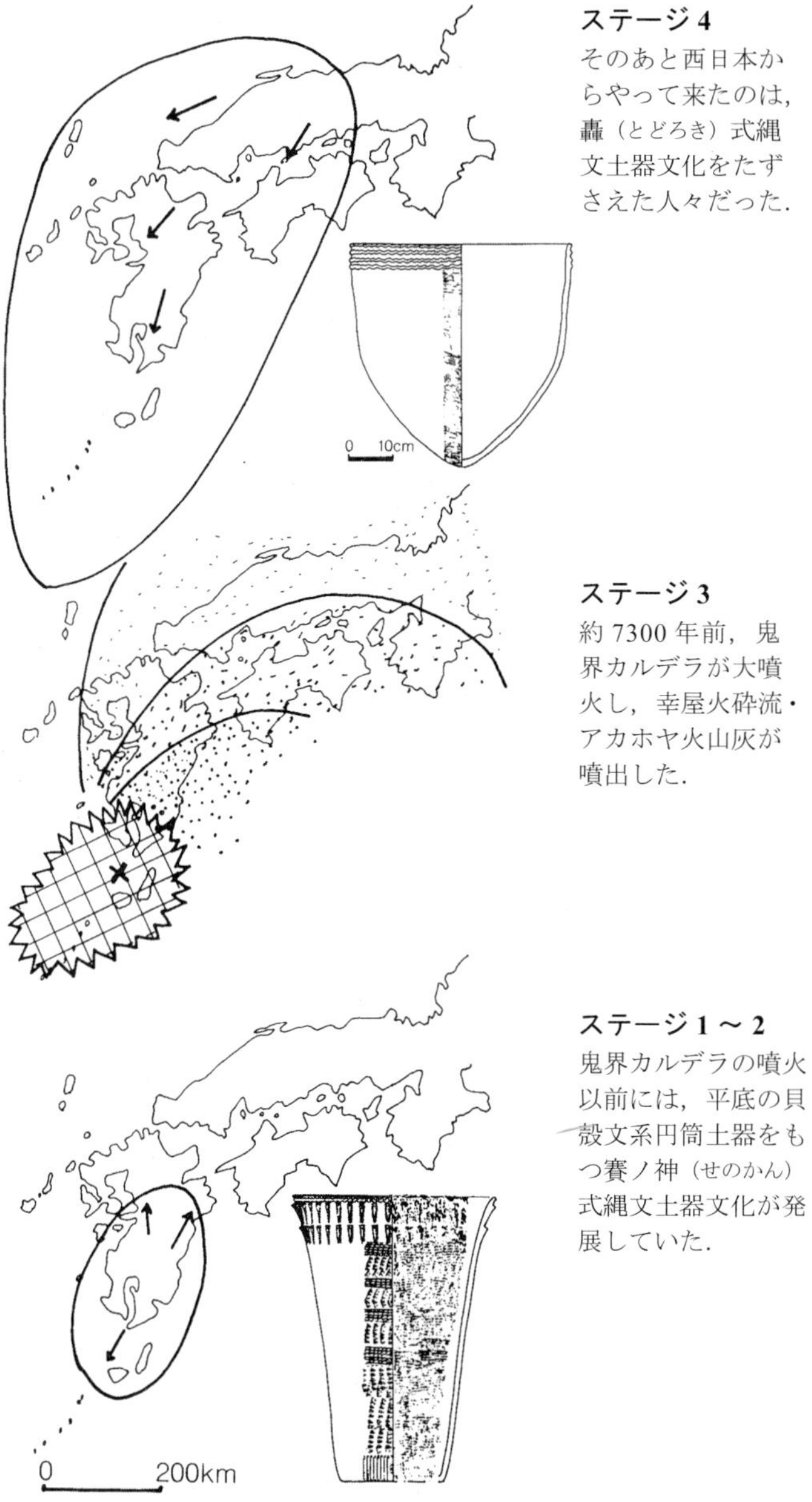

ステージ 4
そのあと西日本からやって来たのは，轟（とどろき）式縄文土器文化をたずさえた人々だった．

ステージ 3
約 7300 年前，鬼界カルデラが大噴火し，幸屋火砕流・アカホヤ火山灰が噴出した．
ステージ 1 ～ 2
鬼界カルデラの噴火以前には，平底の貝殻文系円筒土器をもつ賽ノ神（せのかん）式縄文土器文化が発展していた．

図 3-6　鬼界カルデラの大噴火前・後の九州の縄文文化の変遷（町田・小島，1986，新東，1988）

ところが幸屋火砕流やアカホヤ火山灰の直上から発見される土器は、北九州や西日本から入ってきた轟《とどろき》式土器に変わる（図3‐6ステージ3～4）。このことは、鬼界カルデラの大噴火によって、南九州に独自に発展していた円筒形土器をもつ塞ノ神式土器文化が壊滅し、荒涼とした無人の荒野が出現したあと、西日本や北九州から新たな轟式土器文化をたずさえた人間が、南九州にやってきたことを物語っている。屋久島の縄文人はこのアカホヤ火山灰～幸屋火砕流の堆積によって、壊滅したのである。

斜面の不安定期

アカホヤ火山灰～幸屋火砕流の堆積によって森林の破壊された斜面は、屋久島特有の豪雨によって激しく浸蝕されたとみられる。新花之江河湿原の下部から検出された軽石の二次堆積物を含む砂礫層は、こうした不安定な地形環境の存在を物語る。この時代には、スギ属の出現率は二〇％以下にとどまり、ハイノキ属、ツツジ属、ヤマグルマ、ハンノキ属が高い出現率を示す。同時にイネ科、カヤツリグサ科、アリノトウグサ属、ホシクサ属などが増加し、新花之江河湿原の原形が形づくられたことを示している（図3‐5・7）。

新花之江河湿原の時代

湿原に泥炭の堆積がはじまり、周辺の斜面も安定期に入って、現在にまでつながる新花之江河湿原が形成された。その年代は約二六〇〇年前である（図3‐5）。スギ属は二〇％以上の出現率を示し、ヤマグルマの出現率は六〇％にも達する。新花之江河湿原が安定期に入り、スギとヤマグルマの時代をむかえた。

新花之江河湿原の時代には、暖帯要素のハイノキ属やコナラ属アカガシ亜属が減少し、マキ属は消滅する。新花之江河湿原の泥炭の形成のきっかけには、植物の繁茂による斜面の安定化とともに、気候の冷涼化がかかわっていたと判断される。

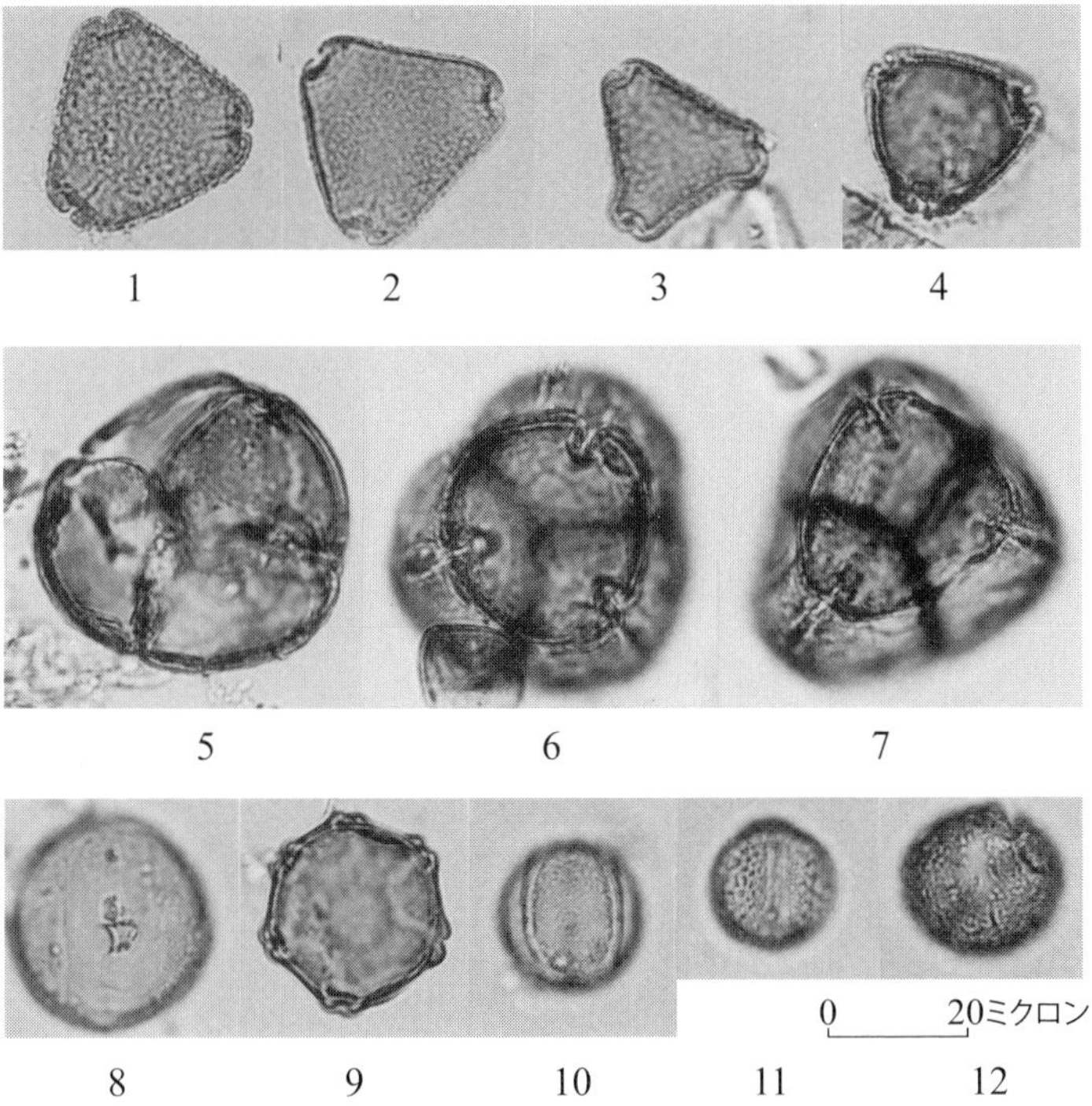

1,2:　ハイノキ属（*Symplocos coreana* 型）
3:　ハイノキ属（*S.prunifolia* 型）
4:　ハイノキ属（*S.myrtcea* 型）
5,6,7: ツツジ属
8:　スギ属
9:　ハンノキ属
10:　コナラ属アカガシ亜属
11:　ヤマグルマ属（*Trochodendron aralioides* 型）
12:　ツゲ属（*Buxus microplylla* 型）

図 3-7　屋久島花之江河湿原から検出された花粉化石

人類の干渉期

新花之江河湿原への人間の干渉の証拠は、花粉ダイアグラムの最上部（図３‐５）で、オオバコ属が出現し、ヨモギ属が増加することで示される。また地表下四〇センチメートルの層準から炭片が増加する。その炭片が増加する年代は、堆積速度が一定と仮定すると、およそ八〇〇〜九〇〇年前である。屋久島の山岳信仰などとのかかわりにおいて、今後検討される必要がある。

縄文杉は二世だった

花之江河湿原の花粉分析の結果から、約七〇〇〇年前に、屋久島の屋久杉は鬼界カルデラの大爆発で壊滅的な被害を受けたことが明らかとなった。七三〇〇年よりも古い縄文杉を古縄文杉と呼んだ。現在の縄文杉を代表とする屋久杉は、七三〇〇年前以降に新たに生育した二世であった。

二　ヒマラヤの形成とスギ科の隔離分布

ヤマグルマと日華区系

北村四郎氏（北村、一九六三）は、ヒマラヤから中国そして日本にいたる植物大系として、ヒマラヤ回廊にはじまる日華区系を提唱した。日華区系は、北をヨーロッパ・シベリア区系、西を中央アジア区系、南を東南アジア区系に囲まれる。この日華区系には、第三紀周北極植物群の多数が生き残り、北半球では最も多様性に富んだ温帯の植物相を形成している（堀田、一九七四）。屋久島はこのヒマラヤから中国南部をへて日本列島にいたる日華区系のつきあたりに相当する。

この日華区系を代表する第三紀周北極植物群の生き残りに、ヤマグルマがある。ヤマグルマは日本列島南部から台湾と朝鮮半島南部に遺存的に分布する。ヤマグルマは被子植物（広葉樹）の中で、原始的な植物と見なされている。材の部分に通道組織として道管ではなく仮道管をもつからである。広葉樹材の細胞構成の特徴は、道管をもつことである（島地ほか、一九七六）。道管は水分の通り道として植物に重要な役割を果たしている。ヤマグルマは広葉樹でありながら、この道管をもたない。一方、裸子植物（針葉樹）は、マオウ目のような道管をもつ例外もあるが、一般には道管ではなく仮道管をもつ。ヤマグルマの材は、幅の広い放射組織をもっており、明らかに針葉樹材とは異なる。したがって、道管を欠如するヤマグルマは、針葉樹に近い原始的な形質をもった広葉樹であるとみなされる。

原始的な広葉樹はもともと針葉樹と同じように道管をもたなかった。これが後に進化して道管をもつようになった。ヤマグルマは道管をもつようになる以前の、原始的な広葉樹の形質を温存している古型の広葉樹に含まれる。

このヤマグルマの花粉の化石が、花之江河湿原からは大量に検出された。広島県佐伯郡湯木町で採取したヤマグルマの現生の花粉（図3-8）は、赤道径が二四〜一九ミクロン、極径が二四〜一九ミクロの円形を示す。花粉形態は、内口式三溝型（3 colporate）で、花粉溝の幅は三〜一・五ミクロン、長さは二二〜一七ミクロンで、広くて深い。外膜表面模様はアミ目（reticulate）で、ウネ（muri）は〇・七〜〇・五ミクロンの幅をもち、アミ目の大きさは一〜〇・五ミクロンで、花粉溝に近づくにしたがい小さくなる。

花之江河湿原の深度一五〇・一三〇・一〇〇・三〇センチメートルから検出されたヤマグルマの花粉化石は、赤道径が二二〜一七ミクロン、極径が二六〜二一ミクロンの円形〜楕円形を示す。内口式三溝型で、花粉滞の幅は五〜二・五ミクロン、長さが二〇〜一五ミクロンである。現生のヤマグルマに比べて花粉溝の幅が広いのは、走査型電子顕微鏡の観察で明らかになったように、化石では膜の薄い花粉溝の内部が破壊されているためである。外膜表面模様はアミ目で、アミ目の大きさは二～〇・五ミクロンで、やはり花粉溝に近づくと小さくなる。

以上のように、花之江河湿原から検出された花粉がヤマグルマであることは、走査型電子顕微鏡像による両者の比較からも、まちがいない。藤木利之氏（藤木ほか、二〇一六）は、日本産花粉の形態を走査型電子顕微鏡で観察した図鑑を刊行している。これまでの宮井嘉一郎氏（宮井、一九三七）と竹岡正治氏（竹岡、一九七一）の分析結果では、ヤナギ属が多産していた。ヤナギ属の花粉は、外膜表面模様のアミ目が、花粉溝に近づくにつれ小さくなるなど、ヤマグルマと似た形態を持つ。ヤナギ

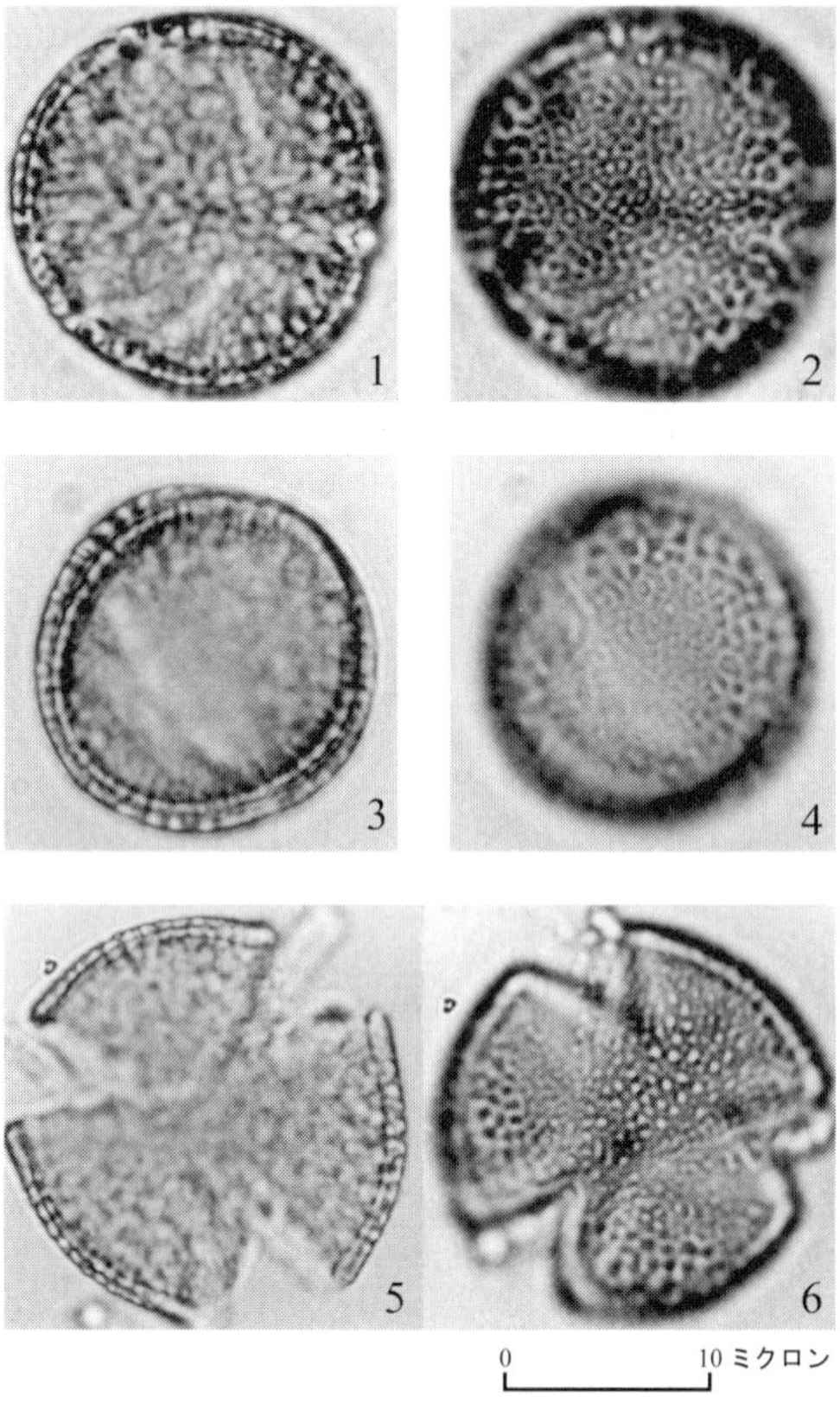

図 3-8　ヤマグルマ（*Trochodendron aralioides*）の現生花粉の光学顕微鏡写真（撮影 安田喜憲）

1. 極観のクロスセクション
2. 極観のオーナメンテーション
3. 赤道観のクロスセクション
4. 赤道観のオーナメンテーション
5. 極観のクロスセクション
6. 極観のオーナメンテーション

属は現在の花之江河湿原周辺には大量に生育しないことを考えると、ヤマグルマの花粉をヤナギ属と誤認した可能性があるのではないかと考えられる。

古型の広葉樹ヤマグルマと、針葉樹でも古いタイプに含まれるスギの花粉が、花之江河湿原で約七〇〇〇年以上前からともに高い出現率を示すことは興味深い。屋久島は鬼界カルデラの大噴火などによって大きな影響をこうむったものの、大変古いタイプの植物をずっと温存してきた所であると言えよう。

スギ科の隔離分布

ヤマグルマと同じく針葉樹でも古いタイプに含まれるスギ科もまた東アジアに遺存的に隔離分布している（図3-9）。スギ科が中生代〜新第三紀にかけて、北半球に広く分布していたことは、アケボノスギ属やセコイア属の化石の産地から知られている（図3-9）。中生代の

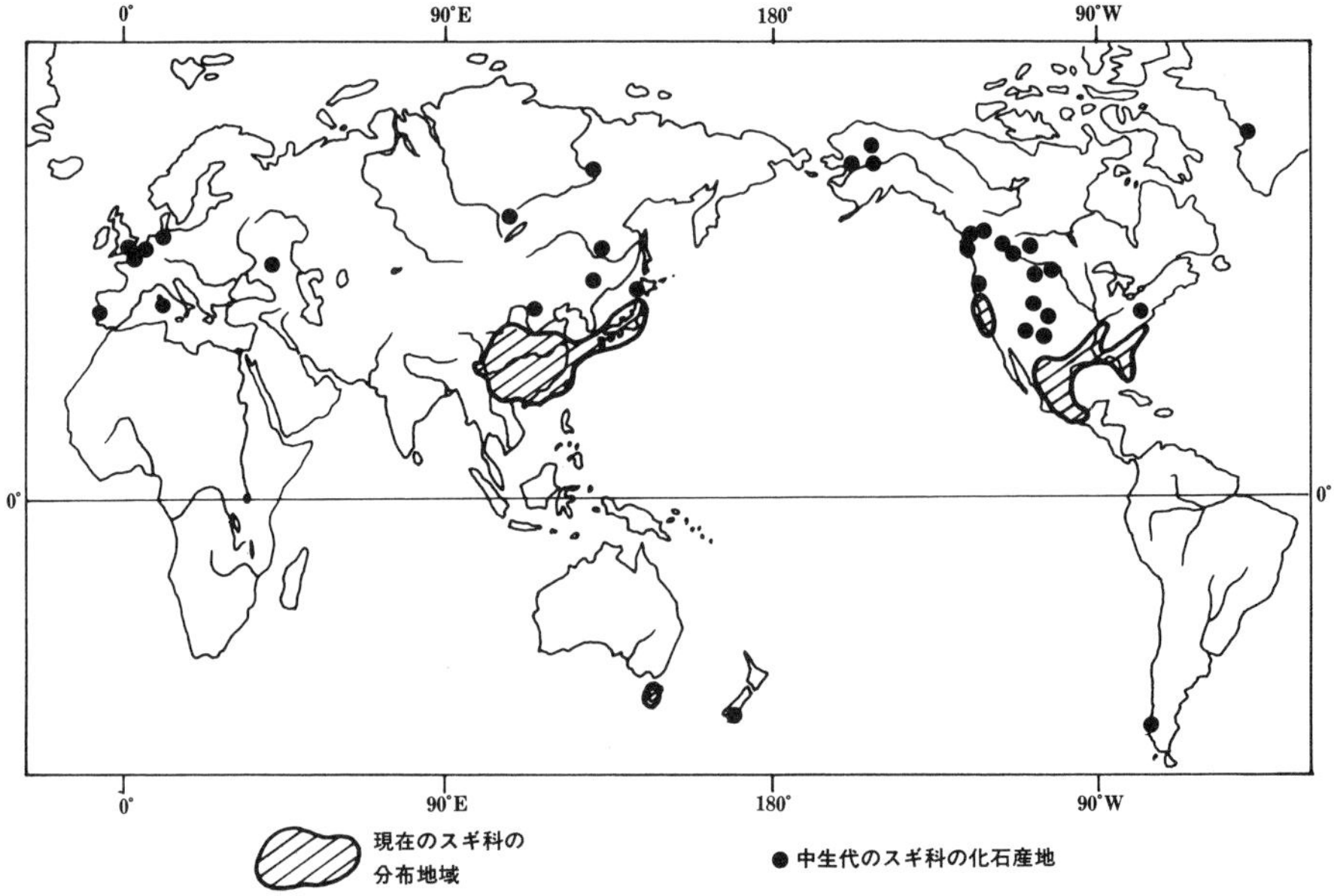

図 3-9　スギ科（Taxodiaceae）の現在の分布と化石産地（堀田，1974 による）

終わりから新世代の始めには、セコイアやアケボノスギの仲間は、グリーンランドなどの北極圏にまで分布域を拡大していた。例えばポルトガルやフランスでは下部中新世の堆積物からセコイア属が、イタリアでは上部鮮新世からトルコでは下部中新世の堆積物からヌマスギ属の大型遺体が検出されており、中新世まではヨーロッパにもスギ科が生育していた。それが第三紀末〜第四紀の初めに、急速に分布域をせばめ、現在のような東アジアの一角と北米に隔離分布する（図３‐９）。とりわけユーラシア大陸西部では、ヨーロッパを含めてスギ科の植物が絶滅する。スギ科はユーラシア大陸の東部にのみ生き残り得た。その背景には一体何があったのであろうか。

東西の気候的コントラスト

これまで第三紀周北極植物群が絶滅した原因として、第三紀末〜第四紀にかけての気候の寒冷化が指摘されてきた。気候の寒冷化は緯度帯に平行して引き起こされているはずであり、スギ科がユーラシア大陸西部で絶滅したのならば、同じ緯度帯に位置する東アジアでも絶滅してよいはずである。しかし、スギ科は東アジアで生きのびることができた。スギ科の東アジアへの隔離分布の原因は、これまでの気候の寒冷化説のみでは十分に説明できない。

古第三紀におけるユーラシア大陸の化石植物群の分布は、古第三紀旧熱帯植物群と第三紀周北極植物群が南北に帯状に配列し、ユーラシア大陸の東西には顕著な植物群の分布の相違は認められない（堀田、一九七四）。

こうした南北に帯状に配列した植物群の分布が、東西に強いコントラストを示すようになるのは、いったいいつ頃から、いかなる原因によるのであろうか。

安成哲三氏（安成、一九八七）は、現在の東アジアの湿潤をもたらした原因として、ヒマラヤ山塊を核とする大気の南北循環の存在を指摘している。平均海抜高度四〇〇〇メートルのヒマラヤ山塊は、雲海に突き出た大気加熱の場として、重要な役割を果たしている。雪の少ない夏、ヒマラヤ山塊は大量の日射を吸収して大気を暖める。この大気の加熱は上昇気流を引き起こし、ヒマラヤを中心とする大気の南北循環を引き起こす。この大気の南北循環によって南方へ向かう流れは、地衡風バランスの関係で、東風になって熱帯偏東風ジェットを発達させる。熱帯偏東風ジェットは最大風速五〇メートル／秒にも達し、ヒマラヤを核とする大気の南北循環が強いほど、ジェットも強くなる。

この偏東風ジェットは、その入口の東南アジアの上空で上昇気流を起こしやすい風の発散場をつくる。一方、出口にあたる西アジアには下降気流が発生しやすい風の収束場をつくる。このため東南アジアでは雨が降りやすくなり、西アジアでは下降気流によって雨が降りにくくなる。こうして、ヒマラヤを境として、東南アジアの湿潤と西アジアの乾燥という気候的コントラストが成立する。

安成哲三氏（安成、一九八七）に従うならば、現在の東アジアの湿潤気候と西アジアの乾燥気候という気候的コントラストを生起させた原因には、ヒマラヤの存在が深くかかわっているということになる。

深海底コアの花粉分析

それではこうしたヒマラヤを境とする東西の気候的コントラストは、いったいいつ頃から存在したのであろうか。私たち（Yasuda *et al.*,1990, Yasuda *et al.*,1991a, 安田、一九九九）のアンダマン海とアラビア海の深海底コアの花粉分析の結果は、この点について新知見をもたらした。

国際深海底八二八掘削計画（ＯＤＰ）の leg.116 site 717 では、アンダマン海底の水深四七〇〇メートルのベンガルファン扇端部（南緯〇度五五分・東経八一度二三分）より、八二八・二メートルのコアを採取した（図１‐１）。また ODP leg.117 site 720 では、アラビア海の海底四〇三七メートルのインダスファン（北緯一〇度〇七分・東経六〇度四四分）から四一四・三メートルのコアを採取した（図１‐１）。

湿潤な東アジアの気候帯を周辺にもつベンガルファン（ODP leg.116 site 717）の花粉分析の結果は、トウダイグサ科、イネ科、シダ（羊歯）類胞子の高い出現率で特徴づけられる。この他、アルティンギア属、サガリバナ属、キワタ属、プジバシデ属、センダン科、ヤマモモ属、フトモモ科、ペンタケア属などの熱帯―亜熱帯を代表する植物の花粉やマヤプシキ属などのマングローブの花粉が特徴的に出現する（Yasuda *et al.*, 1990）。これに対し、乾燥した西アジアを周辺にひかえるインダスファン（ODP leg.117 site 720）では、アカザ科、ヨモギ属、マオウ属などの乾燥気候を指示する植物と、マツ属、モミ属、トウヒ属、それにヒマラヤスギ属が高い出現率を示す（Yasuda *et al.*, 1991a）。ヒマラヤスギ属も年降水量一二〇〇ミリ以下に生育する乾燥気候を指示する植物である。

こうしたベンガルファン地域とインダスファン地域の花粉フローラの顕著な相違は、ナンノ化石と古地磁気による年代測定から、すでに更新世前期に確立していたとみなすことができる。

ヒマラヤの形成とスギ科の隔離分布

ベンガルファン地域とインダスファン地域の海底コアの花粉分析の結果、ヒマラヤを境とする東の湿潤気候と西の乾燥気候という気候的対立は、すでに更新世前期には存在していたとみなすことができた。そして、こうした東西の気候的コントラストをもたらしたのは、ヒマラヤの隆起であった。すでに吉田充夫氏（吉田、一九八七）らによって、ヒマラヤの隆起は第三紀中新世中期以降はじまっていたことが指摘されている。

中新世中期以降のヒマラヤの隆起にともない、ヒマラヤを境とする東西の気候的コントラストはしだいに顕著となった。高山俊昭氏（高山ほか、一九九〇）らのODP leg.117のアラビア海海底コアの石灰質ナンノ化石の分析結果も、ヒマラヤの形成はすでに第三紀漸新世末にはじまっており、中新世後期にはモンスーン循環を成立させる高度にまで達していたことを指摘している。

インダスファンの花粉分析の結果では、現在のヒマラヤ山脈の海抜二一〇〇メートル以上に生育するトウヒ属やモミ属、一八〇〇メートル以上に生育するヒマラヤスギの花粉が多産した。更新世前期以降、インダス川流域には、スペクタビリスモミ、スミチアーナトウヒ、ロクスプルギマツ、ヒマラヤスギなどの大針葉樹林帯が存在していたことを示している。これだけの大量の花粉を深海底にまで運搬したことを考慮に入れると、気温の低下で森林帯が降下した点をさしひいても、更新世前期にはヒマラヤは少なくとも海抜三〇〇〇メートル以上には達していたと見なければならない。

ヒマラヤの隆起にともなって、東西の気候的コントラストは顕著となった。とりわけ西アジアの気候の乾燥化は、スギ科の生育を困難にしたと思われる。ヒマラヤの隆起はまた、大気の障壁効果をもたらし、ユーラシア大陸内陸部の乾燥化を引き起こした。そして同時に、ヒマラヤの障壁効果はシベリア高気圧の発達をもたらし、過酷な冬をも誕生させた。ヒマラヤの形成にともなう気候の乾燥化と過酷な冬の到来の中で、第三紀周北極植物群は絶滅し、温暖で湿潤な気候が残った東アジアの一角に隔離分布したのであろう。スギ科が日本を含めた東アジアの一角に遺存的に隔離分布するには、以上のような地史的背景、とりわけヒマラヤの形成が重大な役割を果たしていたことが指摘できるのである。

三　日本の天然スギの分布

ウラスギとオモテスギ

スギ（*Cryptomeria japonica* D. Don）はスギ科・スギ属に属し、一属一種である。しかし、日本海側のスギは耐雪性・伏条性が強く、有性繁殖だけでなく、枝が地面に接触しただけでそこから根を出し、独立した樹木となるなどの無性繁殖もする。こうした日本海側のスギをウラスギもしくはアシオスギとして、太平洋側のオモテスギと区別する場合がある。オモテスギの代表は屋久杉であり、葉はきわめて硬直である。四手井綱英氏（四手井、一九八五）によれば、ウラスギとオモテスギは、画然と日本海側と太平洋側に分かれて分布しているものではなく、北陸や山陰でも両者は混在している。その混在の比率が日本海側ではウラスギに、太平洋側ではオモテスギに片寄る。ただ、ウラスギのほうが環境適応力が強いこと、北方に行くほどウラスギの占める比率は高くなる傾向がある。

ウラスギとオモテスギの種内変異をひきおこした地史的要因として、屋久島から北上したスギが、四国南西部で太平洋側を北上するものと、日本海側を北上するものとに分かれ、それぞれの地域に分布域を拡大させる間に、ウラスギとオモテスギの二系統を生じさせたという考え方が一般的であった。こうした考え方の出発点は、河田 杰のスギの道に求められるという（遠山、一九七六）。

最近のＤＮＡの分析によってウラスギとオモテスギの生物地理的分化がより明白になっている（Tsumura, *et al.*, 2014, Uchiyama, *et al.*, 2014）。それらについては専門外のことでもあり、論考を参照されることをおすすめする。

スギの天然分布

スギの天然分布は図３－10に示すごとくである。スギは環境に対する適応力がきわめて強く、天然分布の北限は青森県西津軽郡鰺ヶ沢町矢倉山国有林（北緯四〇度四二分）、南限は鹿児島県屋久島（北緯三〇度一五分）である。中国江南の天目山・武夷山にもスギと近縁の柳杉の存在が指摘されてきた。嶺一三氏（嶺、一九八八）は、この柳杉が日本のスギとそっくりであると指摘している。

日本列島のスギの天然分布は、主として日本海側に片寄っている。太平洋側では屋久島、高知県魚梁瀬、大台ヶ原、伊豆半島などに分布する（図３－10）。こうしたスギの天然分布には、温度・降水量・土壌条件が環境要因として重要である。

【温度】 吉良竜夫氏・吉野みどり氏（吉良・吉野、一九六七）によれば、中部地方のスギの分布の中心は、暖かさの指数三八度から七八度前後であるが、生育可能範囲は三〇度から一一三度と広い範囲にわたっている。このことからスギの垂直分布が暖温帯から亜高山帯にまで及んでいることがわかる。スギは温度に対しては広い適応力を有しているとみてよい。

【降水量】 降水量はスギの分布をつよく規制している。図１－２には冬期と夏期三ヶ月の降水量分布を示した。スギの天然分布

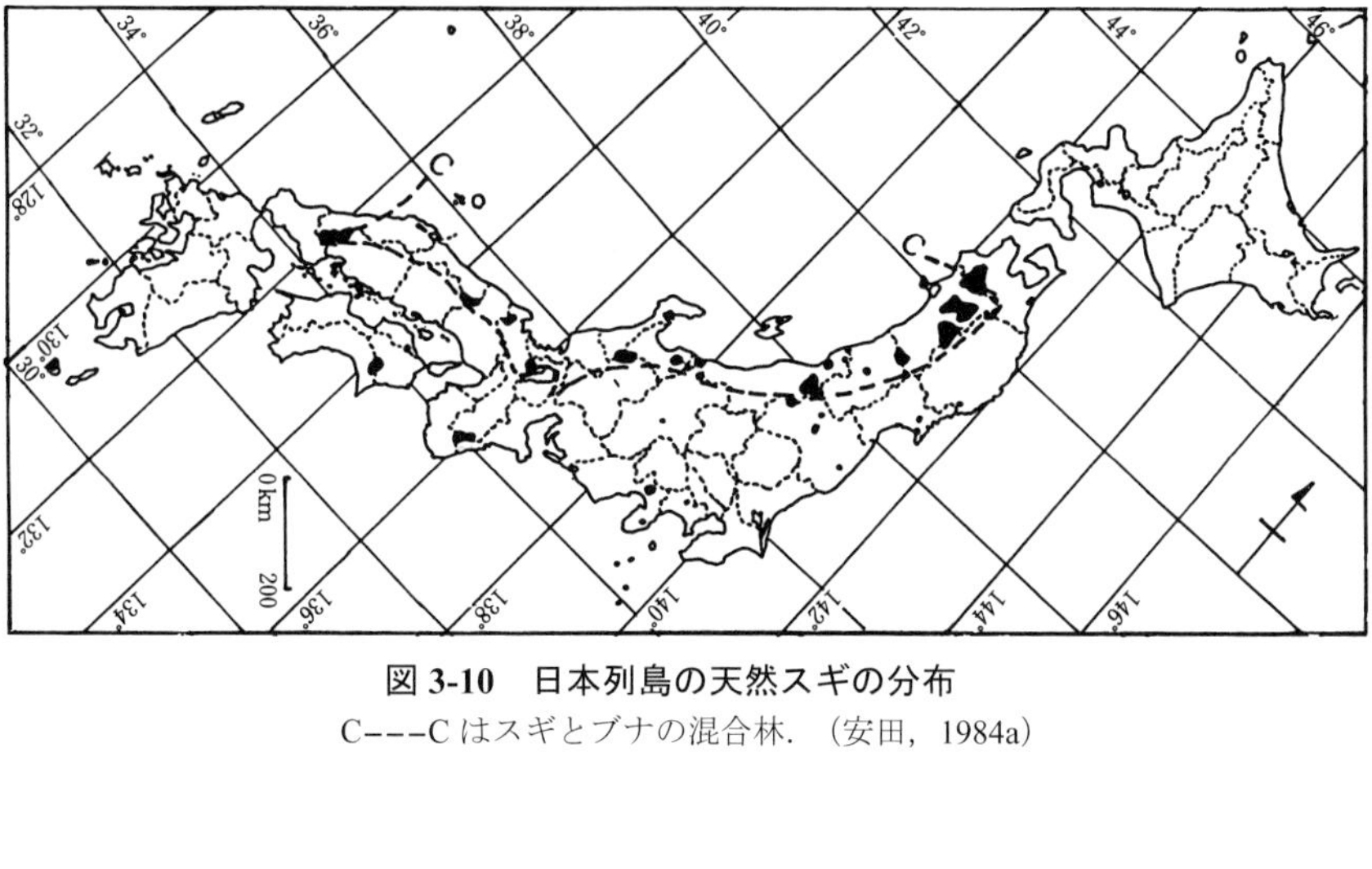

図 3-10　日本列島の天然スギの分布

C−−−C はスギとブナの混合林．（安田，1984a）

は冬期と夏期の三ヶ月の降水量が各月とも一五〇ミリ以上の所に集中している（安田、一九八四a）。とりわけ冬期の降水量（積雪量）と深いかかわりを持つ。多雪の日本海側では、スギの天然分布高度が寡雪の太平洋側に比して高く、かつ水平的にもより北方まで分布する。これは積雪による冬期の寒さからの保護の結果によるものとみられている。

【土壌】スギの天然分布を規制する要因として、土壌条件は重要である。ブナなどとの競合関係の中で、スギがいかに生態的優位を維持し、拡大させていくかを考察する時、土壌条件は見のがすことができない。遠山富太郎氏（遠山、一九七六）は、スギは多雨地帯にあって、土壌あるいは土地が乾きやすい場所に生育すること。花崗岩の大岩の重なりあう土の少ない所でも、水があり排水性がよければ、十分に生育できることを指摘している。また、前田禎三氏（前田、一九八三、島地ほか、一九七六）もスギの天然林は尾根地形の乾燥型ないしはレポドゾル土壌の出現する所を中心として生育していることを指摘している。スギがブナなどとの競合に打ち勝って生育できる土壌条件は、多雨・多雪地帯のやせ尾根などの弱乾性の土壌ということになる。

四　スギとともに人類は進化した

メタセコイア植物群の絶滅

日本列島において、いつ頃からスギの時代がはじまったのであろうか。三木 茂氏（三木、一九五三）や粉川昭平氏（粉川、一九七七）らの大阪層群の古植物学的研究によって、第三紀以来のメタセコイア、ミズスギ、オオバラモミ、オオバタグルミなどを含むメタセコイア植物群が、Ma3層・

アズキ火山灰降灰期までに絶滅することが明らかとなっている。フィッショントラックの年代測定値から、その年代は約九〇万年前頃とみられている。

市原実氏（Ichihara, 1960）によってアズキ火山灰の直下一メートルの五軒家泥炭層から、ミツガシワ、トウヒ属などの寒冷気候を指示する植物化石が得られており、メタセコイア植物群の絶域には、約九〇万年前頃の気候の寒冷化が大きな影響をもたらしたであろうと指摘されている。

第三紀末〜第四紀の初めにかけて、東アジアの一角に隔離分布したスギ科のスギとコウヤマキ科のコウヤマキをのぞいて、約九〇万年前に日本列島から絶滅する。

百原 新氏（Momohara, *et.al.*, 1990）は、和歌山県菖蒲谷層の大型植物化石の分析から、大阪層群と類似した時代にメタセコイアを含む植物群の消滅期を明らかにし、その消失の原因は冬期の寒冷化とともに夏期の温暖化が大きくかかわってきたことを指摘している。年較差の増大が第三紀型のメタセコイア植物群の絶滅には大きく寄与している可能性が高い。

メタセコイア植物群の絶滅の後、スギの繁栄期がすぐに訪れたわけではない。大阪層群の花粉分析の結果（Tai, 1973）は、メタセコイア植物群のあと、ブナ属の著しい優占期が存在することを明らかにしている。スギ属の花粉が局所的に著しい高率を示しはじめるのは、大阪層群 Ma4 層以降のことである。Ma4 層は松山逆地磁極期とブリュンヌ正磁極期の境界に相当し、約七八万年前頃とみなされる。この時代以降、寒冷気候を指示するトウヒ属の花粉が増加する。スギ属の花粉は、トウヒ属の花粉と拮抗する形で、局所的に高率を示すようになる。

このように、大阪層群の古植物学的研究から、スギが日本列島において本格的な繁栄期に入ったのは、ブリュンヌ正磁極期の開始以降、すなわち約七八万年前以降であると見ることができる。

汎世界的な気候の寒冷化

裸子植物の中で、中生代に起源し、第三紀末～第四紀の初めに隔離分布を示すものに、マキ科がある。スギ科が主として北半球を中心に分布していたのに対し、マキ科は南半球に広く分布していた。第三紀始新世以前には、インド亜大陸からニュージーランドにかけて、広く分布していたことが化石の産出から指摘できる。ところが第三紀末～第四紀の初めに、インド亜大陸からは、マキ科が激減する。私たち（Yasuda *et al.*, 1990）のアンダマン海のベンガルファンの深海底コア（ODP leg.116 site717）の花粉分析の結果は、このマキ科の減少に関係するデータを提示した。ベンガルファンの深海底コアでは、ナンノ化石による年代約九三万年前以前にはマキ属は高い出現率を示している。しかし、約九三万年前以降は減少する。

そして約七八万年前に入ると、ヒマラヤ山脈に生育するドゥモーザツガ、トウヒ属、モミ属、それにヒマラヤスギが出現し、マツ属が急増する。ドゥモーザツガはヒマラヤ山麓、ブータン、ビルマなどの海抜二〇〇〇メートル以上の山地に、モミ属、トウヒ属もまたヒマラヤ山麓、ブータンの海抜二一〇〇メートル以上の山地に生育している。これらの花粉が約七八万年前以降増加する（安田、一九九九図7参照）ことは、気候の寒冷化を指示している。

一方、インダスファンの深海底コア（ODP leg.117 site 720）（Yasuda *et al.*, 1991a）では、ヒマラヤスギの花粉が出現する。ヒマラヤスギはヒマラヤ山麓の海抜一八〇〇メートル以上に生育し、年降水量が一二〇〇ミリ以下の所に分布する。ヒマラヤスギが約二五〇万年前から連続的に出現し、乾燥地に生育するマオウ属も出現することから、乾燥気候の卓越化を指示している（安田、一九九九図10参照）。ヒマラヤを核とする東西の気候的コントラストは、更新世前期には確立していた（安田、一九九九）。

日本列島においてメタセコイア植物群が絶滅し、スギが繁栄期に入った約九〇〜七八万年前に、アンダマン海海底のベンガルファンの花粉分析結果でも、顕著な花粉フローラの変化が存在した。このことは、日本列島におけるメタセコイア植物群の絶滅やスギの繁栄期の到来の背景には、汎世界的な気候変化（気候の寒冷化や年較差の増大）がかかわっていたというこれまでの見解を支持している。

スギの繁栄期到来の原因

スギは約七八年前のブリュンヌ正磁極期以降、繁栄期に入ったと言えるだろう。この時期、地球は氷期と間氷期が明瞭にくりかえす激動期に突入する。ヨーロッパアルプスで、氷期が間氷期をはさんで交互に地球を襲ったとされるのは、この時期に入ってからである。C・エミリアニ（Emiliani, 1972）の深海底コアの有孔虫殻の酸素同位体比の測定結果は、約七八万年前のブリュンヌ正磁極期以降、約一〇万年の間隔で氷期と間氷期が交互にくりかえしていることを明らかにしている。さらに新妻信明氏による（新妻、一九九〇）アラビア海の ODP leg.117 site 723 コアの酸素同位体比の分析結果も、約七〇万年前以降、浮遊性有孔虫の酸素同位体比の変動幅が急に大きくなり、氷期と間氷期を交互にくりかえす、変動制の大きな時代に地球が突入したことを明らかにしている。

こうした地球の激動期の到来の中で、スギは繁栄期をむかえている。すでに述べたように、スギは環境に対する適応力が大きかった。温度的には暖温帯から亜寒帯に及び、多雪・多雨にも耐えることができた。さらに表層土壌の発達が悪い乾燥したガレ場などでも、流水があれば生育できた。

地球が氷期と間氷期を交互にくりかえす非常に変動制の大きな時代をむかえる中で、スギが繁栄することができたのは、こうしたスギの環境に対する適応力が大きかったためであろう。

特にスギは後述するように、間氷期から氷期への移行期に、氷期中の小温暖期の亜間氷期に大発展している。降水量が多く、土壌条件の不安定な気候変動期に、スギは繁栄期をむかえている。気候が温暖期から寒冷期に移行したり、寒冷期中に一時的に気候が温暖化するような気候帯の移行期に、スギはもちまえの幅広い環境への適応力を生かして、繁栄することができたのであろう。

メタセコイアを含む第三紀型の植物群絶滅の背景には、地球の気候が温暖な間氷期と寒冷な氷期を、交互にくりかえす激動期に入ったことが深くかかわっているのであろう。そして夏期と冬期の年較差の大きな時代に突入したことも、より重要な要素として植物群の生育を支配したものとみなされる。

五　最終氷期の寒冷・乾燥気候にスギは堪えた

約一一・五〜七万年前

最終間氷期の開始期が、約一四万年前におかれる点については、私が世界ではじめて指摘した（Yasuda, *et al.*, 2000）（図２－１）ことである。しかし、最終間氷期の終末の年代については二つの見解が対立し、いまだ決着していない。一つは、最終間氷期の終末を、一一・五万年前に設定するものである。他の一つは、最終間氷期は七万年近くにわたって継続し、その終末の年代は約七〜六万年前にあるというものである。日本の多くの研究者は後者の見解を支持している。

神奈川県大磯丘陵の吉沢層では、約一三万年前のKlp-2火山灰を境に、サルスベリ属、センダン、ナンキンハゼなどの暖温帯種が減少・消滅し、スギ、ハンノキが増加し、同時にヒメバラモミなど気候の寒冷化を示す植物の化石が出現してくる（辻、一九八〇）。このことは、下末吉《しもすえよし》期の海進がしだいに気候の寒冷化の中で海退に転じ、かつ上流域からの土砂の供給量の増大によってスギやハンノキなどの生育適地としての広大な沖積低地が形成されたことを示している。

類似したスギ属の著しい増加は、千葉市都町下末吉ローム層の下部、横浜市戸塚区岡津町下末吉層など、関東地方南部において指摘されている(相馬・辻、一九八八)。福島県相馬郡小高町塚原層(Takeuchi, 1985)や山形市成安地点(竹内、一九八二)、山形県村山市西郷中田西の浮沼地点(山野井、一九八六)の花粉分析や大型植物遺体の分析結果でも、トウヒ属・ツガ属・モミ属などの増加によって示される寒冷化のあとに、スギ属の優占する時代となることが報告されている。関東地方や東北地方の低地においては、下末吉海進期の終末と海退のはじまりは、スギ属の顕著な増加で特色づけられる。

西日本においても、大阪府泉州沖関西国際空港(古谷、一九八四)、神戸市六甲アイランド(前田、一九八五)などの花粉分析結果でも、スギ属の多産する時代の存在が明らかとなっている。

私(安田、一九八五、八八a)は、この下末吉海進の終末を告げるスギ属の増加開始期をもって、最終間氷期の終末すなわち最終氷期の開始期とする見解を提示した。それは深海底堆積物や氷床コアの酸素同位体比ステージ5eと5dの境界(約一一・五万年前)に相当する。

そしてこの時代以降、スギ属は約七万年前まで東日本や西日本の低地帯を特徴づける。最終氷期初期の一一・五〜七万年前は、スギの時代であったと言っても過言ではなかろう。

北海道広尾郡忠類村の花粉分析の結果によれば、ホロカヤントウ層の第三泥炭層(大江・小坂、一九七二)でスギ科が最大七%(樹木花粉を基数とする)の出現率を示す層準がある。同一層準で現在は黒松内低地以南にしか分布しないブナ属も、五%以下と低率ながら出現する。同じホロカヤントウ層を分析した五十嵐八枝子氏(五十嵐・熊野、一九七一)は、二〇%(樹木花粉を基数とする)を超えるスギ属の出現率を報告している。ホロカヤントウ層第三泥炭層の^{14}C年代は、四万六三九五±四五五年前(Gak-2723)(補正値)の値が報告されている(十勝団体研究会、一九七一)。湊正雄氏ら(湊・秋山、一九七一)は、この層準をミンデル・リス間氷期に比定した。しかし、この点については再検討の余地がある。

星野フサ氏(星野ほか、一九八二)は石狩平野南東部苫小牧市汐見層下部(軽舞地点)から、一四・四%のスギ属の出現率を報告している。そしてこの時代はホロカヤントウ層とも対比されるリス・ヴュルム(R/W)間氷期末からWI亜氷期にかけてである可能性が高いことを指摘している。汐見層の時代には、石狩平野南東部には広大な汐見湿原が広がっており、低層湿原の周辺にスギが生育していた可能性がある。一一・五〜七万年前のスギの時代には、北海道にもスギが生育していた可能性が高いのである。

この約一一・五〜七万年間のスギの繁栄期を間氷期の産物と見るか、氷期の産物とみなすかは、議論の分かれる所である。私(安田、一九八五)はこれまで指摘したように、約一一・五〜七万年前に氷期に匹敵する特徴的な寒冷期が少なくとも二回存在することを重視している。スギは土壌条件の不安定な気候の変動期・移行期に発展できることから、スギが大発展期をむかえた約一一・五〜七万年前はすでに氷河時代に突入していたと解釈している。

約七〜五万年前

滋賀県琵琶湖(Fuji, 1984)、横浜市緑区荏田町相模SK-7地点(Tsuji, *et al.*, 1984)、長野県諏訪郡富士見町泥炭層(Sakai, 1981)、福島県猪苗代湖地域赤井谷地湿原(Sohma, 1984)、矢の原湿原(叶内、

一九八八)、山形県浮沼地点(山野井、一九八六)、山形県成安地点(竹内、一九八二)などの花粉分析、大型植物遺体の分析から、約七~五万年前の間に位置する寒冷期が存在することが指摘されている。この時代にはモミ属、トウヒ属、カバノキ属が多産する。カラマツ属も出現する地点(例えば山形県成安地点)もある。スギ属は一時的に減少する。福島県大沼郡矢の原湿原(叶内、一九八八)では八万年前以降、二〇~四〇%の高い出現率を維持してきたスギ属が、約五・七万年前に急減し、五万年前には消滅する。こうしたスギ属の減少・消滅をもたらしたのは、気候の寒冷化であろう。

この寒冷期はヨーロッパの主要氷期(Pleniglacial)の開始期に相当し、この寒冷期の開始期をもって、最終氷期の開始期とみなす研究者が日本では多い。

この約七~五万年前の間に位置する寒冷期に、スギ属は一時的に減少するが、その減少率は、最終氷期後半の最寒冷期に相当する約二・一万年前頃ほど著しくない。例えば福島県猪苗代湖地域の赤井谷地湿原(Sohma, 1984)では、約七~五万年前の寒冷期にスギ属は一〇%前後の出現率を保持している。これに対し、最終氷期後半の最寒冷期末期に相当する約二・一万年前頃には、スギの出現率は一%に満たない。このことから、約七~五万年前の間に位置する寒冷期は、最終氷期後半の最寒冷期に比して、相対的に湿潤であったと見ることができる。

約五~三・三万年前

約七~五万年前の間に位置する寒冷期に一時的に減少したスギは、再び約五~三・三万年前の亜間氷期に勢力を拡大してくる。この最終氷期中期の亜間氷期のスギの時代の存在を最初に明らかにしたのは、福井県三方上中郡若狭町三方湖の花粉分析の結果(安田、一九八二a)である。三方湖のMG花粉帯ではスギ属がブナ属、コナラ属コナラ亜属とともに高い出現率を示す。その年代は^{14}C年代測定値から約五〜三・三万年前であった。こうしたスギが高い出現率を示す亜間氷期は福島県猪苗代地域の法正尻湿原（Sohma, 1984）、山形市成安地点（竹内、一九八二）、山形県浮沼地点（山野井、一九八六）、蔵王火山西麓（阿子島・山野井、一九八五）、仙台市上町段丘堆積物（竹内、一九八六）、長野県木曾郡王滝村三浦層（Sakai, 1981）、長野県茅野市南大塩中村泥炭層（飯田、一九七三）、神戸市六甲アイランドの花粉分析結果（前田、一九八五）からも明らかとなっている（図３－11）。

また、スギが顕著に増加しないものの、約五〜三・三万年前は、最終氷期の中では比較的温暖な亜間氷期であることは、群馬県利根郡片品村尾瀬ヶ原（Sakaguchi, 1978）や山形県南陽市新田川桶低地（中山・宮城、一九八四）の花粉分析の結果からも指摘されている。

北海道石狩低地帯東縁の美唄市東明地点や栗山

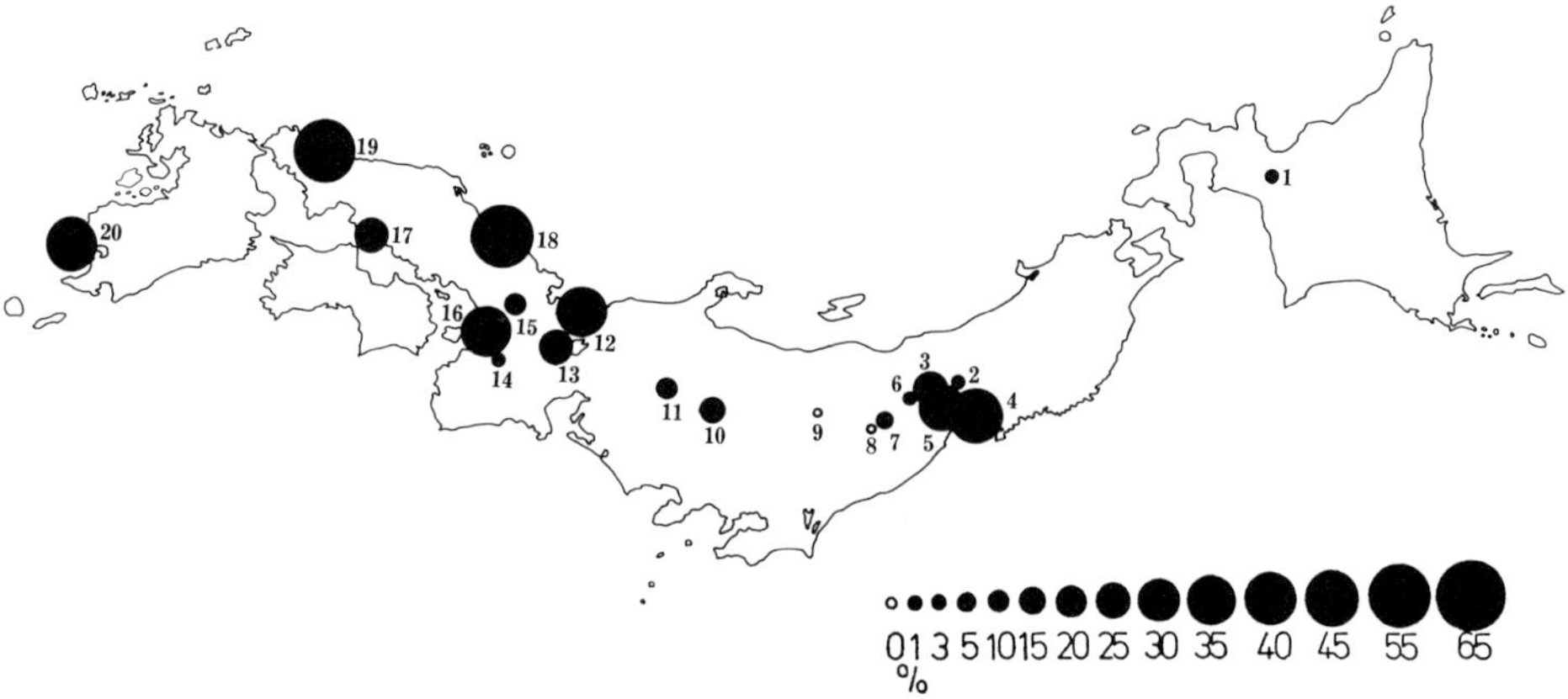

1 北海道夕張郡栗山町南学田
2 山形県村山市西郷中田西浮沼地点
3 山形市成安地点
4 仙台市上町段丘
5 山形市小松原酢川泥流
6 山形県南陽市新田川樋低地
7 福島県耶麻郡磐悌町法正尻湿原
8 福島県大沼郡昭和村矢の原湿原
9 群馬県利根郡片品村尾瀬ヶ原
10 長野県茅野市南大塩中村泥炭層
11 長野県木曾郡王滝村三浦層
12 福井県三方郡三方町三方湖
13 滋賀県琵琶湖沖島沖
14 大阪市平野区城山遺跡
15 兵庫県氷上郡春日町春日・七日市遺跡
16 神戸市六甲アイランド
17 広島県尾道市向島丸善化成
18 鳥取市ロ細見層
19 山口県阿武郡阿東町徳佐盆地
20 鹿児島県薩摩郡樋脇町新開層

図 3-11　約 4~5 万年前のスギ属花粉の地域分布

いくつかの層準にわたるものは平均値として表示.（原図 安田喜憲）

町南学田地点の花粉分析の結果（星野ほか、一九八六）は、五％以下の低率ながらスギ属がブナ属とともに連続的に出現し、温暖な亜間氷期の存在を明らかにしている。北海道においてこの約五〜三・三万年前の亜間氷期までスギが生き残っていた可能性がある（図３‐11）。

九州においては、鹿児島県薩摩郡樋脇町新開層で^{14}C年代三万五八四〇±三一五年前（Gak-6924）（補正値）が得られた層準で、スギ属が五〇％以上の高い出現率を示す（長谷・畑中、一九八四）。畑中健一氏（Hatanaka, 1985）は最終氷期中期の亜間氷期のこの時期には、九州の低地にはブナ属・マツ属などにスギ属が混生した冷温帯林が存在していたと見ている。現在は天然林が分布しないとされる九州においても、最終氷期中期の亜間氷期にはスギ林が生育していたと見てよいであろう。

また、北九州に近接する山口県徳佐盆地でも、^{14}C年代四・九万年前以前（補正値）の層準で、スギ属が五〇％近い高い出現率を示す（三好、一九八九）。また大西郁夫氏（大西、一九九〇）による鳥取市田細見層の花粉分析の結果は、五〇％以上のスギ属の高い出現率を報告している。瀬戸内海や中国山地西部それに九州南西部のスギ属の高い出現率から類推して、この約五〜三・三万年前頃の亜間氷期には、西日本の日本海側から瀬戸内海沿岸そして太平洋沿岸にかけて、連続的にスギ林が分布していたとみられる。西日本にはスギの大森林が存在した。

中部山岳地帯では、海抜一三〇〇メートルの長野県木曾郡王滝村三浦層（Sakai, 1981）が^{14}C年代四万七〇〇±三八五年前頃（補正値）で、スギ属がコウヤマキ属とともに高い出現率を示す。ところが海抜一四〇〇メートルの尾瀬ヶ原（Sakaguchi, 1978）ではスギ属の出現は報告されていない（図３‐11）。したがって当時のスギの生育限界の海抜高度は一三五〇メートル前後と見なされる。

このように最終氷期の亜氷期に相当する約五〜三・三万年前頃においては、九州から瀬戸内海・中部山岳の海抜一三五〇メートルまでの地点、さらには東北地方の内陸盆地にもスギ林が生育していた。この時代は太平洋側のスギ林と日本海側のスギ林は連続的に分布していたと見てよい。また現在ではスギが絶滅した北海道と九州にも生育していたと見なしてよいであろう。

このようにスギは最終氷期の亜間氷期を代表する植物であった。それではなぜ氷期の亜間氷期にスギが特異な発展をとげることができたのであろうか。

スギの生理的適応形質が、過去と現在で大きく変わらないとすれば、スギが発展するためには、まず降水量が多くなければならない。つぎにブナなどとの競合関係に打ち勝たねばならない。それには、土壌条件が深くかかわっていると見られる（この点については後述する）。ブナなどの侵入できない不安定な土壌、岩礫地の発達、あるいは崩壊斜面や扇状地が形成されやすい環境の出現が想定される。スギは水さえあれば、岩礫地や崩壊斜面のように土壌層の発達の悪い所でも生育は可能であった。そしてその背景には、急激な降水量の変動あるいは集中豪雨など、不安定な斜面や土壌の未発達を誘引する気候条件の存在が想定される。

約三・三〜一・一五万年前

最終氷期後半の二万年近い間は、スギにとっては、受難の時代であった。スギは前時代（約五〜三・三万年前）の大発展期のあと、著しく分布域を縮小させる。そうしたスギが分布域を縮小させる過程は、福井県三方湖の分析結果で明瞭に知ることができた（図4-15）。そこでは、スギ属は約四・一万年前頃（補正値）の短期間の寒冷期に五一%から二%にまで出現率を急減させる。しかしその後再び六一%という異常な高率を示すが、ただちに一〇%以下に低下するというはげしい変動をくりかえしながら約三・三万年前には五％以下にまで出現率を低下させる（図4-15)。その変動は、グリーンランドDy3地点の氷床コア中の炭酸ガス濃度の変動とも調和的である（安田、一九八四a)。瀬戸内海の尾道市周辺でも約三・三万年以降、スギ属は出現率を低下させ、最終氷期最寒冷期には消滅している（安田、一九九〇c)（図3-12)。北海道においても九州においても同様の経過をたどったと推定されるが、それを明白に実証する分析結果はいまのところ北海道からは得られていない。

　東北地方においてもこの時代、スギ属は著しく出現率を減少させる。塚田松雄氏（塚田、一九八〇）は、東北地方のスギはこの時代に絶滅したと考えた。しかし、山形市成安地点の分析結果（竹内、一九八二）を見るかぎり、スギ属の花粉は最終氷期後半の亜水期の寒冷乾燥期を通して連続的に出現しており、かつ約二・八〜二・五万年前の小さな亜間氷期の

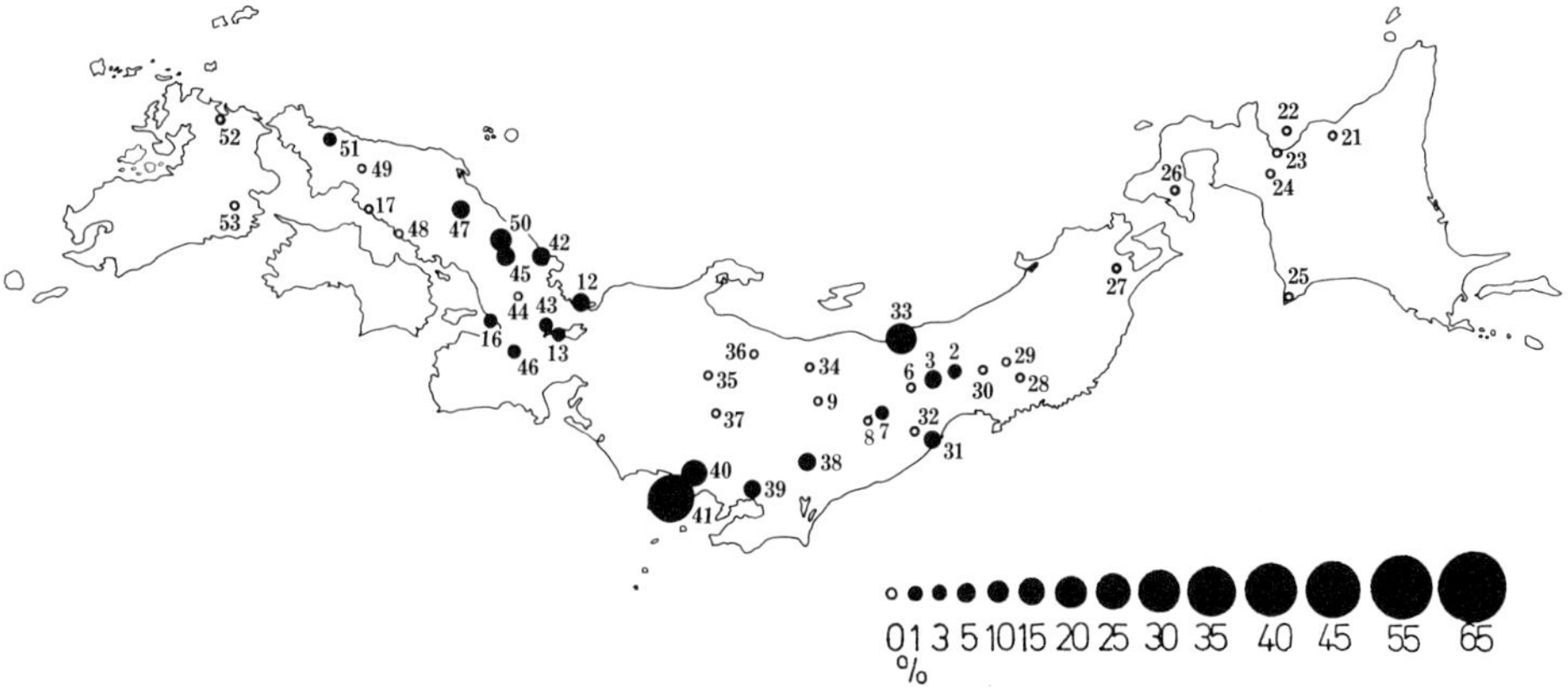

21　北海道雨竜郡秩父別町秩父別湿原
22　北海道石狩湾大陸棚
23　北海道石狩郡石狩町樽川地点
24　北海道札幌郡広島町広島砂礫層
25　北海道幌泉郡えりも岬マンモスゾウ産出地点
26　北海道亀田郡熊の湯湿原
27　青森県八甲田山地獄沼
28　岩手県西磐井郡花泉町花泉層
29　栗駒山世界谷地湿原・上田代－東谷地湿原
30　宮城県玉造郡鳴子町堺田湿原
31　福島県原町市太田川沖積低地
32　福島市上岡遺跡
33　新潟県村上市仲間町仲間町泥炭層
34　新潟県十日町市千手段丘堆積物
35　長野県木曽郡平沢・平沢泥炭層
36　長野県上水内郡野尻湖
37　長野県南佐久郡南牧村野辺山・矢出川遺跡
38　栃木県芳賀郡二宮町原分
39　東京都東久留米市南沢・多聞寺前遺跡
40　静岡県御殿場市蓮花寺ＳＫ－31地点
41　静岡県伊東市一碧湖
42　京都府中郡峰山町矢田地区
43　京都市左京区八丁平湿原
44　兵庫県多紀郡西紀町板井・寺ヶ谷遺跡
45　兵庫県美方郡村岡町大沼湿原
46　奈良盆地泥炭層
47　岡山県真庭郡八束村花園泥炭層
48　広島県深安郡神辺町亀山遺跡
49　広島県佐伯郡吉和村
50　鳥取県岩美郡国府町菅野湿原
51　山口県阿武郡阿武町宇生賀盆地
52　福岡市天神町２丁目ボーリングコア
53　大分県大野郡大野町だいのはる層

図 3-12　約 2.5~1.5 万年前のスギ属花粉の地域分布

1-20 地点の地名は，図 3-11 を参照．いくつかの層準にわたるものは平均値として表示．（原図 安田喜憲）

温暖湿潤期には一時的に増加し、完新世の開始期とともに、出現率は低いもののただちに増加する。こうした傾向は福島県猪苗代湖地域の法正尻湿原（Sohma, 1984）でもみとめられる。このことから、東北地方においてスギが絶滅したとみなすことはできない。とりわけ新潟平野の海岸地帯はスギ属花粉の出現率が高く（鴨井ほか、一九八八）（図３‐12）、日本海側の新潟平野では、スギは最終氷期後半の寒冷乾燥期にも生育していたとみなすことができる。

この最終氷期後半の亜氷期の寒冷乾燥期に、瀬戸内海から中部地方、東北地方内陸部のスギの出現率は著しく減少し、九州と北海道ではスギが絶滅したと推定される。約五〜三・三万年前の亜間氷期に日本海側から太平洋側まで連続的に分布していたスギ林は、分断され、孤立化を深めた。約一一・五万年前の最終氷期の開始期とともに発展期をむかえ、八万年以上の長きにわたって（途中七〜五万年前の亜氷期には一時的に縮小した）東北地方南部以南の植生を特徴づけてきたスギが、長い休止期をむかえ、孤立分布をよぎなくされた。

しかし、スギの多くは海岸部に生育地を求め、新潟平野沿岸部、福島県浜通り地方、山陰の海岸部などで生き残った。とりわけ叶内敦子氏ら（叶内ほか、一九八九）の伊豆半島一碧湖の花粉分析結果は、三万年前以降もスギ属が四〇〜六〇％の高い出現率を維持しており（図３‐12）、塚田松雄氏（Tsukada, 1982）の伊豆半島周辺をスギの氷期の逃避地とみなす説を支持している。

三万年前以降スギの分布域が著しく縮小した原因には、気候の寒冷・乾燥化、とりわけ冬期の積雪量の減少が強くきいている。それは、私（安田、一九八二ａ、八四ａ）がくり返し指摘してきたところである。三方湖の花粉分析の結果から明らかなごとく、スギが後退していったあとに拡大してくるのはツガ属を主体とする針葉樹林である。ツガ属花粉の走査型電子顕微鏡像から、ツガ属花粉の母樹はコメツガであることが明らかとなった。コメツガは冷温帯から亜高山帯に、スギは暖温帯から亜高山にかけて生育できる。

したがってコメツガもスギも温度条件ではともに共存できたはずである。にもかかわらず両者が共存できていないのは、このスギとコメツガの交代をひきおこした主たる原因が、気温の低下ではなく、気候の乾燥化、特に冬期の積雪量の減少にあることを示している。

スギ主体の森林からコメツガ主体の森林への変化は、大規模な森林帯の移動（気温の低下）がなくても、気候の乾・湿の変化によって十分に可能である。コメツガは亜高山帯気候の植生としてではなく、冷温帯気候の植生として拡大してきた。それをコントロールしたのは気候の乾燥化である。

日本列島の氷河時代の亜氷期や亜間氷期の森林植生を特徴づけたのは、スギ・コメツガ・チョウセンゴヨウなどの温度条件に対して適応幅の広い種であり、それらの種の繁栄を決定づけたのは、気候の乾・湿の変動であった。

六　スギの時代がやって来た

約一・一五万年前後

晩氷期から完新世にかけての森林帯の変遷の中で、まず最初に増加するのは、カバノキ属・ヤナギ属・ハンノキ属などの移行植生を構成するパイオニア植物である。つづいてコナラ亜属が増加し、おくれてブナ属が増加する（図３‐13）。ブナ属の増加がコナラ属コナラ亜属におくれるのは、晩氷期から完新世への気候の温暖化に比して、湿潤化（特に冬期の積雪量の増加）がおくれるためである（安田、一九八二a）。こうした冷温帯林に生育する植物の中で、スギ属はもっともおくれて増加を開始する。スギの増加がブナの増加におくれるのは、夏期の降水量の増加がおくれるためである（Yasuda *et al.*, 2004）。

スギ属が増加を開始するもっとも古い時代は、晩氷期初期の約一万五〇〇〇年前である。たしかに一万五〇〇〇年前は、急激な温暖化が引き起こされた時代に相当し、この温暖化がスギを増加させるきっかけとなったと考えられる。しかし、すでに述べたようにスギは温度に対しては適応範囲が広く、温度的にはブナの発展できたところでは、十分にスギも発展できたはずである。したがって、一万五〇〇〇年前の温暖化がスギ属の増加をもたらした第一義的要因とはみなしがたい。

福井県水月湖の年縞の花粉分析結果（図3‐13）（Yasuda *et al.*, 2004, Yasuda, 2008）は一万五〇〇〇年前の地球温暖化を明らかにした。気候の温暖化によってこれまで生育していたトウヒ属やモミ属・ツガ属それに五葉マツ類（マツ属単維管束亜属）などの亜寒帯―冷温帯の針葉樹は、減少・消滅し、かわってコナラ属コナラ亜属、ブナ属、そして最後におくれてスギ属が増加してくる。トウヒ属が減少を開始して水月湖周辺から消滅するまでに、約一九〇年の年月がかかっていることが、年縞の分析から明らかになった（Yasuda *et al.*, 2004）。このことから約一九〇年以内に、日本列島の平均気温が五～六度上昇したものと推定された（安田、二〇〇九）。

単位体積当たりの絶対花粉の総数を見ると（Yasuda *et al.*, 2004）、出現個体は急激に増加しない。ブナ属の絶対花粉量がようやく一万五〇〇〇個／ccに達し、スギを混生する冷温帯落葉広葉樹林が安定的に生育するには、さらに二六〇〇年以上の年月が必要だった。一万五〇〇〇年前の地球温暖化によって氷期型の植生が減少し、新たに出現した温暖な環境に適応した後氷期型の生態系が安定的に成立するためには、五〇〇年以上の歳月が必要だった。一万五〇〇〇年前から一万四五〇〇年前までの約五〇〇年間は、氷期型植生から後氷期型植生に水月湖周辺の生態系が大きく変化した移行期であり、その時代は森林の少ない疎林の景観だった。地球温暖化に生態系が追いつき安定した新たな生態系を確立するのに、約五〇〇〇年以上の歳月が必要だったことがわかる。

福井県三方上中郡若狭町鳥浜貝塚の花粉ダイヤグラム（図3-14）（安田、一九七九ａ）では、スギ属は約一万二〇〇〇年前の青灰色砂礫層の直上から急増する。砂礫層を堆積するような不安定な堆積環境の出現が、スギ属が増加できる引き金になったことを示している。この約一万二〇〇〇年前の青灰色砂礫層は鳥浜貝塚周辺では広く認められ、この時代は、斜面から湖沼に砂礫層を供給するような斜面の不安定期が存在したことを示している。そうした不安定期をもたらした要因は、夏期の降水量の増大であろう。

鳥浜貝塚周辺はブナ林・ミズナラ林によっ

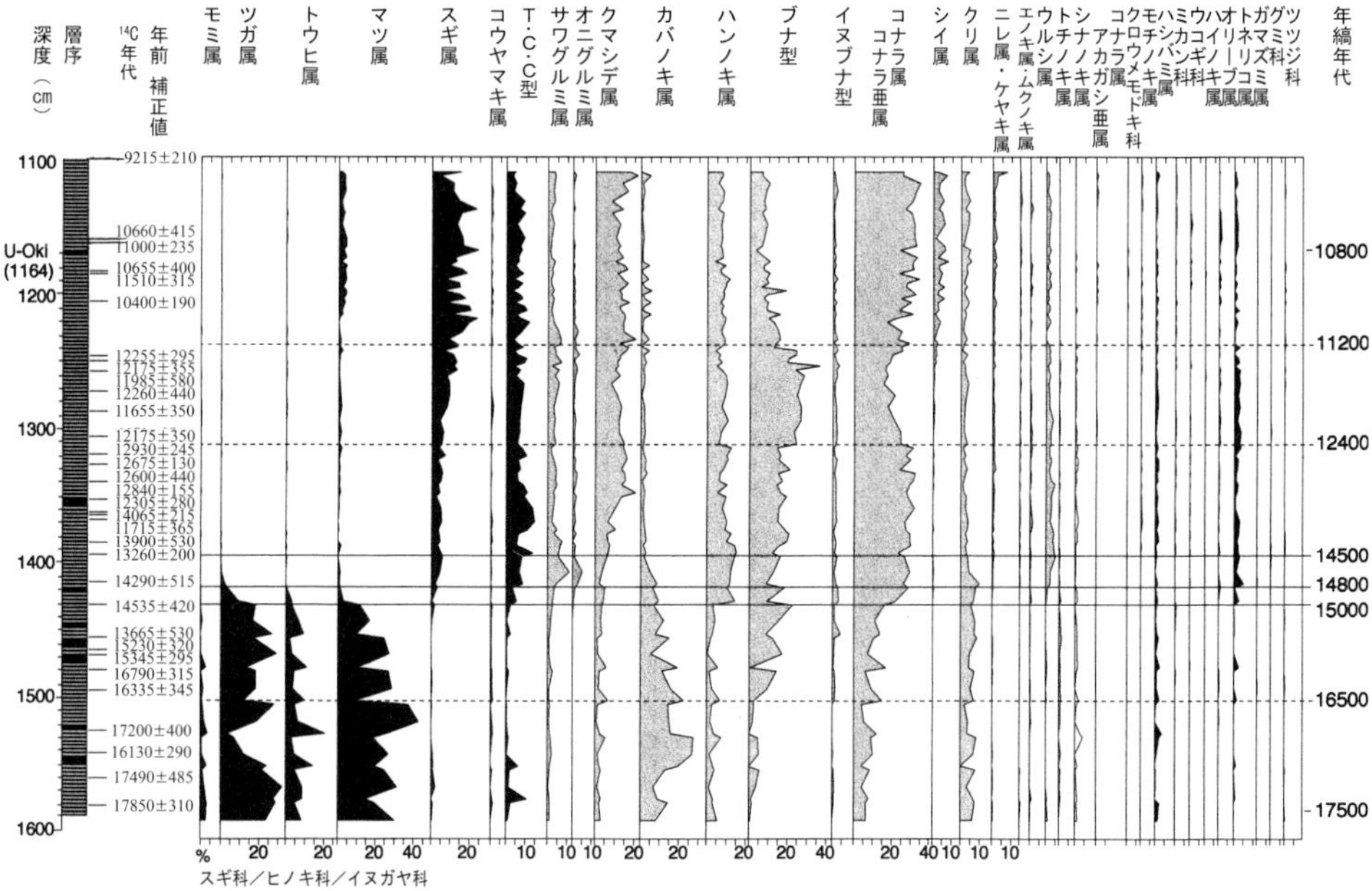

図 3-13　福井県水月湖の 1993 年採取の SG4 コアの年縞の花粉ダイアグラム

出現率はハンノキ属を除く樹木花粉の総数を基数とした％で表示．^{14}C 年代は補正値．

て占拠されており、スギはそれほど発展できなかった。そうしたブナ林の中にスギが入り込み、大発展するきっかけは、やはり斜面崩壊による砂礫層の堆積によって与えられた。その背景には降水量の増加とりわけ突発的な夏の豪雨の出現が想定される。約一万二〇〇〇年前の青灰色砂礫層の堆積以降、スギは鳥浜貝塚周辺で大発展する。その背景には、地球温暖化で南西モンスーンが活発化し、斜面崩壊や土砂崩れをもたらすような夏期の集中豪雨が頻発するようになったことがあったと見なされる。

若狭湾沿岸とともにスギ属が一万年前以降、高い出現率を示すのは、伊豆半島周辺である。伊豆半島南西部静岡県加茂郡松崎町宮内地区の花粉分析結果（松下、一九九〇）では、スギ属が一万年前にはすでに二〇％以上の高い出現率を示している。すでに述べたように伊東市一碧湖の花粉分析結果（叶内ほか、一九八九）は、三万年前以降、ほぼ継続的にスギ属の高い出現率を報告しており、伊豆半島周辺では最終氷期以降、完新世にかけて継続的にスギの大森林が存在した可能性が高い。

約六三〇〇年前以降

完新世においてスギ属が顕著に増加する時代は、完新世後半の約六三〇〇年前以降のことである。富山湾以北の日本海側にスギ属が顕著に増加するのも、この時代以降のことである（川村、一九七九、辻、一九八一）。しかし、こうしたスギ属の北上は、スギの優占する地域の拡大であって、スギそのものの北上ではない。ブナはすでに約八〇〇〇年前には津軽海峡を渡り、北海道の渡島半島に到着しており（紀藤、二〇一五）、スギそのものの北上はもう少し先を行っていたであろう。

完新世後半の約六三〇〇年前以降、東北地方の日本海側（川村、一九七九、辻、一九八一）や山陰側（高原・竹岡、一九八〇）あるいは紀伊半島（竹岡・高原、一九八三）などにおいてスギ属が増加する背景には、気候の冷涼化による森林帯の移動、積雪量・降水量の増加による不安定な斜面・崩壊地の発達、沖積低地の発達などが要因として存在したと見られる。

とりわけ沖積上部砂層の発達により、新たな沖積低地が形成され、スギの生育可能地が拡大したことは、スギのテリトリーの拡大に大きく寄与した。東北地方の日本海側のスギの優占する地域の北上は、沖積上部砂層の発達に負うところが大きい。

人類干渉期

最後にスギが発展期をむかえるのは、人間の植林によってである。スギの生育地と日本人の居住地がオーバーラップするようになるのは、主として弥生時代以降である。スギの生育する沖積低地や扇状地末端の湧水地は、稲作農耕民にとって居住適地だった。稲作伝播以降、スギは日本人の手によって広範囲に破壊された。しかし、同時にこうした森林破壊の結果誘引された土壌侵食や斜面崩壊などは、新たなスギの生育適地の拡大をもたらす要因ともなった。さらにスギの拡大をもたらしたのは、人間の植林活動である。さきの紀伊半島新宮市浮島の森湿原（竹岡・高原、一九八三）では、人工造林によるスギの拡大が花粉ダイアグラム（Yasuda, 2001 の Fig.21 に引用）に明示されている。

七　スギと日本人のルーツ

ホモ・エレクトスの誕生

地球が氷期と間氷期を交互にくり返す変動性の大きな時代に突入した約七八万年前以降、スギは繁栄期をむかえた。じつは人類もまた氷期と間氷期が交互にくり返す激動の時代に進化をとげ、地球の支配者になったのである。

ホモ―ヒト属―の系列になったのはホモ・エレクトス段階に入ってからであるといわれる。石器の製作技術も進歩し、火を使い、言語と思考能力の発達もそれまでのアウストラロピテクスとははっきりちがっていた（埴原、一九七二）。古地磁気から約七〇万年前とみなされるケニアのキロンベ（Kilonbe）遺跡では、アシューリアンのハンドアックスが大量に見つかっている。これらのハンドアックスはきわめて規格化された形態を持っていて、すでに七〇万年前、ホモ・エレクトスは石器製作のための技術を確立し、製作に入る以前に、石器作成のプロセスやでき上がる石器を予測することができたことを示している（Gowlett, 1984）。

アジアの最古のホモ・エレクトスを出土したジャワ島のサンギラン層の **K-Ar** 法や火山灰のフィッショントラック法による年代測定結果は、それぞれの研究者によって、かなり大きな年代幅が存在し、かつどの層準から原人化石が出土したかを特定するのが困難であるのが最大の難点であった。松浦秀治氏（Matsuura, 1982）は化石人骨と動物骨のフッ素法による年代を測定し、それらがハラミヨ期（一〇七〜九九万年前）とブリュンヌ正磁極期／松山逆磁極期の境界（約七八万年前）間にほぼ位置すると指摘した。

一方、中国最古のホモ・エレクトスは中国南部の雲南省元謀から発見された（Wu and Wu, 1984）。ヤマアラシ類、ハイエナ類、ステゴドンゾウ類、ウマ類、サイ類など大型哺乳動物の化石も出土している。堆積物の花粉分析の結果は、マツ属、スギ科、ハンノキ属などの樹木が多産している。古地磁気の測定から、ホモ・エレクトスの化石の化石出土層準も、やはりハラミヨ期とブリュンヌ正磁極期

／松山逆磁極期の間の約九九～七八万年前に位置することが指摘されている（Pope, 1984）。さらに北京の周口店洞穴も約七八万年前から堆積を開始している（Liu, 1985）。この他、中国ではホモ・エレクトスの化石は陝西省藍田人、安徽省和県などからも出土しており、それらはいずれも九〇万年前以降で、かつ火を使用していたとされる（Wu and Wu, 1984）。

さて、ベンガルファンのODP leg.116 site717コアの花粉分析から、ナンノ化石年代約九三万年前からマキ属が減少を開始して気候の寒冷化がはじまったことを明らかにした（安田、一九九九）。そしてブリュンヌ正磁極期／松山逆磁極期の開始期の約七八年前より、亜熱帯―熱帯の花粉が急減し、かわってマツ属、トウヒ属、モミ属などの針葉樹と温帯の広葉樹の花粉が増加し、気候の寒冷化がいっそう顕著になったことを明らかにした（Yasuda *et al.*, 1990）。

そして大阪層群の古植物学的研究は、約九〇万年前のMa3層で第三紀型のメタセコイア植物群が絶滅し、ブリュンヌ正磁極期／松山逆磁極期の境界のMa4層（約七八万年前）を境として、トウヒ属が増加し、気候の寒冷化が顕著となることが指摘された。そしてトウヒ属と拮抗して、スギの高い出現率が局所的に見られるようになり、スギが繁栄期に入ったことを示している。

日本列島において第三紀型のメタセコイア植物群が絶滅し、新たにスギの時代がはじまる地球環境の激動期に、南アジアでも亜熱帯―熱帯林が後退し、温帯の広葉樹や亜寒帯の針葉樹の拡大がみられた。そしてその地球環境の激動期に、ジャワや中国南部で真の人間といわれるホモ・エレクトスが出現しているのは興味深い。

人類も日本のスギも、地球が氷期と間氷期を交互にくり返す激動の時代の到来を足がかりにして繁栄へのきっかけをつかんだと言えるのではなかろうか。その時代は約九九～七八万年前に設定できそうである。人類は約七八万年前以降の氷期と間氷期が交互にくり返す激動の時代に、大発展へのきっかけを得て、現代もその延長線上に位置していると言えるのではないだろうか。スギと人類は長い地球の歴史の中では類似した位置を占めて、現代に至っているのは興味深い。

東アジアの人種隔離分布仮説

ベンガルファンとインダスファンの花粉分析の結果（Yasuda *et al.*,1990, Yasuda *et al.*,1991a）は、ヒマラヤを境とした東アジアの湿潤と西アジアの乾燥という気候的対立が、更新世前期にすでに成立していたことを明らかにした。こうしたユーラシア大陸の東西の気候風土のコントラストは、人類の進化にも重大な影響を与えたとみなされる。第三紀型の古型のスギ科やヤマグルマなどが東アジアに隔離分布できたのは、東アジアの温暖・湿潤気候のためであった。乾燥した西アジアやヨーロッパにおいて、これらの第三紀周北極植物群が絶滅したのとは、大きな相違であった。

例えば陝西省藍田人のホモ・エレクトスの化石出土地点からは、マエガミシカ、マカク類、クマ類、スマトラサイ類、イノシシ類など、森林に生活する動物遺体が多く出土している（Wu and Wu, 1984）。東アジアのホモ・エレクトスが森の多い環境の中で生活していたことを示唆している。

G・ポープ（Pope, 1984）は、東アジアの人類の進化において、竹とカルスト地形の果たした役割に注目し､バンブー／カルストモデルを提示している。竹やカルスト地形の分布は、チョッパー・チョッピングトゥール文化の分布圏と重なると言うのである。

西方ユーラシア大陸とアフリカのハンドアックスを中心とする石器製作の伝統を持つ前期旧石器文化と、チョッパー・チョッピングトゥールの石器製作の伝統を持つ東アジアの前期旧石器文化のすみわけは、H・モーヴィスによって指摘された（Nilsson, 1983）。こうした前期旧石器文化のすみわけの背景には、更新世前期以降顕著となった東アジアの森の多い湿潤な風土と、西アジアのステップやサバンナの発達する乾燥した風土の相違が、大きく影響している可能性が高いのである。そして、この東西の気候的コントラストを生起させたのはヒマラヤの形成であった。ヒマラヤの形成は人類の進化にも重大な影響を与えていると言えるだろう。

こうした東アジアと西アジアの環境の相違は、ホモ・エレクトスやホモ・サピエンスへの進化においても東西の相違をもたらした可能性が高い。C・ストゥリンガー（Stringer, 1984）の化石人類の時空間分布図によれば、西アジアではすでに五〇万年前にはホモ・エレクトスからホモ・サピエンスへの移行がはじまっているのに、東アジアやオーストラリアでは、二〇〜一〇万年前までホモ・エレクトスが残存しているという。古い形質のホモ・エレクトスが東アジアやオーストラリアで残存し得たのは、第三紀型の植物群が東アジアに隔離分布できたのと類似した現象としてとらえることができないだろうか。

ヒマラヤの形成にともなって西アジアでは乾燥化が進行し、草原が拡大するとともに、森林とは異なったより苛酷な環境が出現した。そうした第三紀型植物群が早くから消滅した所で、ホモ・サピエンスはより早く出現している。これに対し、第三紀型植物群が隔離分布できた東アジアでは、より古型のホモ・エレクトス型の人類が後年まで残存し得た。日本列島のようにヤマグルマやスギなど、古型の植物群が残存し得た所では、人種的にも古型の人類が残りやすい何らかの条件が存在したのではないだろうか。

芹沢長介氏（芹沢、一九七四）は約三・五万〜三万年前を境として、日本の旧石器時代を前期旧石器時代と後期旧石器時代の二時期に大きく区分した。この説が出された当時はネアンデルタール人段階の石器の存在が明白でなかったため、三万年以前の石器をひっくるめて前期旧石器時代とした。このため旧石器時代を前期・中期・後期の三時期に区分したヨーロッパの区分と合わないという批判が考古学者から出された。しかも宮城県北部の座散乱木遺跡や馬場壇A遺跡の発掘調査で出土したとされた前期旧石器は、すべて捏造であった。しかし、三万年以上前にも日本列島に人類が居住していたことは、その後の発掘調査でも指摘されはじめている。その三万年以上前の日本列島人が暮らした森こそ、スギの森なのである。

三・三万年前の転換

R・シュツラー（Shutler, 1984）は、東アジアで最初に現代型新人ホモ・サピエンスが出現したのは中国南部であり、それは約一〇〜七万年前であると指摘している。そして、最終氷期の主要氷期の寒冷化がはじまる約七万年前頃、中国南部から北と南に移動を開始した。そして、南方への一派は約五万年前にオーストラリアに到着したとする。確かにオーストラリアに人類の居住の痕跡がみられるのは約五万年前である（Turner, 1984）。それは日本列島で明らかとなった七〜五万年前の間に位置する亜氷期の寒冷期に、海退によって陸化したスンダ陸棚を南下して、オーストラリアに到着したものと見られる。

南方への一派がオーストラリアに到着した移動距離からみれば、北方への一分派が日本列島にも十分に到達できたと考えられる。

日本列島に明らかに現代型新人ホモ・サピエンスが登場すると文化的に判断されるのは、約三・三万年前に入ってからであった。約三・三万年前を境に、これまでとは全く違った石器の製作技法をともなった後期旧石器文化が出現した。その製作技法は石刃技法とよばれた。石刃技法はあらかじめ用意していた石核から、類似した石刃を連続して剥離する技法であり、石器の大量生産が可能であった。加藤晋平氏（加藤、一九八八）は、この技術革新は人類が一つの観念を長く持ち続ける能力を獲得したことを意味し、「後期旧石器革命」と呼ぶことができると指摘していた。この時代は芹沢長介氏の前期旧石器時代と後期旧石帯時代の境界に大略相当する。

日本列島で旧石器文化に大きな転換が起きた時代に、ヨーロッパでも重要な事件が引き起こされている。ネアンデルタール人が絶滅し、かわってクロマニヨン人の時代が訪れる。石刃技法をたずさえ、宗谷陸橋や狭くなった対馬海峡をウミアックのようなボートで渡って日本列島にやってきた人々は、このクロマニヨン人と同じ現代型新人ホモ・サピエンスであった。

日本列島の旧石器文化が新たな段階をむかえ、ヨーロッパでネアンデルタール人が絶滅し、クロマニヨン人の時代がはじまった約三・三万年前は、日本列島のスギの分布にも大きな変化が生じた時であった。約五〜三・三万年前の亜間氷期に、スギは東北地方南部以南の日本列島の低地帯の植生を特徴づけていた。前期旧石器時代の人々がもしいたとすれば、彼らはスギの多い環境で生活していた。ところが、約三・三万年前頃より気候の寒冷・乾燥化によって、スギは急速に分布域を縮小した。そして北海道と九州では絶滅への道を歩みはじめた（図3‐12）。

スギが著しい孤立分布期に突入した時、日本列島の旧石器文化も大きな転換をむかえていた。約三・三万年前以降一万五〇〇〇年前の間は、スギにとって受難の時代であった。スギはこの過酷な寒冷・乾燥期の間に孤立分布し、太平洋側のオモテスギと日本海側のウラスギの分布域に分断された。同じように人類もこの最終氷期後半の寒冷・乾燥期の到来の中で、適応・進化をとげたのではなかろうか。

八　最古のスギ板は一万年以上前に作られた

最古の板

遠山富太郎氏は「スギの文化史というなら、板の文化史といいかえてもよい」（遠山、一九七六）と述べている。日本人の生活の中で開発された板の結合技術は、建築や木材工芸に画期的な発展をもたらした。それはスギという割りやすい木に日本人がめぐりあえた賜にほかならない。

これまで最古のスギの板材は、弥生時代後期の静岡県静岡市登呂遺跡から発見された板材とみなされてきた。しかし、日本人のスギの板材の使用は、それを一万年近くさかのぼる縄文時代草創期よりすでにはじまっていたことが、福井県三方郡三方町鳥浜貝塚の発掘調査から明らかとなった。

福井県鳥浜貝塚の花粉分析の結果（安田、一九七九ａ）（図３‐14）では、約一万五〇〇〇年前の砂礫層を境として、スギの花粉が増加を開始した。遺跡から出土した出土木材の樹種分析結果（島倉、一九七九）は、縄文時代草創期にまでさかのぼる最古のスギの板材（図３‐15）が存在することを明らかにした。スギの花粉は縄文時代前期以降も増加を続ける。縄文時代前期には、スギの板材は出土した木材製品の約三〇％近くを占めている（小島、二〇一〇）。縄文時代草創期より、日本人はスギの割れやすい性質をみぬき、それを巧みに利用する技術を確立していた（安田、一九八〇ｃ）。

スギに囲まれた村

福井県鳥浜貝塚は三方湖の湖岸に立地する。三方湖や水月湖の花粉分析の結果（図３‐13）（Yasuda *et al.*, 2004）でもスギの高い出現率が認められる。しかし、その出現率は鳥浜貝塚に比べて低い。

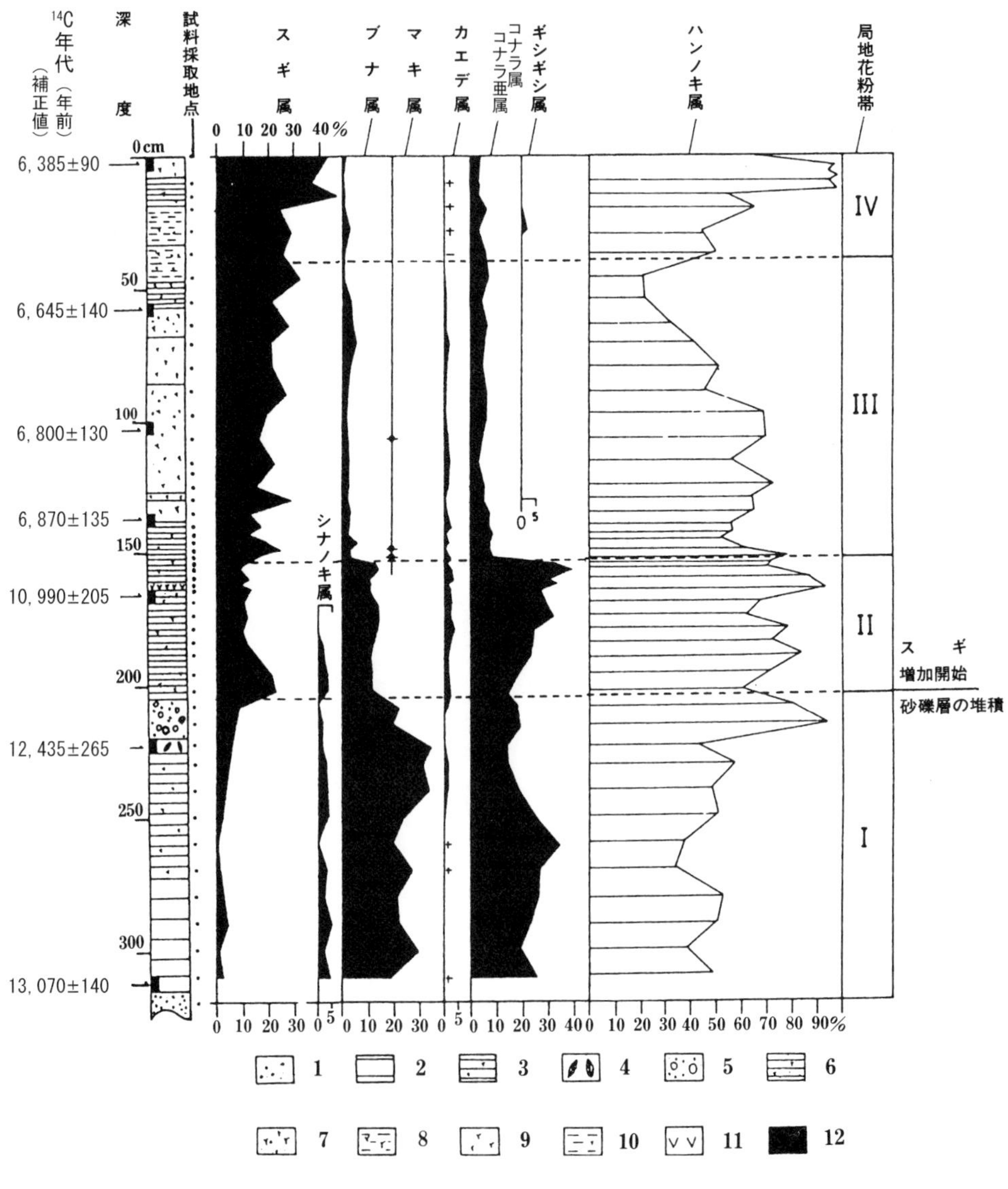

図 3-14　福井県鳥浜貝塚（1975年Ⅲ区）の花粉ダイアグラム

出現率はハンノキ属を除く樹木花粉の総数を基数とした％で表示.
1. 青灰色粗砂，2. 暗灰色粘土，3. 褐灰色有機質粘土，4. 褐色植物遺体の集積層，
5. 青灰色砂礫，6. 褐色有機質 - 泥炭質粘土，7. 褐色砂質分の多い未分解泥炭，
8. 暗褐色砂質分の多い泥炭質粘土，9. 暗褐色未分解泥炭，10，暗灰色有機質シルト，
11. 白色火山灰，12. ^{14}C 年代測定試料採取点，^{14}C 年代は補正値　（安田，1979 a）

鳥浜貝塚では縄文時代前期後半には、ハンノキ属をぬく樹木花粉を基数とするパーセントで四〇%以上にも達するのに対し、三方湖の花粉ダイアグラムでは二〇%前後にすぎない。三方湖の花粉分析の結果は、湖周辺の全体的な植生を、鳥浜貝塚の場合は、遺跡周辺の局地的な植生をより強く反映しているとみなされる。

鳥浜貝塚で異常にスギの花粉が高い出現率を示すのは、縄文時代前期の人々の森林破壊の影響をみのがすことができない。特に縄文時代前期後半に入ると、炭片が多産し、単位体積あたりの樹木花粉数が減少する。スギの花粉のみが異常に高率を示すのは、こうした縄文人による森林破壊とその結果形成された土壌条件の不安定な斜面に崩壊地が多発し、スギが拡大できたことなどがかかわっているのであろう。三方湖周辺の全体の景観に比して、鳥浜貝塚の立地する遺跡周辺は特にスギが多かった。縄文人たちはそのスギ材を積極的に利用したと言えよう。

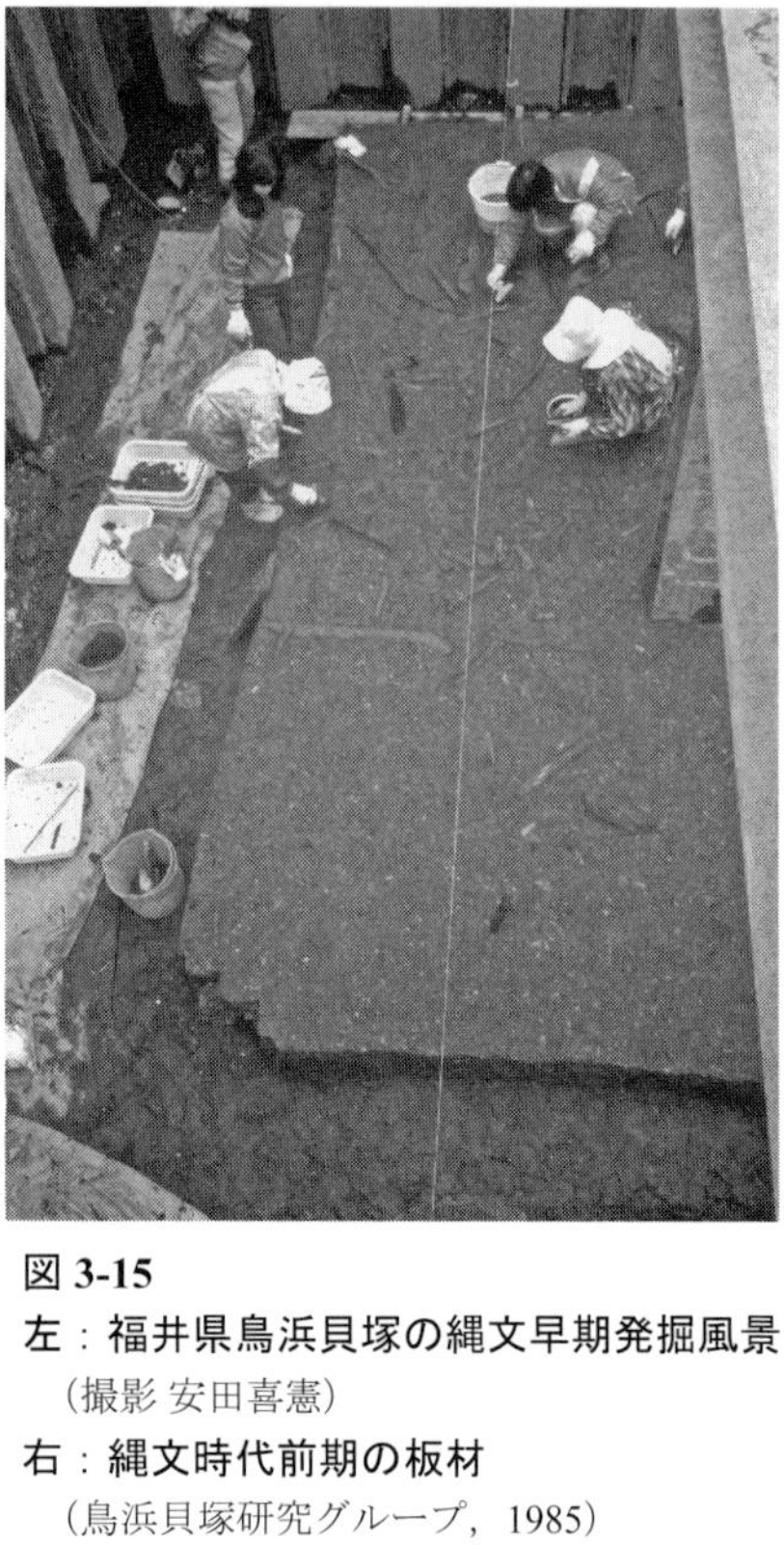

図 3-15
左：福井県鳥浜貝塚の縄文早期発掘風景
（撮影 安田喜憲）
右：縄文時代前期の板材
（鳥浜貝塚研究グループ，1985）

縄文スギの村は稀だった

鳥浜貝塚の場合、縄文時代草創期より人々はスギ材を積極的に利用していた。鳥浜貝塚の人々は、縄文時代前期よりスギと深いかかわりの中で生活していた。しかし、他の地域で縄文時代前期の人々がスギとかかわるのは稀であった。

鳥浜貝塚と同じく日本海側に立地する鳥取県東伯郡北条町島遺跡（安田、一九八三ｄ）の縄文時代前期の遺跡包含層（図５-５）では、ハンノキ属を抜いた樹木花粉を基数とするスギの出現率は、五％前後を占めるにすぎず、コナラ属アカガシ亜属、シイ属が高い出現率を示している。縄文時代後期・晩期に入ってようやくスギは一五〜三〇％の出現率を示すようになる。

一方、富山県氷見市十二町潟遺跡（安田、一九八二ｂ）でも、縄文時代前期の遺物包含層では、スギの出現率は五％以下にとどまっている（図５-12）。能登半島の縄文時代前期—後期の真脇遺跡の出土木材の材質分析（藤、一九八七）からも、スギの出現率はきわめて低く、直径六〇センチメートルもある巨木の柱材は全てがクリであった。出土した木材製品八七点のうち、スギ材はわずか四点で、全体の木材製品の四％を占めるにすぎない。同じく金沢市新保本町チカモリ遺跡（金沢市教育委員会、一九八三）の木柱根も大半がクリであった。これらはクリが腐りにくいという性質をみぬいていた縄文人の知恵であるが、同時に真脇遺跡やチカモリ遺跡周辺には、当時は手頃なスギ林がなかったことが深くかかわっていると思われる。縄文時代前期において、人々がうっそうとしたスギ林に囲まれて生活することは、鳥浜貝塚などの若狭湾沿岸と伊豆半島や相模地域などを除いて、稀であったとみなされる。

最古の丸木舟はスギだった

縄文時代草創期以来、スギと深いかかわりを営んできた鳥浜貝塚からは、縄文時代前期の丸木舟が見つかった（図３‐16）。この丸木舟は今のところ日本最古である。そしてこの日本最古の丸木舟もスギでできていた。丸木舟をつくるための長大材を遠方から運ぶことは困難であったろう。縄文時代の人々は、手近なスギの大木を丸木舟の材に選んだのであろう。

小島秀彰氏（小島、二〇一六）によれば、縄文時代草創期の人々は、スギ材を一五％前後、残りはトネリコ属、モクレン属、カエデ属など広葉樹の利用で占められ、縄文時代前期になるとスギは二五％前後に増加し、残りはユズリハ属、コナラ属アカガシ亜属、トチノキ属などの広葉樹の利用が優先するという。

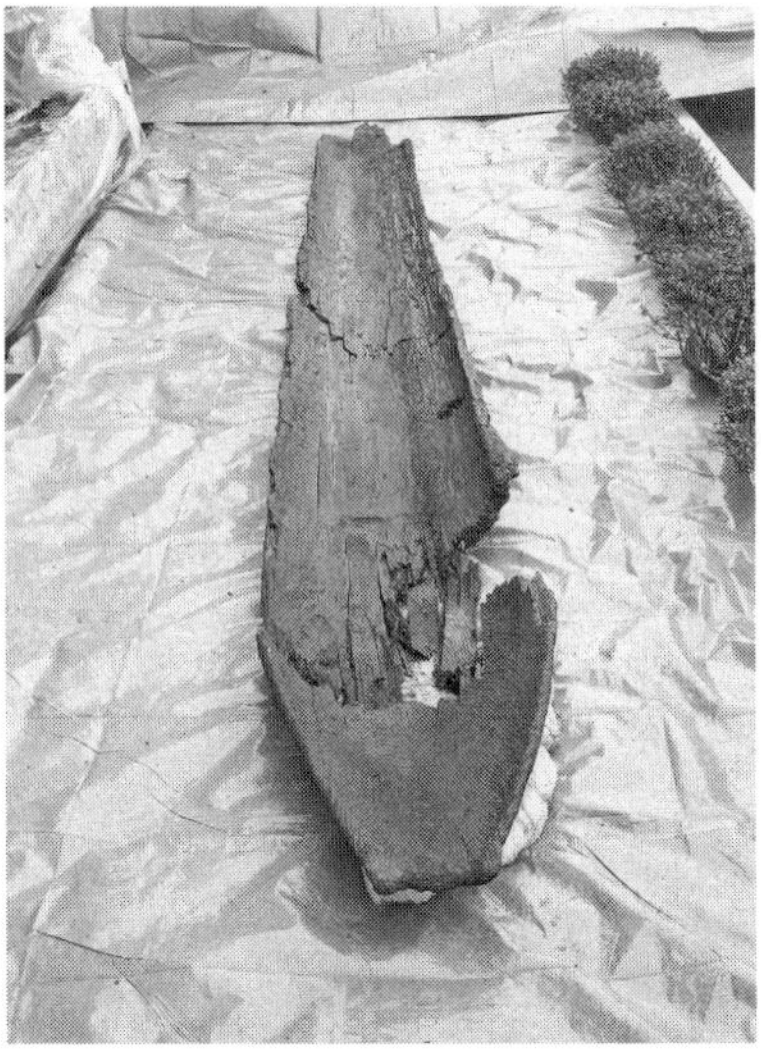

図 3-16　福井県鳥浜貝塚から見つかった縄文時代前期の丸木船
スギでできていた．（撮影 森川昌和）

九　日本は稲とスギの王国だった？

スギと弥生人

「スギと稲はわが国の発展の基礎をなした」とは大槻正男氏の随筆集『稲と杉の国』（大槻、一九六八）の一節である。

スギは鳥浜貝塚で見たように、縄文時代草創期以降の日本人によって利用されていた。しかし、鳥浜貝塚の事例はむしろ例外的で、一般には縄文人はスギとかかわりをもつことは少なかった。むしろナラ類やクリなどと深いかかわりの中で落葉広葉樹の文化を発展させた。縄文人が鳥浜貝塚のような場合を除いて、スギ林に囲まれて生活することは、むしろ稀であった。それはスギ林の生育地と縄文人の居住地とが重複することが少なかったからである。

スギの生育する沖積低地や扇状地末端の湧水地が日本人の重要な居住の舞台となったのは、弥生時代以降のことである。内湾の水産資源とドングリなどの堅果類に強く依存した縄文人にとっては、スギの生育する沢すじの低湿地や扇状地末端は、魅力的な居住適地ではなかった。

約五〇〇〇～二〇〇〇年前、沖積上部砂層の発達によって、スギの生育に適した沖積低地が拡大した。しかし、そこは縄文人にとっては利用価値の低い所であった。

スギの生育適地の拡大をもたらした沖積上部砂層の発達は、縄文人にとって大切な内湾を埋積し、食料危機をもたらしたのである。スギ林の拡大は縄文文化の崩壊と裏腹の関係にあった。

スギの生育適地の沢すじや沖積低地・扇状地末端の湧水地が日本人の重要な生活の舞台となったのは、稲作が伝播してからのことである。しかし、弥生人がすべてスギと深いかかわりを持ったわけではない。

日本列島にやってきた渡来人たちは、どのようにしてスギとのかかわりを形成していったのであろうか。以下に代表的な西日本の弥生時代遺跡の花粉分析結果から、この点について考察してみる。

図 3-17　長崎県里田原遺跡のドルメン
（撮影 安田喜憲）

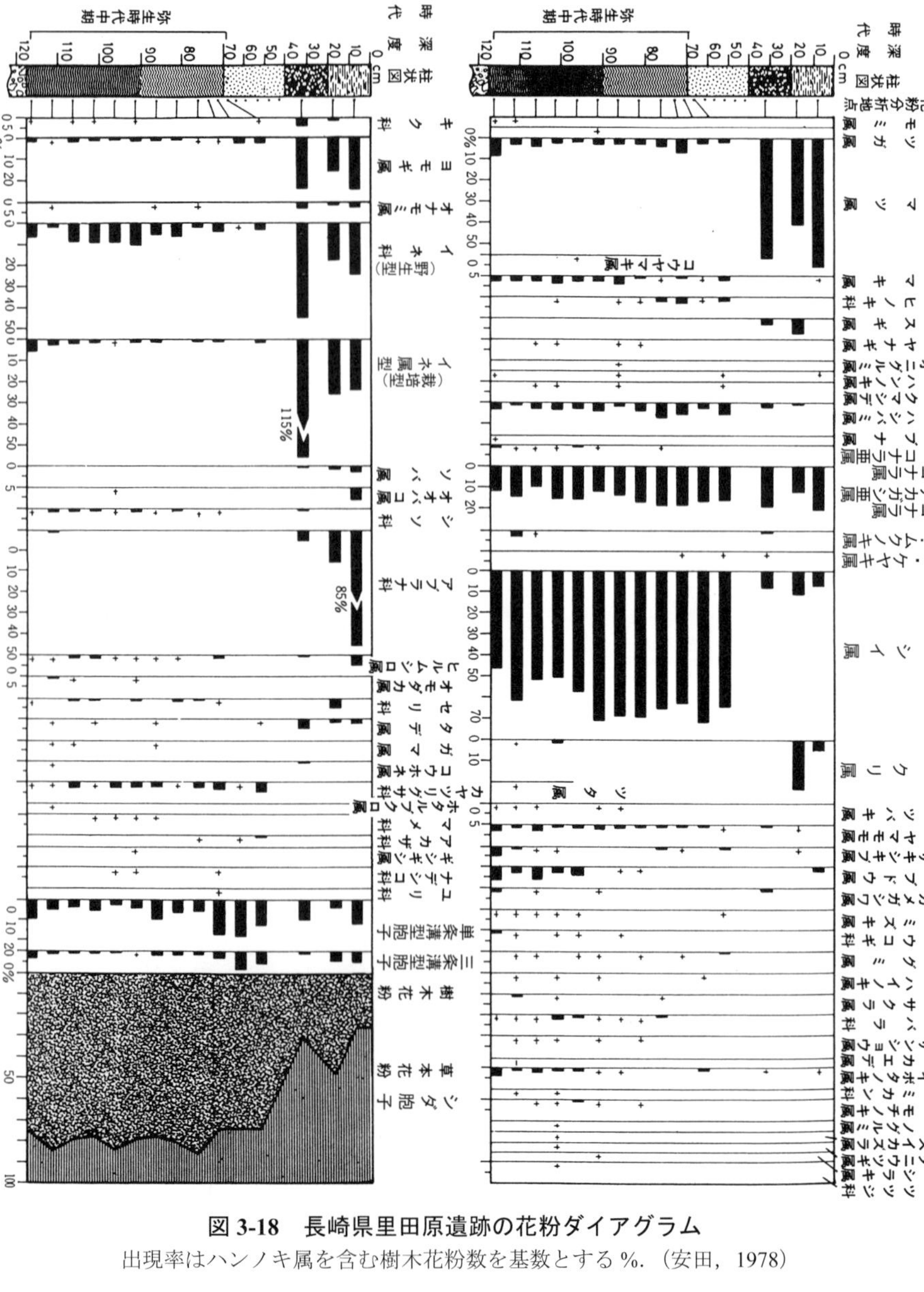

図 3-18　長崎県里田原遺跡の花粉ダイアグラム

出現率はハンノキ属を含む樹木花粉数を基数とする %.（安田，1978）

北九州の弥生時代の長崎県里田原遺跡

里田原遺跡（図3‐17）（安田、一九七八）は、長崎県北松浦郡田平町の海抜二〇メートル前後の小盆地底に位置する。縄文時代晩期終末期の夜臼式土器の時代に、イネ属型（栽培型）の花粉がオモダカ属やミズアオイ属などの水田雑草の花粉とともに急増し、稲作が伝播したことが明らかとなっている。その後、弥生時代前期〜中期にかけて人々が集落を営んだが、遺跡周辺にはシイ属やコナラ属アカガシ亜属の高い出現率で特徴づけられる照葉樹林が生育していた。スギの花粉は全く検出されず、ようやく花粉ダイアグラムの最上部に入って出現する（図3‐18）。これはスギの植林の結果である。

北九州にはこのほか、夜臼式土器の時代に水田稲作が導入されていた遺跡として、佐賀県唐津市菜畑遺跡（中村、一九八二）、福岡県福岡市板付遺跡（中村・畑中、一九七六）があるが、いずれの遺跡の花粉分析の結果でも、スギの出現率は著しく低率である。

稲をたずさえて北九州に最初にやってきた人々が最初に出会った森は、シイ類・カシ類それにタブノキ・クスノキなどのうっそうとした照葉樹林であった。

北九州の弥生時代後期の大分県安国寺遺跡

安国寺遺跡（安田、一九八九ａ）は大分県国東半島の田深川の沖積低地の海抜一〇メートルに位置する。西日本の登呂遺跡とよばれるほどに大量の農具や建築材などの木製品を出土し、弥生時代後期を代表する遺跡である。農具にはまた鍬・平鍬・横鍬・鋤などが出土している。矢板や杭それに多量の建築材もみつかっている。建築材は一九八五年度の調査で発見され、板材、角材、丸太材などが含まれる。板材はカシ、スダジイ、モミ、ツブラジイ、ケヤキが使用され、ツブラジイがもっとも多い。角材に

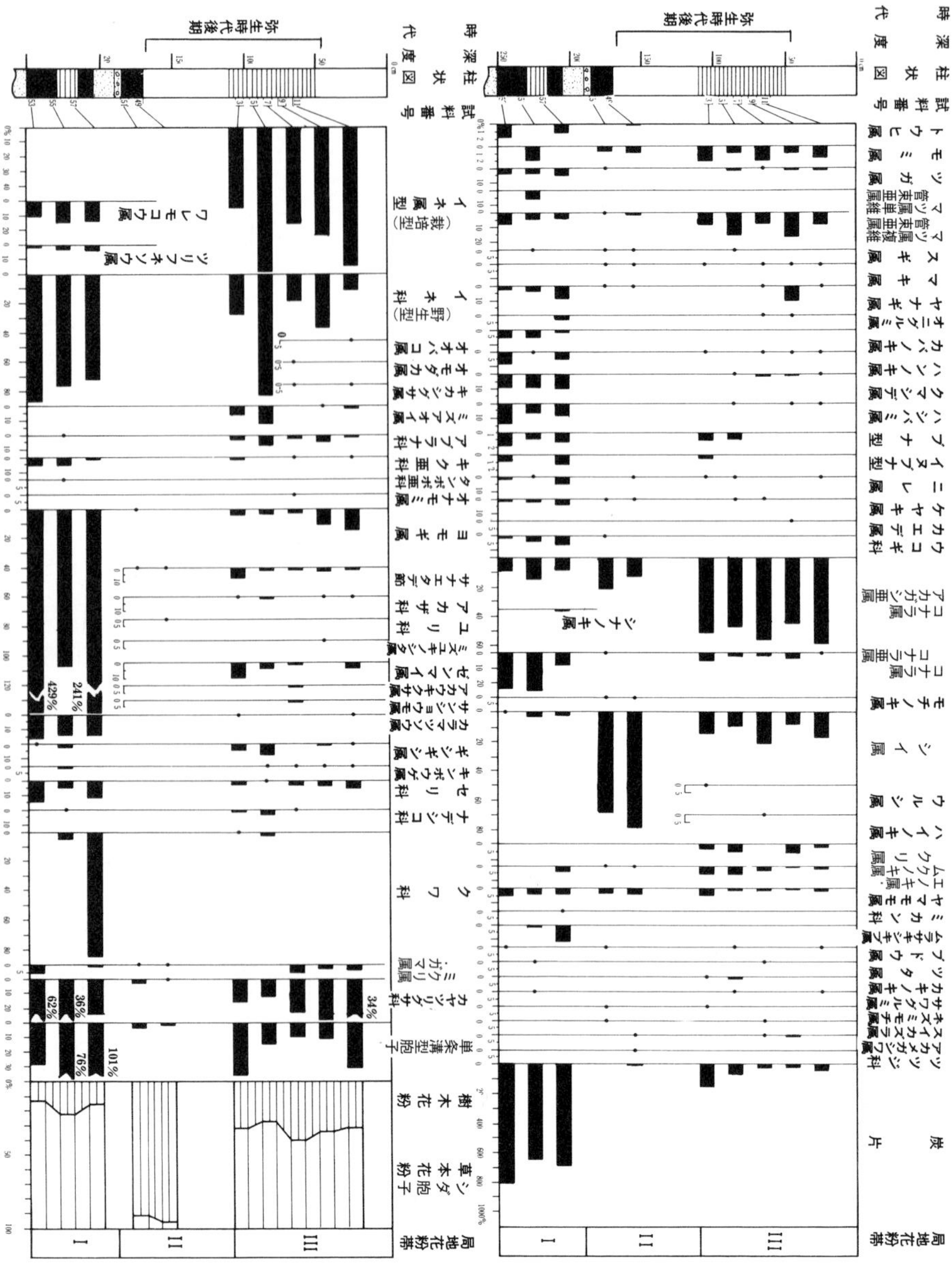

図 3-19　大分県安国寺遺跡の花粉ダイアグラム

出現率はハンノキ属を含む木花粉数を基数とする%.（安田，1989a）

はツブラジイ、ケヤキ、ヒノキが使用され、ヒノキがもっとも多い。丸木材にはアワブキ、スダジイ、カシ類、カキノキ、クリ、クスノキが使用され、クリがもっとも多かった。大量の板材が出土したにもかかわらず、スギの板材は皆無であった（小田、一九八九）。

花粉分析の結果（安田、一九八九ａ）は、シイ属とコナラ属アカガシ亜属の高い出現率を示し、スギ属の出現率はきわめて低率である（図３‐19）。クスノキ科の花粉は容易に破壊されるため、花粉分析の結果では残りにくいが、種子分析の結果ではクスノキの種子がたくさん検出されている（笠原・藤沢、一九八九）。クスノキはこの時代の九州で重要な巨木の材として使用されたものとみなされる（図３‐20）。このことは、ヒノキを除いて他の大半の建築材は集落周辺で伐採したものとみなされる。

図 3-20　鹿児島県姶良郡蒲生町のクスノキの大木
カバー写真も参照.（撮影 安田喜憲）

板材にはツブラジイやスダジイが多用されている。近くに割りやすいスギがなかったために、大変な苦労をして板を作製したものと思われる。

このように北九州の弥生人たちはスギを見ることはなかった。それは最終氷期最寒冷期に九州でスギが絶滅したからである。九州にスギが導入されたのは歴史時代に入ってから人間の植栽によってである。

瀬戸内海沿岸の弥生時代遺跡の花粉分析

大宮遺跡は広島県神辺町湯野の海抜一二メートルの沖積平野に位置する弥生時代〜古墳時代を主

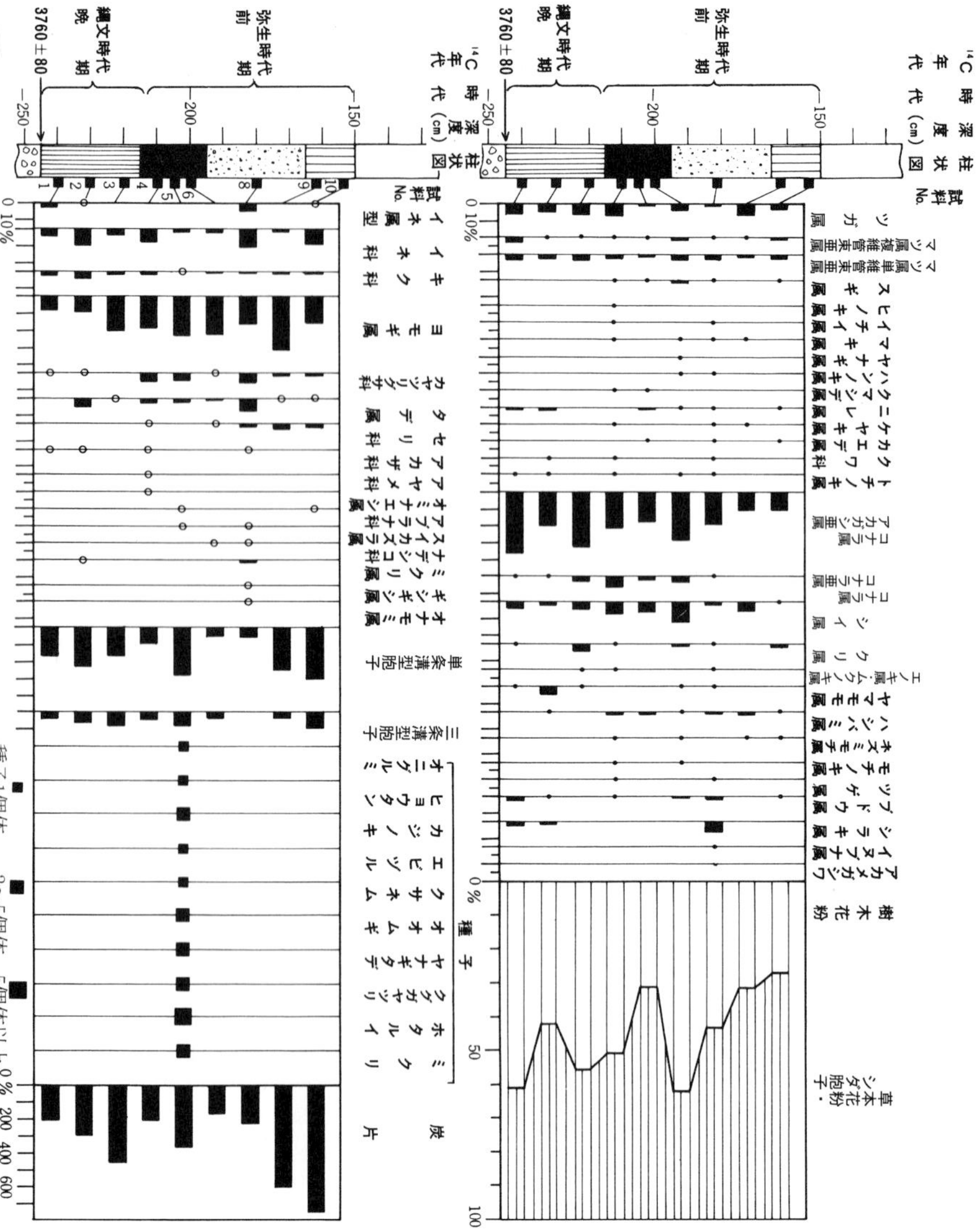

図 3-21　広島県大宮遺跡の花粉ダイアグラムと種子の出現率

出現率は総出現花粉胞子数を基数とする%．^{14}C 年代は補正値．（安田ほか，1986）

体とする遺跡である。この大宮遺跡の花粉分析の結果（安田ほか、一九八六）（図3-21）もコナラ属アカガシ亜属とシイ属の高い出現率で特色づけられ、スギの出現率は著しく低率である。このほか、瀬戸内海沿岸の弥生時代の遺跡の花粉分析結果として、倉敷市上東遺跡（安田、一九七四）、香川県板出市与島町与島塩浜遺跡（安田、一九八二c）、兵庫県淡路島志知川沖田南遺跡（三好・新井、一九八二）などがあげられるが、いずれもスギの出現率は著しく低い。瀬戸内海を東上した稲作農耕民が、スギの森に接することはなかったと言えよう。

瀬戸内海の東のつきあたりの大阪湾沿岸では、東大阪市瓜生堂遺跡（安田、一九八〇a）、八尾市恩知遺跡（図6-12）（安田、一九八〇b）、八尾市中田遺跡（図6-19）（安田、一九八一b）、東大阪市鬼虎川遺跡（安田、一九八一a）（図3-22）、東大阪市巨摩廃寺遺跡（図6-11）（安田、一九八三b）などいくつかの弥生時代遺跡の花粉分析の結果がある。スギは五〜一〇％前後の出現率を示す。これまでの北九州や瀬戸内海沿岸のスギの全く見られない景観に比べて、ややスギが見られる環境である。河内平野の弥生人はスギを見る機会はあったであろう。しかし、それは森を構成したものではなく、照葉樹林の中に単木で生育している程度にすぎなかったと思われる。

伊勢湾沿岸から東海地方西部

納所遺跡（安田、一九七九b）は三重県津市納所町の安濃川の沖積低地（海抜五メートル）に位置する。この弥生時代前期〜中期の遺物包含層では、スギは樹木花粉を基数とする出現率では五〜一五％の出現率を示す（花粉ダイアグラムは総出現花粉・胞子数を基数とする％で表示されており、やや出現率は低く表現されている）（図3-23）。スギ花粉の出現率は大阪湾沿岸よりやや高いが、スギの分布の

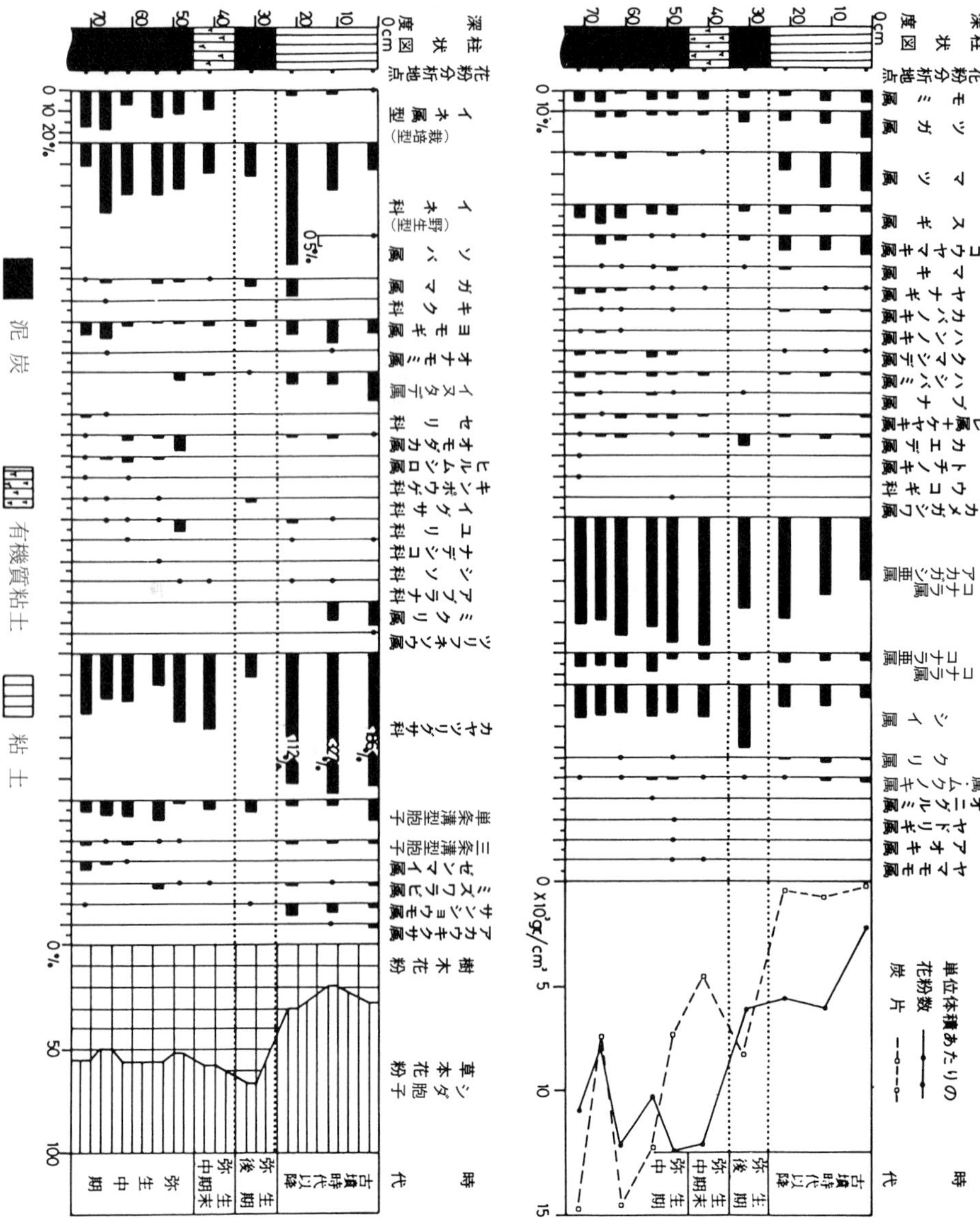

図 3-22　大阪府東大阪市鬼虎川遺跡の花粉ダイアグラム

出現率はハンノキ属を含む樹木花粉数を基数とする％．（安田，1981a）

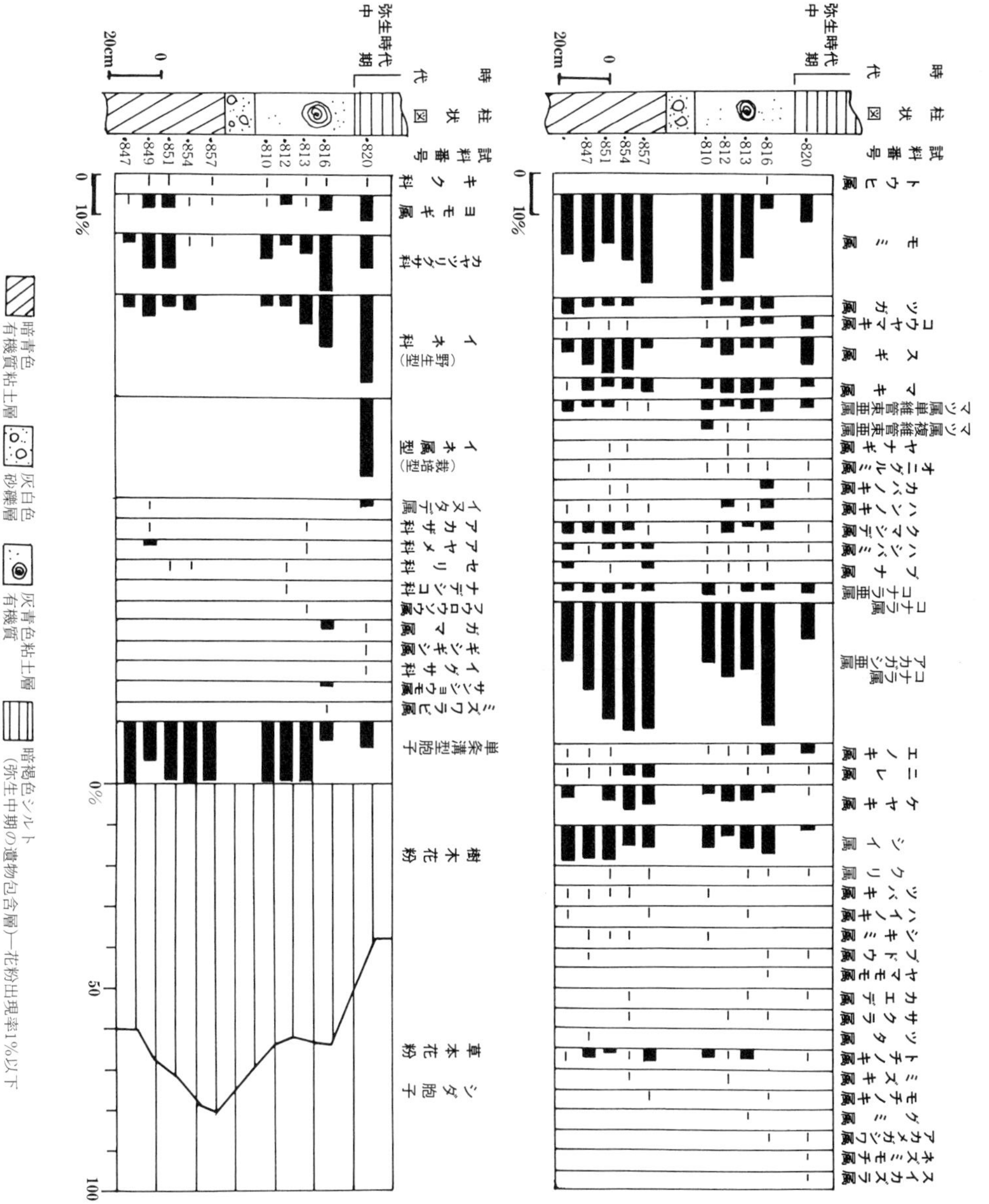

図 3-23　三重県津市納所遺跡の花粉ダイアグラム

出現率は総出現花粉・胞子数を基数とする％.（安田，1979b）

状況は大阪湾沿岸とそれほど大きな違いはないとみなされる。

静岡県浜松市西伊場の海抜二メートル前後の砂州上に立地する伊場遺跡（安田、一九七五）は、弥生時代～古墳～歴史時代の遺跡である。ここでもスギの出現率は五％以下に留まっている。浜名湖や周辺の遺跡（安田、一九八三ｅ）や湿原（Matsushita, 1988）の花粉分析結果でもスギの出現率は低い。伊勢湾沿岸から東海地方西部にかけても、スギの出現率は低く、弥生人がスギの森と接する機会は少なかったとみられる。

スギが俄然多くなる静岡県東部

ところが大井川を越えると、周辺の森林相は一変する。安倍川の扇状地の海抜八メートル前後に立地する静岡市登呂遺跡（図３‐24）からは、弥生時代後期に大量のスギの矢板、板材が検出された。山内 文氏（亘理・山内、一九五四）によれば登呂遺跡では出土材の九五％がスギ材であった。

この登呂遺跡の北東約五〇〇メートルの地点に有東遺跡がある。登呂遺跡の親村と見なされる有東遺跡の弥生時代中期～後期の遺物包含層の花粉分析の結果（安田、一九八三ｃ）は図３‐25に示

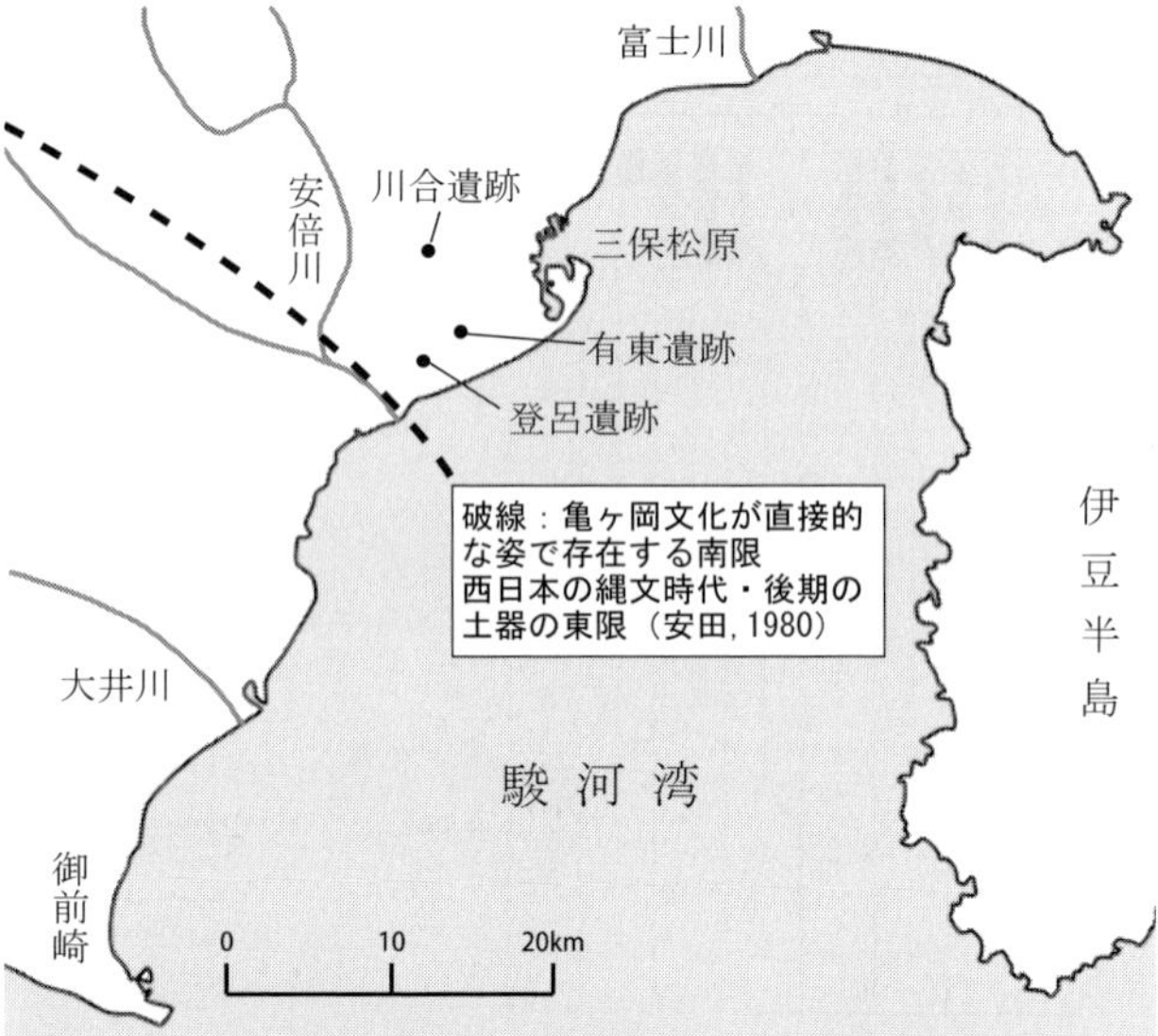

図 3-24　静岡県有東遺跡，登呂遺跡，川合遺跡の位置と東日本と西日本の境界（原図 安田喜憲）

すごとくである。全層準を通してコナラ属アカガシ亜属が高い出現率を示すが、スギも一〇〜三〇％近い出現率を示す層準がある。出土木材製品の五八％以上がスギ材で作られていた（山内、一九八三）。針葉樹林では、このほかにイヌマキ、モミ、ヒノキ、サワラが、広葉樹ではシイ類、カシ類、エノキ、ケヤキ、クスノキなどが多用されていた。

狩野川の下流に立地する山木遺跡（後藤、一九六二）でも大量のスギの板材が出土した。スギは出土木材の八八％を占めていた。花粉分析の結果（辻、一九七七）もスギが異常に高い出現率を示している。

このように北九州から瀬戸内海を東上し、大阪湾から伊勢湾沿岸を経て東海地方にまで達した弥生人は、大井川を越えて静岡県東部に達した時に、はじめてスギの大森林と出会った。それま

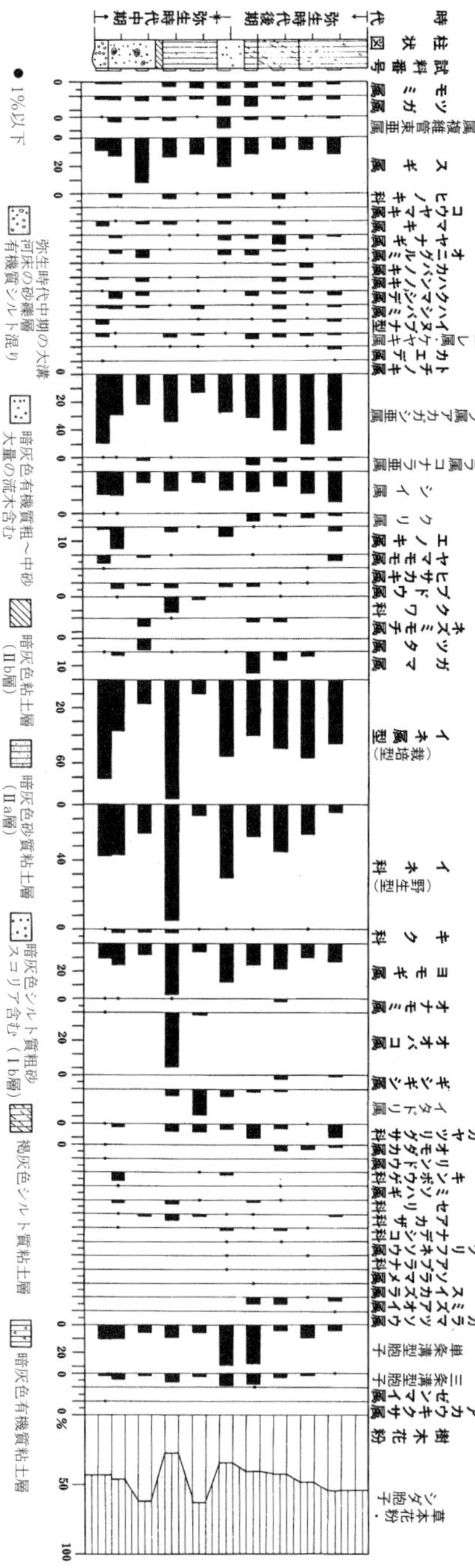

図 3-25　静岡県静岡市有東遺跡の花粉ダイアグラム

出現率はハンノキ属を含む樹木花粉数を基数とする％.（安田，1983c）

で稲作のメインルートを東上した弥生人は、スギの単木は見る機会があったかもしれないが、スギの大森林に接することはなかった。

静岡県静岡市の川合遺跡（図6-13）では、縄文時代晩期から古墳時代後期にかけて、コナラ属アカガシ亜属についでスギ属が二〇%以上の高い出現率を示す（安田、一九九〇e）。近世に入るとスギ属の花粉が激減し、近世末期に入るとコナラ属アカガシ亜属も激減し、人間の森林破壊によって近世以降、川合遺跡周辺からは、スギやカシ類・シイ類の森が消えていったことを示している。

私（安田、一九八〇c）はこの安倍川を境として東日本と西日本の境界があり、それはスギの花粉の出現率の増加で示されることを指摘した。

スギの矢板や板材を大量に出土した登呂遺跡が広く知られたため、弥生人はスギと深いかかわりを有した生活を維持していたかのように思われていたが、それは誤りである。弥生人がスギと密接にかかわったのは、弥生時代では辺境のきわめて特異な現象にすぎなかった。弥生文化の先進地域である北九州や瀬戸内海沿岸そして畿内の人々は、スギとはあまりかかわりのない生活を送っていたのである。

山陰地方の弥生人もスギと深くかかわっていた

弥生人がスギと深いかかわりを有していた所は、むしろ日本海側の地域であった。山口県阿武郡阿東町貞行の弥生時代中期の宮ヶ久保遺跡の花粉分析の結果（中村、一九八四）は、スギが二〇〜四〇%の高い出現率を示す。すでに述べたように島根県沼原湿原（Yasuda, 1978）、山口県宇生賀盆地（畑中・三好、一九八〇）、あるいは鳥取県菅原湿原（高原・竹岡、一九八〇）などの花粉分析の結果は、スギの高い出現率を示しており、中国地方西部の山陰側にスギの天然林が存在し、弥生人がこうしたスギの森と接する機会は多かったとみられる。
島根県隠岐、島後西郷町下西水田の花粉分析の結果（中村、一九八四）でも、二〇〇〇年前にスギは二〇～三〇％の出現率を示し、隠岐にもスギの天然林が存在したことを明らかにしている。

北陸地方はスギの王国だった

すでに福井県鳥浜貝塚の花粉分析の結果（図3‐14）（安田、一九七九a）で見たように、若狭湾沿岸には縄文時代草創期以来、スギ林が生育しており、弥生人もスギ林と深いかかわりの中で生活していた。弥生時代に入ると、スギ材の利用は全樹種の八〇％以上に達し（小島、二〇一六）、そこはスギの王国だった。

吉河遺跡は福井県敦賀市吉河の海抜一〇メートル前後の沖積低地に立地する弥生時代中期～後期の遺跡である。花粉分析の結果（安田、一九八六）（図3‐26）、スギは一〇～二〇％の出現率を示す。もちろんコナラ属アカガシ亜属、シイ属のほうが全体としては高い出現率を示すが、畿内に比べて、よりスギの多い環境であったことがわかる。おそらく集落の近辺には、カシ類・シイ類の照葉樹林に混じってスギが生育していたと思われる。

江上A遺跡は富山県中新川郡上市町の上市川の扇状地の海抜一五メートル前後に位置する。弥生時代後期を主とする遺物包含層から五六〇五点もの木器が出土した。木器には鋤・えぶり・臼・杵などの農具、斧柄・刀子柄・鳴子形木器などの工具、紡錘車・編枝・矢羽根形木器などの紡織具、鉢・高杯・槽・桶・杓子などの容器、弓などの狩猟具や漁撈具、はしご・柱根・板・杭・棒・栓などの土木・建築用材が含まれていた。

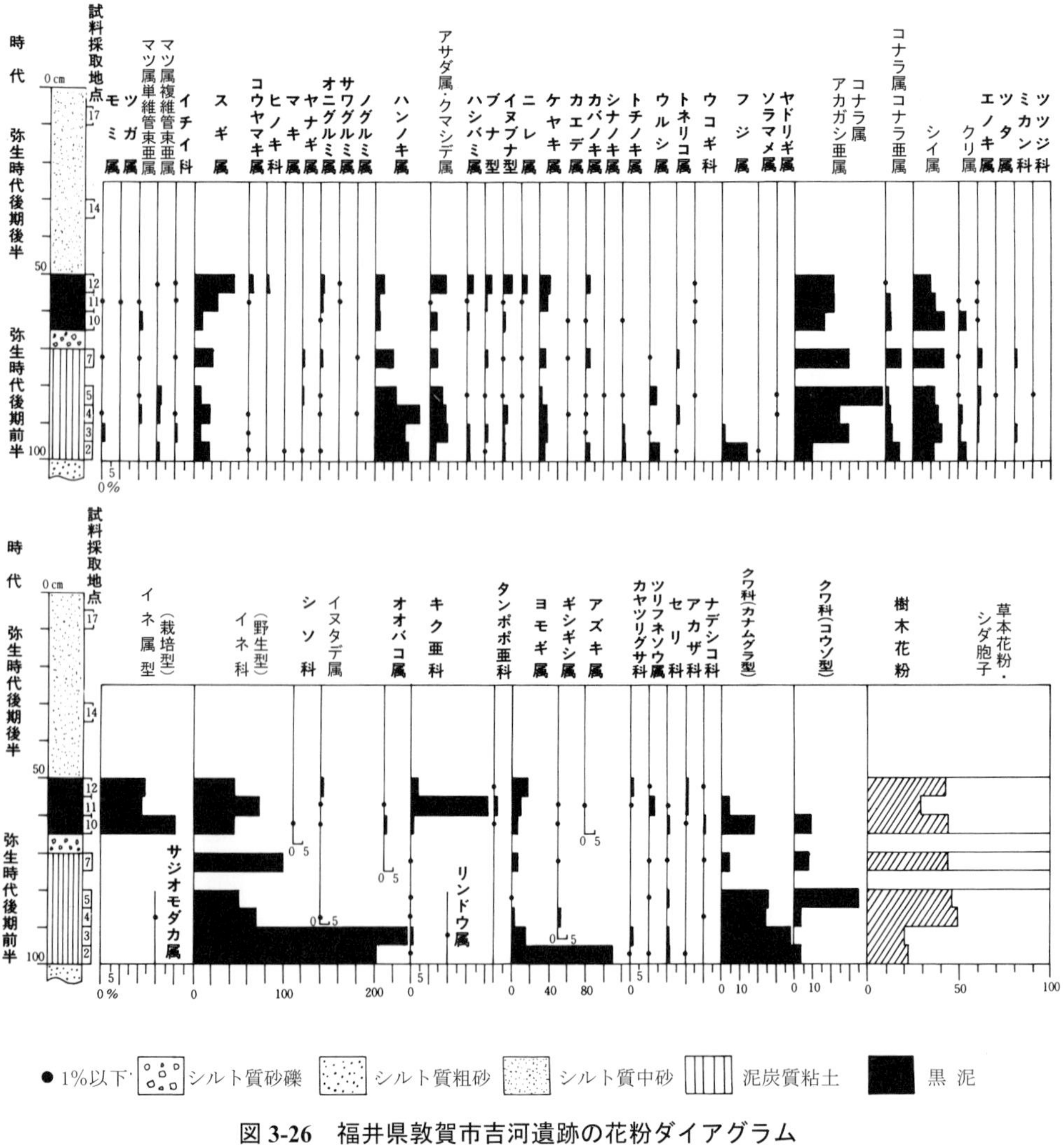

図 3-26　福井県敦賀市吉河遺跡の花粉ダイアグラム

出現率はハンノキ属を含む樹木花粉数を基数とする%.（安田，1986）

樹種分析（飯島・長谷川、一九八四）を実施した三〇〇点の内、スギでできているものは二〇三点で、約六八％を占めた。特に鳴子形木器・紡織具・鉢・槽・桶・楽器の琴柱などと、土木・建築用材としての板や栓・抗などは全てスギでつくられていた。

江上A遺跡の花粉分析の結果（安田、一九八四b）は、樹木花粉の中ではスギがもっとも高い出現率を示し、三〇～四〇％の高い出現率を示した。

このことは魚津埋没林に示されるように、弥生時代に富山湾沿岸の扇状地の沢すじや湧水地にはスギ林が生育し、これを弥生人が利用していたことを物語っている。

新潟県佐渡金井の国中平野に立地する弥生時代後期の千種遺跡（亘理・山内、一九五三）からは、大量のスギの木製品が出土している。スギは出土木材の九〇％以上を占める。新潟県佐渡両津市行谷の花粉分析結果（中村、一九八〇）は、森林破壊によってスギが消滅する以前には、スギの花粉が七〇％近い高い出現率を示し、国中平野にかつてスギの大森林が存在したことを物語っている。

稲とスギの国の原型は日本海側で誕生した。日本海側を北上した弥生人は、スギと深いかかわりの中で、スギの弥生文化を発展させた。

現在のスギの天然林の分布は、日本海側に片寄る（図3‐10）。太平洋側では四国の魚深瀬、紀伊半島大台ヶ原それに静岡県東部などに分布するにすぎない。この事情は花粉分析の結果から推定した弥生時代のスギ林の分布でも大きくは変わらなかった。北九州から瀬戸内海を経て、畿内から東海地方へ東上した弥生人は、静岡県東部に至るまで、スギの大森林に出会うことはなかった。一方、中国地方西部の山陰から若狭湾を経て北陸路を北上した弥生人は、当初からスギの森と出会う機会が多かった。そして割れやすいスギを板や建築材あるいは紡織具、矢板や杭などの土木用材として利用した。

もし大槻正男氏（大槻、一九六八）の言うように我が国が「稲と杉の国」であるとするならば、その原型は日本海側の山陰や北陸地方で誕生したということになる。

弥生人とスギ

弥生時代においては、スギを特別に求めて利用するということはなかった。静岡県東部の登呂遺跡や新潟県佐渡の千種遺跡の人々は、住んだ近くにたまたまスギが生えていて、そのスギを利用したにすぎなかった。

それらのスギは丸太のまま利用されてはいなかった。おそらく遠山富太郎氏（遠山、一九七六）が指摘しているように、丸太のままで利用するには、あまりにスギの木が大きすぎたのであろう。スギを利用するには、どうしても割る必要があった。

戦後日本の考古学の夜明けを象徴する弥生時代の登呂遺跡（図3‐24）がスギ林の多い地域に立地したため、弥生時代はスギの時代だというような誤解を生んだが、スギは大半の弥生人、とりわけ弥生文化の先進地域の人々にとっては、それほど身近な植物ではなかった。

こうしたスギの割れやすい性質をあらゆる方面に利用し、良質のスギ材を各地に求めるようになるのは、都市文明が成熟した歴史時代に入ってからである。

十　庶民の清潔な都市生活と豊かな食生活を保証したスギ

古代の宮殿・官衙の造営はスギとは無縁だった

藤原京や平城京などの宮殿の造営には、大量の良質の材木を必要とした。しかし、これらの主要な建築材はヒノキとコウヤマキであった（島地ほか、一九八〇）。藤原京や坂田寺などから出土した一四点の柱は五点がヒノキ、八点がコウヤマキ、一点がカシであった。木樋や井戸枠にもヒノキとコウヤマキが使用されていた。一方、平城京から出土した柱一五〇点のうち、ヒノキが九一点、コウヤマキが五七点、残りは二葉マツ類（マツ属複維管束亜属）とモミが各一点であった。スギは内裏の井戸枠に使用されていた一点のみであった。

スギの天然林の分布に近接した静岡県藤枝市にある八～九世紀の官衙御子ヶ谷遺跡から出土した柱九五点のうち、スギはわずか二点で、しかもそれは板塀の支柱にすぎなかった（島地ほか、一九八〇）。大半の柱はヒノキ材であった。ここではスギは板塀に使用されていた。

このように古代の宮殿の主要な建築用材としてはヒノキやコウヤマキが使用され、スギは井戸枠や板塀などの板材として使用されていたにすぎないことがわかる。

スギは井戸枠に使用された

長岡京址からは長岡京時代（七九三～七九四年）の井戸枠が出土した。すべてスギであった。この井戸枠から原材となったクレ（榑）の大きさが推定されている。これによるとクレの大きさは長さ三・七八メートル、幅一六・五センチ、厚さ九・三センチであると報告されている（岡田・原山、一九九〇）。このクレをスギの大木から斧やクサビそれに横挽ノコで造材し、山から運んできて、井戸枠にさらに分割したことを示している。長岡京の場合、一本のクレから厚さ一・五センチメートル前後の板を五～六枚割りだしている。

クレからは屋根板や壁下地の小割板がつくられた。建物の用材としてスギが多量に使用されたのは、宮殿などよりもむしろ庶民の町屋においてであった。

庶民の都市生活の向上とスギの多用

スギが建築材として普及するには、都市生活の充実、とりわけ都市庶民の生活の向上が重要な契機となっている。都市生活者のためにスギ林が破壊される事例は、滋賀県だいら池湿原（山口ほか、一九八九）から得られている。一三世紀頃より大規模なスギ林の破壊が引き起こされている。それ以前の層準ではスギの花粉の出現率は七〇％以上の高い出現率を示しており、周辺にはうっそうとしたスギ林が生育していたことがわかる。ところが一二〜一三世紀頃から減少を開始し、一七世紀には湿原周辺から消滅する。これは明らかに、京の都の建築材や土木用材としてスギが一二〜一三世紀以降伐採され、一七世紀の江戸時代の初めにはもう切り尽くされていたことを示している（Yasuda, 2001にFig.20として引用）。

伊豆手舟はスギでできていた

万葉集には「鳥総立て足柄山に船木伐り　樹に伐り行きつあたら船材を」とあり、足柄山周辺が船材の重要な産地であったことが記されている。さらに「吾背子を大和へ遣りて松し立す　足柄山の杉の木の間か」からは、足柄山にスギの木立が多かったことがうかがえる（川島、一九八九）。

すでに述べたように足柄山のある伊豆〜相模地域は、縄文時代以来スギの多産する地域であり、若狭湾沿岸とともに古くからスギの大森林が存在した。

富士山東麓、御殿場市大沼藍沢《あいざわ》湖成層の花粉分析の結果（宮地・鈴木、一九八六）は、二〇〇〇年前以降、スギ属が五〇％以上に達する高い出現率を示し、足柄山周辺に、スギの大森林が存在したことを実証している。ところが延暦～貞観年間（八〇〇～八六四年）の富士山の噴火によって堆積したとみなされるS-24J火山灰層を境として、その上位ではスギ属が急減する（図３－27）。このことは、足柄山周辺のスギ材が九世紀以降、富士山の噴火と人間の手によって急速に破壊されたことを示している。人間の森林破壊の背景には、足柄山周辺のスギが、船材として大量に伐採されたことが深くかかわっているとみなされる。

万葉集には「防人の堀江漕ぎ出る伊豆手舟　揖取る間なく　恋はしげけむ」とあり、足柄山につづく伊豆の山中の船材を使ってつくった手舟（丸木舟）が難波で使用されていたことを示している。手舟（丸木舟）の最古のものは、福井県若狭町の鳥浜貝塚のものである。縄文時代前期の鳥浜貝塚で発見されたスギの丸木舟は、歴史時代の古代になってからも手舟（丸木舟）として、広く使用されたことが指摘できるのである。

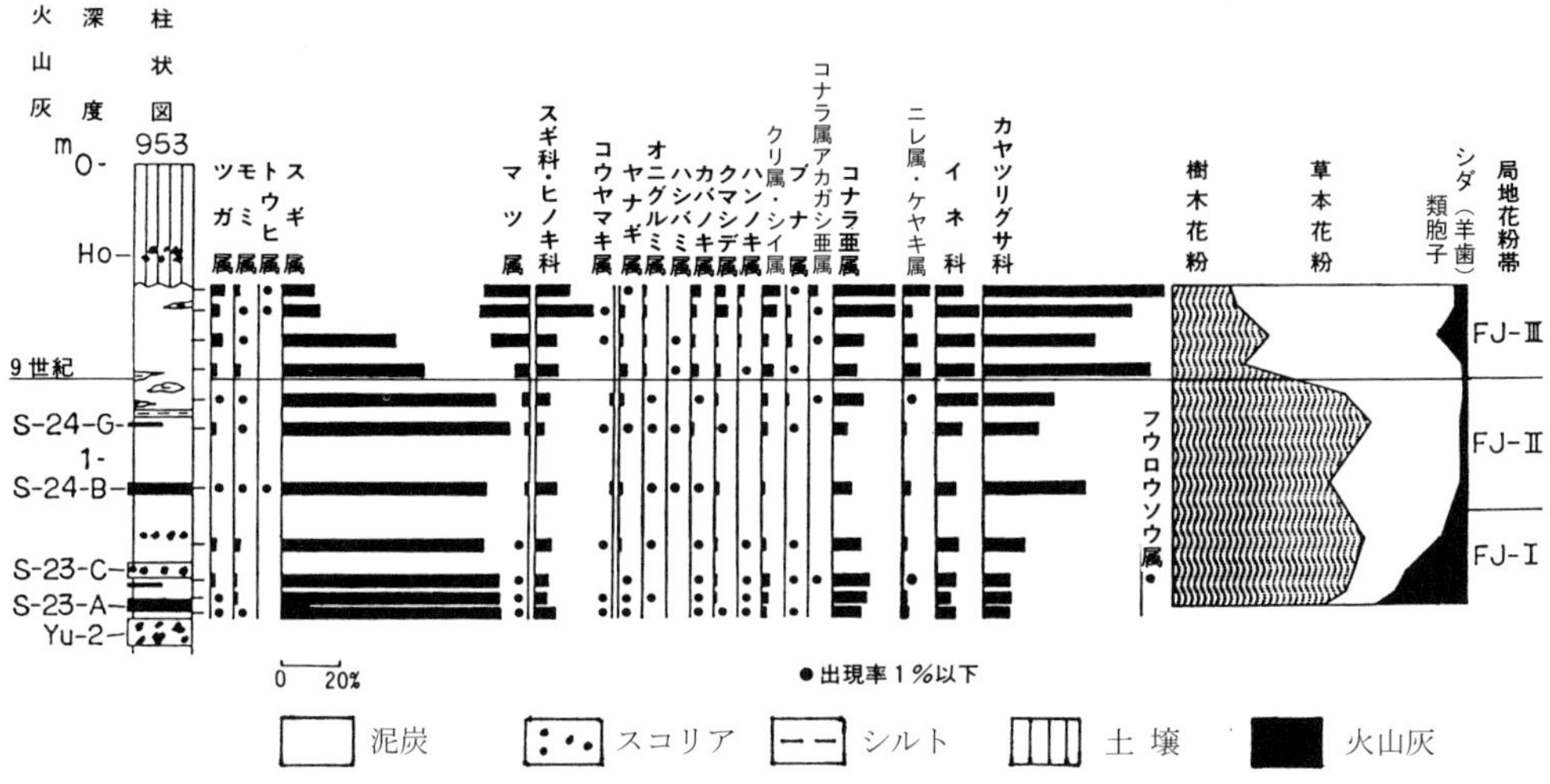

図 3-27　静岡県御殿場市大沼藍沢湖成層の花粉ダイアグラム

出現率はハンノキ属を含む樹木花粉数を基数とする％.（宮地・鈴木, 1986）

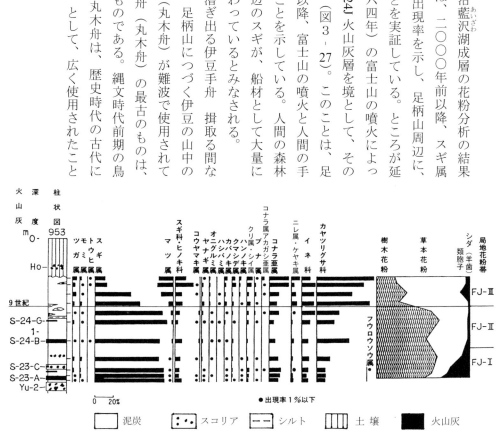

日本の内陸水運の重要な役割を担った高瀬舟などの川舟は、全てスギからつくられた。それらは、もとはスギのクリ舟（丸木舟）から出発し、底板に側板をつないで板張りの箱舟にしたものである。それには長い厚板がとれるスギが最も適していた。急流と浅瀬の多い日本の内陸河川を航行するには、底板の厚い舟が必要だった。そうした板張りの箱舟をつくるには、スギが最も適していたのである。そのクリ舟（丸木舟）や高瀬舟の源流は、縄文時代前期の鳥浜貝塚のスギの丸木舟にまでさかのぼるのである。

遠山富太郎氏（遠山、一九七六）が指摘するように、スギが日本列島になかったら、日本の舟の運命と内陸水運も大きく変わっていたにちがいない。

船の命運を分けたスギとレバノンスギ

スギが東アジアを代表するとすれば、西アジアを代表するスギはレバノンスギ（図3-28）である。しかし、レバノンスギはスギとは科・属も全く異なるマツ科ヒマラヤスギ属に属する針葉樹である。レバノンスギは、日本のスギとは花粉形態も全く相違している。

しかし、このレバノンスギも日本のスギと同様に、船材として多用された。アナトリア高原南部や地中海東岸のレバント地方の花粉分析の結果は、七五〇〇〜六三〇〇年前の気候最適期後期の温暖期には、レバノンスギの大森林が存在したことを明らかにしている（安田、一九八八b）。しかし、約五〇〇〇年前以降、レバノンスギは減少期に入る。これはレバノンスギに適さない気候・土壌条件の出現と、人口圧の増加・人間の森林破壊の結果である。

これに対し、日本のスギは約六三〇〇年前以降の気候の冷涼・湿潤化を契機として、繁栄期に入ることができた。レバノンスギが約五〇〇〇年前以降、消滅への道をたどったのに対し、スギは約六三〇〇年前以降繁栄期に入った。日本のスギは約二五〇〇年前に繁栄のピークに達し、その後もアカマツ林にとって代わられるまで繁栄した。このレバノンスギとスギの完新世の気候変動の中でたどった歴史の相違が、造船の技術の発達さらには建築様式の発達に深い影を落としている。

シリア北西部テル・マストゥーマ遺跡の花粉分析の結果（Yasuda, 1997）からは、約二〇〇〇年前にはすでに周辺の山地からは、レバノンスギの森が完全に姿を消していることが明らかとなった。すでにヘレニズム時代には、地中海沿岸のレバノンスギの木材資源は枯渇していた。このため大木を使用しなくてもよい構造船の建築が必要不可欠であった。

レバノンスギの木材資源が枯渇していた二〇〇〇年前、日本のスギは繁栄のピークに達していた。そして、人工造林によってスギの資源は枯渇することなく近代へと受け継がれた。この豊富な木材資源は、厚い板材の箱舟の築造を継続的に可能にした。

早くからレバノンスギの資源が枯渇した地中海沿岸では、構造船の建築が古くからはじまった。日本ではスギに恵まれ、構造船への移行が必要なかった。日本では、構造船築造の技術革新におくれをとった。スギの厚板を使用した和舟がいつまでも存続したのである。

図 3-28　レバノンスギ

マツ科の針葉樹で，スギ科のスギとはまったく違った別の樹種．レバノン，ブシェリ村．（撮影 安田喜憲）

スギの商品化

山林は本来、農民の入会地となっていた。しかし、都市生活者の増大と木材需要の増大の中で、在地領主による囲い込みがはじまる。とりわけスギやヒノキなどの良材を産する山林は、杣山《そまやま》として自由な伐採が禁止された。京都府山国林業（本吉、一九八三）も、平安京の造営以来、皇室御料の杣山として発展したものである。平安時代末期には、公家や社寺に供給した残りの材木を商人の手によって市場に売り出すこともはじまっていたらしい。

兵庫県川西市の多田神社文書には、貞治三（一三六四）年の裏書をもつ本田政所寺倉師秀の書状がある。その書状には、次のように書かれている。

> 駒塚山林事、為二大井柴料所一、自二往古一、至二于今一、無二相違一候也、もと多田院よりはやされ候ける事、元応元年六月五日政所之状分明候之上者、任二先例一、御はやし候て、大井料又本堂の瓦焼の用木にも被レ立候て、近年源祐二はやさせ候し山にて候也、恐々謹言。

この書状によれば、大井用や瓦を焼くための用材として、大井柴料所とされた駒塚山に、多田院（神社）によって、おそくとも元応元（一三一九）年以前から、樹木を「はやし」「はやさせ」ていたことが知られる。この「はやし」は村井康彦氏（村井、一九八七）が指摘するように、「植林」のこととみなしてよいであろう。

瀬戸内海沿岸は塩田や新田開発など、あるいは船材（特にクスは船材として多用された）のために、中世には森林がかなり荒廃しており、用材確保のために植林が早くから行われていた可能性が高い。

この多田神社文書の「はやし」が植林だとすれば、これまでのところ、おそらく世界でもっとも早い時期の植林関係の史料となろう。

すでに平安時代に根に窒素を固定する窒素固定菌が共生しているヤシャブシやハンノキを水田地帯に植えて土壌の肥沃化をはかったと思われる林田（安田、一九八九ｂ）が登場しているが、山地への植林も一四世紀初頭にははじまっていたとすると、日本人の森林資源の再生利用は、じつに六〇〇年以上の歴史を持つことになる。

中世から近世にかけて、ヨーロッパではヨーロッパブナやナラ類の平地林を破壊しつづけていた（安田、一九八八ｂ）。確かにヨーロッパでは、コピィス（Coppice）、ポラード（Pollard）、シュレディング（Shredding）とよばれる、ナラ類やシナノキ類の萌芽《ぼうが》再生を利用した森林の利用がすでに中世から行われていたが（Rackman, 1988）、植林を行ったという記録はないように思う。

日本人が古くからスギの植林を行ってきた例として、和歌山県新宮市浮島の森湿原（竹岡・高原、一九八三）の花粉分析結果をあげた。この花粉分析の結果は、地表下一九〇センチメートル前後にある資料番号97を境として、マツ属が急増し、シイ属とコウヤマキ属が減少する。お棺などに使用されたコウヤマキが伐採され、シイ林が破壊された後に、アカマツの二次林が拡大してきた。その直後にスギ属の花粉が急増してくるのである。これは明らかに人間がスギを植林しはじめたことを示している。そのスギの植林の開始の時代は、^{14}C年代測定値と堆積速度から、約一〇〇〇年前のこととみなされる。それは平安時代のおよそ一一世紀頃のことであろう。平安時代にハンノキを窒素固定のために水田の畔に植林した林田農業がはじまっていたことを考えれば、日本の植林は平安時代にまでさかのぼる可能性は十分にある。

もちろんこの多田神社文書にいう「はやし」が、ブナの「あがりこ」のように、萌芽再生を積極的に維持したり生長を促進する程度のものであった可能性を全く否定することはできない。特にその木が瓦焼きの燃料としても使用されていることを考えると、建築材のみを入手するためのスギやヒノキの植林ではなく、もう少し性格の異なったものであった可能性は残される。

ともあれ、日本人は森林資源の積極的な再生利用をすでに一四世紀の初頭から開始していたことは特筆すべきである。大量消費社会の中で熱帯林破壊の急先鋒に立ち、森林の再生利用を忘却してしまった現代人が、自らの祖先の歴史の中からいま学ぶべき、もっとも重要な事柄であろう。

室町時代に入ると、京都近郊だけでは建築用材が不足するようになり、遠く飛騨・美濃・四国などからも伐り出されるようになる。こうした都市生活者の増大にともない、スギの需要は増大し、商品化が推し進められた。

先の山国地方の場合は、豊臣秀吉が大坂城や伏見城を築造するにあたって、造営用材を山国地方の山林に求めたことが商品化の契機であったと指摘されている（本吉、一九八三）。輸送水路なども改修され流通機構が整備されて、木材商人が台頭してくる。

ノコギリの技術革新

スギが商品化される背景には、薄いスギ板をつくることができるノコギリの技術革新が必要であった。これまでのノコギリは、木目に直角に挽く横ノコであった。木の葉を細長くしたような形をしており、木葉型ノコとよばれた（豊田ほか、一九六五）。板材は、横挽ノコでスギの丸太を適当な長さに切り、それを斧やよきで割ったり、何本もの箭（楔）を打ち込んで割り、割ったあとの割り面を鉈や鉋カンナで平らにしていた。スギは割れやすくこうした手法で板材をつくるのにもっとも適していた。しかし、板材をつくることは容易ではなかった。

室町時代の一五世紀に大鋸《おが》とよばれる縦挽ノコが輸入された。しかし、それは二人挽きであった。この二人挽きは改良されて一人挽きの前挽ノコ、木挽ノコが出現する。この縦挽ノコの出現によって、滑らかな凹凸のない板材を得ることができた。同時に、これまで板材を得にくかった節の多い木や曲がった材木からも製材することができるようになった。このため安価な垂木や木舞などを提供できるようになり、これが京都など都市の住宅建設に画期的転換をもたらした。

コケラ葺きの普及

応仁の乱（一四六七～一四七七年）は、中世の中心的都市であった京都の町に壊滅的打撃を与えた。応仁の乱で焼失した京都の町が生き返り充実発展するに際して、スギ材の果たした役割はきわめて大きい。

約一五二五～一五三一年頃の京都の町並みを描いた町田家本「洛中洛外図屏風」（『洛中洛外図大観―町田家旧蔵本』一九八七年）には、二間四方ぐらいの平屋建ての町屋が中庭を囲って方形に描かれている。木葉形ノコをもった職人が屋根を葺く絵が描かれている。屋根は幅一〇センチ前後、厚さ一・五センチ前後、長さ五〇～六〇センチの細長い長板を垂木の上にならべ、その上を横木で押さえて石で重しをした板葺である。村井益男氏（村井、一九六五）はこうした町屋にバラック店舗という名を与えている。

こうしたバラック店舗の屋根を葺くことができる安価な長板の供給を可能にしたのは、縦挽ノコの出現であった。町田家本「洛中洛外図屏風」には、板を肩にかついだ材木売りが描かれ、となりの道路には牛車で板を運ぶ人が描かれている。しかし、板の幅や長さは不揃いである。

一六一六〜一六一七年頃の製作といわれる舟木家本「洛中洛外図屏風」(『洛中洛外図大観―舟木家旧蔵本』一九八七年)に描かれた町屋は、バラック店舗から低い二階建ての立派な町屋になっている。そして、屋根にはスギやサワラの厚さ一・五センチ前後の薄い柾目を、三〇センチ四方ぐらいに切って重ねたコケラ葺きが登場している。おそらくその背景には、遠山富太郎氏(遠山、一九七六)が指摘しているように、スギ材の不足など森林資源の枯渇と、それに対応した屋根職人の技術革新もあったのであろう。薄くて小さなコケラ板で屋根を葺くコケラ葺きが普及した。

二条堀川の通りには古くから材木屋(『洛中洛外図大観―町田家旧蔵本』一九八七年)があった。人の背丈の二倍(約三メートル)ほどの板材や角材が立てかけてある。町田家本「洛中洛外図屏風」に描かれた材木売りとは異なり、立派な店舗と規格化された材木が大量に売られている。都市の発達とともに材木屋が繁栄した有様を物語っている。

醸造業もスギなくしては発達しえなかった

舟木家本「洛中洛外図屏風」(『洛中洛外図大観―舟木家旧蔵本』一九八七年)の材木屋のある二条堀川にそって、桶作りの木工職人の店が描かれている。縦挽ノコの導入のあと、鉇カンナに代わって台カンナが輸入された(柚木・荒居、一九六五)。この台カンナの輸入によって、水のもれない大桶をつくることができるようになった。そしてその大桶には、スギの板材が使用された。スギの大桶ができたことによって、酒、味噌、醤油、漬物などの大量生産が可能となった。都市生活者が増大する中で、酒、味噌、醤油の需要が増大し、スギ板でつくった大型の仕込桶は、醸造業や漬物業にはなくてはならないものとなった。

醸造業が本格的に実施され、大量生産が可能となったのは一六世紀頃のこととされる（柚木・荒居、一九六五）。

これまで酒の醸造は主として壷が用いられていた。しかし、これではせいぜい二〜三石が限度だった。近世に入り都市産業として酒造業が確立するとともに、スギの大桶の需要が増大した。さらに酒造技術が改善され量産化が指向され、千石蔵が出現するようになると、三〇石入りの仕込桶も現れるようになった（柚木、一九八三）。酒の量産化のためには、酒造道具も大型にする必要があった。このため酒の産地では、仕込桶をつくるスギの原材料の入手が死活問題となった。

近畿地方の日本酒の桶には吉野杉が、瀬戸内海の安芸の日本酒は中国山地のスギが使用された。スギ林の存在が酒の産地の命運を握っていた。

天然更新から人工造林へ

都市生活者の増大の中で木材需要が増加すると、天然の用材林はしだいに減少していった。そこで幼齢木や下層木の伐採を禁止し、保護育成することで天然更新をはかることが行われはじめた。

しかし、天然更新では都市生活者の増大にともなう木材需要を十分にまかなうことができなくなった。とりわけスギの需要は高く、先の山国地方の奥山・三谷などではスギ材がしだいに減少していった。こうした中で、商品価値の高いスギを人工的に植林することがはじまる。とりわけ一七世紀に林野の所有権が延宝検地によって認められたことがはずみとなって、本格的なスギの造林がはじまったと指摘されている（本吉、一九八三）。当時のスギの植林は「植林」として文書に記載されている。京都府の山国地方の場合は、天明八（一七八八）年の京都大火による木材需要の増大を契機として、造林に一層の進展がみられたという（本吉、一九八三）。

都市生活を快適にしたスギ

スギ板による桶の出現は、味噌、醤油など都市生活の日用必需品の大量生産を可能にしたのみでなく、都市生活そのものの快適さにも大きく貢献した。

「はるか頭上で窓が開き、エディンバラのクロースツールが過去二四時間にためた糞尿を街路に放つ。（中略）こうして街路に下ろされた糞尿は、ひろい大通りや、深い井戸のような囲い地に置かれたまま。夜ともなればあたりは臭気ぷんぷん」（ローレンス・ライト、一九八九）。これは一八世紀初頭のイギリスのエディンバラの早朝の風景を描いたものである。

糞尿類を三階・四階の窓から路上に投げ捨てるのは、中世以来ヨーッパの都市が背負わなければならない宿命であった。一九世紀初頭に成立したイギリスの工業都市でも、労働者は上下水道もトイレも完備しない不衛生きわまりない生活環境で、過酷な労働を強いられていた（角山・川北、一九八二）。

ところが日本では、町屋は主として平屋で、しかも汲み取り式の便所をつくり、その糞尿は、近郊農村の農民が下肥として購入していった。そして都市の糞尿は農村に運ばれ野菜や穀物を生産し、再び都市に返る。こうしたきわめて衛生的な効率のよい都市と農村の循環システムを可能としたのも、スギの担桶であった。日本の近世の都市は、ヨーロッパのそれに比べてはるかに衛生的で快適であった。それを可能にしたのもスギだったのである。

日用品にもスギが多用された

スギの桶や樽は漬物を漬けたり、砂糖や塩を精製するために、あるいは葛粉や蠟を晒すためにもなくてはならない必需品だった（秋山ほか、一九七九）。板材を差し合わせてつくる箱類などの指物や、薄く剥いで曲げた曲げものの容器類に、スギは多用された。貯蔵用容器、食用具、農耕用具などスギはあらゆるところに使用されている（須藤、一九八四）。それらは庶民生活と深くかかわってきた。

江戸時代中期に外食産業の発達の中で登場した割り箸（本田、一九八四）もまた、スギ材が多用された。樽や桶材の余り木を利用して吉野杉の割り箸がつくられたのである。スギは日本人の庶民生活の中に深く浸透し、まさにスギの庶民文化をつくり上げたのである。近世以降の都市市民の生活は、スギなくしては成り立ち得なかったといっても過言ではない。

十一　スギのささやきを聞く

戦後のスギの一斉拡大造林

第二次世界大戦後、スギの一斉拡大造林がはじまった。広大な面積にスギの植林が行われた。日本人はヨーロッパの一斉拡大造林方式を採用し、大規模なスギの植林にのり出したのである。

一二世紀以降のヨーロッパ平原の大開墾の進展の中で、ヨーロッパブナやナラ類の落葉広葉樹の森が徹底的に破壊された。それから五〇〇年後の一七世紀には、イギリスやスイスの森の九〇%、ドイツの森の七〇%が破壊されていた。よくもここまで森を破壊し尽くしたものである。

ドイツのシュヴァルツヴァルトの森は黒い森として有名だが、中世にあった森は赤い森だった。秋になると真っ赤に紅葉するヨーロッパブナやナラ類の森だった。その赤い森が徹底的に破壊された後、一八世紀になってモミ類やトウヒ類の一年中落葉しない黒い針葉樹が植林された。

一斉拡大造林は森を再生させるのに有効な方法であった。モミ類やトウヒ類の森は黒い森として立派に再生された。森の消滅したヨーロッパの大地に、森はよみがえったのである。しかし、それは一年中落葉しない黒い森だった。こうしてヨーロッパ平原の森は、赤い森から黒い森に変わったのである。

ヨーロッパは森を破壊し尽くした大地に、黒い森を一斉拡大造林した。この一斉拡大造林の手法は、近代的林学の名のもとに日本に導入され、日本のスギの植林にも適用された。ところが日本人は、立派な天然のブナ林を伐採して、スギの一斉拡大造林を推し進めたのである。

それはひとえにスギがお金になるという考えから来たものだった。これに対してブナはお金にならない橅《ぶな》の木だった。ブナは木では無かったのである。

事実、第二次世界大戦後の山持ちは金持ちだった。第二次世界大戦後、農地解放で地主階級は没落したが、山林地主は没落しなかった。お金に目がくらんだ日本人は、金になると信じたスギの植林を天然のブナ林を破壊してまで断行したのである。

ヨーロッパでは森のない所に一斉拡大造林が実施された。日本では天然のブナ林を破壊してまで一斉拡大造林が断行された。いや、生きていかなくてはならないからお金がいる。祖先が命がけで守ってきた奥山のブナ林は伐採され、スギの植林地に変わった。こうして東北地方のブナ林は第二次世界大戦後、七〇%も破壊され、お金になると信じられたスギの人工林に変わってしまったのである。

だが一九六〇年代後半の高度経済成長期以降、安価な外材の輸入でスギの価値が下落した。スギでは金儲けができなくなった。樹齢一〇〇年のスギを伐採しても、伐採費用と運搬費用をさっぴくと赤字になった。かりに赤字を回避できたとしても、樹齢一〇〇年のスギの大木を伐採しても、山林地主の手元にはたった一〇円しか残らなかった。

「先祖がこんな山など残してくれたために、高い相続税を払わなければならない」という訴えを私は何度も聞いた。そして日本人はスギを忘れ、手入れのゆき届かないスギ林は荒れ放題になった。一万年以上にわたってくり広げられてきたスギと日本人のかかわりは、大きな転機に立たされることになった。

森の民日本人はおおきな失敗をした。その失敗は、森の民日本人が、お金に目がくらんだ時に引き起こされた。おまけに間伐されないスギ林では、青年のスギの木が、必死に生き残ろうと大量の花粉をまき散らす。多くの日本人がスギの花粉症に悩まされるようになった。スギは忘れ去られた存在どころか、「憎き敵」以外の何ものでもなくなった。

それを狙って外国資本がやって来た。二足三文の値打ちしかない広大な山林を買収する外国資本がやってきた。目の前に一億円を積まれたら、ただでさえ相続税をはじめ、山林の維持に日夜きゅうきゅうとしている山林地主の触手が動かないはずがない。

だが日本の山林の多くは水源涵養林の役割も果たしている。その山林が外国資本の手に渡ったら、日本人は首根っこを外国人につかまれたのと同じである。豊かな生物多様性に恵まれた日本の山林。それは外国人にとっては喉から手が出るほどに魅惑的な物件である。それが二足三文で今、売られている。お金さえ出せば、たとえ外国人であっても国土を買収し、所有できる制度が残っているのは、アジアにおいては日本くらいのものである。中国はもちろん国土は国家のものであり、中国人といえども土地を所有することはできない。韓国も外国人は韓国の土地を買収することはできない。

私たち（平野・安田、二〇一〇）はこうした、現状を打破すべく提案を行った。その結果、いくつかの県が条例を定め、水源涵養林の売買には規制を設けるようになった。

しかし林野の利用に関する土地制度は、いまだに明治以降ほとんど手が付けられていない。明治時代に作られた絵図に近いものが今も使用されている。林野と林野の境界は、石や小さな谷で区境されている。山に人々が入った時代はいざ知らず、山に人が行かなくなった今では、そんな境界はもうとっくに忘れ去られ、草木に埋もれている。日本の土地制度を抜本的に見直し、二一世紀の国土計画を根本的に練り直さなければならない時に来ている。

こうした林業の不振も、ＣＮＦ（セルロースナノファイバー）の普及などによって、近未来にはしだいに改善されるに違いないと私は思っている。なぜなら中国や韓国などアジア諸国でこれほど森の資源にめぐまれている所はないからである。日本が世界に誇れる資源は、この戦後に植林されたスギなのである。その付加価値を高め日本の林業の未来が開けることを願わずにはおれない。

本章は花粉分析という手法を使って、スギと日本人の歴史を考察した。人類も日本のスギも、約九〇万年前以降の地球の氷河時代の到来と間氷期のくり返す激動の時代を繁栄の足がかりとして、それをくぐりぬけ現代に至っていた。縄文時代以来、日本人はスギと深いかかわりあいの中で、特色ある日本文化を形成してきた。スギの歴史も日本人の歴史も、長い地球の歴史の一つの所産としてあることがはっきりしたと思う（図３‐29）。

私はこの頃、スギの木と話ができたらと思う。日本人は長い間スギの木と話をすることを忘れている。一万年以上にもわたって、長い間友達であったスギの木と語らうことを止めてしまった。スギの大木が見た一〇〇年前、いや一〇〇〇年前の村の様子や遠い祖先のことなど、聞くことができたらどんなにすばらしいことかと思う。人間の勝手な都合で大量に植林されたあと、必要でなくなるとさっさと放っておかれたスギの立場も考えてみる必要があるのではないだろうか。

スギの年輪の酸素同位体比や炭素同位体比の分析によって、数千年前の太陽活動や気候変動が解明できるようになった（安田、一九九〇c）。スギの大木にはまだまだ未知の情報がいっぱいつめこまれているのである。

人類が火星に到着するよりも、スギの木のささやきを聞くことの方が、現代の科学者にとっては、はるかに困難である。伊東俊太郎氏（伊東、一九九〇）が指摘しているように「冷徹な科学的、理性的分析の背後には、温かい根源的感情が流れていなければならない」と思うのである。我々がもっと

図 3-29　日本人はスギと密接にかかわってきた
富山県立山の立山スギの大木.（撮影 安田喜憲）

も怖れるべきは、「この根源的な生の感覚から遊離した科学的・理性的分析の一人歩きなのである」（伊東、一九九〇）。この現代科学と科学する者への問いかけなくして、この地球上に誕生した自然と人類が生き残れる道は見えてこない。

第三章の引用文献

・秋山高志ほか編『図録農民生活史事典』柏書房　一九七九年
・阿子島功・山野井徹「蔵王火山西麓の酢川泥流の発生年代・山形市小松原酢川泥流」東北地理　三七　一九八五年
・飯島泰男・長谷川益夫「木製品の樹種」『北陸自動車道遺跡調査報告―上市町木製品・総括編』上市町教育委員会　八九　一九八四年
・飯田祥子「八ヶ岳西麓における更新統上部の花粉分析・長野県茅野市南大潮中村泥炭層」第四紀研究　一二　一九七三年
・五十嵐八枝子・熊野純男「ホロカヤントウ層の花粉分析による分帯」北海道開拓記念館研究報告　一　一九七一年
・五十嵐八枝子・熊野純男「北海道における最終氷期の植生変遷・北海道札幌郡広島町広島砂礫層」第四紀研究　二〇　一九八一年
・石井次郎・五十嵐八枝子ほか「石狩湾大陸棚より採集した泥炭層について・北海道石狩湾大陸棚」地球科学　三五　一九八二年
・伊東俊太郎『比較文明と日本』中央公論社　一九九〇年
・今西錦司「屋久島の垂直分布」暖帯林　五　一九五〇年
・歌代勤編「野尻湖周辺の人類遺跡と古環境・長野県上水内郡野尻湖」地質学論集　一九　一九八〇年
・大井信夫・南木睦彦・能城修一「二万年前後の埋没林、兵庫県多紀郡西紀町板井・寺ヶ谷遺跡」日本第四紀学会講演要旨集　一五　一九八五年
・大江フサ・小坂利幸「北海道十勝国忠類村におけるナウマン象化石包合層の花粉分析」地質学雑誌　七八　一九七二年
・大槻正男『稲と杉の国』富民協会　一九六八年
・大西郁夫「日本海西部沿岸地域の更新世中期以降の植生変化・鳥取市口細見層」第四紀研究　二九　一九九〇年
・大西郁夫「山陰地方の第四紀中・後期の植物化石・岡山県真庭郡八束村花園泥炭層」島根大学文理学部紀要　七　一九七四年
・大西郁夫「日本海西部沿岸地域の更新世中期以降の植生変化」第四紀研究　二九　一九九〇年
・岡田文男・原山充志「井戸枠材を例とした古代の割板の原材復元」日本文化財学会第七回大会研究発表要旨集　一九九〇年
・小田一幸「安国寺遺跡から出土した建築部材の樹種識別」『安国寺遺跡』国東町教育委員会　一九八九年
・笠原安夫・藤沢浅「安国寺遺跡の植物種子の検出と同定」『安国寺遺跡』国東町教育委員会　一九八九年

・加藤晋平『日本人はどこから来たか』岩波新書　一九八八年
・金沢市教育委員会編『金沢市新保町チカモリ遺跡』金沢市教育委員会　一九八三年
・叶内敦子「福島県南部・矢の原湿原堆積物の花粉分析による最終氷期の植生変遷」第四紀研究　二七　一九八八年
・叶内敦子・田原 豊・中村 純・杉原重夫「静岡県伊東市一碧湖（沼地）におけるボーリング・コアの層序と花粉分析」第四紀研究　二八　一九八九年
・鴨井幸彦・斎藤道春・藤田美恵・小林巖雄「新潟県北部に産する最終氷期の植物遺体群集」第四紀研究　二七　一九八八年
・川島茂裕「足柄山の杉木と船」地方史研究　三九　一九八九年
・川村智子「東北地方における湿原堆積物の花粉分析的研究―とくにスギの分布について」第四紀研究　一八　一九七九年
・北村四郎「植物分布からみたヒマラヤ廻廊」植物分類地理　一九　一九六三年
・吉良竜夫・吉野みどり「日本産針葉樹の温度分布―中部地方以西について」森下正明・吉良竜夫編『自然―生態学的研究』中央公論社　一九六七年
・紀藤典夫「北海道南部における最終氷期以降の植生変化」安田喜憲・阿部千春編『津軽海峡圏の縄文文化』雄山閣　二〇一五年
・黒田登美雄・太田辰夫「福岡市天神地域の後期更新世―完新世堆積物の花粉分析学的研究、その1・福岡市天神町二丁目ボーリングコア」第四紀研究　一七　一九七八年
・小島秀彰「木材利用を中心とした低地縁辺居住民の活動」菊地徹夫『比較考古学の新地平』同成社　二〇一〇年
・小島秀彰『鳥浜貝塚　日本の遺跡51』同成社　二〇一六年
・後藤守一編『伊豆山木遺跡』築地書館　一九六二年
・粉川昭平「植物群の変遷」日本第四紀学会編『日本の第四紀研究』東京大学出版会　一九七七年
・四手井綱英『森林』法政大学出版局　一九八五年
・嶋倉巳三郎「木製品の樹種」鳥浜貝塚研究グループ編『鳥浜貝塚―縄文前期を主とする低湿地遺跡の調査』福井県教育委員会　一九七九年
・島地 謙・須藤彰司・原田 浩『木材の組織』森北出版　一九七六年
・島地 謙・伊東隆夫・林 昭三「古代における宮殿・官衛の使用樹種」『自然科学の手法による遺跡・古文化財等の研究―総括報告書』文部省科学研究費特定研究「古文化財」総括班　一九八〇年
・新東晃一「縄文土器―九州地方・南九州①②」、考古学ジャーナル　二九三・二九六　一九八八年
・杉山雄一・佃 栄吉・徳永重元「京都府丹後半島地域の更新世後期から完新世の堆積物とその花粉分析・京都府中郡峰山町矢田地区」地質調査所月報　三七　一九八六年
・須藤 護「日本の木器―木の道具学事始」朝日新聞社編『木の道具』朝日新聞社　一九八四年
・芹沢長介『最古の狩人たち』講談社　一九七四年
・相馬寛吉・辻 誠一郎「植物化石からみた日本の第四紀」第四紀研究　二六　一九八八年

・高原光・竹岡政治「裏日本におけるスギの天然分布に関する研究Ⅲ」日林論　一九八〇年
・高原光・竹岡政治「京都市八丁平湿原周辺における最終氷期最盛期以降の植生変遷」日本生態学会誌　三六　一九八六年
・高山俊昭・佐藤時幸ほか「微化石から見たアラビア海の堆積物」月刊海洋　二二　一九九〇年
・竹内貞子「花粉分析・山形市成安地点」『山形盆地地区地盤沈下調査報告（地形・地質編）』東北農政局　一九八二年
・竹内貞子「仙台市付近の低位段丘堆積物の花粉分析・仙台市上町段丘」『北村信教授記念地質学論文集』一九八六年
・竹岡政治「九州地方における天然スギの分布に関する研究Ⅲ」京都府立大学演習林報告　一六　一九七一年
・竹岡政治・高原光「和歌山県新宮市浮島の森湿原周辺における森林の変遷」九四回日林論　一九八三年
・塚田松雄『古生態学Ⅱ』共立出版　一九七四年
・塚田松雄「杉の歴史：過去一万五千年間」岩波科学　五〇　一九八〇年
・塚田松雄「第四紀後期の植生変遷史・長野県上水内郡野尻湖」宮脇昭編『日本植生誌—東北』至文堂　一九八七年
・辻誠一郎「山木遺跡における花粉分析的検討」『山木遺跡第四次調査報告書』韮山町教育委員会　一九七七年
・辻誠一郎「大磯丘陵の更新世吉沢層の植物化石群集Ⅰ」第四紀研究　一九　一九八〇年
・辻誠一郎「秋田県の低地における完新世後半の花粉群集」東北地理　三三　一九八一年
・辻誠一郎・宮地直道・吉川昌伸「北八甲田山における更新世末期以降の火山灰層序と植生変遷」第四紀研究　二一　一九八三年
・辻誠一郎・南木睦彦・鈴木三男「栃木県南部、二宮町における立川期の植物遺体群集」第四紀研究　二三　一九八四年
・角山榮・川北稔編『路地裏の大英帝国』平凡社　一九八二年
・天理大学附属天理参考館分室編『奈良盆地の古環境・奈良盆地泥炭層』埋蔵文化財天理教調査団　一九八四年
・遠山富太郎『杉のきた道』中公新書　一九七六年
・十勝団体研究会「ナウマン象化石第二次発掘調査研究報告」北海道開拓記念研究報告一　一九七一年
・鳥浜貝塚研究グループ『鳥浜貝塚—一九八四年度調査概報・研究の成果』福井県教育委員会　一九八五年
・豊田武ほか「中世の原始諸産業および手工業」、豊田武編『体系日本史叢書10 産業史1』山川出版社　一九六五年
・中村純・塚田松雄「北海道第四紀堆積物の花粉分析学的研究Ⅰ」高知大学学術研究報告　九　一九六〇年
・中村純「北海道第四紀堆積物の花粉分析学的研究Ⅴ」高知大学学術研究報告　一五　一九六八年
・中村純・畑中健一「板付遺跡の花粉分析学的研究」『板付』福岡市教育委員会　一九七六年
・中村純「花粉分析による稲作史の研究」『自然科学の手法による遺跡・古文化財等の研究―総括報告書』文部省科学研究費特定研究「古文化財」総括班　一九八〇年
・中村純「菜畑遺跡の花粉分析」『菜畑遺跡』唐津市教育委員会　一九八二年
・中村純「古代農耕とくに稲作の花粉分析学的研究」『古文化財に関する保存科学と人文・自然科学—総括報告書』文部省科学研究費特定研究「古文化財」総括班　一九八四年
・中山知子・宮城豊彦「閉鎖系堆積物からみた最終氷期中葉以降の環境変化と斜面発達過程」東北地理　三六　一九八四年

・新潟平野団体研究グループ「新潟県小千谷市周辺の第四系」新潟大学教育学部高田分校研究紀要　一七　一九七二年
・新妻信明「グリーンサハラの砂漠化とモンスーン」月刊海洋　二二　一九九〇年
・長谷義隆・畑中健一「南部九州後期新生代層の花粉層序学的研究」第四紀研究　二三　一九八四年
・長谷義隆・畑中健一「南部九州後期新生代層の花粉層序学的研究」第四紀研究　二三　一九八四年
・畑中健一・三好教夫「宇生賀盆地（山口県）における最終氷期最盛期以降の植生変遷」日本生態学会誌　三〇　一九八〇年
・畑中健一「山口県徳佐盆地の花粉分析」北九州大学教養部紀要　三　一九六七年
・埴原和郎『人類進化学入門』中公新書　一九七二年
・日比野紘一郎「世界谷地湿原の花粉分析的研究」宮城農業短大学術報告三二　一九八四年
・平野秀樹・安田喜憲『奪われる日本の森』新潮社　二〇一〇年
・藤　則雄『考古花粉学』雄山閣出版　一九八七年
・藤木利之・三好教夫・木村裕子『日本産花粉図鑑』北海道大学出版会　二〇一六年
・古谷正和「花粉化石調査」『関西国際空港地盤地質調査』災害科学研究所報告　一九八四年
・星野フサ・木村方一ほか「石狩平野南東部に分布する汐見層および下安平層の花粉学的研究」第四紀研究　二一　一九八二年
・星野フサ・伊藤浩司・矢野牧夫「北海道石狩低地帯における最終氷期の古環境」北海道開拓記念館研究年報　一三　一九八五年
・星野フサ・伊藤浩司・矢野牧夫「石狩低地帯における最終氷期前半期の古環境」北海道開拓記念館研究年報　一四　一九八六年
・星野フサ・松沢逸巳「マンモスゾウ生息時の古環境・北海道幌泉郡えりも岬マンモスゾウ産出地点」『松井愈教授記念論文集』一九八七年
・星野フサ・伊藤浩司・矢野牧夫「石狩低地帯における最終氷期前半期の古環境・北海道夕張郡栗山町南学田」北海道開拓記念館研究年報　一四　一九八六年
・堀田　満『植物の分布と分化』三省堂　一九七四年
・本田総一郎「箸と椀の話」朝日新聞社編『木の道具』朝日新聞社　一九八四年
・前田禎三「天然分布」『スギのすべて』全国林業改良普及協会　一九八三年
・前田保夫「六甲アイランドの最終氷期相当層の花粉分析・神戸市六甲アイランド」月刊地球　七　一九八五年
・前田保夫「最終氷期における兵庫県丹波地方の植生史」第四紀研究　二七　一九八九年
・町田　洋『火山灰は語る』蒼樹書房　一九七七年
・町田　洋・小島章一編『シリーズ日本の自然8　自然の猛威』岩波書店　一九八六年
・松下まり子「伊豆半島松崎低地の後氷期における植生変遷史」日本生態会誌　四〇　一九九〇年
・三木　茂『メタセコイア』日本礦物趣味の会　一九五三年

・湊正雄・秋山雅彦「木材化石のアセチルブロマイド処理による忠類の象化石の層位判定」北海道開拓記念館研究報告　一
　一九七一年
・嶺一三「江南の林業地を訪ね中国の杉を探る」随想森林　一九　一九八八年
・宮井嘉一郎「屋久島湿原の花粉分析」日本林学会誌　二〇　一九三七年
・宮地直道・鈴木茂「富士山東麓、大沼藍沢湖成層のテフラ層序と花粉分析」第四紀研究　二五　一九八六年
・宮脇昭編著『日本植生誌―屋久島』至文堂　一九八〇年
・三好敦夫「徳佐盆地（山口県）における後期更新世の花粉分析（予報）」第四紀研究　二八　一九八九年
・三好敦夫「花粉分析学的研究よりみた中国地方の洪積世後期以降の植生変遷」宮脇昭編『日本植生誌―中国』至文堂
　一九八三年
・三好教夫・新井靖子「淡路島・志知川沖田南遺跡の花粉分析学的研究」『淡路・志知川沖田南遺跡Ⅱ』兵庫県教育委員会
　一九八二年
・村井益男「転換期の都市生活」森末義彰・宝月圭吾・木村礎編『体系日本史叢書16 生活史Ⅱ』山川出版社　一九六五年
・村井康彦「序章」、猪名川町史編集専門委員会編『猪名川町史第一巻 猪名川町』一九八七年
・本吉瑠璃夫『先進林業地帯の史的研究―山国林業の発展過程』玉川大学出版部　一九八三年
・安田喜憲「上東遺跡の泥土の花粉分析（予報）」『山陽新幹線建設に伴う調査Ⅱ』岡山県教育委員会　一九七四年
・安田喜憲「弥生時代遺跡の花粉学的研究」立命館文学　三五八・三五九　一九七五年
・安田喜憲・河越通子「広島県吉和村における第四紀堆積物の花粉分析」地理科学　二四　一九七六年
・安田喜憲「里田原遺跡の古環境復元調査 第2報」『里田原遺跡』長崎県教育委員会　一九七八年
・安田喜憲「花粉分析」鳥浜貝塚研究グループ編『鳥浜貝塚―縄文前期を主とする低湿地遺跡の調査』福井県教育委員会
　一九七九a年
・安田喜憲「三重県津市納所遺跡の泥土の花粉分析的研究」『納所遺跡―その自然環境と自然遺物』三重県教育委員会
　一九七九b年
・安田喜憲「瓜生堂遺跡の泥土の花粉分析Ⅱ」大阪文化財センター編『瓜生堂遺跡』大阪府教育委員会　一九八〇a年
・安田喜憲「恩智遺跡周辺の古環境の復元」瓜生堂遺跡調査会編『恩智遺跡』東大阪市教育委員会　一九八〇b年
・安田喜憲『環境考古学事始』日本放送出版協会　一九八〇c年
・安田喜憲「鬼虎川遺跡の泥土花粉分析」国道三〇八号線関係遺跡調査会編『鬼虎川遺跡』東大阪市教育委員会　一九八一a年
・安田喜憲「八尾南遺跡の泥土の花粉分析」八尾南遺跡調査会編『八尾南遺跡』八尾市教育委員会　一九八一b年
・安田喜憲「福井県三方湖の泥土の花粉分析的研究」第四紀研究　二一　一九八二a年
・安田喜憲「花粉分析から見た富山湾沿岸の縄文前期の遺跡―ナラ林文化と環日本海文化圏」『小泉遺跡』大門町教育委員
　会　一九八二b年
・安田喜憲「坂出市塩浜遺跡の泥土の花粉分析」『瀬戸大橋建設に伴う埋蔵文化財調査概報Ⅴ』香川県教育委員会　一九八二c年

・安田喜憲「多聞寺前遺跡の泥土の花粉分析・東京都東久留米市南沢・多聞寺前遺跡」、戸田充則ほか編『多聞寺前遺跡Ⅱ』
多聞寺前遺跡調査会　一九八三a年
・安田喜憲「若江北遺跡Aトレンチ北壁の花粉分析」大阪文化財センター編『若江北』大阪府教育委員会　一九八三b年
・安田喜憲「静岡県有東遺跡の泥土の花粉分析」『有東遺跡Ⅰ』静岡県教育委員会　一九八三c年
・安田喜憲「島遺跡の花粉分析」『鳥取県北条町埋蔵文化財報告書2』北条町教育委員会　一九八三d年
・安田喜憲「浜松市国鉄遺跡の泥土の花粉分析」『国鉄浜松工場内遺跡第Ⅶ次発掘調査報』浜松市遺跡調査会　一九八三e年
・安田喜憲「環日本海文化の変遷―花粉分析学の視点から」国立民族学博物館研究報告　九　一九八四a年
・安田喜憲「江上遺跡群の泥土の花粉分析」『北陸自動車道遺跡調査報告―上市町木製品・総括編』上市町教育委員会
一九八四b年
・安田喜憲「最終氷期の気候変動と日本旧石器時代―花粉分析からみた」地学雑誌　九四　一九八五年
・安田喜憲「吉河遺跡の花粉分析」『吉河遺跡発掘調査概報』福井県教育庁埋蔵文化財調査センター　一九八六年
・安田喜憲「城山遺跡の花粉分析・大阪市平野区城山遺跡」大阪文化財センター編『城山その3』大阪府教育委員会
一九八七a年
・安田喜憲『世界史のなかの縄文文化』雄山閣出版　一九八七b年
・安田喜憲「考古・歴史時代の気候影響・利用」気象研究ノート　一六二　一九八八a年
・安田喜憲『森林の荒廃と文明の盛衰』思索社　一九八八b年
・安田喜憲「安国寺遺跡の泥土の花粉分析」、『安国寺遺跡』国東町教育委員会　一九八九a年
・安田喜憲『文明は緑を食べる』読売科学選書　一九八九b年
・安田喜憲「ヒマラヤの成立とモンスーンの起源」月刊海洋　二二、　一九九〇a年
・安田喜憲「日本民族と自然環境」、埴原和郎編『日本人新起源論』角川選書　一九九〇b年
・安田喜憲『気候と文明の盛衰』朝倉書店　一九九〇c年
・安田喜憲『人類破滅の選択』学習研究社　一九九〇d年
・安田喜憲「静岡県川合遺跡の泥土の花粉分析」『静岡県埋蔵文化財調査研究所調査報告　川合遺跡』二五　一九九〇e年
・安田喜憲『東西文明の風土』朝倉書店　一九九九年
・安田喜憲『稲作漁撈文明』雄山閣　二〇〇九年
・安田喜憲・山田治「亀山遺跡の古環境復元」広島県埋蔵文化財センター編『亀山遺跡』広島県教育委員会　一九八六年
・安田喜憲・笠原安夫・山田治「大宮遺跡の古環境復元調査」、『大宮遺跡発掘調査報告書 兼代地区Ⅱ』広島県埋蔵文化財
調査センター　一九八六年
・安成哲三「ヒマラヤ造山とモンスーンのその成立をめぐる諸問題」月刊地球　九　一九八七年
・山口浩司・高原光・竹岡政治「約一〇〇〇〇年前以降の琵琶湖北西部低山地における森林変遷」京都府大演習林報　三三
一九八九年

- 山野井 徹「山形盆地の形成とその自然環境の変遷」山辺敏之編『東北地方における盆地の自然環境論的研究』山形大学特定研究経費成果報告書　一九八六年
- 山内 文「有東遺跡出土の木質遺物について」『有東遺跡Ⅰ』静岡県教育委員会　一九八三年
- 柚木学・荒居英次「醸造業」児玉幸多編『体系日本史叢書11 産業史Ⅱ』山川出版社　一九六五年
- 柚木学「酒造」油井宏子「醤油」甘粕 健ほか編『講座・日本技術の社会史第一巻 農業・農産加工』日本評論社　一九八三年
- 吉田充夫「ヒマラヤ山間盆地の環境変遷」月刊地球　九　一九八七年
- 『洛中洛外図大観―舟木家旧蔵本』小学館　一九八七年
- 『洛中洛外図大観―町田家旧蔵本』小学館　一九八七年
- ローレンス・ライト（高島平吾訳）『風呂トイレ讃歌』晶文社　一九八九年
- 亘理俊次・山内 文「千種出土の樹種」『千種』新潟県教育委員会　一九五三年
- 亘理俊次・山内 文「木材」日本考古学協会編『登呂』毎日新聞社　一九五四年
- Emiliani, C.: Quaternary paleotemperatures and the duration of the high-temperature intervals. *Science*, 178, 398-400, 1972.
- Fuji, N. : Pollen analysis. in Horie, S.(ed.), *Lake Biwa*, Junk Publishers, 497-529, 1984.
- Gowlett, J. : Mental abilities of early man: A look at some hard evidence. in Foley R. (ed.) : *Hominid evolution and community ecology*. Academic Press, 167-192, 1984.
- Gregor, H. J.: Contributions to the late Neogene and early Quaternary floral history of the Mediterranean. *Review Palaeobotany Palynology*, 62, 309-338, 1990.
- Hatanaka, K. : Palynological studies on the vegetational succession since the Würm glacial age in Kyushu and adjacent areas, *Jour. Fac. Literature, Kitakyushu Univ. (Seies B)*, 18, 29-71, 1985.
- Ichihara, M. : Some problems of the Quaternary sedimentaries in the Osaka and Akashi areas, Japan. *Jour. Inst. Polytech, Osaka City Univ. Ser.G.*, 5, 15-30, 1960.
- Igarashi, Y. : Palynological study of subsurface geology of coastal plain along the Ishikari Bay, Hokkaido, Japan. *The Quaternary Reseach (Daiyonki-Kenkyu)*, 14, 33-53, 1975.
- Liu, Ze Chun : Sequence of sediment; at locality 1 in Zhoukoudian and correlation with loess stratigraphy in northern China and with the chronology of deep-sea cores. *Quaternary Research*, 23, 139-153, 1985.
- Machida, Y.: The significance of explosive volcanism in the prehistory of Japan. *Geological Survey of Japan Report*, 263, 301-313, 1984.
- Matsushita, M. : Holocene vegetation history around lake Hamana on the Pacific coast of Central Japan. *The Quaternary Reseach (Daiyonki-Kenkyu)*, 26, 393-399, 1988.
- Matsuura, H. : A chronological farming for the Sangiran hominids; Fundamental study by the fluorine dating method. *Bull. National Science Museum, Tokyo, Series D (Anthropology)*, 8, 1-53, 1982.
- Miyoshi, N. and Yano, N. : Late Pleistocene and Holocene vegetational history of the Ohnuma moor in the Chugoku mountains,

western Japan. *Palaeobotany and Palynology*, 46, 355-376, 1986.
- Momohara, A., *et al*.: Early Pleistocene plant biostratigraphy of the Shobudani formation, southwest Japan, with reference to extinction of plants. *The Quaternary Reseach (Daiyonki-Kenkyu)*, 29, 1-15, 1990.
- Nakagawa, T., Kitagawa, H., Yasuda, Y., Pavel E. Tarasov, K. Nishida, Gotanda, K., Sawai, Y. and Yangtze River Civilization Program Members: Asychronous Climatic chages in the North Atlantic and Japan during the Termination. *Sciences*, 229, 688-691, 2003.
- Nilsson, T. : *The Pleistocene*. D, Reidel Publishing Company, 1983.
- Pope, G. : The antiquity and paleoenvironment of the Asian Hominidae. in Whyte, R. 0. (ed.) : *The evolution of the east Asian environment, vol.2*. Center of Asian Studies, Univ. Hong Kong, 822-847, 1984.
- Rackhman, 0. : Trees and woodland in a crowded landscape -The cultural landscape of the British Isles. in Birks, H. *et al*. (eds.): *The Cultural landscape -Past, Present and Future-*. Cambridge University Press, 53-77, 1988.
- Sakaguchi. Y. : Climatic changes in central Japan since 38, 400 yBP. *Bull. Dept. Geogr. Univ. Tokyo*, 10, 1-10, 1978.
- Sakai, J. : Late Pleistocene climatic changes in central Japan. *Jour. Facul. Sci., Shinshu Univ*., 16, 1-64, 1981.
- Shutler, R. : The emergence of *Homo sapiens* in southeast Asia, and other aspects of Hominid evolution in east Asia. in Whyte, R. 0. (ed.) : *The evolution of the east Asian environment, vol.2*, Center of Asian Studies, Univ. Hong Kong, 818-821, 1984.
- Sohma, K. : Two late-Quaternary pollen diagrams from northeast Japan. *The Sci. Rep. Tohohu Univ., 4th series (Biology)*, 38, 351-369, 1984.
- Stringer, C.: Human evolution and biological adaptation in the Pleistocene. in Foley, R. (ed.): *Hominid evolution and Community ecology*. Academic Press, 55-83, 1984.
- Tai. A.: A study on the pollen stratigraphy of the Osaka Group. Plio-Pleistocene deposits in the Osaka Basin. *Mem. Fac. Sci. Kyoto Univ., Geol., Mineral*, 39, 123-165, 1973.
- Takeuchi, S. : The latest glacial and Holocene vegetational history of the lower Ota river basin, Fukushima Prefecture, Japan. *Saito Ho-on Kai Museum National History Research Bulletin*., 50, 23-26, 1982.
- Takeuchi, S.: The climatic change during the last interglaciation in northeast Honshu, Japan. *Saito Ho-on Kai Museum Reserch Bulletin*, 53, 13-19, 1985.
- Takeuchi, S. and Ozaki, H.: Pollen analysis of the Hanaizumi formation Iwate Prefecture, northeast Japan. *Saito Ho-on Kai Museum Reseach, Bulletin*, 55, 13-20, 1987.
- Tsuji, S., Minaki, M., and Osawa, S. : Paleobotany and Paleoenvironment of the late Pleistocene in the Sagami region, central Japan. *The Quaternary Reseach (Daiyonki-Kenkyu)*, 22, 279-296, 1984.
- Tsukada, M.: *Cryptomeria japonica*; glacial refugia and lateglacial and postglacial migration. *Ecology*, 63, 1091-1105, 1982.
- Tsumura Y. *et al*.: Genetic differentiation and evolutionary adaptation in *Cryptomeria japonica. G3 Genes/Genomos/Genetics*, 4,

2389-2402, 2014.
- Turner, A. : Hominids and fellow travellers: Human migration and high latitudes as part of a large mammal community. in Foley, R. (ed.): *Hominid evolution and community ecology*. Academic Press, 193-217, 1984.
- Uchiyama, K. *et al*.: Population genetic structure and the effect of historical human activity on the genetic variability of *Cryptomeria japonica* core collection, in Japan. *Tree Genetics & Genomes*,10, 1257-1270, 2014.
- Wu, R. and Wu, X.: Hominid fossils from China and their relation to those of neighbouring regions. in Whyte, R. 0. (ed.) : *The evolution of the east Asian environment, vol.2*, Center of Asian Studies, Univ. Hong Kong, 787-795, 1984.
- Yasuda, Y. : Prehistoric environment in Japan. *Sci. Rep. Tohoku Univ., 7th Series (Geography)*, 28, 117-281, 1978.
- Yasuda, Y., Amano, K., and Yamanoi, T.: Late Pleistocene climatic changes as deduced from a pollen analysis of ODP site 717 cores. *Proc. Ocean Drilling Program*, 116, 249-257, 1990.
- Yasuda, Y., Niitsuma, N., and Hayashida, A. : A hypothesis on the origin of the monsoon cycle: As deduced from a pollen analysis of ODP site 720 cores. *Proc. Ocean Drilling Program*, 117, 283-290, 1991a.
- Yasuda, Y. : Influences of the vast eruption of Kikai caldera volcano in the Holocene vegetational history of Yakushima, southern Kyushu, Japan. *Japan Review*, 2, 145-160, 1991b.
- Yasuda, Y.: The rise and fall of olive cultivation in Northwestern Syria: Palaeoecological study of Tell Mastuma. *Japan Review*, 8, 143-165, 1997.
- Yasuda, Y.: Comparative study of the myths and history of a Cedar forest each in East and West Asia. in Yasuda, Y. (ed.) : *Forest and Civilisations*. 13-40, Lustre Press and Roli Books, Delhi, 13-40, 2001.
- Yasuda, Y. : Origins of Pottery and Agriculture in East Asia. in Yasuda, Y.(ed.) *The Origins of Pottery and Agriculture*. Lustre Press and Roli Books, Delhi, 119-142, 2002.
- Yasuda, Y. *et al*.,:Vegetational history for the last 150,000 years in lake Mikata, Central Japan. in Wang,W. *et al*.(eds): *Abstract, 10 International Palynological Congress*, Nanging, 84-85, 2000.
- Yasuda, Y., Yamaguchi. K., Nakagawa, T., Fukusawa, H., Kitagawa, J., and Okamura, M. : Environmental variability and human adaptation during the Lategracial/Holocene transition in Japan with reference to pollen analysis of the SG4 core from Lake Suigetsu. *Querternary International,* 123-125, 11-19, 2004.
- Yasuda, Y. : Climate change and the origin and development of rice cultivation in the Yangze River basin, China. *AMBIO,* 14, 502-506, 2008.

第四章

ブナの森と日本文明の原点

青森県八甲田山蔦温泉のブナ林
（撮影 安田喜憲）

一　畑作牧畜文明と稲作漁撈文明

東進文明と西進文明

西アジアのチグリス・ユーフラテス川をとり囲む丘陵地帯に源を発する畑作牧畜文明の伝統は、その後、ギリシャ・ローマの地中海文明に受け継がれ、中世以降、アルプス以北のゲルマンの住む北西ヨーロッパへと西進した。一七世紀の小氷期の気候悪化で食いはぐれた北西ヨーロッパの人々は、大挙して新大陸アメリカに移住した。プリマスに上陸して以降、西部開拓が進展する中で、アングロサクソン人の畑作牧畜文明は西へ西へと西進した。

この西へ西へと西進した文明は資本主義社会を創造した。だがこの畑作牧畜文明の系譜の下に誕生した資本主義は、豊かな未開の大地をかかえる発展途上国の存在が必要だった。中心としての先進国と周辺としての発展途上国の存在があって、はじめて資本主義は安い労働力を確保し、市場を確保し、大量生産大量消費に適合した社会を健全に運営できるものだった（水野、二〇一四）。

この自然の資源を一方的に搾取する資本主義社会は、未開野蛮の開拓可能性を秘めた原野が存在して、はじめて存続可能な経済システムだった。新大陸アメリカや南太平洋のオーストラリア・ニュージーランド、さらにはアフリカや東南アジアは、そうした資本主義社会の周辺に位置づけられ、収奪・搾取されていった。そして資本主義社会が発展し、周辺だった新大陸アメリカには、アメリカ合衆国という資本主義社会をリードする超大国まで誕生した。

しかしもうこの地球上には、残された未開野蛮の開拓可能性を秘めた大地はなくなった。

一方、中国長江流域に発する稲作漁撈文明の系譜（安田、二〇〇九ａ）は、中国沿岸部を北上したり、朝鮮半島を経由したり、東シナ海を直接渡って日本列島へと東北進し、東南アジアへと東南進した（図４‐１）。この稲作漁撈民の文明は東へ東へと伝播した。それとよく似た世界観を持った人々は、太平洋の反対側の南北アメリカ大陸の先住民だった。ネイティヴ・アメリカンやインディヘナの人々が創造したマヤ文明やアンデス文明・インカ文明がそれだった。その世界観は、縄文とその延長線上に発展する稲作漁撈文明と共通していた。また南太平洋の島々を東進してイースター島に到達したのも、ポリネシア系の人々だった。私（安田、二〇〇二、〇八b、一五a）はそれを環太平洋文明、環太平洋生命文明（図４‐１）とよんだ。アングロサクソン人やスペイン人、ポルトガル人が侵入する以前のアメリカ大陸には、縄文や稲作漁撈文明ときわめてよく似た文明が存在したのである。

　この稲作漁撈文明は限られた大地の資源を循環的に使うことによって、持続可能な社会を構築することを目指した。特に稲作漁撈民が重視したのは水源林と命の水の循環的利用だった。そのために稲作漁撈民は山を崇拝した。稲作漁撈民にとって山は天と地を繋ぐ磐の懸け橋だった。山を崇拝し、自然を一方的に収奪するのではなく、命の水の循環系を

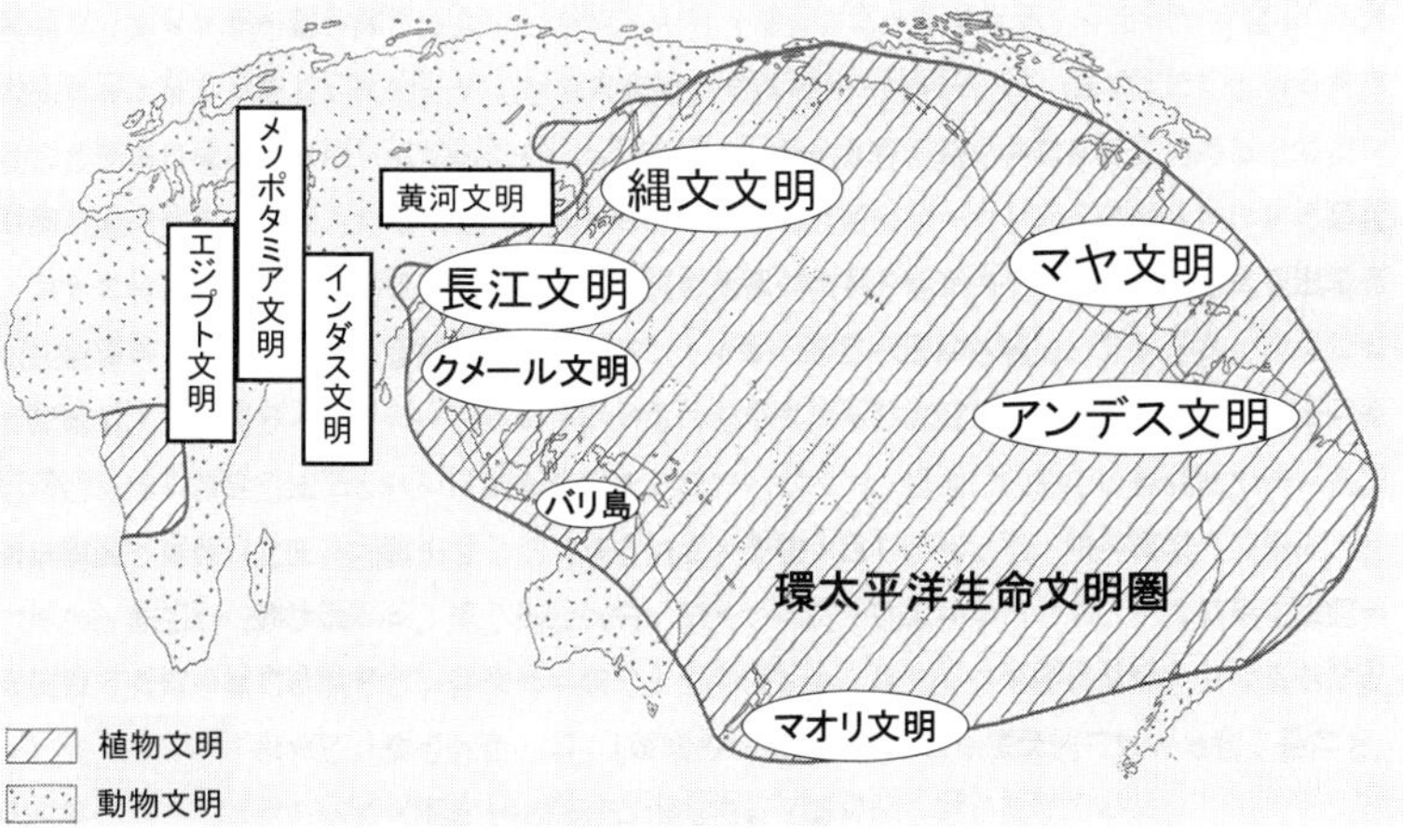

図 4-1　環太平洋生命文明圏（安田，2002）

大切にする稲作漁撈民は、金融資本主義の跋扈する市場原理主義と闘っていると私（安田、二〇〇九b）は書いた。

こうした世界の文明史の構造の大枠を、西進文明と東進文明の系譜の中で最初に論じたのは、上山春平氏（上山、一九六三）である。人類文明史の構造の大枠を、西進文明と東進文明の二系列にわける視点は、K・マルクスにも、O・シュペングラーやA・トインビーにもなかった。

その背景には、一九五〇年代に芽生えた新しい歴史観がある。

それは、梅棹忠夫氏（梅棹、一九五七）の「生態史観」である。理論モデルとしての生態学の理論をあてはめ、比較によって歴史の平行進化をみつけだそうとするこの方法は、ユーラシア大陸の生態史的位置づけを明らかにし、東端と西端に位置する日本と北西ヨーロッパの文明の発展段階における類似性を明らかにした。明治以降、西洋文明にあこがれと劣等感をいだき、第二次世界大戦の敗戦でよりいっそう自信を喪失していた日本人にとって、それは夢想だにしなかったことである。ヨーロッパの農奴制や原始共産制を、日本の歴史にあてはめることにやっきとなっていた当時のマルクス史観隆盛の中で、この生態史観は高度経済成長期以前の日本人が思いもよらなかった、今日の日本の国際的地位をみごとに予言していた。それは、西洋中心史観に大きな変更をせまった。

しかし、この梅棹氏においても、南北アメリカ大陸を視野に入れることはできなかった。梅棹氏の視野はユーラシア大陸が精一杯であり、南北アメリカ大陸、ましてや環太平洋地域を自らの文明史観の中に取り入れることはできなかった。それは梅棹氏の生きられた第二次世界大戦後の日本の置かれた国際的地位をみれば、いたし方のないことである。梅棹氏のフィールドはユーラシア大陸に限られていた。

環太平洋文明の存在が注目されはじめたのは二〇世紀末から二一世紀になってからである。川勝平太氏（川勝、一九九七）は環太平洋文明が二一世紀には注目されるであろうと指摘し、私（安田、二〇〇二）はペルーでのフィールドワークの体験から環太平洋文明の存在を確信し、その文明の範囲を図示した（図4‐1）。そして安田（二〇〇八b、一五a）で環太平洋生命文明の実態を明らかにした。

ユーラシア大陸のゆきどまりの文明

西アジアに発した畑作牧畜文明の系譜は北西ヨーロッパにまで西進した。しかし、もうその先は大西洋である。同じく中国長江流域に発する稲作漁撈文明は日本列島までゆきつく。東南アジアに進出した稲作漁撈文明は、マレーシア半島からジャワ島そしてバリ島にまでたどり着く。しかしその先はやはり太平洋である。

この東進・西進した文明の歴史の舞台を、中尾佐助氏（中尾、一九七八）は照葉樹林文化と硬葉樹林文化としてとらえ、稲作漁撈文明が拡大した東アジアから東南アジアにかけての地域を「納豆の大三角形」と呼んだ（中尾、一九八三）。

私（安田、一九八三a）は、北村四郎氏（北村、一九五七）のヒマラヤ回廊の提唱にもとづき、この東進・西進した文明のたどった道を、二つの文明回廊として位置づけた。文明が森を求めて東進・西進した二つの文明回廊を代表するのは、ブナ科（Fagaceae）を中心とする温帯の広葉樹の森だった。森の豊かな地域とは、自然の浄化能力、回復力、治癒力といった自然のポテンシャリティー（潜在能力）の高い所でもある。ユーラシア大陸の文明は、自然のポテンシャリティーの高い所、高い所へと、森を求めて東進・西進してきたのである。

川勝平太氏（川勝、一九九七）は東進した稲作漁撈文明の範囲を「豊穣の三日月地帯」と呼んだ。

これは卓見だった。私（安田、二〇〇九ａ）はユーラシア大陸を東進・西進した文明の系譜を、「稲作漁撈文明」と「畑作牧畜文明」の、二つの文明の系譜の中で把握することの重要性を指摘した。稲作漁撈文明の発祥地を核とする「東亜稲作半月弧」と畑作牧畜文明の発祥地を核とする「西亜麦作半月弧」を設定した（安田、一九九九）。

そして、私（安田、二〇〇八ａ）は、中尾佐助氏の「納豆の大三角形」に対応するものとして、稲作漁撈文明が伝播した範囲に「東アジアの大三角形地帯」（安田、二〇〇八ａ）を設定した。それは女性の三角形でもあった。すなわち女性中心社会の存在を物語るものであった（図４‐２）。

森を求めて東進・西進した農耕文明

ユーラシア大陸を東進・西進した文明の発祥地において、森林が広範囲に破壊されるようになった時代を、主として花粉分析の結果から見てみると、広範な森林破壊の開始は人類の農耕活動と密接に

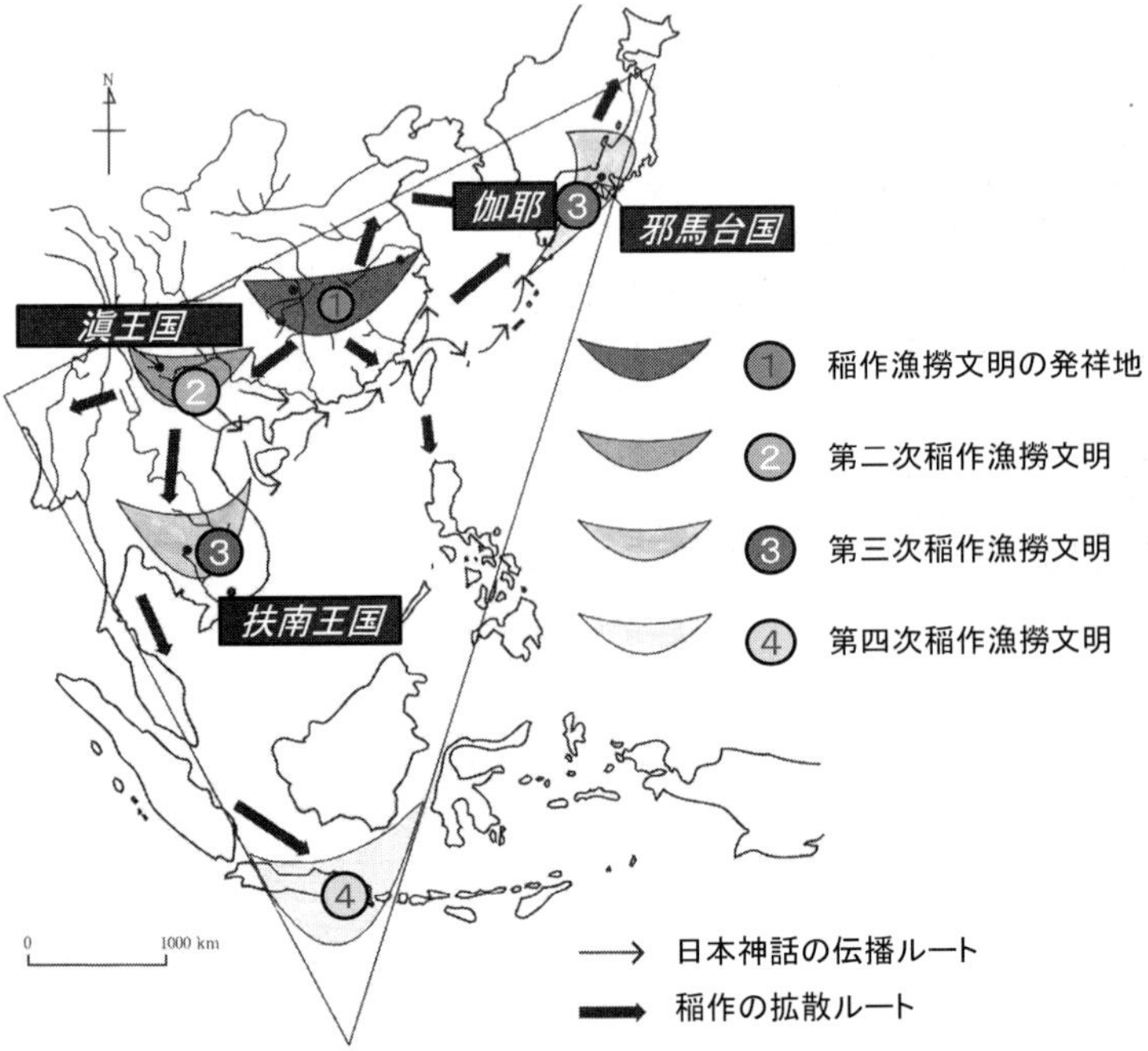

図 4-2　東アジアの肥沃な大三角形地帯
（安田，2008a）

関連していることがわかる。

畑作牧畜文明の発祥地チグリス・ユーフラテス川左岸の丘陵地帯では、初期の農耕遺跡は、マツやカシなどの地中海型森林の中で営まれている。しかし、それらの森はおよそ一万年以上前から人類による破壊を受け、草原から砂漠へと変わっていった（Yasuda *et al.*, 2000）。

一方、その北方に位置するギリシャではどうであろうか。ギリシャでは二〇〇〇年前ごろ、オリーブ栽培と牧畜をともなう畑作牧畜文明によって、ネズやピスタチオの灌木を混じえたカシ林が大規模に破壊されはじめたことが明らかとなっている（Okuda *et al.*, 2000）。これとほぼ同じころ、ギリシャとはアルプス山脈をへだてた北西ヨーロッパは、まだ深い森の中にあった。ローマの将軍カエザル（カエザル、一九四二）は、「アルプス以北には六〇日間歩いても森の端に到達できない巨大な森が存在する」と記していた。

地中海文明が自らの森を食いつぶしつつ栄華をきわめていたころ、アルプス以北の大地は、ギリシャ人やローマ人から見ると野蛮なゲルマン人たちの住む所であり、そこには深い森と沼沢地が広がっていたのである。地中海文明が自らの森を食いつぶした時（図4-3）、文明の中心地は、このアルプス以北の森の国へと移動した。

一二世紀の大開墾時代とよばれる時代の到来によって、アルプス以北のヨーロッパブナやナラ類の森（図4-4）は徹底的に破壊されていった。その開拓の先兵になったのはキリスト教の宣教師だった。「森の中に神などはいない。森は人間の幸せのためならい

図 4-3　ギリシャのはげ山
アテネ郊外のメガラ地方.（撮影 安田喜憲）

くら切り倒してもかまわない」という掛け声の下に、一七世紀の段階でイギリスやスイスの森の九〇%が失われ、ドイツの森の七〇%が破壊され尽くしたのである。そして産業革命以降、文明の中心地は、古代にあっては辺境の森の国であった、北西ヨーロッパに定着した。すなわち近代工業技術文明は、温帯の湿潤な森の国に華を咲かせたのである。

それでも新大陸アメリカにはまだ広大な温帯の森が残り、南米には熱帯雨林も存在していた。その未開拓の大森林が一七世紀の小氷期の気候悪化を契機として食いはぐれて新大陸を求めて移住した人々によって破壊されていった。西進した畑作牧畜文明によって徹底的に破壊されていった。それはアメリカ型の資本主義経済の進展と裏腹の関係にあった。

そして二一世紀に入って、もう未開の大地、未開の大森林はなくなった。地球は人間であふれんばかりになり、地球は小さくなった。そして今、未開の大地、未開の大森林、発展途上国の存在を前提としないと存立できない資本主義は、その存立の基盤を失おうとしている。

ユーラシア大陸には森を求めて東進・西進した二つの文明の系譜があった。東進したのは稲作漁撈文明であり、西進したのは畑作牧畜文明だった。そして東進・西進した二つの文明回廊を代表するのは、ブナ科（**Fagaceae**）を中心とする温帯の広葉樹の森だった。

図 4-4　北限のヨーロッパブナの森

アルプス以北は 12 世紀以前，広大なヨーロッパブナやナラ類の森に覆われていた．スウェーデン，フォルスタバレーン．（撮影 安田喜憲）

しかし、西進した畑作牧畜文明は、未開の大森林を徹底的に破壊し、自然の資源を一方的に搾取する文明だった。これに対し、東進した稲作漁撈文明は、水源林を保全し、命の水の循環を基本においた生きとし生けるものと共に生きる文明だった。もちろん西進した畑作牧畜文明は人々を魅了する物質エネルギー文明を発展させた。グローバル化の掛け声の下、瞬く間に資本主義社会と近代工業技術文明は、世界をおおい尽くしてしまった。そして稲作漁撈文明の系譜の下に暮らす人々さえも、畑作牧畜民の作り出した物質エネルギー文明に魅了され、自らの稲作漁撈文明の素晴らしさをかなぐり捨て、畑作牧畜民が創造した物質エネルギー文明の申し子として生きることに躍起になった。

だが西進し、世界をおおい尽くした畑作牧畜民の物質エネルギー文明と近代工業技術文明、そして資本主義社会の発展を背後から支えた、ブナ科を中心とする温帯の広葉樹の森が危機に瀕しはじめた。ギリシャ文明が、それを支えた母なる森を食いつぶして衰退したとき、アルプス以北にはまだ次代の文明をになう豊かな森の大地があった。ヨーロッパの森を徹底的に破壊し尽くしたときも、新大陸アメリカには、まだまだ豊かな未開の大森林が残っていた。

しかし、二一世紀の今日、もうその先には次代の文明をになう豊かな森林地帯はない。広大な太平洋と大西洋の海原が広がっているだけである。森を食いつぶし、新たな森を追い求める中に、自らの歴史的発展を成しとげてきた畑作牧畜文明とその延長戦に発展した物質エネルギー文明と資本主義社会は、いったい、どこにその活路を求めることができるのであろうか。

その未来の解決は、ユーラシア大陸を東進した稲作漁撈文明に求めるしかないというのが私（安田、二〇〇九ａ）の考えである。稲作漁撈民は水源林としての森を保全し、タンパク質を海の資源の魚介類から摂取し、生きとし生けるものと共に生きることを最高の幸せとする「美と慈悲の文明」を構築した（川勝・安田、二〇〇三）。

西進した畑作牧畜民の航跡を見ると「よくもここまで森を破壊し尽くすな！」と言いたくなる。これに対し、東進した稲作漁撈民は、陸では森里海の命の水の循環を大切にし、海では海の資源の魚介類をタンパク源とし、陸海にまたがる生きとし生けるものと共に生き続ける持続型の文明社会を構築してきた。

畑作牧畜民が創造してきた資本主義社会に代わる、循環型の持続型文明社会は、稲作漁撈民の文明原理の中から誕生するのではないかという期待を、私（安田、二〇〇九ａ、一一）は抱いている。山を崇拝する命の水の循環型のライフスタイルからはじまって、他者を思いやる慈悲の心に至るまで、稲作漁撈文明は、循環型の未来の文明の在り方、持続型文明社会の在り方を示唆しているように見える（安田、二〇〇九ｂ）。

本章ではユーラシア大陸を、いや世界を西進した畑作牧畜文明と、東進した稲作漁撈文明を支えた母なるブナ科を中心とする温帯の広葉樹の森の生育分布の時代的変遷を明らかにする作業を行う。そして、それと人類文明史とのかかわりをみる中で、資本主義社会に変わる新たな持続型文明社会の構築の可能性について考察してみたい。

二　ユーラシア大陸のブナ属の隔離分布

ブナ属（***Fagus***）の花粉

ブナ属を中心とする温帯の広葉樹の森の時代的変遷を明らかにする手段として私が用いるのは「花

粉分析」であった。ブナの花粉は大きさが四〇ミクロン前後、形は円形にちかく（図4-5の①）、三本の花粉溝（図4-5の②）と、溝の中央に円形の花粉孔があるのが特徴である（図4-5の②）。花粉膜の表面は微粒突起が複雑にいりくんでいる（図4-5の③）。イヌブナとは大きさ（イヌブナは三五ミクロン前後でやや小さい）、花粉溝の形態、花粉孔周辺の膜の厚さ、全体の形（イヌブナはやや三角形に近い尖った形をしている）などからいちおう区別ができる。このブナの花粉外壁はたいへん強く、湿原や湖沼などの還元的な環境のもとでは、破壊されることなく保存される。そうした湿原や湖沼などからボーリングにより堆積物を採取し、化石花粉を抽出し、堆積物に含まれているブナの花粉の消長を追跡することによって、ブナの森の時代的変遷を明らかにする。また、時代を決定する手段としては^{14}C年代測定法や年縞年代が用いられる。

　ブナ属は、ユーラシア大陸の東端と西端に隔離分布する（安田、一九八八）。ケッペンの気候区分では温暖・湿潤な海洋性気候（Cfa・Cfd）に相当する。しかし、同じ海洋性気候でもブナ属の一方の極である東アジアに比して、もう一つの分布の中心であるユーラシア大陸西端の中・西部ヨーロッパの年平均気温は低く、降水量も少ない。吉良竜夫氏（吉良、一九四八）の暖かさと寒さの指数から見たユーラシア大陸の生態気候区分図（吉良、一九六七）では、ブナ属の北限は北緯四五度前後に、南限は北緯三五度前後にある。

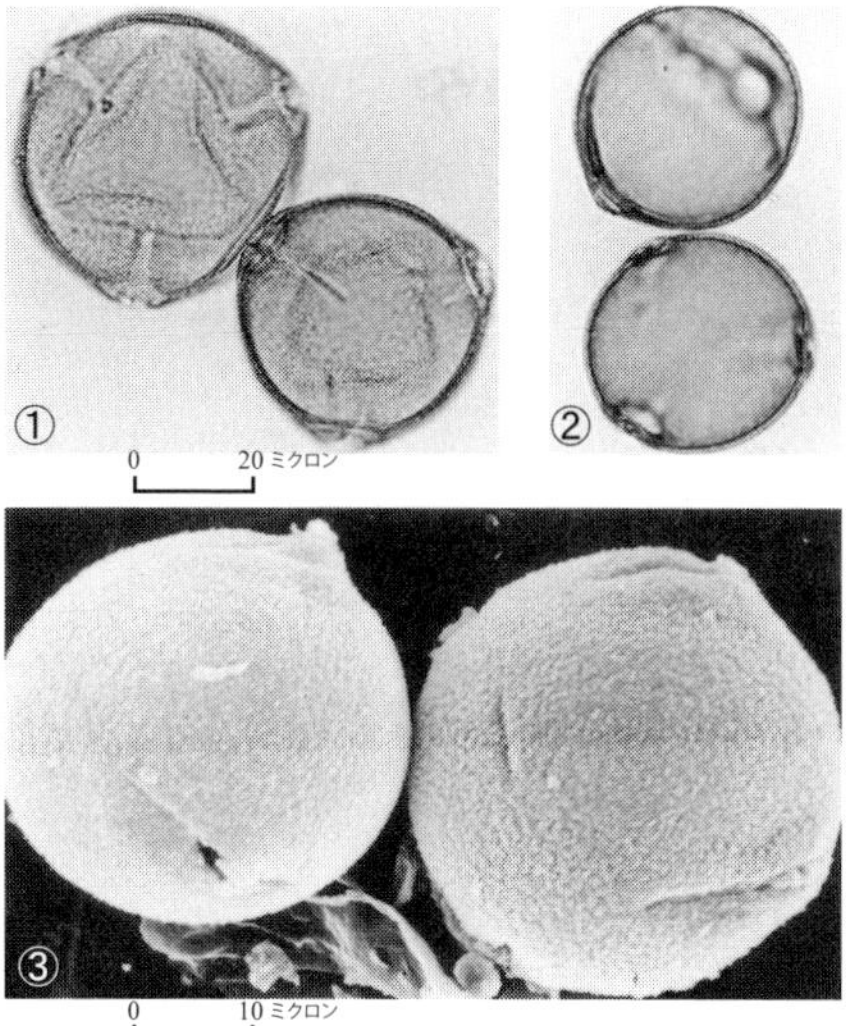

図 4-5　ブナの花粉の生物顕微鏡と走査型電子顕微鏡写真

① ブナ花粉の極観外膜表面模様)
② ブナ花粉の極観と赤道観のクロスセクション
③ ブナ花粉走査型電子顕微鏡写真
ブナ花粉は1982年5月，宮城県栗原市栗駒山で採取.（撮影 安田喜憲）

ブナ属の隔離分布を引き起こした原因には、ユーラシア大陸を南西から東北に横切る広大な乾燥地帯の出現が、深くかかわっている。同じブナ科でもコナラ属（*Quercus*）は乾燥気候に適応した種《しゅ》が現れ、ユーラシア大陸をはち巻きのようにとり巻いて連続的に分布している（図４‐６）。こうした乾燥地帯を出現させた一つの原因として、第三紀鮮新世末期から急速に進行するヒマラヤの隆起による気候帯の変動が深くかかわっているとみる意見が、中国の学者の間で多い（Liu and Ding, 1984）。ヒマラヤの隆起にともなうユーラシア大陸の気候帯の変動と、それにともなうブナ属などの第三紀周北極植物群の隔離分布の問題は、これからの課題である。ここでブナ林の自然史と題してとり扱うのは、人類の居住の痕跡や文明の息づかいが明白となる、最後の氷河時代以降の過去数万年間の歴史である。

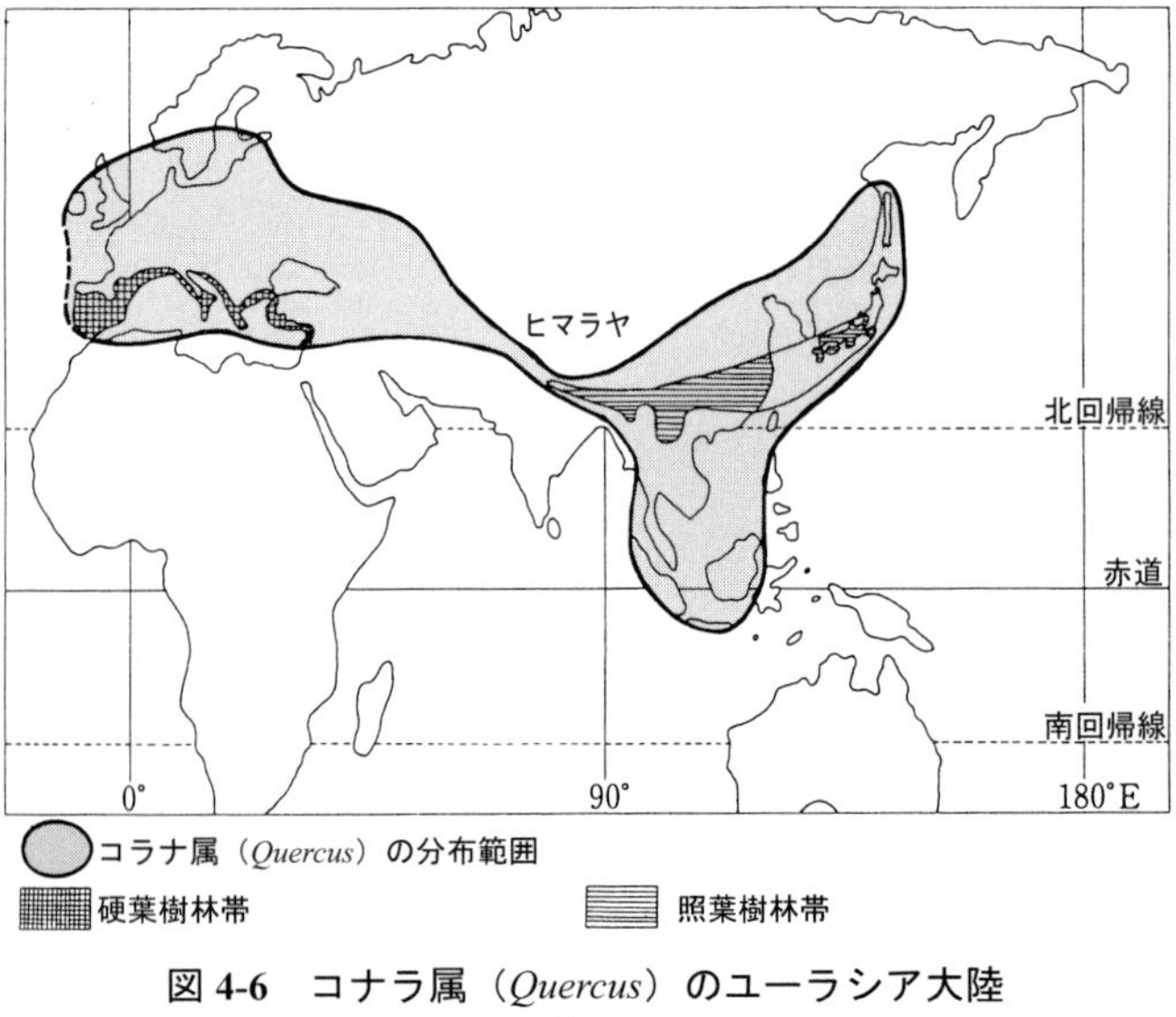

図 4-6　コナラ属（*Quercus*）のユーラシア大陸における分布（安田，1988）

三　ヨーロッパブナ林の自然史

オリエントブナからヨーロッパブナへの分化

ユーラシア大陸西端に分布するのは、オリエントブナ（*Fagus orientalis*）（図４‐７）とヨーロッパブナ（*F. sylvatica*）（図４‐８）である。

図 4-7　オリエントブナ（*F. orientalis*）の林
トルコ黒海沿岸のイエディギョル公園.（撮影 安田喜憲）

　オリエントブナの分布域は、ギリシャ北部・ブルガリア南東部、ユーゴスラビア南部、それにトルコの黒海沿岸やコーカサス山脈に限られている。

　トルコのウルダー（Uludag）山やイエディギョル（Yedi Göller）公園では、オリエントブナやノルドマニアーナモミ（*Abies nordmanniana* subsp. *bornmulleriana*）の混生林（図４‐９）が生育し、コーカサスシナノキ（*Tilia rubra* subsp. *caucasica*）、ノルウェーカエデ（*Acer platanoides*）、コブカエデ（*A. campestre*）、セイヨウシ

図 4-8　ヨーロッパブナ（*F. sylvatica*）林
ギリシャ北部のフロリナ．林床に萌芽の幼樹が見られる．（撮影 安田喜憲）

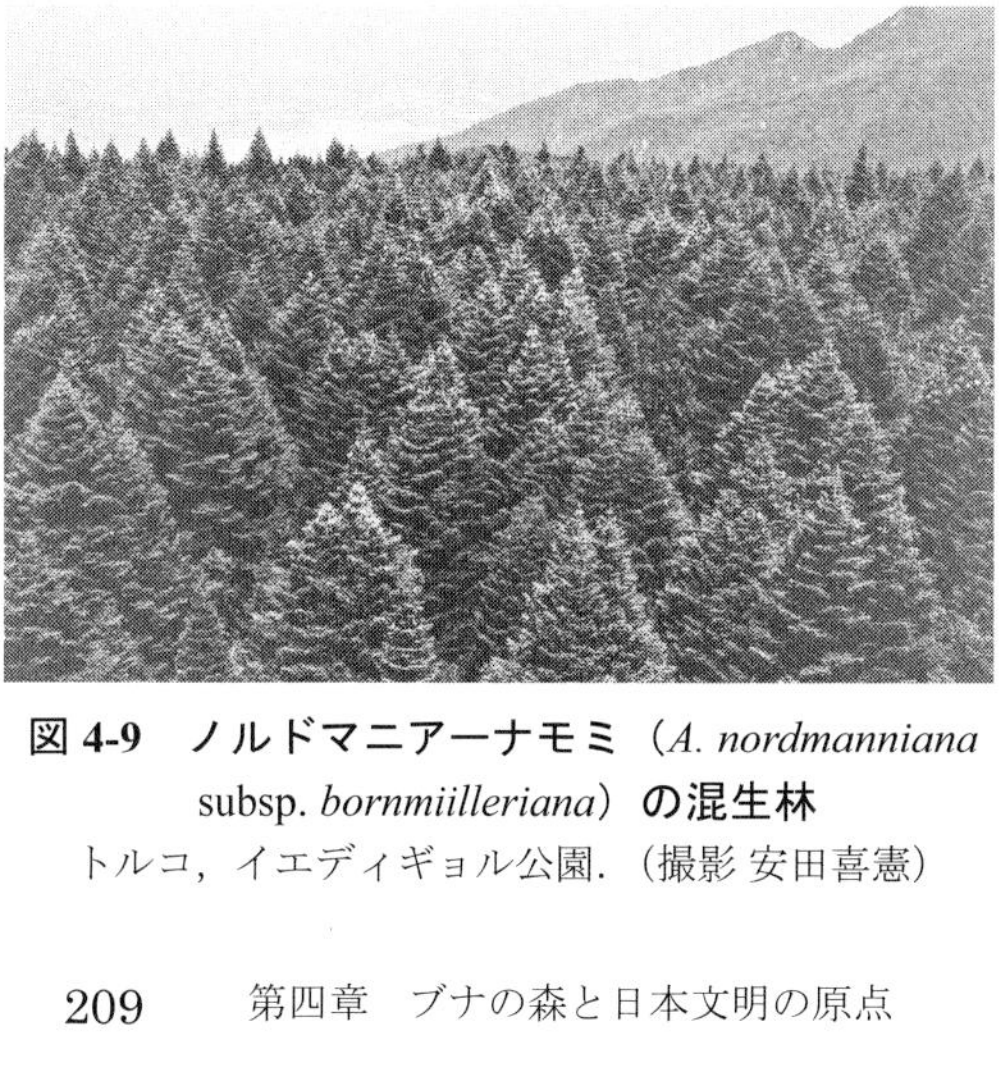

図 4-9　ノルドマニアーナモミ（*A. nordmanniana* subsp. *bornmiilleriana*）の混生林
トルコ，イエディギョル公園．（撮影 安田喜憲）

デ（*Carpinus betulus*）、ヨーロッパニレ（*Ulmus minor*）などが加わり、ヨーロッパブナ林に比して、種構成が豊富である。

トルコにおけるオリエントブナの分布は積雪量に強く支配されており、積雪量の多い黒海沿岸の山岳地帯に主として分布する。土壌の厚く発達する谷底斜面に主として生育し、土壌層の薄い尾根すじにはノルドマニアーナモミやヨーロッパアカマツ（*Pinus sylvestris*）などが生育する。また斜面の方位によっても異なり、主として乾燥しない北斜面に分布する傾向がつよい。日当りのよい乾燥した南斜面にはヨーロッパクロマツ（*P. nigra*）、ヨーロッパアカマツが生育しているケースが多い。オリエントブナとノルドマニアーナモミの混生率は、土壌の厚く発達した谷底と尾根の地形・土壌条件に強く規制されており、日本のような明瞭な森林帯としては把握しにくい。しかし、全体としては海抜高度が上昇するにともない、ノルドマニアーナモミの混生率が増加し、トルコのウルダー山では、海抜二〇〇〇メートル以上はノルドマニアーナモミの林となっている。

オリエントブナは、ヨーロッパブナと同様に萌芽する（図4－7）。また根からの発芽も見られるという（以上のオリエントブナの生態の概略については、一九八四年日産科学振興財団によるトルコの森林変遷史の調査成果にもとづいており、イエディギョル公園管理人ニザーム・ヤノバス氏と田端英雄博士のご教示によるところが多い）。

アイルランドのホキシニアン間氷期（ミンデル―リス間氷期）の堆積物からは、ブナ属の殻斗がモミ属、ツツジ属とともに高率で出現し、この時代には、現在の南東部ヨーロッパのオリエントブナが北のアイルランドまで拡大していたらしい（Huntley and Birks, 1983）。アルプス以南のブルガリアの最終間氷期（エーミアン間氷期）の堆積物からはブナ属が二〇％以上の高率を示す（Bozilova and

Djankova, 1976）。これに反し、アルプス以北の中・西部ヨーロッパのエーミアン間氷期の堆積物からは、今のところブナ属は検出されていない。したがって、ブルガリアのエーミアン間氷期までのブナ属の花粉は、いずれもオリエントブナに由来すると見られている。

最終間氷期（エーミアン間氷期）が終わり、最終氷期に入って直後のブナ属花粉の出現率は、アルプス以南のギリシャ北東部において（Wijmstra, 1969）、著しく低率である。気候の寒冷化と乾燥化が、オリエントブナにとっては生育しにくい条件をもたらした。氷河時代の気候はブナ属の生育には適していなかったのである。

その後、最終氷期の亜間氷期に相当する四万六〇〇〇～四万年前（補正値）ころ、イタリア南端のカブラリアではブナ属が五〇％以上の高率を示す時代がある（Grüger, 1977）。また、ギリシャ北西部のイオアニナ湖でも、四万六〇〇〇～四万年前（未補正）を中心とする層準で、一時的にブナ属がカエデ属・クマシデ属それにモミ属などとともに増加する（Bottema, 1974）。さらに、日本の福井県三《み》方《かた》湖の花粉分析の結果（安田、一九八二a）でも、五万～三万三〇〇〇年前の間は、ブナ属がスギ属とともに高い出現率を示した。この時代は、最終氷期の亜間氷期に相当し、ユーラシア大陸の東端と西端で、ともに一時的にブナ属の生育しやすい冷涼・湿潤な亜間氷期が存在したことはすでに第三章で述べたとおりである。

ユーラシア大陸西端で、この五万～三万三〇〇〇年前の最終氷期の亜間氷期に入ってから一時的に増加するブナ属は、オリエントブナではなく、ヨーロッパブナであると見られる。最終氷期の開始にともなう気候悪化の中で、より寒冷で乾燥した気候に適応してヨーロッパブナが分化したと見られる。

現在の中・西部ヨーロッパに分布の中心を持つヨーロッパブナ（図4-10）は、更新世末期の気候の寒冷・

乾燥化に適応する種として、オリエントブナより分化したと見られている。ヨーロッパブナとオリエントブナは、分類学的に近縁であり(Horvat *et al.*, 1974)、系統的つながりをもっており、ヨーロッパブナがオリエントブナから分化したと見る考えは妥当であろう。

図 4-10　ギリシャ北西部に残された ヨーロッパブナの単木（撮影 安田喜憲）

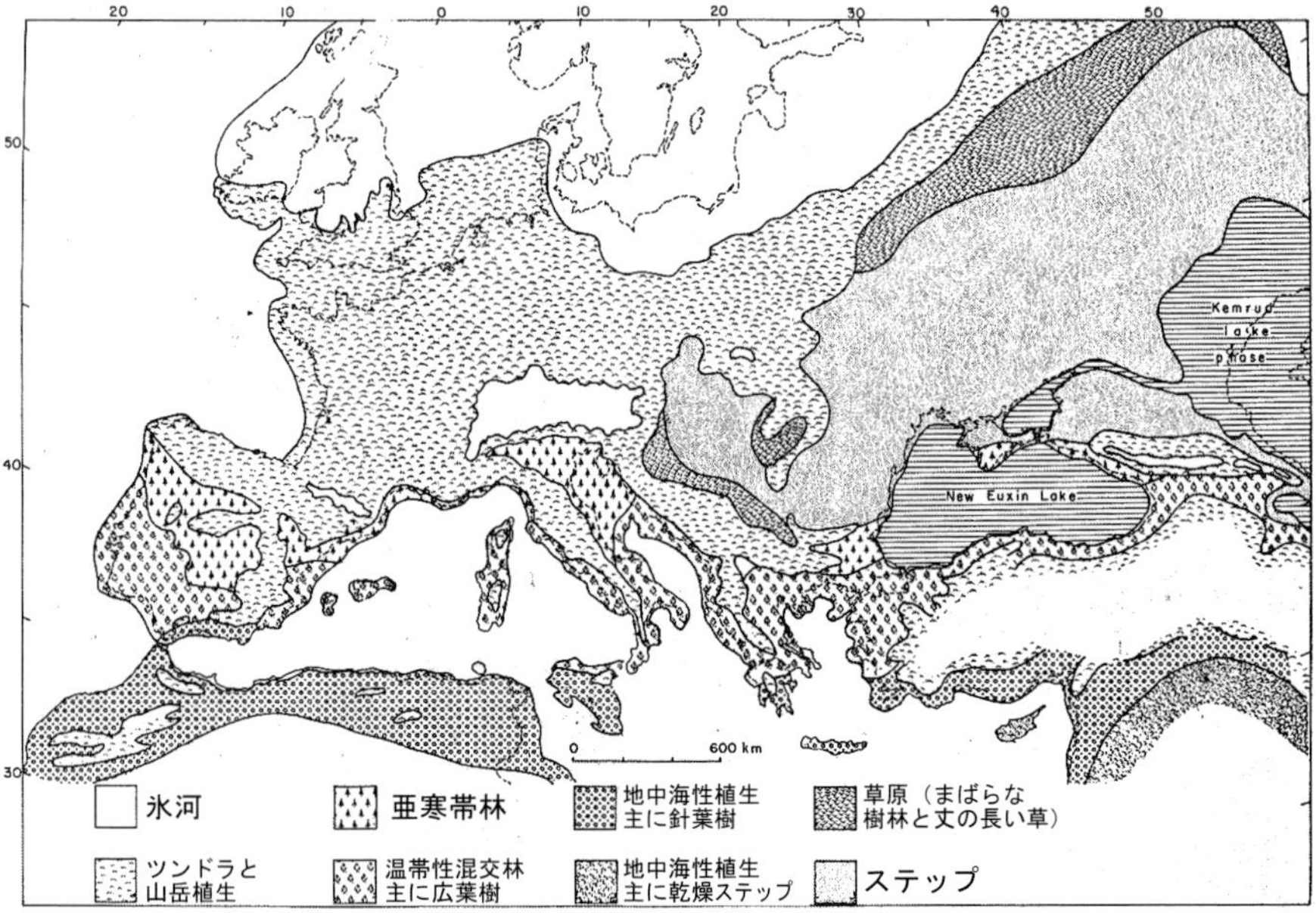

図 4-11　最終氷期最寒冷期のヨーロッパの植生図

（Flint,1971）

晩氷期以降のヨーロッパブナの拡大

最終氷期最寒冷期のアルプス以北の北ヨーロッパやイギリスの大半は、厚い大陸氷床におおわれ、中・西部ヨーロッパにはツンドラが広がっていた（図4-11）(Flint, 1971)。この時代のヨーロッパブナの逃避地は、ユーゴスラビア、ブルガリア、イタリア、それに南カルパチアの山地部にあった。しかし、晩氷期の一万五〇〇〇年前に入ってもブナ属の花粉の出現率はまだ低く、わずかにイタリア南端のカラブリアで五％を示す程度である（図4-12左）。ようやく急速な温暖化が見られた一万一五〇〇年以降、ブナ属が拡大を開始する。九〇〇〇年前に入ってからの気候温暖化の中で、ヨーロッパブナの森は拡大を開始した。その拡大の中心地は、ユーゴスラビア北部、イタリア北部、ブルガリア北西部にある。乾燥したギリシャ南部やイタリア半島南端への拡大は見られない(図4-12右)。

七五〇〇年前に入ってやっとアルプスの北に到達する（図4-13右）。そして、南フランスとドナウ川低地に沿った新しい拡大地点が現れる。四〇〇〇年前、イタリア北部とユーゴスラビア、南フランス、それにドナウ川低地から、それぞれ拡大したヨーロッパブナ林が一つにつながり、北はポーランド北部からバルト海に達し、西はピレネー山地にまで分布を拡大している（図4-14左）。二〇〇〇年前には、イギリス南東部からデンマーク、スウェーデンにまで生育地を拡大し、ほぼ現在に近い分布域に達した(図4-14右)。こうしてヨーロッパブナは現在も分布域を拡大中であると言う。ヨーロッパブナは春先の霜に弱く、その北限は春先の低温で、南限は気候の乾燥化で限られていると言う。

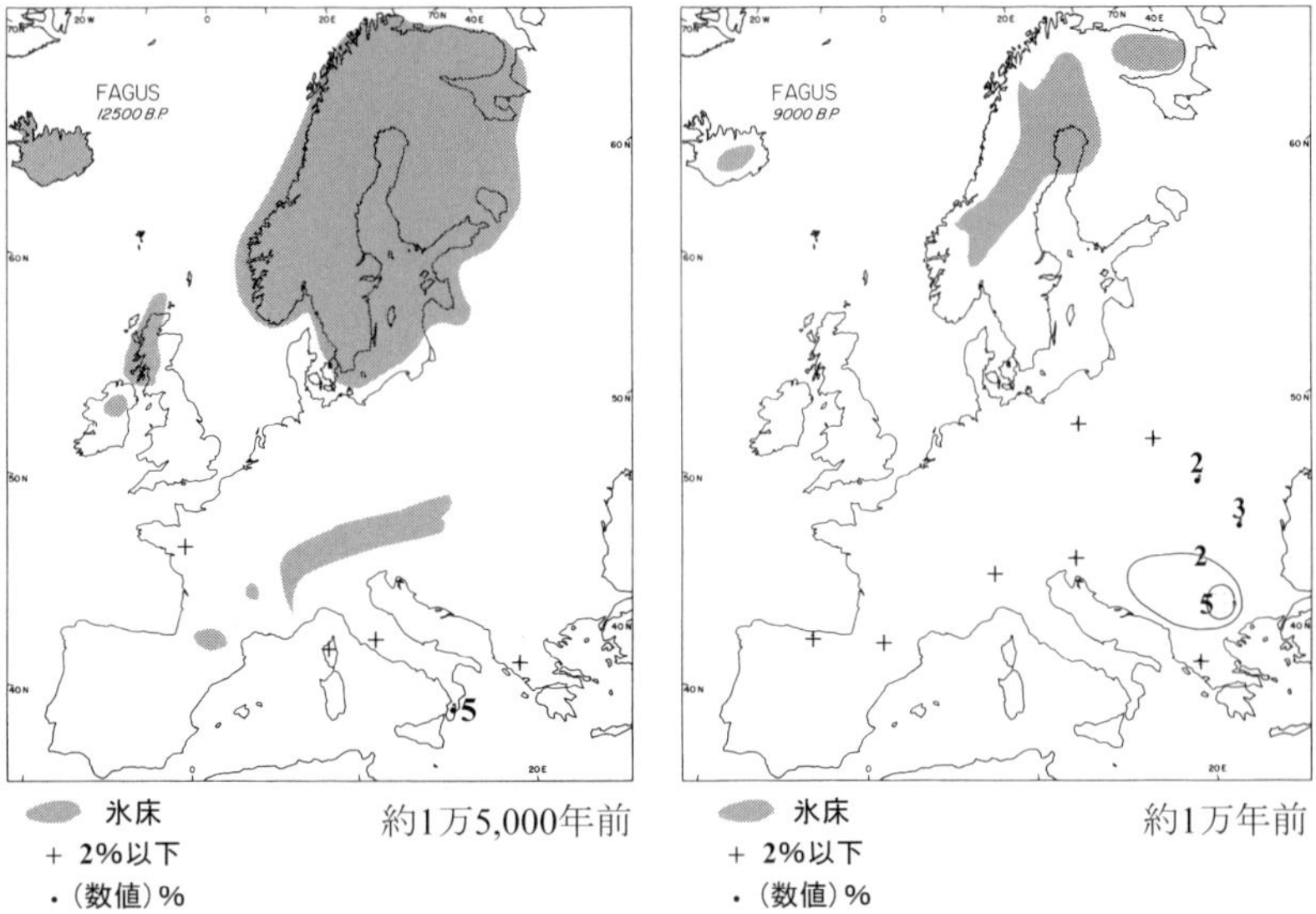

図 4-12　ヨーロッパにおけるブナ属花粉の出現率（1）

左：晩氷期約 1 万 5,000 年前　　右：完新世約 1 万年前

図中の数字はブナ属花粉の出現率（%）を示す，年代は補正値．(Huntry & Birks, 1983)

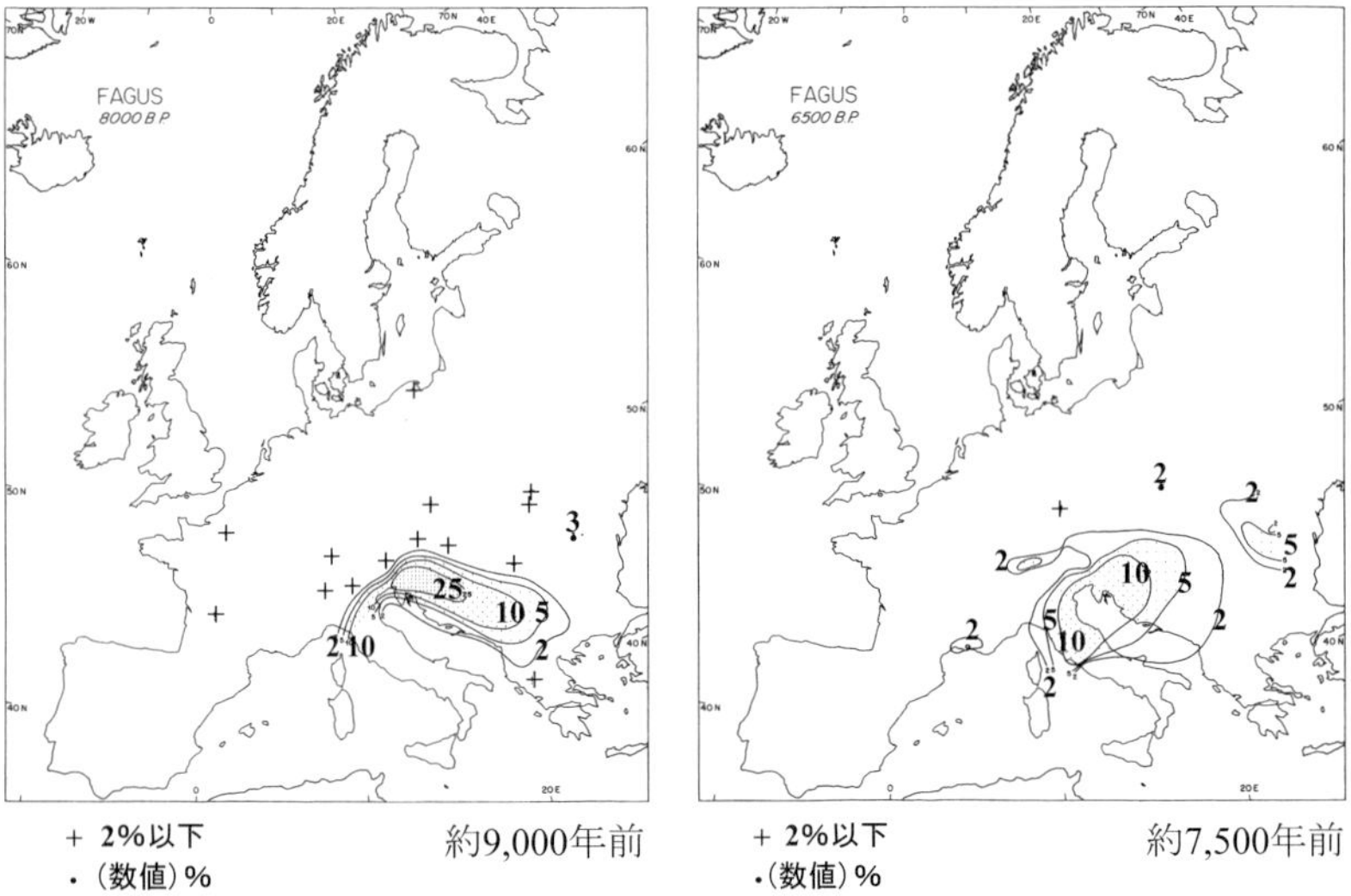

図 4-13　ヨーロッパにおけるブナ属花粉の出現率（2）

左：約 9,000 年前　　右：約 7,500 年前

図中の数字はブナ属花粉の出現率（%）を示す，年代は補正値．(Huntry & Birks, 1983)

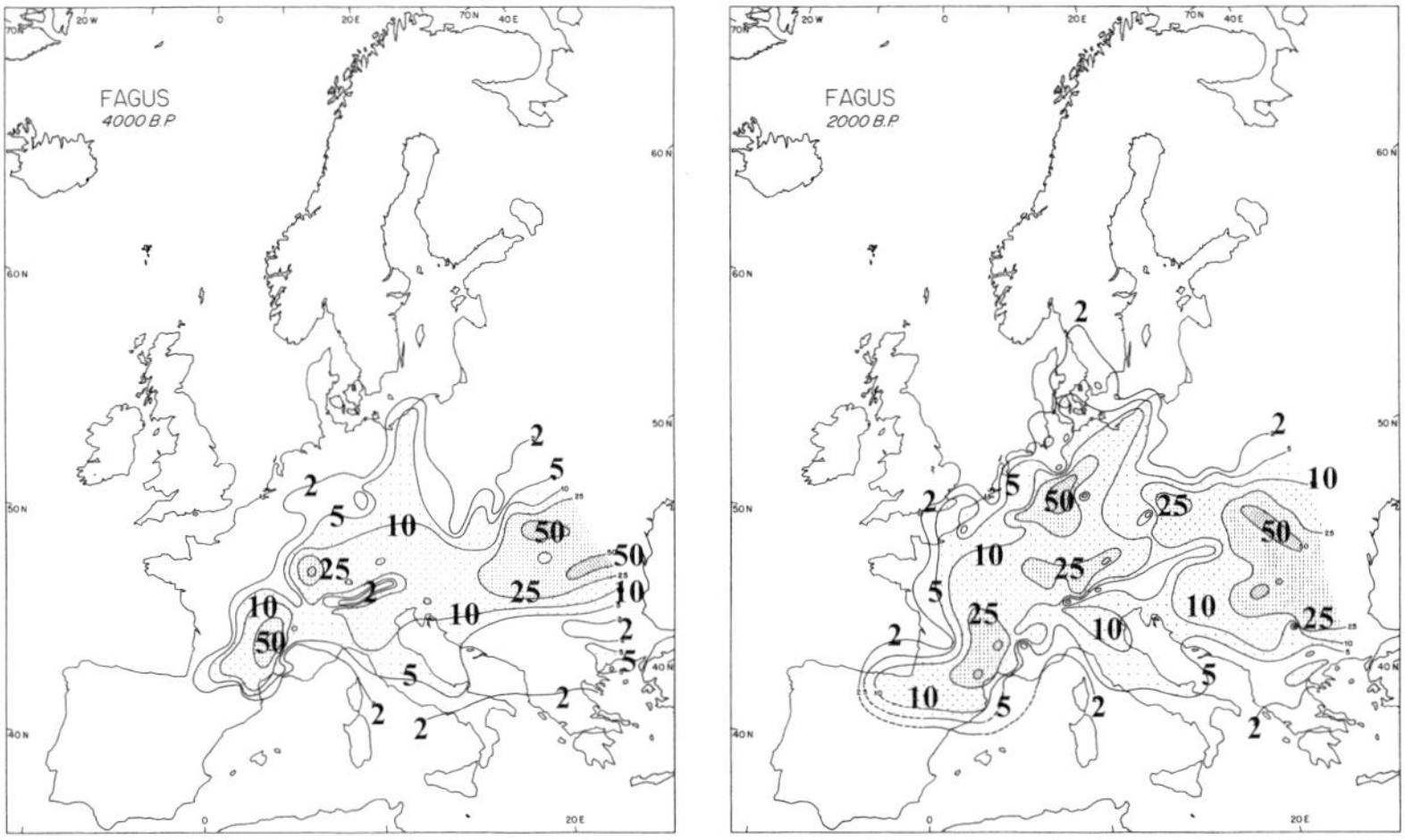

（数値）%　約4,000年前　（数値）%　約2,000年前

図 4-14　ヨーロッパにおけるブナ属花粉の出現率（3）

左：約 4,000 年前　　右：約 2,000 年前

図中の数字はブナ属花粉の出現率（%）を示す，年代は補正値．（Huntry & Birks, 1983）

未成熟なヨーロッパブナ林

このように、ヨーロッパブナの歴史は意外に新しい。最終氷期に厚い氷床におおわれ、大半がツンドラ地帯となったアルプス以北の中・西部ヨーロッパブナの森が、今日のように分布域を拡大したのはたかだか二〇〇〇年前にすぎない。そして注意しなければならないのは、ヨーロッパブナ林が現在の分布域に達した二〇〇〇年前においても、五〇%のブナ属の高い出現率を示す分布域はきわめて限られていることである。中・西部ヨーロッパブナ林の分布域の大半は一〇%前後の出現率を示すにとどまっている。

ヨーロッパブナの花粉が二五%以上の出現率を示すのは、オーベルニュー高地、西ドイツ南部と北部の一部に限られている。ヨーロッパ各地の表層花粉の分析結果から、二%以上のブナ属花粉の出現率はわずかなヨーロッパブナの存在を、五%以上は点在するヨーロッパブナ林の存在を、二五％以上はヨーロッパブナ林が広く存在することを示す（Huntley and Birks, 1983）とされている。

しかし、日本の八甲田山のブナ林中の表層花粉では、ブナ属は三〇～五〇％以上の高率を示す（Hibino, 1968, Yasuda, 1978）。日本のブナ林とヨーロッパブナ林は森の成熟度において相違しているように見える。おそらく、降水量が日本列島より少ないヨーロッパ平原は、最終氷期には大陸氷床におおわれたり、周氷河環境が広がって、ヨーロッパブナ林がどこにも逃避できない過酷な環境だった。完全に生育地を奪われたため、ヨーロッパブナが後氷期の気候の温暖湿潤化の中で、アルプス以北のヨーロッパ平原に拡大するには時間がかかった。ヨーロッパブナ林の歴史は、日本列島のブナ林に比べて格段に歴史が新しい。

四　日本のブナ林の自然史

東アジアのブナ属

ユーラシア東部のブナ属の分布の中心地は、中国南部と日本である。中国南部にはナガエブナ（水青岡）（*Fagus longipetiolata*）、シナブナ（米心水青岡）（*F. engleriana*）、テリハブナ（亮葉水青岡）（*F. lucida*）、銭氏水青岡（*F. chienii*）があり、台湾にはタイワンブナ（*F. hayatae*）、ウルルン（欝陵）島にはタケシマブナ（*F. multinervis*）、日本にはブナ（*F. crenata*）のほかにイヌブナ（*F. japonica*）がある。

裏日本型を代表するブナ林

ブナが日本の冷温帯の森林の構成種を代表するものであることは言うまでもない。現在の日本のブナ林の生態については、ブナ林を、裏日本型を代表する森林として位置づけた今西錦司氏の説が注目される。今西錦司氏（今西、一九三七）は、中部山岳の森林帯の垂直分布の考察において、日本海側の山地帯の上限と下限をブナ林分布の上・下限に求め、裏日本型のシリーズとして、常緑カシ（暖帯）―ブナ（温帯・山地帯）―オオシラビソ（亜寒帯・亜高山帯）の組み合わせ（吉良ほか、一九六七）を設定した。表日本型のモミやウラジロモミに対して、ブナ林を裏日本型森林の重要な要素として位置づける視点は、日本列島のブナ林の自然史を考察する際にきわめて重要である。

そして、もう一つ指摘しておきたいことは、吉良竜夫氏（吉良ほか、一九七六）の北海道のブナ林についての位置づけである。日本のブナ林の北限は、北海道の黒松内《くろまつない》低地帯にある。しかし、暖かさの指数では、黒松内低地以北の北海道の低地にもブナ林は十分生育できる条件が整っている。

このことから、黒松内低地以北にブナ林が生育できないのは、地史的要因とともに、大陸型気候が深くかかわっているとし、それをブナ欠如型落葉広葉樹林と名づけた（吉良ほか、一九七六）。つまり、日本のブナ林の分布を決定する要因には、温度条件とともに、気候の乾湿が深くかかわっているのである。

現在でもブナは北海道において生育地の拡大途上にあると見なすことができる。約八〇〇〇年前に本州から北海道の渡島半島に渡ったブナは、湿潤条件と人間の干渉がなければ、北海道の黒松内低地を越えて北上することができると見なすことができる。

日本のブナはヨーロッパブナより歴史が古い

ブナそのものの植物学的な起源と進化について、鈴木敬治氏（鈴木、一九六八）は、ブナ属化石の葉器官の形態的特徴から、中新世中・後期から鮮新世にかけて、ブナの祖先型と見られるムカシブナ（*F.*

palaeocrenata）からブナが分化したとしている。福島県会津盆地では中新世～鮮新世の藤峠層からムカシブナが多産し、鮮新世の泉層からは三木 茂氏の名づけたシキシマブナ（*F. microcarpa*）が多く見つかっている。そして、これらの第三紀型の植物が消滅し、日本列島に現在自生する種を主とする植物群に入れかわるのは、更新世前期の七折坂層上部に入ってからであるという。

ヨーロッパのドナウ寒冷期に比較される大沢植物化石群、ギュンツ氷期に比較される塔寺植物化石群の時代以降、ブナは日本の植物社会のなかで安定した地位を確立していると指摘されている（鈴木ほか、一九七七）。また、新潟平野周辺の丘陵地帯に分布する更新世前期の魚沼層群上部からは、冷温帯・亜高山帯植物化石群によって特徴づけられるブナが出現している（山野井・新戸部、一九七〇）。

大阪湾沿岸の大阪層群上部の**Ma3**層を境として、ブナ属花粉帯がはじまり（那須、一九七〇、**Tai, 1973**）、モミ（*Abies firma*）、オニグルミ（*Juglans sieboldiana*）などとともにブナの遺体が確認されるようになる（那須、一九八〇）。**Ma3**層の時代は更新世前期である（市原・亀井、一九七〇）。

このように、ブナは更新世前期には日本列島の植物社会のなかで安定した地位を確立していたと言えそうである。そしてムカシブナからの分化は、更新世に入ってからの気候の寒冷・乾燥化に適応して起こった進化ととらえることができる。この進化の要因はヨーロッパブナの場合と同じである。ただここで注目せねばならないことは、オリエントブナからヨーロッパブナが分化したのが最終氷期以降の気候の寒冷・乾燥期であり、それはたかだか一〇万年以内の出来事と見られていることである。これに対して日本のブナは、その種の歴史において一〇倍以上の長さを有し、ヨーロッパブナに比して著しく長い歴史を持っていると言うことができるのではないだろうか。

ブナが繁栄をとげることができた第四紀は、寒・暖、乾・湿の変動の激しい時代であった。こうした激しい気候変化の中でブナがどのような消長をとげてきたかを、過去五万年間についてみてみよう。

福井県三方《みかた》湖の花粉ダイアグラム

図4-15には一九八〇年に採取した福井県三方上中郡若狭町三方湖（北緯三五度三三分三二秒、東経一三五度五三分四三秒、海抜〇メートル）の花粉ダイアグラム（安田、一九八二）を示した。五万～三万三〇〇〇年前の間はブナ属がスギ属、コナラ属コナラ亜属（*Quercus* subgen. *Lepidobalanus*）とともに、高い出現率を示す。しかし、ブナ属の出現率は後氷期のそれにはおよばない。これに反してスギ属が異常な高率を示す。五万～三万三〇〇〇年前の間は氷河時代の中では比較的温暖湿潤な時代であった。ブナの生育可能なだけ冬期の積雪量もあった。そして、この時代、北アルプス（五百沢、一九七九、深井、一九七五、伊藤、一九八二）や南アルプス（柳町、一九八三・八四）では著しい氷河の発達が見られる。私（安田、一九八二a）や小野ほか（一九八三）は、この時代の日本海に一時的に対馬暖流が流入した可能性を考えた。しかし、大場ほか（一九八〇）、大場（一九八二）や新井ほか（一九八一）による日本海海底のコアの有孔虫や酸素同位体比の解析結果からは、対馬暖流の流入は六万年以降とだえていたと見られている。したがって、この時代の多雪をもたらした要因は、鈴木秀夫氏（鈴木、一九七七）の言う台湾坊主に類する低気圧性の降雪によると見なければならないが、この時代の水蒸気の供給源については今後の課題として残される。

こうしたブナの生育に適した比較的温暖湿潤な時代は、ギリシャのイオアニア湖の花粉ダイアグラムでも見られる（Bottema, 1974）。ユーラシア大陸の東と西で、ともに類似した気候変動のパターンがあった可能性が大きい。

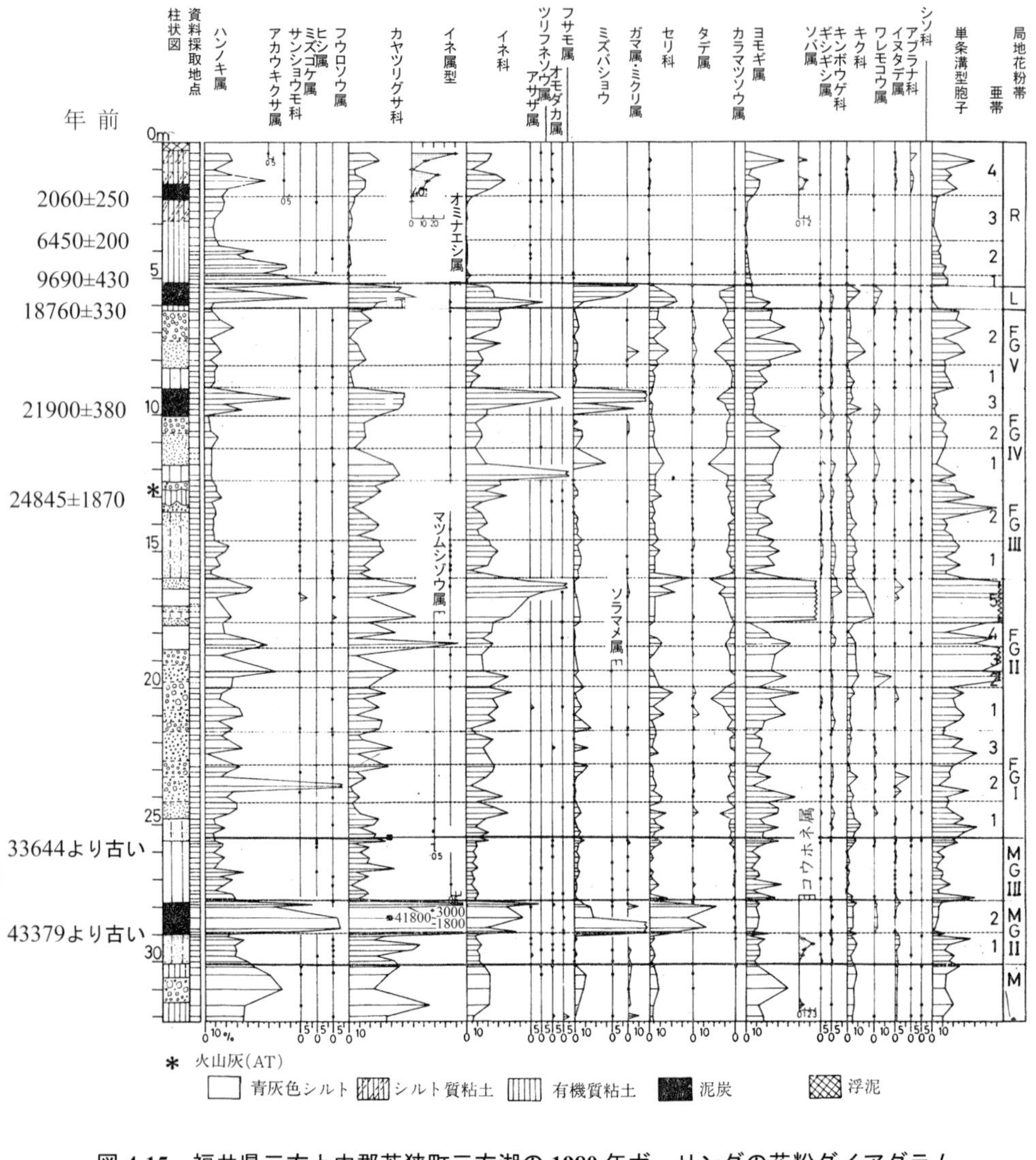

図 4-15　福井県三方上中郡若狭町三方湖の 1980 年ボーリングの花粉ダイアグラム

出現率はハンノキ属を除く樹木花粉数を基数とする%，^{14}C 年代は補正値で示し京都産業大学山田治名誉教授の測定，火山灰は首都大学東京町田洋名誉教授の分析による．(安田，1982)

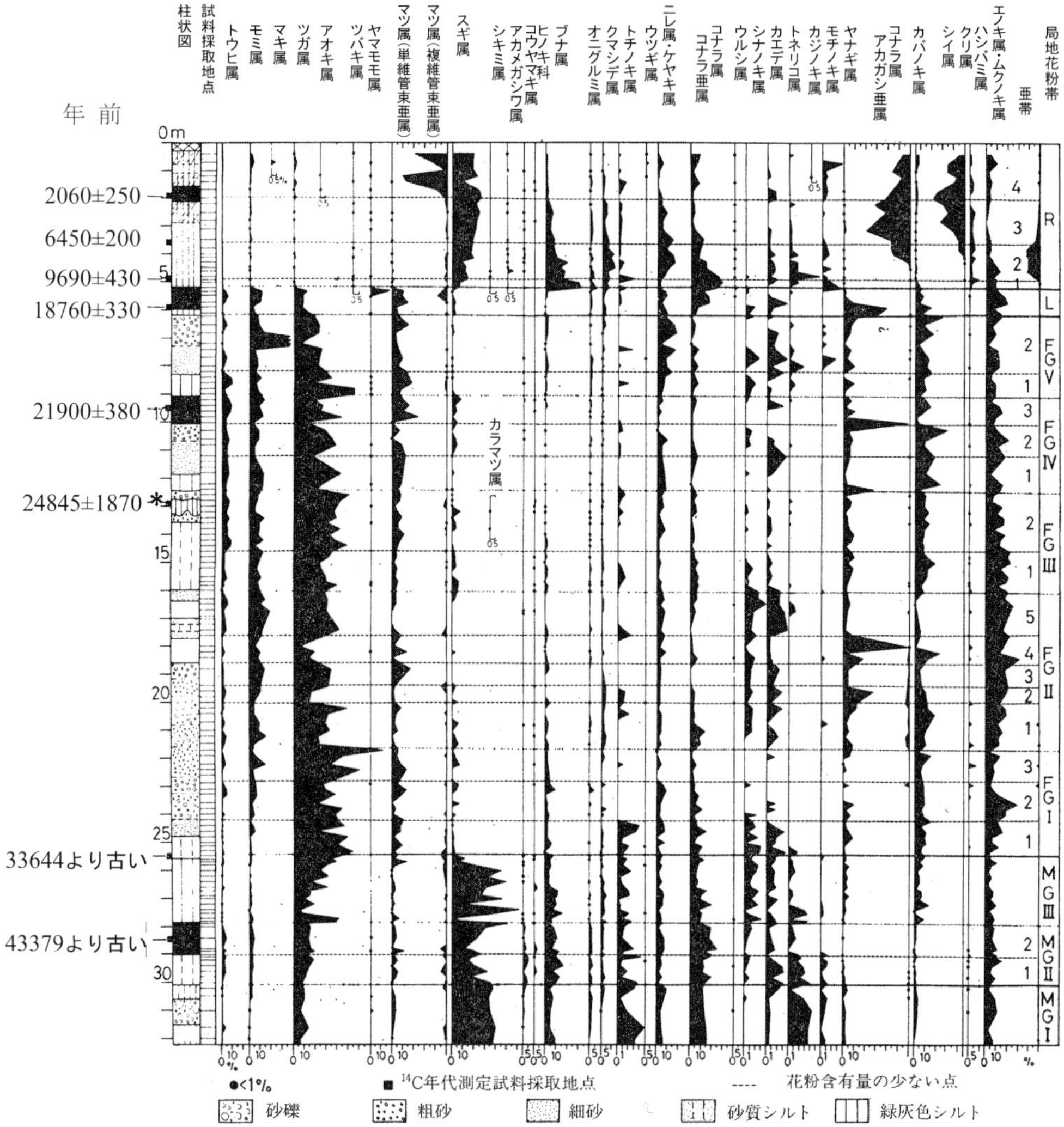
年前
柱状図
試料採取地点
トウヒ属
モミ属
マキ属
ツガ属
アオキ属
ヤマモモ属
ツバキ属
マツ属（単維管束亜属）
マツ属（複維管束亜属）
スギ属
シキミ属
アカメガシワ属
コウヤマキ属
ヒノキ科
ブナ属
オニグルミ属
クマシデ属
トチノキ属
ウツギ属
ニレ属・ケヤキ属
コナラ亜属
コナラ属
ウルシ属
シナノキ属
カエデ属
トネリコ属
カジノキ属
モチノキ属
ヤナギ属
アカガシ亜属
コナラ属
カバノキ属
シイ属
クリ属
ハシバミ属
エノキ属・ムクノキ属
亜帯
局地花粉帯
0m
2060±250
6450±200
9690±430
18760±330
21900±380
24845±1870
33644より古い
43379より古い
カラマツ属
R
L
FG V
FG IV
FG III
FG II
FG I
MG III
MG II
MG I
●<1%
■ ¹⁴C年代測定試料採取地点
---- 花粉含有量の少ない点
砂礫
粗砂
細砂
砂質シルト
緑灰色シルト

図 4-15 （つづき）

最終氷期最寒冷期に発展できなかったブナ林

三万三〇〇〇年前頃を境として、三方湖ではブナ属やスギ属が減少し、かわってツガ属（*Tsuga*）、マツ属単維管束亜属（*P.* subgen. *Haploxylon*）が増加してくる。スギ属とツガ属の交代は劇的である。これは今西錦司氏（今西、一九三七）の表日本型シリーズの植生が、三方湖周辺に張り出してきたことを示す。それは気候の寒冷・乾燥化によって引き起こされた。この気候の乾燥化は、とくに冬期の積雪量の減少にもとづく。スギ属とブナ属の減少とツガ属の増加が、それを明白に物語っている。三方湖では、この時代以降、カバノキ属（*Betula*）、ハシバミ属（*Corylus*）、ヤナギ属（*Salix*）などの移行的性格の強い植物が増加してくる。それは、不安定な土壌条件の発達と深いかかわりがある。

ブナは、三万三〇〇〇年前頃にはじまる最終氷期の亜氷期の寒冷・乾燥した気候のもとでは発展することができなかった。そして、最終氷期最寒冷期には、ブナ属の出現率は著しく低下する。

古生態気候区分図

図4-16左には、年平均気温が七度低下した状態の、暖かさと寒さの指数分布から求めた古生態気候区分図を示した。最終氷期最寒冷期の年平均気温の低下率は七~八度前後であるから、この古生態気候区分図は、最終氷期最寒冷期の温度条件のみから見た森林帯の分布可能範囲を示していると見てよい。東北地方から中部山地や中国・四国地方の山地は、亜寒帯針葉樹林気候の分布域となっている。東北地方南部から九州にかけての低地一帯は、広く冷温帯落葉広葉樹林気候の分布域となり、ブナが生育できる温度条件がそなわっていたことを示す。しかし、この古生態気候区分図に、これまでの各地の花粉分析の結果明らかとなっているブナ属花粉の出現率を落してみると、ブナ属の出現率が著し

く低率であることがわかる（図4‐16右）。

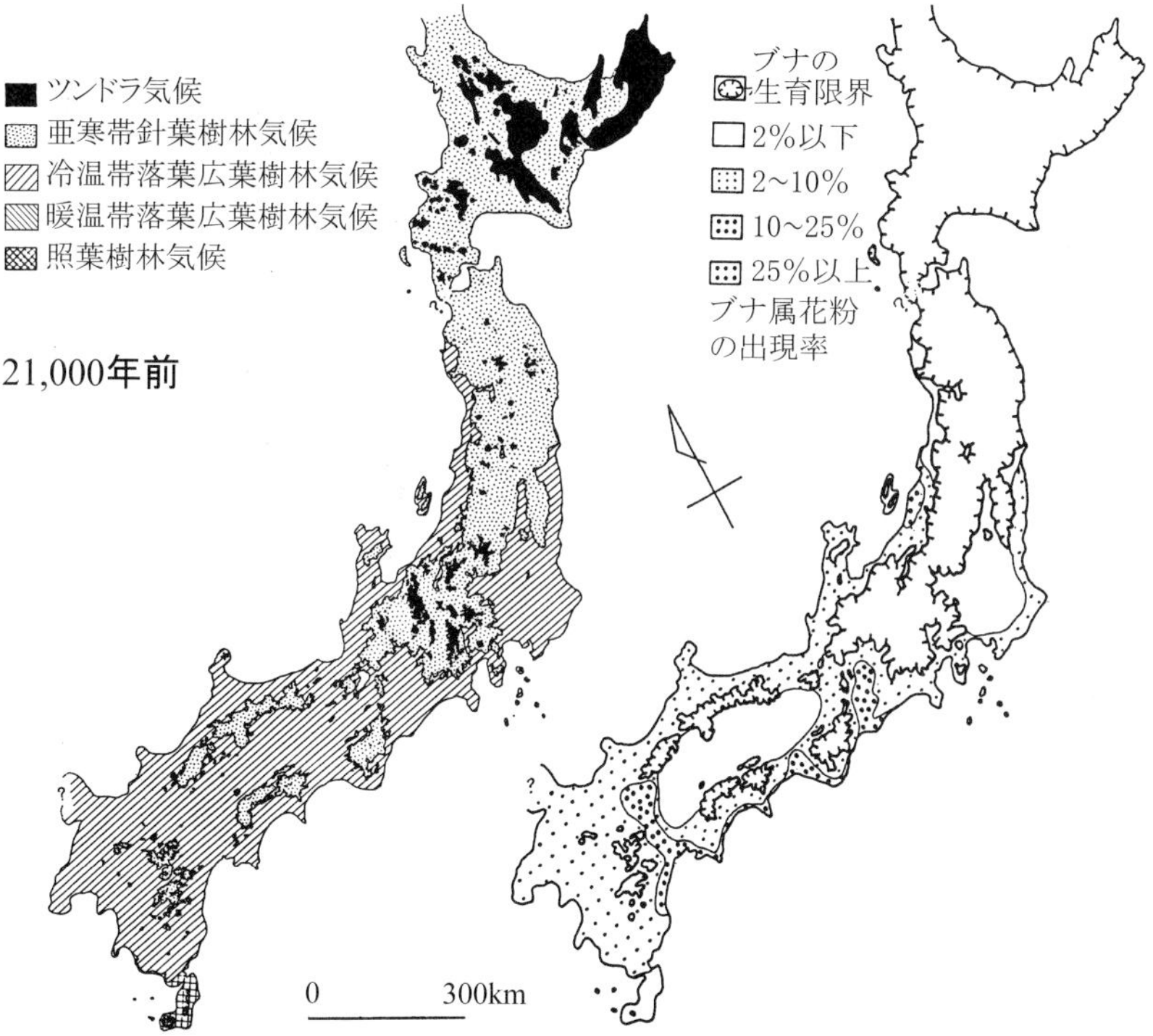

図4-16　最終氷期最寒冷期の約2.1万年前頃の日本列島の森林帯気候の分布図（左）（安田・成田，1981）**とブナ属花粉の出現率（右）**（安田，1984a）

海面の低下によって陸化した瀬戸内海や関東平野の内陸部はブナ属の出現率が著しく低く、ブナを欠如する。そこにはマツ属単維管束亜属を中心とする疎林と草原が展開していた。瀬戸内海沿岸や関東平野内陸部でも二万五〇〇〇年前頃まではブナ属は二％前後の出現率を連続的に保持している。それは図4‐15の三方湖の花粉ダイヤグラム（安田、一九八二a）に示すごとく、二万五〇〇〇〜二万一〇〇〇年の間の出現率は一％以下に低下し、不連続的にしか出現しなくなる。

最終氷期最寒冷期

最終氷期最寒冷期には、ブナの生育に適さない寒冷・乾燥気候が支配的であった。

この時代、ブナ属が高い出現率

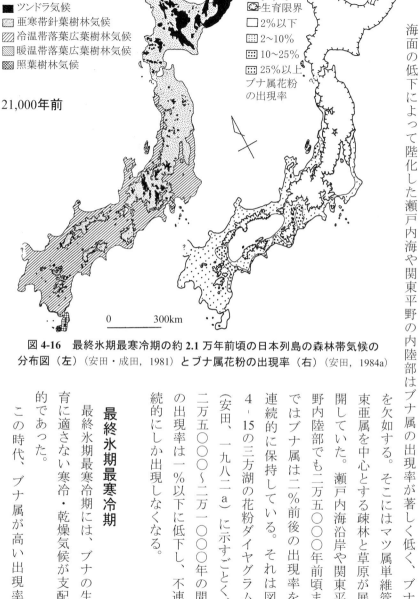

を示すのは周防灘《すおうなだ》沿岸（安田、一九八三b）から大分平野（畑中、一九七三）、宮崎平野（外山、一九八二）にかけてである。もう一つ太平洋側でブナ属の比較的高い出現率が見られるのは伊勢湾・濃尾平野周辺（中村、一九七二）である。そこは鈴木秀夫氏（鈴木、一九六二）の気候区分で、太平洋側に位置しながら裏日本気候の張り出しが見られる所にあたっている。周防灘沿岸や伊勢湾周辺では、氷期の寒冷・乾燥気候をのがれて生育し得るなんらかの条件がそなわっていたと見られる。また海面の低下によって陸化した四国南岸、紀伊半島南岸、関東平野南岸、常陸《ひたち》沖の太平洋岸の低地にもブナ林は存在していたと見られる。

一方、日本海側では、新潟平野（新潟第四紀研究グループ、一九七二）から北陸・山陰の陸化した海岸低地にブナはわずかに林分《りんぶん》（林分とは一定地域を占める似たような木々の集団）を維持していた可能性がある。もちろんブナは内陸部において絶滅したわけではない。群馬県尾瀬ヶ原（**Sakaguchi, 1978**）や福島県法正尻湿原（鈴木ほか、一九八二）において、最終氷期最寒冷期がすぎて以降、一万八〇〇〇年前の気候の温和化とともにブナ属が、出現率はわずかではあるが直ちに増加をはじめることからも明らかである。この時代、東北地方の大半は亜寒帯針葉樹林におおわれるが、横手盆地や山形盆地などの内陸の盆地底には、氷期の寒冷・乾燥気候にじっと耐えて生きのびたブナが生育していたのではないかと私（安田、一九九〇）は見ている。

大陸型の乾燥気候がブナの発展をさまたげた

このように、最終氷期後半の亜氷期には、ブナの生育できる温度条件が整っていたにもかかわらずブナ林の拡大は見られなかった。その理由は気候の乾燥化、とりわけ冬期の積雪量の減少にあると私は見なしている。三万三〇〇〇年前頃以降、海面の低下によって日本海への対馬暖流の流入は途絶した。鈴木秀夫氏（鈴木、一九六二）の区分図では、三方湖の位置する若狭湾沿岸は準裏日本気候区となっている。それが最終氷期の亜氷期には表日本気候区になり、冬期の降水量は現在の三分の一以下にまで減少したと私は推定している（安田、一九八三c）。

吉良竜夫氏ほか（吉良ほか、一九七六）は、黒松内低地以北の現在の北海道にブナ林が分布しない一つの要因として、乾燥した大陸性気候をとりあげた。最終氷期の亜氷期に、温度条件のみでは十分に生育しうる環境が整っていたにもかかわらず、大陸型の乾燥気候のため、ブナ林が発展できなかったという地史的事実は、この吉良氏の見解の正しさを立証している。

ブナ林の拡大は多雪化を物語る

晩氷期以降のブナ林の拡大は、アトランダムでなく一定の傾向がうかがわれる。図4-17に示すように、一万六五〇〇年前頃を境として、日本海側の新潟平野から北陸、山陰東部の多雪地帯を中心として、ブナ属が急増する。また、太平洋側でも準裏日本気候区にあたる紀伊半島室生山地（松岡ほか、一九八三）や準裏日本気候区が太平洋側に張り出す伊勢湾西岸（中村、一九七二）においても、比較的高い出現率が見られる。これに反し宮崎平野（外山、一九八二）や高知平野（中村、一九六五a）などの太平洋岸では、この時代以降ブナ属は減少傾向を示す。それは気候の温暖化で、西南日本の太平洋側の低地にはブナ林が生育できなくなったことを示す。また、秋田平野以北の日本海側の低地にもブナ属はわずかながら増加する。しかしその出現率は低い。北緯三九～四〇度以北はいまだ寒冷気候が支配的であり、ブナ林の発展に適さなかったことを示している。また、東北地方南部や関東平野あるいは瀬戸内海沿岸などの表日本気候区では、ブナ属の増加率は低い。

このように一万六五〇〇年前にはじまるブナ林の拡大は、日本海側の北緯三九～四〇度以南の現在の多雪地帯を中心に引き起こされている。また、太平洋側でも準裏日本気候区にあたる紀伊半島や準裏日本気候が太平洋側に張り出す伊勢湾西岸などで増加する。このことは、ブナ林の拡大が積雪量の増加と密接にかかわっていることを示している。

鈴木秀夫氏（鈴木、一九六二）の示した現在の気候区分に近い分布は一万六五〇〇年前以降形成されはじめた。そして晩氷期に入ってからの積雪量の増加は、気候の温暖化によって海面が上昇し、日本海に対馬暖流が流入を開始しはじめた時期（大場ほか、

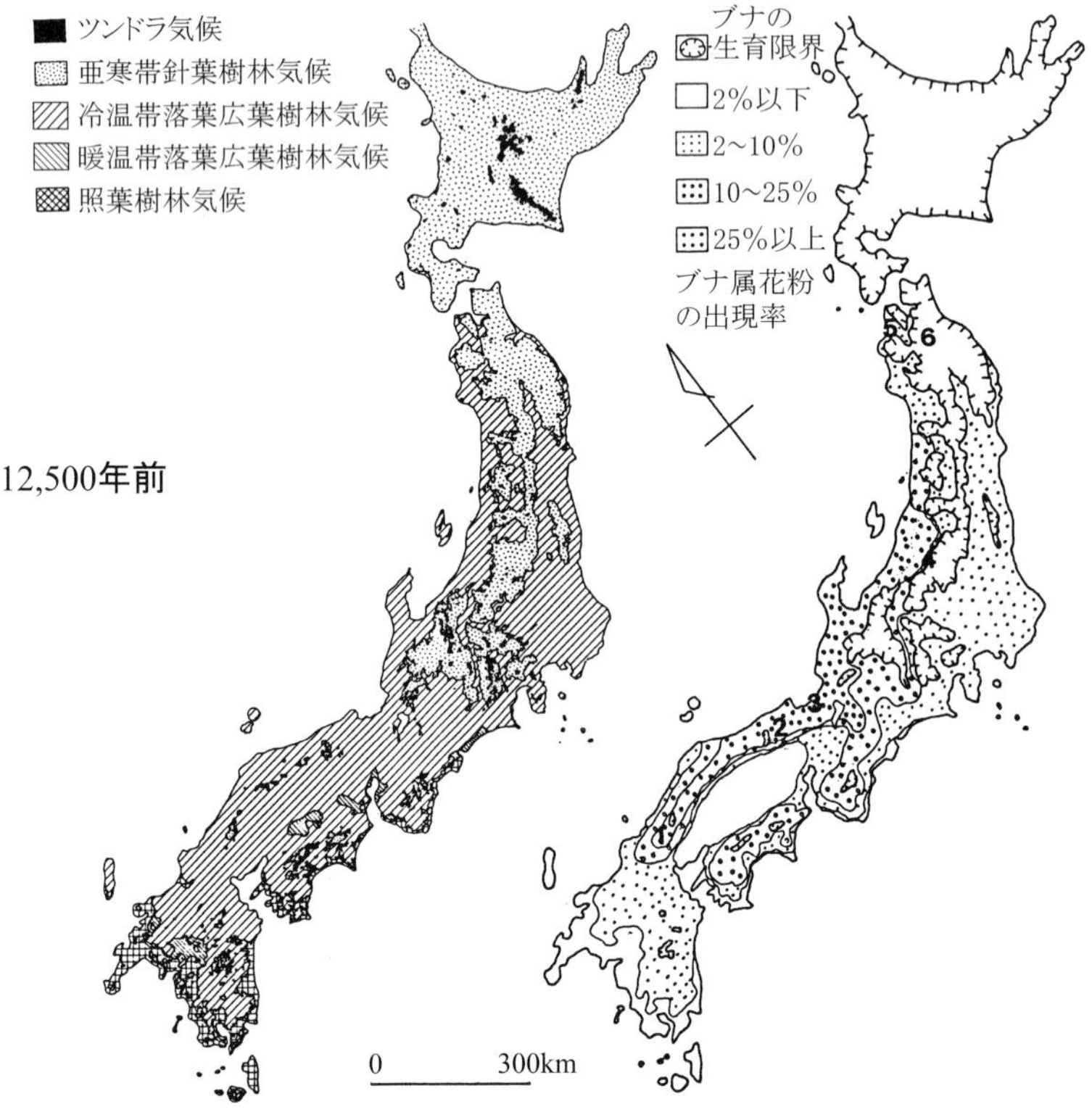

図 4-17　晩氷期（約 1 万 2500 年前頃）の日本列島の森林帯気候の分布図（左）（安田・成田，1981）**と ブナ属花粉の出現率（右）**（安田，1984a）

一九八〇）と対応している。すでに私（安田、一九八二b、八三b、Yasuda 2002）が指摘したように、一万六五〇〇年前は海洋性気候の開始期であり、ブナ林の発展は積雪量の増加とともにはじまっている。

海洋性気候の確立期

九五〇〇年前を境として、西日本の太平洋側の宮崎平野、高知平野、濃尾平野などからブナ属が著しく減少する（図4‐18）。これに反し、大阪湾沿岸（安田、一九七八）や日本海側の中海周辺（大西、一九七七）ではブナ属が増加する。日本海側のブナ属の増加は対馬暖流の日本海への本格的流入にともなう積雪量の増大によってもたらされた。一方、太平洋側の大阪湾沿岸のブナ属の増加はエノキ属、ムクノキ属、モミ属、ツガ属などの増加をともなっており、ブナではなくイヌブナの増加によるものであろう。島根

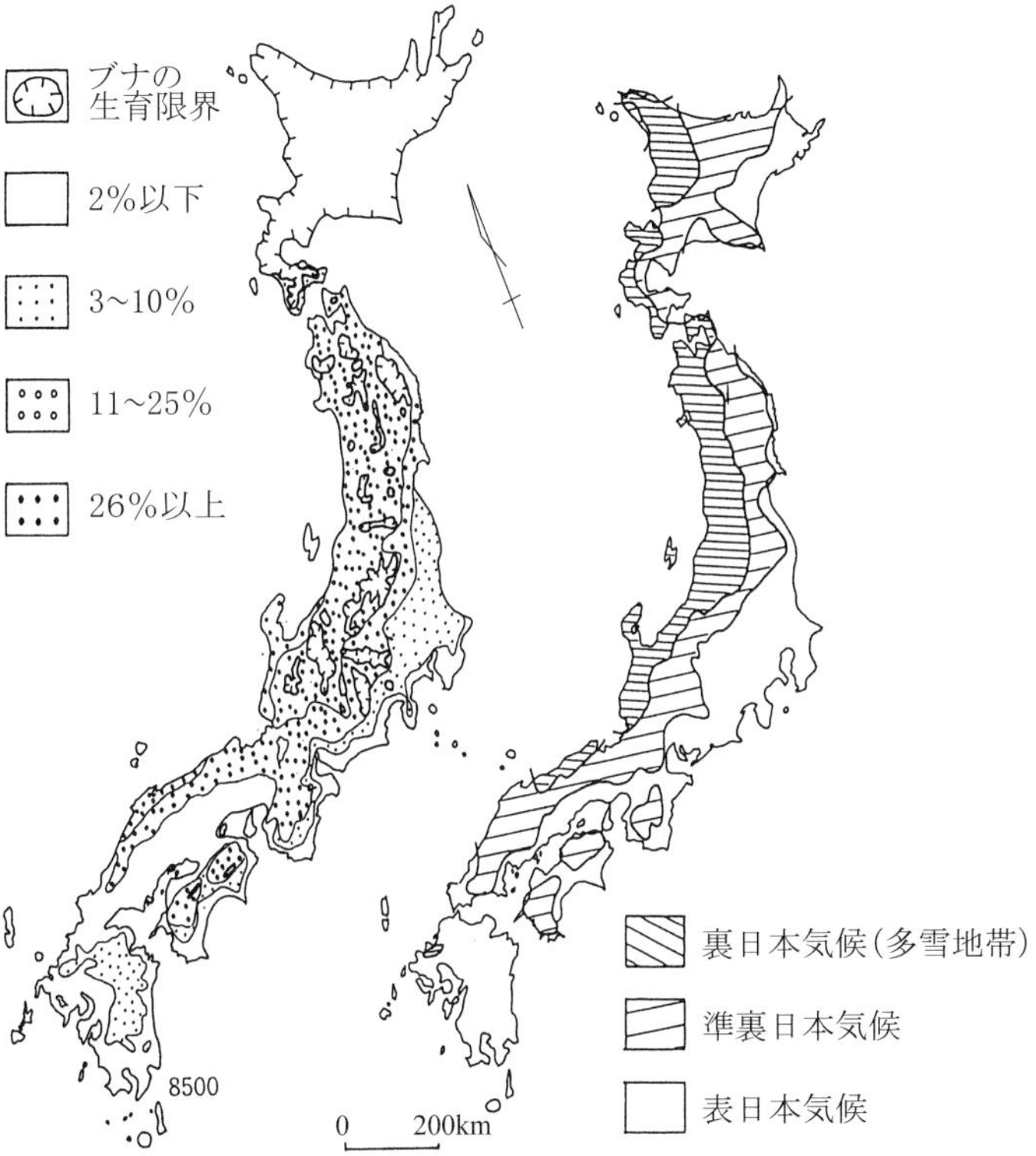

図 4-18　完新世初頭の約 9000 ～ 8000 年前頃の日本列島のブナ属花粉の分布図（左）（安田，1984 a）**と現在の日本列島の気候区分（右）**（鈴木，1962）

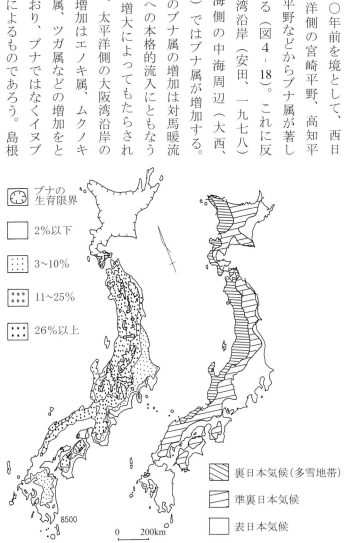

県沼原湿原（Yasuda, 1978）でも、ブナ属が九〇〇〇年前に減少したあと、再び増加してくる。それはエノキ属、ムクノキ属の増加をともなっており、イヌブナの増加に起因すると見られる。このように九〇〇〇年前以降、太平洋側の西日本の低地からは気候の温暖化によってブナ林は減少、消滅していく。そして、ブナ林の分布の中心地は東日本へと移動する。尾瀬ヶ原湿原では九〇〇〇年前以降、ブナ属の花粉の出現率が三〇％以上に達する。北緯四〇度以北の八甲田山（辻ほか、一九八三）などにおいてもブナ属が急増してくる。また、東北地方の太平洋側の岩手県春子谷地湿原（山中、一九七二）や宮城県根白石湿原（宮城ほか、一九七九）などでも高い出現率を示すようになる。やがて、八〇〇〇年前頃には津軽海峡を渡って北海道の渡島《おしま》半島にもブナ属が出現してくる（中村・塚田、一九六〇、紀藤、二〇一五）。

このように九〇〇〇年前はブナ林が本州においてほぼ現在に近い分布域に達した時代であり、対馬暖流が本格的に流入した海洋性気候の確立期である。

ブナ属の孤立分布期

日本のブナ林は現在、東北・中部地方以外には九州、四国、中国の各山地と紀伊山地に孤立分布している。こうした西日本のブナ林が孤立分布したのは七五〇〇年前である。四国山地や九州山地のブナ林はすでに九〇〇〇年前から孤立分布していたが、この時代に入ると、近畿地方、中国地方のブナ林も孤立する。比良山地、丹波山地（現在の兵庫・京都・滋賀）のブナ林は、姫路平野から加古川をさかのぼり由良川の谷底につながる低地によって中国山地のブナ林と分断されている。なお、この低地は、瀬戸内海から日本海側への照葉樹林が拡大する重要なルートでもあったのである。またこの時代、紀伊山地のブナ林も孤立分布するようになる。

七五〇〇年前ごろの東日本のブナ林は、準裏日本気候区に属する中部山岳から福島県南部にかけてと、東北地方北部に分布の中心があり、その中間の東北地方南部は、ブナ属の出現率が低い。仙台湾周辺以南の太平洋側の丘陵地帯のブナ属の出現率は著しく低く（Takeuchi, 1982）、東北地方北部の太平洋側の低地（山中、一九七二）や日本海側（Hibino, 1969）の低地でもブナ属が一〇％前後にまで減少する。

こうした西日本のブナ属の低地からの減少と山地への孤立分布、東北地方南部や太平洋側のブナ属の顕著な後退には、クライマティック・オプティマム期の気候の温暖化と冬期の積雪量の減少が深くかかわっている。

ブナ属の再拡大期

クライマティック・オプティマムとよばれる高温期に後退したブナ林は、四二〇〇年前頃の気候の冷涼・湿潤化とともに再び出現率を増加させる。

この時代のブナ属の増加はスギ属との競合の中で行われる。中国山地西部（Yasuda, 1978、畑中・三好、一九八〇）や東北地方北部の日本海側低地（加藤・日比野、一九七四）、あるいは東海地方の静岡県東部の低地（辻、一九七七）などでは、スギ属の増加がブナ属にまさり、ブナ属は著しい増加を示せない。

一方、この時代ブナ属が顕著に増加する所は、中国山地東部の日本海側（高原・竹岡、一九八〇）、四国山地（山中、一九七七、Yamanaka and Hamachiyo, 1981）、それに東北地方南部の太平洋側である。とくに仙台湾周辺では顕著である（安田、一九七三）。スギが拡大できなかった所にブナ属が拡大している。スギとブナがどのような競合関係の中で、その生育地を拡大していったかは今後の興味ある課題である。四二〇〇年前以降のスギとブナの増加は、冬期の積雪量の増加を示しているのであろう。

そしてこの時代のもう一つの特色は、北海道渡島半島の日本海側（中村、一九六五b、紀藤、二〇一五）を中心としてブナ林が発展することである。

三〇〇〇年前にはブナ林は、ほぼ現在の自然植生図に示される範囲に分布していた。その中で青森県亀ヶ岡遺跡周辺（Yasuda, 1978, Kitagawa and Yasuda, 2004）のように局所的にブナ属の出現率が低く、クリ属やトチノキ属など他の堅果類の落葉広葉樹が高い出現率を示す所がある。そこは人類のブナ林への干渉を物語っている。半栽培段階に達していたクリやトチノキの管理と育成と、縄文人によるブナ・ナラ林の破壊があった所である。

晩氷期以降のブナの拡大と地理的変異

河野昭一氏（河野、一九七四）は、日本のブナの葉の大きさの地理的変異を示す図を紹介している（図4-19）。このブナの葉形の地理的変異と、これまでみてきた晩氷期以降のブナ属の変遷史を比較してみると興味深いことがわかる。すなわち、晩氷期の一万六五〇〇年前にいち早くブナ林の拡大が見られた新潟平野から北陸、山陰の日本海側には、葉の大きさが三〇～三五平方センチメートルのものが分布している。これに反し、九〇〇〇年前に入ってようやく分布域を拡大できた東北地方北部には、葉形が三五平方センチ以上の大型のものが分布する。一方、一万六五〇〇年前以降減少に転じ、気候の温暖化、寡雪化のなかで孤立分布を深めていった太平洋側のブナの葉形は三〇平方センチ以下の小型になっている。

ブナの葉緑体ＤＮＡの分析

ブナは遺伝的分化が比較的明らかになっている樹種でもある。図４‐19に示すように日本海型ブナ林と太平洋型ブナ林は、葉の大きさが異なることは、古くから指摘されてきた。近年のＤＮＡ分析の進展（例えば Fujii *et al.*, 2002）によっても太平洋型ブナ林と日本海型ブナ林は明白に区別できることが明らかになった。Yasuda (2002) でも述べたように、一万六五〇〇年前から、日本海型ブナ林は確かに日本海側の北陸から新潟の多雪地帯を中心として北と南へと拡大し、北へ拡大したものは、紀藤（二〇一五）によれば、八〇〇〇年前には津軽海峡を越えて渡島半島まで到達した。この花粉分析の結果は、葉緑体ＤＮＡの分析結果（Fujii *et al.*, 2002）ともよく対応する。

一方、日本海型のブナ林の南への拡大は、弓ヶ浜半島の鳥取県と島根県の境界付近で止まっている。葉緑体ＤＮＡの分析結果では、太平洋型のブナ林と日本海型のブナ林の他に、中国山地西部・四国・九州のブナ林が区別されており、日本海型ブナ林の南進は、弓ヶ浜半島付近でとまり、そこから南は中国山地西部・四国・九州のブナ林の分布域となっている。

葉緑体ＤＮＡ分析によれば、鳥取県大山のブナ

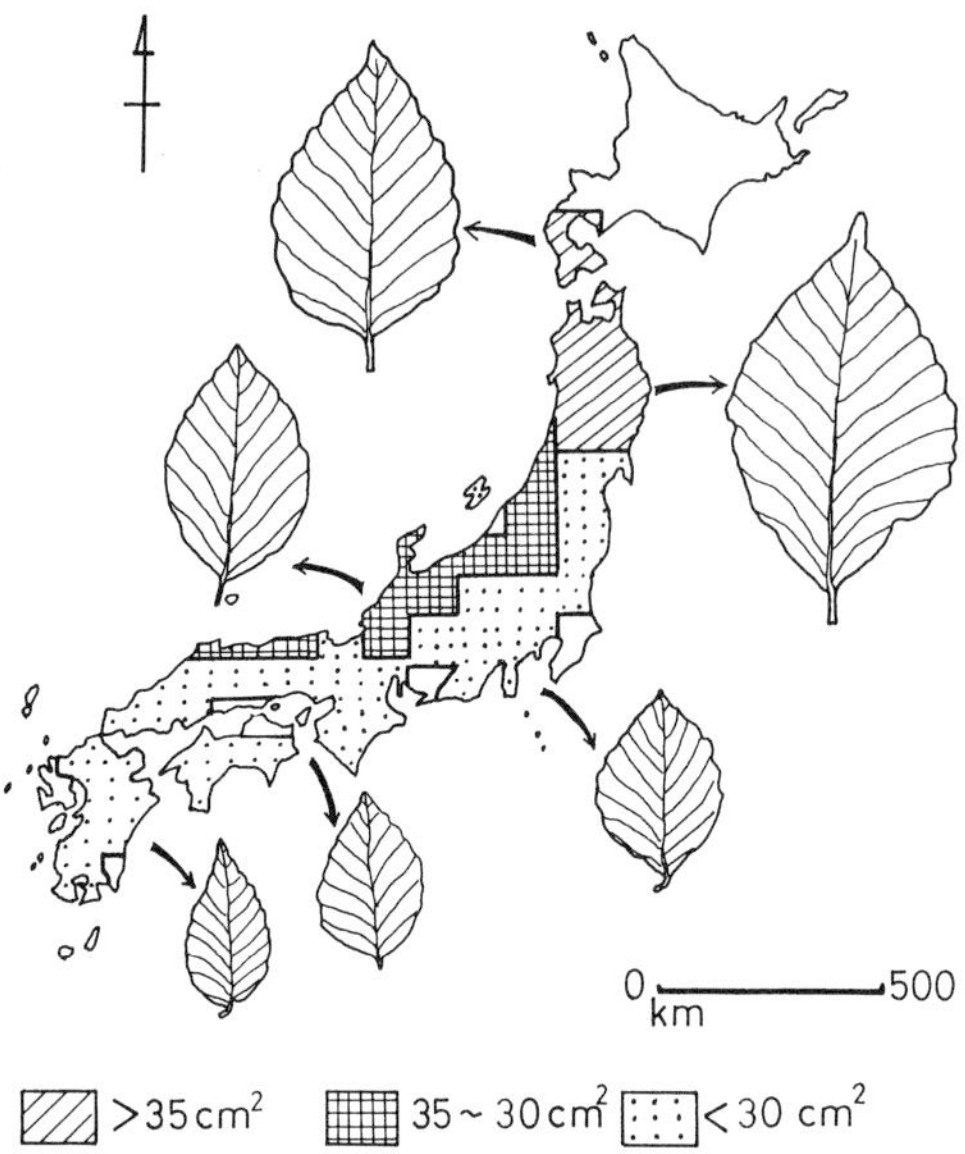

図 4-19　日本列島におけるブナの葉の大きさの地理的変異　（河野，1974）

林は日本海型ブナ林（グレイドⅠ）に相当し、島根県沼原湿原のブナ林は中国地方西部・四国・九州型のブナ林グレイドⅢになることになる。しかし、花粉分析の結果（Yasuda, 1978）では、島根県沼原湿原のブナ属花粉の挙動は、日本海型ブナ林の挙動と類似しており、島根県沼原湿原までが、日本海型ブナ林にふくめられてもいいように思う。

一方、葉緑体ＤＮＡの分析結果（Fujii *et al.*, 2002）では、太平洋型ブナ林が、愛知県から静岡県にかけて張り出してきた日本海型ブナ林によって、東北地方の太平洋側のブナ林と紀伊半島のブナ林に分断されている。しかし、日本海型ブナ林が太平洋側に張り出してきていると考えるより、静岡県などのブナ林は太平洋型ブナ林の亜型ハプロタイプもしくは日本海型ブナ林が移植されたものと考えるほうがよさそうである。

片井ほか（二〇一一）、Katai *et al.*(2013) 伊豆半島のブナの葉緑体ＤＮＡの分析を行い、最終氷期最寒冷期のブナ林の逃避地が予想外に近かったことを明らかにしている。現在伊豆半島には天城山地の海抜八〇〇メートル以上にブナが生育しているが、そのブナが最終氷期最寒冷期には、海抜三八五メートルの蛇石大池湿原以下にまで下降逃避していたことを指摘している。それは叶内（二〇〇五）の花粉分析結果にも明白に示されていた。

叶内ほか（一九八九）、叶内（二〇〇五）はスギとコウヤマキの逃避地を主として議論しているが、花粉分析の結果ではブナ属の花粉が最終氷期最寒冷期の開始期に相当する約二万五〇〇〇年前（補正値）から完新世の開始期に相当する約一万一五〇〇年前（補正値）まで、五～二八パーセント前後の出現率を示している。これまで得られた日本列島の花粉分析の結果で、最終氷期最寒冷期にブナ属が増加する花粉分析結果は、この叶内（二〇〇五）の花粉分析結果以外に私は知らない。これは Katai *et al.* (2013) が指摘しているように、あきらかに最終氷期最寒冷期に、ブナが蛇石大池湿原周辺以下の海抜まで下降逃避してきたことを物語る。

日本列島における逃避地とは、このような海抜の低い低地に逃避するという垂直移動の逃避を多く含んでいるのであろう。伊豆半島の天城山地の現在のブナ林の分布域と蛇石大池湿原の水平距離は、わずか一〇キロメートル離れているにすぎない。最終氷期最寒冷期の逃避地というと、ヨーロッパアルプス以北の冷温帯林の絶滅や、黒海沿岸や地中海沿岸への逃避という、水平的にも大規模な移動を想定しがちだが、山の多い日本列島の場合は、海抜を下げることによって逃避が可能であったと見なす必要があるだろう。

海面の低下によって陸地化した海岸部や山に囲まれた盆地底にひっそりと逃避していた冷温帯林や暖温帯林が、完新世の温暖期の到来とともに、爆発的に拡大・北上した。その背景には、こうした最終氷期最寒冷期の逃避地の特性（垂直方向の逃避）が深くかかわっていると見なすべきである。日本列島では、水平的な移動よりも垂直的移動によって近接したところに逃避地が設定できたのである。ヨーロッパアルプスは東西に連なり、寒さをさけて南進してきた植物はそこで絶滅せざるを得なかった。その大陸モデルをもって、日本列島の逃避地を思い描くのではなく、日本列島モデルをもって、これからは逃避地を思い描くことが必要なのではあるまいか。

堀田 満氏（堀田、一九七四）は、光合成の場である葉の面積を大きくすることは、初期生長において他の植物との競争に有利にはたらくことを意味し、逆に葉の小型化・狭葉化は、積雪の少ないことによる四～五月の乾燥した土壌水分条件に適応するためであろうと推定している。

ブナの葉の地理的変異と晩氷期以降のブナ属の分布地域の変遷はこのことを裏付けている。ブナの本拠地は冷涼・多雪地帯にあり、一万六五〇〇年前ごろの積雪量の増加とともに、新潟平野以南の日本海側の多雪地帯を中心として発展を開始した。九〇〇〇年前の気候の温暖化と対馬暖流の流入を契機としてより寒冷な東北地方北部に拡大していくとき、葉の大型化によって適応をとげていったと見られる。

一方、太平洋側のブナ林にとっては一万六五〇〇年前以降の気候の温暖化は、生育に不利な条件の増大を意味した。さらに、九〇〇〇年前の温暖化と夏期の乾燥化、七五〇〇年前の高温化と積雪量の減少などは、いずれもブナの生育に不利な条件をもたらし、しだいに生育地を縮小せざるを得なかった。こうした温暖化、乾燥化が進行するなかで、葉を小型化することによって不利な環境に適応・順化していったものと見ることができる。

もちろんこうした変異が一万六五〇〇年の間に現れたとは断言しがたい。第四紀の氷期と間氷期の類似した繰り返しの中で、このような適応・変異を獲得していったと思われる。

今西錦司氏(今西、一九三七)はブナを裏日本型を代表する樹木として位置づけた。晩氷期以降のブナ属の分布の変遷とその地理的変異は、この見解の正しさを立証している。ブナは冬の湿潤気候にすっぽり適応し、日本海側地域の特殊な条件に適応していると言える。

五　二つのブナ林の種の成熟と適応力

氷河の後退と暖流の流入

アルプス以北の中・西部ヨーロッパは、最終氷期最寒冷期にツンドラとなり、ブナ属やコナラ属コナラ亜属はその生育地を完全に奪われた。これに対し、日本列島では、ブナ林のおもな生育地は、海面の低下によって陸化した海岸低地や山に囲まれた盆地底に移動を余儀なくされたが、わずかに生きのびることができた。そして、晩氷期以降の気候の温暖化、湿潤化の中で、ブナ林は爆発的に増加していく。つまり、最終氷期最寒冷期は、ヨーロッパブナにとっても、日本のブナにとっても受難の時代であったが、前者のヨーロッパブナはヨーロッパの平原で完全に生育地を奪われたのに対し、後者の日本列島のブナは、各地の逃避地で果敢に生き延びた。

氷河の下になったり、周氷河地域の拡大によって生育地を完全に奪われたヨーロッパブナと、気候の大陸化、乾燥化によって発展することはできなかったが、ほそぼそながらも生育できた日本のブナとでは、晩氷期以降の拡大の様式が根本的に異なっていた。前者の拡大はかんまんであり、後者のそれは急速であった。

ヨーロッパブナと日本のブナの生育地の拡大と発展は、ともに晩氷期に入ってからの気候の温暖・湿潤化に求められた。しかし、その直接の発展のきっかけとなったのは、前者では大陸氷床の後退であり、後者では対馬暖流の影響の増大による積雪量の増加であった。つまり列島の島国化であった。ヨーロッパブナ林の拡大は、大陸氷床や周氷河作用によって平担化されたヨーロッパ平原に、人類の居住舞台が拡大していくことと相応的である。これに対し、日本のブナ林の拡大は、日本列島が大陸から孤立し、日本独自の海洋的風土が形成されることと相応的である。中・西部ヨーロッパのブナ林の拡大と、日本のブナ林の拡大の人類史において持つ意味とその影響のしかたは、このように出発の時点においてすでに相違していた。

日本の文明の原点とブナ林

日本列島では、一万六五〇〇年前にはじまるブナ林の生育地の拡大によって示される海洋性気候の拡大のなかで、土器文化が出現する。日本列島が大陸から分離し、積雪量が増加し、日本独自の海洋的風土が形成される中で誕生したこの土器文化を、私は日本文明の原点とみている（安田、一九八四a）。日本列島におけるブナ林の拡大は、日本文明の原点とも言うべき土器文化の誕生と密接にかかわっている。このことは日本の現在にまでつながる文明は、その出発の当初からブナ林と深くかかわってきたことを意味する。

一方、大陸氷床が後退していった後を追うヨーロッパブナ林の拡大は、すみやかではなかった。氷期にまったく生育地をうばわれたため、新たな地域に森が拡大していくには相当な時間が必要であった。氷期の寒さに耐えて各地にじっと生き続けてきたものが、晩氷期以降の温暖化と多雪化の中で、好機到来とばかりに爆発的に増加した日本列島とは大きく異なっていた。ヨーロッパブナが中・西部ヨーロッパに広く生育地を拡大できたのは、たかだか約二〇〇〇年前頃のことにすぎなかった。

種の成熟と適応力

ヨーロッパブナは日本のブナに比して、進化の段階でも若い種であると見られる。それと同じく中石器・新石器時代以降の人類とのかかわりにおいても、ずっと歴史の浅い森である。ヨーロッパブナ林の文明化は日が浅い。ヨーロッパブナの森と言っても、そのおもな林分はナラ類であり、ブナの構成比率は小さかった。中・西部ヨーロッパ文明の基層には、ヨーロッパブナよりもナラ類のほうが深くかかわっていた。

日本のブナは種としてもヨーロッパブナより長い歴史を有していると見られる。そのことは、種の地理的変異の大きさにも示されている。日本のブナの地理的変異は、晩氷期以降のブナの変遷の過程における適応・順化と深くかかわりがあった。すなわち、ブナは日本の多雪の風土にすっぽりと適応し、各地の風土に順応して地理的変異を獲得していった。

種の歴史が長いということは、その種を完全に絶滅させないだけのおだやかな自然が、長期間存続したことを意味する。ほんの二万年前、中・西部ヨーロッパの大半は、ヨーロッパブナの生育をゆるさない過酷な状態にあった（図4-11)。たしかに、その時期は、日本列島でもブナは発展できなかったが、しかし、その過酷な状態の中でも、日本列島のブナはほそぼそながら生きのびることができた。

日本のブナはヨーロッパブナに比して、めぐまれた風土の下での温室育ちである。オリエントブナやヨーロッパブナはコナラやミズナラのように萌芽する性質（切り倒した株の根本から再び芽生えること）を有し（図4-7・図4-8)、大陸氷床の拡大によって生育地がうばわれ、日本よりも大陸的で寒冷・乾燥な気候が支配した過酷な自然条件に適応してきた。これに対し、日本のブナは萌芽できない。いや萌芽する必要がなかったのである。温室育ちの日本のブナは、氷河時代にも、ヨーロッパブナよりめぐまれた条件で、生きのびることができたのである。

萌芽の形質をもたない温室育ちの日本のブナ林は、ヨーロッパブナと比べて雑草的なたくましさを欠くかもしれない。しかし、長い歴史の中を生きのびてきたことが重要である。日本のブナには必ずヨーロッパブナよりもすぐれた適応形質があるはずである。葉形に見られる地理的変異の大きさ、種内変異の大きさは、プラスの意味で積極的に評価されよう。

歴史時代に入ってからのヨーロッパブナの歴史もまた過酷であった。家畜をともなう麦作の混合農業地帯となったヨーロッパブナ林帯は、畑作牧畜農耕の拡大の中で、徹底的に破壊されていった。今日、我々が見るヨーロッパブナ林の多くは、一九世紀以降の人間の保護・植林によって、ようやく復活し生きのびて来たものである。ヨーロッパブナの歴史は、氷河時代の自然との闘いにおいても、後氷期に入ってからの人間との闘いの歴史においても、いずれも過酷な歴史であった。今日のヨーロッパブナ林の分布域の拡大はそういった過酷な闘いの歴史の中で獲得されたものなのである。

しかも、ヨーロッパ人はヨーロッパブナを植林する時、性質のよいまっすぐなヨーロッパブナの苗木を選んで植林した。このため、現在のヨーロッパブナの森は実に景観的にも美しいし、森の中を散歩していても気持ちがいい。これに対し、日本のブナ林は草本層・低木層・亜高木・高木層とブナ林の中に階層構造があり、びっしりと草木が生い茂りとても散歩する気にはなれない。

ヨーロッパブナの人工林は、高木層と低層の草本類しかない、一見美しい散歩のしやすい森だが、森林としては高木層と草本群落しかないひ弱な森なのである。高木層のヨーロッパブナが倒れたら、森はそれで終わりなのである。これに対し、日本のブナの森は、台風でブナの高木層の巨木が倒れたら、直ちに亜高木層が拡大成長する、再生力の強い森なのである。

六 ブナ林と未来の文明

再評価された時にはブナの森はない

稲作漁撈を中心とした日本においては、西日本の照葉樹林は弥生時代以降の農耕活動の中で破壊されたが、東日本のブナ林の破壊は著しいものではなかった。例えば仙台湾周辺において、丘陵地帯のブナ林が破壊され、アカマツの二次林の優占する現在にちかい景観が形成されるのは、幕末から明治時代に入ってからのことである（安田、一九七三）。

東北地方の奥山のブナ林が破壊されたのは、第三章で述べたように、第二次世界大戦後のことである。これまでの山村における森の再生を軸とした利用とは異なり、ブナ林の再生を念頭におかない一斉皆伐型の破壊が進行した。〃スギは金になるが、ブナは金にならない〃という価値観の下、経済効率が高いと判断されたスギやヒノキの植林が実施された。

東北地方のブナ林の大半が姿を消し、スギの造林地に変わったのは、第二次世界大戦後のことであった。こうして高度経済成長期以降、日本のブナ林は急速に姿を消していった。それは、大都市中心型、中央集権型社会の発展と裏腹の関係にあり、山村の崩壊と機を一にしていた。高度経済成長期以降、ブナと長らく共存してきた山村の人々が村を去り、ブナ林が都市型社会の利用にさらされたとき、日本のブナにとっては受難の時代のはじまりとなった。「金にならない」ブナは伐採後も放置され（図4‐20）、その後にスギが植林されていった。

ところが西欧型・都市型社会の進展のなかで、フローリング（加工床板）としての広葉樹の利用が急速に高まると、橅《ぶな》（木でない）とみなされ、「金にならない」と切り倒され放置されていたブナの価値が、急速に高まってきた（斎藤、一九八四）。そして今や、あれほどがんばって植林したスギは、花粉症を引き起こすにっくき敵《かたき》以外の何物でもなくなったのに、ブナの巨木は高値で取引されるようになった。おまけに環境保全思想がこれを後押しし、スギの植林より広葉樹の植林が奨励されるようになった。ブナをはじめとして広葉樹の価値の再評価は、と

図 4-20　伐採後放置されたブナの大木の幹
宮城県栗駒山.（撮影 安田喜憲）

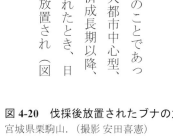

どまるところを知らないと言うのが現状である。

おまけに地球温暖化でますますブナの生育環境が悪化し、希少種になると、人々の目はブナに注がれるようになった。白神山地のようにブナ林が世界遺産になったことで、ブナ林の中に入ることさえ禁じられるところも出てきた。「金にならない」からと言って、あれほどほったらかしにされていたブナ林が、今や自然保護の対象になって来ているのである。

ブナ林と森の日本文化の伝統の消滅

生育環境にめぐまれ、萌芽のような雑草的たくましさの形質を獲得することなく育ってきた日本のブナ林は、破壊に弱い。萌芽による適応の欠如は、人間の森林破壊に対しては、致命的な弱点となる。種子による発芽・生長は、萌芽に比してはるかに効率が悪い。日本のブナ林はヨーロッパブナ林に比して、人間の破壊に弱いということができよう。いったん切り倒されたブナの根幹からは二度と若木が再生することはない。ブナの根幹は一代かぎりだ。

日本のブナ林は、氷河時代の自然との闘いの歴史においても、歴史時代に入ってからの人間との闘いにおいても、ヨーロッパブナに比して、はるかに恵まれた条件のなかでぬくぬくと生きのびてきた。

しかし、その温室育ちのブナ林が今、危機に瀕している。第二次世界大戦の敗戦と高度経済成長期以降、温室育ちの優等生のブナ林がつぎつぎと姿を消していく。ブナ林と深い共存関係をもち、縄文時代以来、一万年以上にわたって永続性の高い自然＝人間循環系の文明を維持してきた山村も崩壊していった（安田、一九八四b）。高度経済成長期以降、永い永い歴史を持つブナ林が姿を消し、縄文時代以来一万年以上の伝統を有してきた日本の山村が崩壊していく中に、私（安田、一九八四d、一九八五）は日本の文化の深層を形成してきた自然＝人間循環系に立脚した永続性の高い森の文化の崩壊を見た。その上、人間の発生した二酸化炭素やメタンによる地球温暖化によって、ブナの生育環境はますます悪化している

温暖で湿潤かつ島国という恵まれた海洋性風土のもとで、ぬくぬくとはぐくまれてきた日本のブナ林と、森の文化の伝統がいま眼前で消え去ろうとしている。

地球温暖化とナンキョクブナの消滅

アルゼンチンのバリロチェにあるナウエル・ウアピ国立公園（図４-21）には、コイウェと呼ばれるナンキョクブナ（*Nothofagus dombeyi*）の美しい森が生育している。国立公園の入口では入場料六五アルゼンチンペソ（約八〇〇円）を支払う。

ナンキョクブナ（コイウェ）は海抜約七〇〇〜一二〇〇メートルに分布し、高さ四〇メートル、胸高直径二メートル以上にもなる巨木である。葉は日本のブナのように大きくはなく、二〜三・五センチメートルと小さい（図４-22下）。もちろん夏は緑色、秋には赤く紅葉する。しかし樹肌がマツのように灰褐色でごわごわして、日本のブナやヨーロッパブナのようにすべすべした白い肌ではない。

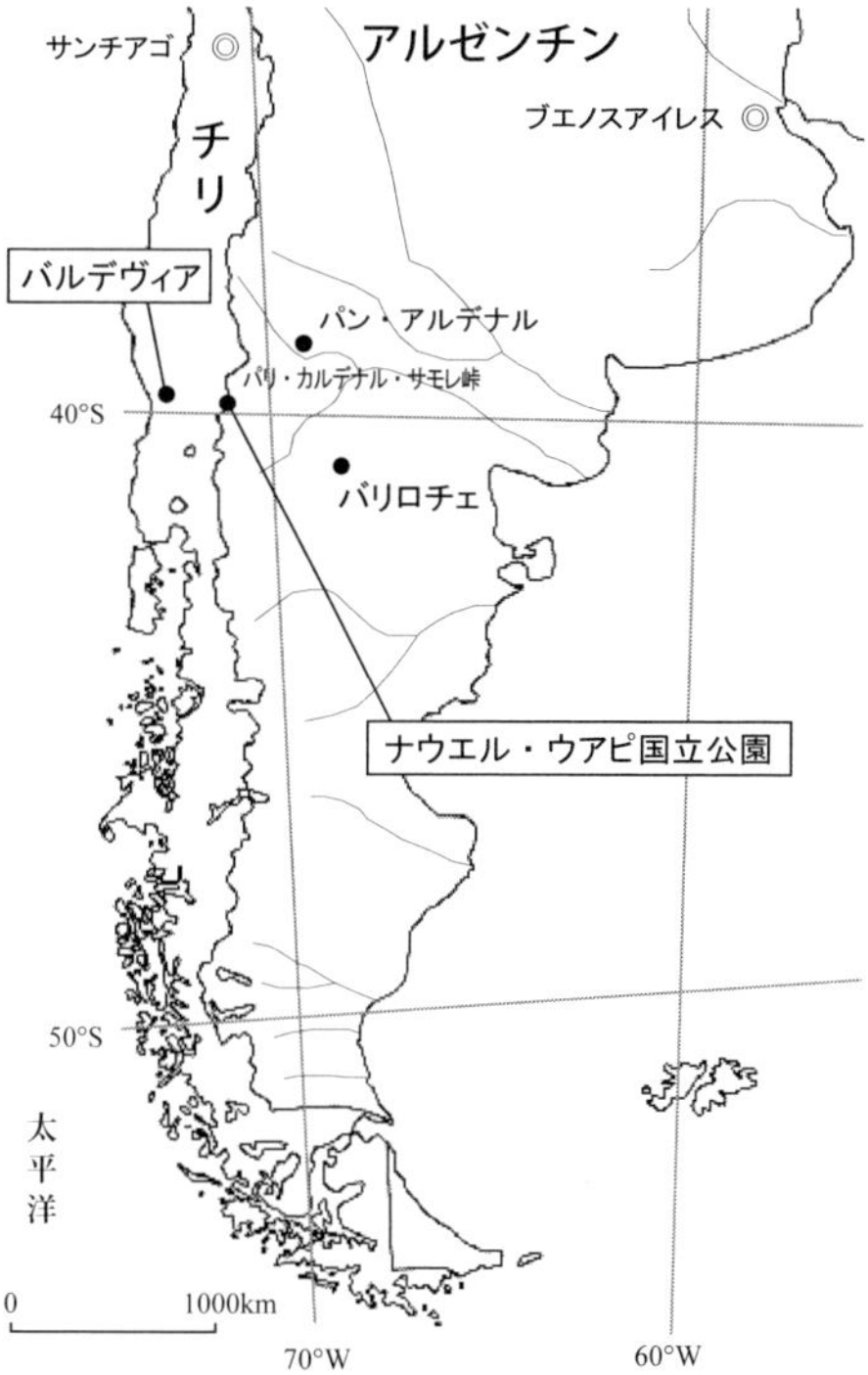

図 4-21　南米アルゼンチンのバリロチェにあるナウエル・ウアピ国立公園とチリのバルデヴィアの位置

チリのバルデヴィアは世界最大の震度マグニチュード 9.5 の巨大地震に見舞われた.　（原図 安田喜憲）

このナンキョクブナ（コイウエ）は、南緯四〇度から五〇度前後に見られる六種類以上のナンキョクブナの中で、特に湿った土壌を好み、湖岸や川添に分布する。アンデス・パタゴニア植生を代表する高木である。

図 4-22　南米アルゼンチンのナウエル・ウアピ国立公園のナンキョクブナ（上）と葉の拡大（下）（撮影 安田喜憲）

ところがこのナンキョクブナ（コイウエ）が今、大規模に枯れはじめた。遠くから見るとまるで日本のマツ枯れのように、白骨化した高木が林立している（図４-23）。

そのきっかけは二〇一〇年のチリのプジェウエ（Puyehue）火山の大噴火だった。このチリにある火山の大噴火によって、大量のパミス（軽石）が偏西風によって東側にあるアルゼンチン側に降り注ぎ、山肌をおおった。このためチリとアルゼンチンの国境パソ・カルデナル・サモレ峠（海抜一三〇八メートル）（図４-21）を超えてアルゼンチンに入ると、突然、白骨化した森林が出現してくる。パミスは表面の水分を吸収するために、パミスにおおわれた下部の大地は乾燥化し、植物が根っこから水を吸収できなくなり、枯れ死するのだ。

しかし、パミスの降灰からまぬがれたはずのナウエル・ウアピ国立公園で、ナンキョクブナ（コイウエ）が大規模に枯れていた（図４‐23）。その枯れ死の原因がパミスの降灰でないことは明らかだ。その原因は地球温暖化と、ここ二年の降水量の減少にあると地元の自然観察員は報告していた。地球温暖化による降水量の減少は、湿った土壌を好むナンキョクブナ（コイウエ）にとってきわめて大きな痛手になったのであろう。どこまでも続く白骨化したナンキョクブナ（コイウエ）の森の風景（図４‐24）は、

図 4-23　大規模に枯れはじめたナンキョクブナ
右上の山の斜面中腹，白く見える部分．下の写真２枚（図 4-24）は近づいて撮影したもの．（撮影 安田喜憲）

図 4-24　白骨化したナンキョクブナの林立する風景　（撮影 安田喜憲）

日本のマツ枯れの風景にそっくりだった。しかしそこではマツノザイセンチュウのような病気は報告されていない。

ナンキョクブナ（コイウェ）の枯れ死の原因は、地球温暖化とそれにともなう降水量の減少にあった。そのナンキョクブナ（コイウェ）が白骨化し枯れ木が林立する山肌を見て、私は数十年後の日本のブナの森の有様を思い描かずにはおれなかった。

第二次世界大戦後、東北地方に分布する天然のブナ林の七〇％以上が破壊され、スギの植林地に変わった。わずかに残った天然のブナ林も今、地球温暖化で危機に瀕している。しかしまだ日本のブナ林には、ナンキョクブナ（コイウェ）のように大規模な枯れ死現象は起きていない。しかし、それが起こるのは時間の問題かもしれない。

二〇一四年と二〇一五年の冬の東京は大量の雪に見舞われた。二〇一七年の冬は西日本が豪雪に見舞われた。東京の豪雪も西日本の豪雪も、地球温暖化の結果の可能性がある。海水温の上昇した太平洋沿岸の低気圧から供給された大量の水蒸気が豪雪をもたらしたのである。もちろん雪が大量に降る間は、ブナにとってはいい生育条件が続く。しかし、この雪が降らなくなり、冬の最低気温が上昇した時、ブナの死は突然に訪れる。

地球の反対側のナンキョクブナ（コイウェ）の枯れ死は、日本のブナの未来を予言しているように私には思えた。地球温暖化による異常現象はまず人間以外の植物に顕現する。南半球のナンキョクブナ（コイウェ）の枯れ死は「地球大異変」の兆しを物語っているのではないか。我々が地球温暖化に一刻も早い対策を講じることの緊急性を、ナンキョクブナ（コイウェ）は訴えているように思えてならない。

西進文明が東進文明を駆逐する最後の時代

梅棹忠夫氏（梅棹、一九五七）の「文明の生態史観」の視野は、ユーラシア大陸に限られていた。その視野を環太平洋にまで広げたのは川勝平太氏（川勝、一九九七）と私（安田、二〇〇二）であった。ようやく環太平洋文明の実態が明白になったのは、二一世紀になってからである。

環太平洋地域には稲作漁撈文明やマヤ文明、アンデス文明あるいはマオリ文明など、自然と共生し、命の水の循環を守る文明の精神を持った環太平洋文明が、すくなくともアングロサクロン人やスペイン人、ポルトガル人が西進してくるまでは存在した。環太平洋文明を担った人々は、太陽の昇る東へと進んだ。私（安田、二〇〇八b、一五a）はこうした文明を環太平洋生命文明とよんだ。

ところが、西部開拓に成功し、一九世紀のペリーの下田来航に象徴される西進活動、二〇世紀に入ってから太平洋戦争に勝利したアングロサクソン人が建国したアメリカは、超大国になった。いよいよ環太平洋地域の支配に乗り出してきた。環太平洋地域は、西進してきたアングロサクソン人やスペイン・ポルトガル人たちの畑作牧畜民の文明の手に今、落ちようとしている。その武器になっているのは市場原理主義・金融資本主義である。市場原理主義・金融資本主義を武器に、西進文明は環太平洋地域を支配しようとしている。

しかし、その時、ＮＯを突きつけたのが地球環境問題である。自然を一方的に搾取し、お金儲けするためには自然の生きとし生けるものの命などどうなってもかまわないという考えに立脚した市場原理主義・金融資本主義に、ＮＯを突きつけたのが地球環境問題である。世界は今、自然を一方的に搾取する畑作牧畜民の世界観に立脚した文明原理に代わる、あらたな文明原理の登場を待望している。

畑作牧畜の生業に立脚した西進文明は、人間の幸せしか考えなかった。そして、人間と家畜のみの世界を造りあげることを目指し、人間の幸せのために自然を一方的に搾取してきた。ところが本当の人間の幸せは、この地球の生きとし生けるものの生命《いのち》が輝いてこそ得られるのであることに、ようやく一部の人々は目覚めはじめた。今やこの美しい地球で人間が千年も万年も、人間以外の生きとし生けるものと共に暮らす文明原理が待望されているのである。

その新たな文明原理を内包するものこそが、稲作漁撈文明やマヤ文明・アンデス文明などの環太平洋生命文明なのである。そしてサイエンスの世界も、人間がこの地球に誕生した生物である以上、人間存在もまたこうした地球の生きとし生けるものから大きな影響を受けていることを重視しはじめた。環太平洋地域のブナの森の盛衰は、二一世紀の文明の興亡と深くかかわってくる。

第四章の引用文献

・新井房夫・大場忠道・北里洋・堀部純男・町田 洋「後期第四紀における日本海の古環境—テフロクロノロジー、有孔虫群集解析、酸素同位体比法による—」第四紀研究 二〇 一九八一年
・五百沢智也『鳥瞰図譜＝日本アルプス』講談社 一九七九年
・市原 実・亀井節夫「大阪層群—平野と丘陵の地質—」科学 四〇 一九七〇年
・伊藤真人「北アルプス南部、蒲田川、右俣谷の氷河地形」地学雑誌 九一 一九八二年
・今西錦司「日本アルプスの垂直分布帯の別ち方について」山岳 三二 一九三七年（今西錦司『日本山岳研究』中央公論社、および『今西錦司全集』第八巻 講談社 一九八〇年に所収）
・上山春平「一元史観と多元史観の対話」田中美知太郎編『歴史理論と歴史哲学』人文書院 一九六三年（上山春平『歴史と価値』岩波書店 一九七二年に所収）
・梅棹忠夫「文明の生態史観序説」中央公論 二月号 一九五七年（梅棹忠夫『文明の生態史観』中央公論社 一九六七年に所収）
・小野有五・堀信行・遠藤邦彦・安田喜憲「古環境による日本とその周辺の古気候復元」気象研究ノート 一四七 一九八三年
・大西郁夫「出雲海岸平野下第四紀堆積物の花粉分析」地質学雑誌 八三 一九七七年
・大場忠道・堀部純男・北里洋「日本海の二本のコアによる最終氷期以降の古環境解析」考古学と自然科学 一三 一九八〇年
・大場忠道「最終氷期以降の日本海の古環境」月刊地球 五 一九八二年
・川勝平太『文明の海洋史観』中公叢書 一九九七年

・川勝平太・安田喜憲『敵を作る文明・和をなす文明』ＰＨＰ研究所　二〇〇三年
・片井秀幸ほか「葉緑体ＤＮＡと核マイクロサテライト変異にもとづく静岡県内ブナ集団の遺伝的系統の推定」日林誌
九三　二〇一一年
・加藤君雄・日比野紘一郎「秋田県内泥炭の花粉分析」『秋田県立博物館調査報告書』秋田県教育委員会　一九七四年
・叶内敦子「伊豆半島南部蛇石大池湿原堆積物の花粉分析」駿台史学　一二五　一一九～一二九　二〇〇五年
・叶内敦子・田原 豊・中村 純・杉原重夫「静岡県伊東市一碧湖（沼地）におけるボーリングコアの層序と花粉分析」第四
紀研究　二八　一九八九年
・北村四郎「植物の分布」『原色日本植物図鑑（上）』保育社　一九五七年
・紀藤典夫「北海道南部における完新生の植生変化」安田喜憲・阿部千春編『津軽海峡圏の縄文文化』雄山閣　二〇一五年
・吉良竜夫『農業地理学の基礎としての東亜の気候区分』京都帝国大学農学部園芸学研究室　一九四五年
・吉良竜夫「温量指数による垂直的な気候帯のわかちかたについて」寒地農学　二号　一九四八年
・吉良竜夫「日本文化の自然環境」エナジー　四　一九六七年（吉良竜夫『生態学からみた自然』河出書房新社　一九七一
年に所収）
・吉良竜夫・吉野みどり「日本産針葉樹の温度分布―中部地方以西について―」森下正明・吉良竜夫編『自然―生態学
的研究』中央公論社　一九六七年
・吉良竜夫・四手井綱英・沼田 真・依田恭二「日本の植生―世界の植生配置のなかでの位置づけ―」科学　四六　一九七六年
・河野昭一『種の分化と適応』三省堂　一九七四年
・カエサル著、近山金次訳『ガリア戦記』岩波文庫　一九四二年
・斎藤 功「ブナ帯における森林資源の利用」、市川健夫ほか編『日本のブナ帯文化』朝倉書店一九八四年
・鈴木敬治「植生の変遷と植物個体の機能―葉の形態と機能―」金谷太郎編『環境と生物』地質学論集　三　一九六八年
・鈴木敬治・相馬寛吉・樫村利道・真鍋健一「法正尻湿原周辺の植生及び法正尻層とその植物化石群」、『猪苗代湖の自然』（文
部省特定研究・猪苗代湖の自然に関する総合研究、研究報告第三号）福島大学　一九八二年
・鈴木敬治・真鍋健一・吉田 義「会津盆地における後期新生代層の層位学的研究と会捧盆地の発達史」地質学論集　一四
一九七七年
・鈴木秀夫「日本の気候区分」地理学評論　三五　一九六二年
・鈴木秀夫『氷河期の気換』古今書院　一九七七年
・高原 光・竹岡政治「裏日本におけるスギの天然分布に関する研究（Ⅲ）―鳥取県管原湿原周辺における森林の変遷」
九一回日林論　一九八〇年
・辻 誠一郎「山木遺跡における花粉分析的検討」『山木遺跡第四次調査報告書』韮山町教育委員会　一九七七年
・辻 誠一郎・宮地直道・吉川昌伸「北八甲田山における更新世末期以降の火山灰層序と植生変遷」第四紀研究　一一
一九八三年

・外山秀一「大淀川下流における古環境の復原」立命館文学　四四六・四四七　一九八二年
・中尾佐助『現代文明ふたつの源流―照葉樹林・硬葉樹林文化―』朝日新聞社一九七八年
・中尾佐助「東アジアの農耕とムギ」、佐々木高明編著『日本農耕文化の源流』日本放送出版協会　一九八三年
・中村純「高知県低地部における晩氷期以降の植生変遷」第四紀研究　四　一九六五a年
・中村純「北海道第四紀堆積物の花粉分析学約研究Ⅲ―渡島半島二―」高知大学学術研究報告　一四一九六五b年
・中村純「濃尾平野およびその周辺地域の第四系の花粉分析学的研究」高知大学学術研究報告　二一　一九七二年
・中村純・塚田松雄「北海道第四紀堆積物の花粉分析学的研究Ⅰ―渡島半島（1）―」高知大学学術研究報告　九　一九六〇年
・那須孝悌「大阪層群上部の花粉化石について―堺港のボーリングコアを試料として―」地球科学　二四　一九七〇年
・那須孝悌「植物相からみた日本の中期更新世」第四紀研究　一九　一九八〇年
・新潟第四紀研究グループ「東京低地および新潟平野沖積層の生層序区分と堆積環境」地質学論集七　一九七二年
・畑中健一「花粉分析よりみた北九州周防灘沿岸地域の植生変遷」『西瀬戸内地域大規模開発計画調査』建設省　一九七三年
・畑中健一・三好教夫「宇生賀盆地（山口県）における最終氷期最盛期以降の植生変遷」日本生態学会誌　三〇　一九八〇年
・深井三郎「北アルプスの氷河地形の形成とその時期」式正英編『日本の氷期の諸問題』古今書院　一九七五年
・堀田満『植物の分布と分化』三省堂　一九七四年
・牧田肇「世界におけるブナ林帯の分布と特色」地理　二六　一九八一年
・松岡数充・西田史朗・金原正明・竹村恵二「紀伊半島室生山地の完新統の花粉分析」第四紀研究　二二　一九八三年
・水野和夫『資本主義の終焉と歴史の危機』集英社新書　二〇一四年
・宮城豊彦・日比野紘一郎・川村智子「仙台周辺の丘陵斜面の削剥過程と完新世の環境変化」第四紀研究　一八　一九七九年
・安田喜憲「宮城県多賀城址の泥炭の花粉学的研究―特に古代人による森林破壊について」第四紀研究一二　一九七三年
・安田喜憲「大阪府河内平野における過去一万三千年間の植生変遷と古地理」第四紀研究　六　一九七八年
・安田喜憲「福井県三方湖の泥土の花粉分析的研究―最終氷期以降の日本海側の乾・湿の変動を中心として―」第四紀研究
二一　一九八二a年
・安田喜憲「気候変動」加藤晋平ほか編『縄文文化の研究Ⅰ』雄山閣　一九八二b年
・安田喜憲「二つの文明回廊―硬葉樹林と照葉樹林の文化―」『常緑広葉樹林』山と渓谷社　一九八三a年
・安田喜憲「堆積物の各種分析からみた最終氷期以降の気候変動」気象研究ノート　一四七　一九八三b年
・安田喜憲「日本列島における過去五万年間の気候変化」吉野正敏編『世界気候プログラムにおける日本の古気候復原計
画』筑波大学気候学・気象学報告　八　一九八三c年
・安田喜憲「最終氷期以降の瀬戸内海沿岸の環境変遷史」古文化財総括班編『古文化財に関する保存科学と人文・自然科学』
（昭和五七年度年次報告書）一九八三d年
・安田喜憲「森林の荒廃が文明の盛衰に及ぼす影響の比較生態史的研究」（日産科学振興財団助成）一九八三〜一九八七年
・安田喜憲「ドングリと雪と縄文人」歴史公論　一〇三　一九八四a年

・安田喜憲「環日本海文化の変遷」国立民族学博物館研究報告　九　一九八四b年
・安田喜憲「山口遺跡の泥土の花粉分析」『山口遺跡Ⅱ』仙台市教育要員会　一九八四c年
・安田喜憲「森の文化―生態史的日本論―」現代思想　一二　一九八四d年
・安田喜憲「森林の荒廃と文明」随想森林　一一　一九八四e年
・安田喜憲「森の民としての日本人の空間認知」歴史地理学紀要　二七　一九八五年
・安田喜憲『森林の荒廃と文明の盛衰』思索社　一九八八年、のちに新装版　新思索社　一九九五年
・安田喜憲『気候と文明の盛衰』朝倉書店　一九九〇年
・安田喜憲『東西文明の風土』朝倉書店　一九九九年
・安田喜憲『日本よ森の環境国家たれ』中公叢書　二〇〇二年
・安田喜憲「東アジアの大三角形地帯」比較文明研究　一三　二〇〇八a年
・安田喜憲『生命文明の世紀』第三文明社　二〇〇八b年
・安田喜憲『稲作漁撈文明』雄山閣　二〇〇九a年
・安田喜憲『山は市場原理主義と闘っている』東洋経済新報社　二〇〇九b年
・安田喜憲『ミルクを飲まない文明』洋泉社歴史新書　二〇一五a年
・安田喜憲『日本神話と長江文明』雄山閣　二〇一五b年
・安田喜憲編著『文明の原理を問う』麗澤大学出版会　二〇一一年
・安田喜憲・成田健一「日本列島における最終氷期以降の植生図復元への一資料」地理学評論　五四　一九八一年
・安田喜憲・坪田博行「日本列島沿岸の海洋環境の変動と古気候」平野敏行編『海の環境科学』恒星社厚生閣　一九八三年
・安田喜憲・塚田松雄・金遵敏・李相泰・任良宰「韓国における環境変遷史と農耕の起源」『文部省海外学術調査報告・韓国における環境変遷史』　一九八一年
・柳町治「木曽山脈北部における氷河の消長と編年」地学雑誌　九二　一九八三年
・柳町治「木曽山脈北部における最終氷期の地形形成帯・植生帯の垂直分布」地理学評論　五七　一九八四年
・山野井徹・新戸部隆「魚沼層群の花粉層序学的研究―そのⅡ・十日町西部地域―」第四紀研究　九　一九七〇年
・山中三男「岩手県低地帯湿原の花粉分析的研究（Ⅱ）春子谷地湿原」日本生態学会誌　二二　一九七二年
・山中三男「高知県カラ池湿原の植生および花粉分析的研究」高知大学学術研究報告　二六　一九七七年
・Bottema, S. : Late Quaternary vegetation history of northwestern Greece, Ph. D, dissertation, State University of Groningen, 1974.
・Bozilova, E. and Djankova, M.: Vegetation development during the Eemian in the North Black Sea Region. *Phytology*, 4, 25-33, 1976.
・Flint, A.: *Glacial and Quaternary Geology*. John Wiley and Sons, New York, 1971.
・Fujii, N. *et al.*:Chloroplast DNA phylogeography of *Fagus crenata* (Fagaceae) in Japan. *Plant Systematics and Evolution*, 232, 21-31, 2002.

- Grüger, E.: Pollenanalytische Untersahtlng zur würmzeitlichen Vegetatonsgeschichte von Kalabrien. *Flora*, 166, 427-489,1977.
- Hibino, A.: Fossil and air-borne pollen in relation to the living vegetation in Mt. Hakkoda. *Ecol. Review*17, 103-108,1968.
- Hibino, A.: Pollen analytical studies of moors in Mt. Iwaki, *Ecol. Review*, 17, 197-201,1969.
- Horvat, I, Glavač, V. and Ellenberg, H.: *Vegetation Südosteuropas*. Gustav Fischer, Stuttgart, 1974.
- Huntley, B. and Birks, H.: *An atlas of past and present pollen maps for Europe : 0-13000 years ago*. Cambridge Univ. Press, 1983.
- Katai H. *et al*.,: Indigenous genetic lineages of *Fagus crenata* found in the Izu Peninsula suggest that there was one of refugia for the species during the last glacial maximum. *Journal of Forest Research*,18 418-429, 2013.
- Kitagawa, J. and Yasuda, Y.: The influence of climatic change on chestnut and horse chestnut preservation around Jomon sites in Northeastern Japan with special reference to the Sannnai-Maruyama and Kamegaoka sites. *Quaternary International*, 123-125, 89-103, 2004.
- Liu Dongsheng and Ding Menglin: The characteristics and evolution of the palaeoenvironment of China since the late Tertiary. in;Whyte, A.(ed.); *The evolution of the East Asian environment*, vol.1, Univ. Hong Kong, 11-40,1984.
- Okuda, M., Yasuda, Y. and Setoguchi, R.: Middle to late Pleistocene vegetation history and climatic changes at Lake Kopais, southeast Greece. *Boreas*, 30, 73-82,2000.
- Sakaguchi, Y.: Climatic changes in Central Japan since 38400 yBP. *Bull. Dep. Geogr. Univ. Tokyo*, 10, 1-10, 1978.
- Tai, A: A study on the pollen stratigraphy of the Ôsaka Group, Pliocene Pleistocene Deposits in the Ôsaka Basin, *Memoirs. Facul. Sci. Kyoto Univ. Series Geol*. 39,123-165, 1973.
- Takeuchi, S.: The latest glacial and Holocence vegatational history of the lower Ota river basin, Fukushima Prefecture, Japan. "*Saito Ho-on Kai Museum Reserch Bulletin*, 50, 1982.
- Turner, J. and Greig, A.: Some Holocene pollen diagrams from Greece. *Review of Palaeobotany and Palynology*, 20, 171-177, 1975.
- Walter, H., Harnick, E., and Mueller-Dombois, D.: *Climate-diagram maps*. Springer-Verlag, Berlin, 1975.
- Wijmstra, T. A.: Palynology of the first 30 meters of a 120 m deep section in northern Greece. *Acta Bet. Neerl*, 18,511-528, 1969.
- Yamanaka, M. and Hamachiyo, M.: Palynological studies of the Holocene deposits from the Kannarashi-ike bog in the Shikoku Mountains. *Memoirs Facul. Sci. Kochi Univ. Series D (Biology)*, 2, 11-18, 1981.
- Yasuda, Y.: Early historic forest clearance around the ancient castle site Tagajo, Miyagi Prefecture, Japan. *Asian Perspective*, 19,42-58, 1978.
- Yasuda, Y., Kitagawa,H., Nakagawa, T.: The earliest record of major anthropogenic deforestation in Ghab Valley, northwest Syria: a palynological study. *Quaternary International*, 73/74, 127-136, 2000.
- Yasuda. Y. (ed.) : *The Origins of Pottery and Agriculture*. Lustre Press and Roli Books, Delhi, 2002.

第五章
ナラ林文化と照葉樹林文化

宮崎県綾町の照葉樹林
（撮影 安田喜憲）

一　照葉樹林文化とナラ林文化の農耕

ナラ林文化と照葉樹林文化の発展段階

照葉樹林文化の提唱者は中尾佐助氏（中尾、一九六六）である。その「照葉樹林文化（中尾、一九六七）の中心は、縄文時代にある」という時間軸を設定したのは、一九六九年のシンポジウムにおいてである。

その序説の中で上山春平氏は、「照葉樹林文化を基本的に山棲み的文化と見なし、焼畑における雑穀栽培にそのクライマックスを想定し、しかも鉄器時代に入るころにはその独自性が失われてしまっていると言うかぎり、日本における照葉樹林文化の典型期を求めるならば、それは縄文時代以外には見いだせないということになる」と述べた（上山編、一九六九）。

照葉樹林文化のクライマックスにあたる「照葉樹林焼畑農耕文化」の時期を、縄文時代の後・晩期に特定したのは佐々木高明氏（佐々木、一九七一）である。佐々木氏は一九八二年の段階（佐々木、一九八二）において、これまでの考古学・古植物学の成果を総括し、

（1）プレ農耕段階（照葉樹林採集・半栽培文化）

（2）雑穀を主とした焼畑段階（照葉樹林焼畑農耕文化）

（3）稲作ドミナント段階（水田耕作農耕文化）

という三つの特徴的な発展段階を設定した。そして佐々木氏（佐々木、一九八六ａ）は、（1）プレ農耕段階の文化の中には、地域によって原初的な農耕が営まれている例を指摘し、この時代の農耕を原初的農耕（incipient agriculture）とし、（2）雑穀を主とした焼畑段階を初期的農耕（early agriculture）と類型区分した。ここに照葉樹林帯における農耕類型の発展段階は、

（1）原初的農耕（縄文時代前期・中期頃）

（2）初期的農耕（縄文時代後期・晩期頃）

（3）水田耕作農耕（縄文時代末あるいは弥生時代初頭以降）

に区分されることとなった。そして照葉樹林文化のクライマックスは、縄文時代後・晩期頃に比定される（2）の初期的農耕に求められるとしたのである。

このように、縄文時代の西日本の照葉樹林帯には、すくなくとも縄文時代前期以降、原初的農耕―初期的農耕―水田耕作農耕という発展段階が想定されるようになった。しかし佐々木氏が指摘しているように、こうした縄文時代の農耕の発展段階は、いまのところ西日本の照葉樹林帯にかぎられる。

これに対して、東日本の落葉広葉樹帯に想定されるナラ林文化には、

（1）プレ農耕段階

（2）農耕段階

（3）崩壊段階

という暫定的な発展段階が想定されている（佐々木、一九八四）。

このうち（1）プレ農耕段階は、クルミ・クリ・ドングリなどの堅果類や球根の採集、漁撈・狩猟をおもな生業とする段階で、これには東日本の縄文文化が比定される。つづく（2）農耕段階は、ソバ・ダイズ・アワ・ムギなどの北方系作物を主作物とする農耕とブタの飼育を行い、あわせて狩猟や漁撈をも重要な生業とする段階で、縄文時代後・晩期以降の文化が、この影響下にあると見られ、これが典型的なナラ林文化であるとされる。最後の（3）崩壊段階は、狩猟民・牧畜民などの侵入の影

響などによって、ナラ林文化が崩壊する段階をいう。

ナラ林文化の提唱者である中尾佐助氏は、紀元前三〇〇〇年頃に出発したナラ林文化は、紀元後一〇〇〇年前までに崩壊したと考えている（佐々木ほか、一九八三）。その崩壊の原因には、遊牧民や牧畜民の侵略と気候の寒冷化があげられている。

こうしたナラ林文化については、私（安田、一九八〇a）も縄文文化との深いかかわりを指摘し、クリ・トチノキなどの堅果類の半栽培とソバをともなう農耕が、ナラ林文化の重要な生業であることを明らかにした（安田、一九八二a）。

この章では、縄文時代のナラ林文化と照葉樹林文化の発展を支えた地球環境史的背景と生業を、これまでの花粉分析の結果から復元したい。

二　ホモ・サピエンスの進化と照葉樹林

現間氷期は照葉樹林の生育に適していた

地球の気候は、約一〇万年の周期で氷期と間氷期を交互に繰り返していた。では、一四万年前〜一一万五〇〇〇年前のもうひとつ前の間氷期はどうであろうか。

このもう一つ前の間氷期の時代に、カシ類やシイ類の照葉樹林が発展したかどうかというと、福井県三方湖の花粉分析の結果（安田、一九九八）（図２‐１）では暖温帯性のサルスベリ属などの花粉は高い出現率を示すが、カシ類やシイ類の花粉は間氷期の終わり頃に二〇％前後出現する程度であった（図２‐１）。

現在の間氷期よりもうひとつ前の間氷期を、ヨーロッパではエーミアン間氷期、日本では下末吉間氷期と言った。このもうひとつ前の下末吉間氷期、エーミアン間氷期の気候は、カシ類やシイ類の照葉樹の森の発展には適していなかったのである。

滋賀県琵琶湖の花粉分析の結果（三好、一九九五）でも、エーミアン間氷期には、カシ類やシイ類の花粉が少ししか出てこない。さらにもうひとつ前の間氷期では、ますます減っている。さらにそのもうひとつ前の間氷期には、カシ類やシイ類の照葉樹の花粉はほとんど出現しない。ところがさらにもうひとつ前の間氷期だと、急激に増加し、五〇％以上に達しているのがわかった。もちろん分析の精度（琵琶湖の場合は一メートル間隔）にも問題があるが、高精度（五～一〇センチメートル間隔）の三方湖の花粉分析結果（安田、一九九八）においても、間氷期には、照葉樹林の繁茂に適した間氷期とそうでない間氷期が存在するので、これは事実として認めてよいであろう。

間氷期にはいつでもカシ類やシイ類の照葉樹林が拡大するわけではない。間氷期には照葉樹林の拡大に適した間氷期と、そうでない間氷期がありそうである。どうやら気候が暖かければ、カシ類やシイ類の森が増えるというわけではないようだ。やはり、カシ類やシイ類の照葉樹の森が増えるためには、それなりの気候条件、土壌水分条件が必要なのである。

現間氷期は、まさにそういう面では、カシ類やシイ類の照葉樹の森の発展にまことに適応した気候条件を持っていたことになる。それ以前の間氷期は、カシ類やシイ類の照葉樹の森には、必ずしも適していなかった。もっとも適したのは、四つ前の間氷期である。この四つ前の間氷期には、確かにカシ類やシイ類の花粉が多産した。この時代は現間氷期と似たような気候条件があったことになる。しかし、それ以降、現間氷期までの三つの間氷期は、カシ類やシイ類の生育には適していなかったのである。

私たちの直系の祖先である現代型新人ホモ・サピエンスは、約二〇万年〜一五万年前に誕生したと言われている。ホモ・サピエンスが約二〇万年前に誕生してから体験した間氷期の中で、照葉樹林が発展できたのは、まさに現間氷期のみであった。

一四万年前〜一一万五〇〇〇年前の、ヨーロッパでエーミアン間氷期、日本で下末吉間氷期とよばれる間氷期には、カシ類やシイ類の森はあまり発展することができなかった。現代型新人ホモ・サピエンスが二〇万年〜一五万年前に誕生するが、その脳容積と現代人の脳容積は、ほとんど変わらないと言われている。したがって、もうひとつ前のエーミアン間氷期でも、現代型新人ホモ・サピエンスは文明を発展させてもいいのだが、なぜか現代型新人ホモ・サピエンスは、エーミアン間氷期では文明を発展させることができず、その後、七万年近い氷河時代を経て、今から約一万一五〇〇〜一万一七〇〇年前にはじまる、現間氷期においてはじめて、文明を手にすることができた。

この、現間氷期においてのみ人類が文明を手にすることができた背景には、言語の獲得などの現代型新人ホモ・サピエンスの進化とともに、カシ類やシイ類の照葉樹の森の発展に適したという気候条件が、どこかで深くかかわっていたと、私（安田、二〇一六）は考えている。

現代型新人ホモ・サピエンスは照葉樹林の時代に文明を発展させた

私たちの直系の祖先である現代型新人ホモ・サピエンスは、約二〇万〜一五万年年前に誕生した。現代型新人ホモ・サピエンスが約二〇万年前に誕生してから体験した間氷期の中で、照葉樹林が発展できたのは、まさに現間氷期のみであった。

現代型新人ホモ・サピエンスは、照葉樹林が発展する時代に文明を発展させることができたということは重要である。照葉樹林が発展できる気候条件が、現代型新人ホモ・サピエンスに文明を発展させる舞台を提供したのである。その気候条件のカギを握るのは降水量であろう。カシ類やシイ類それにタブやクスの森が発展するためには、温暖な気候だけではなく、年間を通して十分な降水量があることが必要である。降水量が少ないと、ウバメガシのような硬葉樹しか繁茂できない。

中尾佐助氏（中尾、一九六六）が照葉樹林文化を提唱し、宮脇昭氏（宮脇、二〇一三）が潜在自然植生としての照葉樹林こそ本物の森であり、これを植栽することが必要であると説く背景には、大きな意味があったのである。照葉樹林が生育できる気候風土こそ、我々、現代型新人ホモ・サピエンスが文明を手にし、繁栄を謳歌できる歴史の舞台を提供していたのである。

現間氷期でのみなぜ文明が誕生したのか？

一五万年前には確実に現代型新人ホモ・サピエンスは誕生しており、以来、現代型新人ホモ・サピエンスの脳が、時代が進むにつれてどんどん大きくなっていったという証拠はなかった。そこで脳の容積よりも神経伝達回路の発達が注目されている。

現代型新人ホモ・サピエンスは言語を約七万～五万年前の亜氷期の寒冷期に獲得し、約三万三〇〇〇年前の最終氷期の寒冷期に突入する時代に、一つの石核から大量の石器をつくることができるようになった。これは「後期旧石器革命」（加藤、一九八八）とよばれる技術革新であった。こうした技術革新は、脳の神経伝達回路が発達した結果であったと見なされる。

注目されるのは、こうした現代型新人ホモ・サピエンスが新たな技術革新を成し遂げる時代が、いずれも最終氷期の中の気候悪化の時代に相当していることである。

C・ジンマー（二〇一二）が指摘するように、「ヒトの脳の進化が社会的圧力によって起きた」のであれば、その社会的圧力は気候変動によって、増幅されたのであろう。かつて私（安田、一九八七a）は、ネアンデルタール人が絶滅し、現代型新人ホモ・サピエンスが発展できる契機は、最終氷期の寒冷期に向かう気候悪化にあったという説を提示した。現代型新人ホモ・サピエンスは最終氷期の寒冷期を生き延びる技術を獲得し、ネアンデルタール人はその寒冷気候に適応できずに絶滅した。

そうした現代型新人ホモ・サピエンスが最終氷期の寒冷な気候に適応するための技術革新が、一つの石核から大量の石器をつくりだす技術革新であった。たしかに、ネアンデルタール人も石器づくりの名人だったが、彼らは一つの石核から一つの石器しかつくれなかった。現代型新人ホモ・サピエンスは、一つの石核から大量の石器をつくりだす技術革新を、最終氷期の寒冷期に突入する気候悪化の時代に成し遂げた。

そして最終氷期の寒冷期から現間氷期の温暖期に移行する激動の晩氷期に、現代型新人ホモ・サピエンスは農耕革命を成し遂げることによって、現間氷期における文明の発展をもたらす契機をつくりだした。

しかし、なぜもうひとつ前のエーミアン間氷期で、現代型新人ホモ・サピエンスは大きな飛躍を遂げることができなかったのか。しかも、エーミアン間氷期は二万五〇〇〇年以上もの間続いた。なのになぜ、現代型新人ホモ・サピエンスは文明を誕生させることができなかったのか。

エーミアン間氷期の地球環境史的背景をさらに詳細に調べてみた。すると、エーミアン間氷期には、温暖な時代がたしかにあることはわかるが、温暖な時代と寒冷な時代が何度も入れ替わっていて、後半は冷涼であったことが判明した（安田、二〇一四）。

一方、現間氷期を見ると、非常に安定した温暖な時代が過去一万一五〇〇年間継続してきた。これに対してエーミアン間氷期の気候は、一気に温暖化するけれど、また寒くなり、そして再び温暖化するというようにきわめて気候が不安定だったことが明らかとなった（安田、二〇一四）。

もしかすると、これから気候変動期に入るのかもしれないが、少なくともひとつ前のエーミアン間氷期に比べて、現在の間氷期の気候はたいへん安定していることがわかる。おそらくこの安定した気候条件が、現代型新人ホモ・サピエンスに文明を発展させることを可能にしたと思う。

現代の私たちは文明を謳歌し、地球を支配し、自然を支配し、人間の王国を作ることに成功している。だがそういう文明を誕生させることができたのは、現間氷期の気候がきわめて安定しているという条件によってはじめて可能であったのではあるまいか。

現代型新人ホモ・サピエンスは変動する地球環境に適応する中で、新たな技術革新を成し遂げ、生き延びるための知恵と技術を獲得していった。その技術革新が脳内の神経伝達回路の発達によってもたらされたとしても、その神経伝達回路の発達をもたらす契機は、やはり地球環境の変化にあった。

しかし、今、私たちはその現代型新人ホモ・サピエンスに刺激を与え文明を育んだ安定した現間氷期の気候を、自らの手によって改変し、気候を不安定化させ、地球温暖化という危機を自らの手で将来させつつあるのである。

三　照葉樹林文化の発展段階

福井県鳥浜貝塚と三方湖

鳥浜貝塚は、福井県三方上中郡若狭町鳥浜の、三方湖に面した台地端に立地する（図5-1）。この遺跡の主要な遺物包含層は、現地表下三メートル前後の鰣《はす》川の沖積層下に埋没している。

図5-2右左（安田、一九八四a）には鰣川右岸の写真を、図5-3には模式的層序を示した。台地端から湖沼・湿原にむかって、貝層などの人為的影響のもとに形成された堆積物の深度は深くなり、かつ層厚は薄くなっている。ここでは、こうした層序を示す鰣川右岸と、左岸の二地点の花粉分析結果について報告する。花粉分析の方法は第三章で述べた。泥炭・貝・木片の^{14}C年代測定は山田治氏（山田・小橋川、一九八五）と日本アイソトープ協会によって行われたものを補正値で示した。

環境変遷史

図5-4には鰣川右岸の鳥浜貝塚一九八〇年80R区の花粉ダイアグラム（安田、一九八四a）と、笠原安夫氏（笠原、一九八一）による出土種子の変化を示した。

さらに図3-14や図4-15の花粉分析結果などから、過去一万六五〇〇年間の三方湖と鳥浜貝塚周辺の環境変遷史を見てみると、以下のごとくになる。

【一万六五〇〇～一万五〇〇〇年前】　この時代はコメツガ・五葉マツ類（マツ属単維管束亜属）・モミ属・トウヒ属などの針葉樹と、ヤナギ属・カバノキ属・ハンノキ属が高い出現率を保持している。しかし、その一方で氷河時代の寒冷期に発展できなかったブナ属が、一万六五〇〇年前から増加しはじめる。この時代以降、気候が温暖・湿潤化し、それにともなってブナ・ナラ林が拡大を開始した。

【一万五〇〇〇～一万一五〇〇年前】　すでに述べたように、氷河時代を特徴づけたトウヒ属はこの時代の一万四八一〇年前で消滅し、モミ属・ツガ属・ヤナギ属・カバノキ属は著しく出現率を減少させ、かわってコナラ属コナラ亜属とともにスギ属が増加してくる（Yasuda *et al.*, 2004）。ハンノキ属は前の時代にひきつづき優占している。またオニグルミ属・クマシデ属も増加する。一九八四年84T区の調査では、ブナ属が増加を開始する一万六五〇〇年前以降（山田・小橋川、一九八五）、鳥浜貝塚周辺の斜面が著しく不安定になったことが明らかになっている。ブナ属花粉の母樹は、花粉化石の形態とブナの種子がこの時代の層準から出土することから、ブナであるとみてよい。ブナは日本海側の多雪の風土に適応し(Kure and Yoda, 1984)、積雪量の増加によって種子の発芽や実生の定着が促進されたり（吉良ほか、一九八四）、春先の寒冷害から保護される（阪口、一九八二）。そのブナ属が増加することは、一万六五〇〇年前以降、

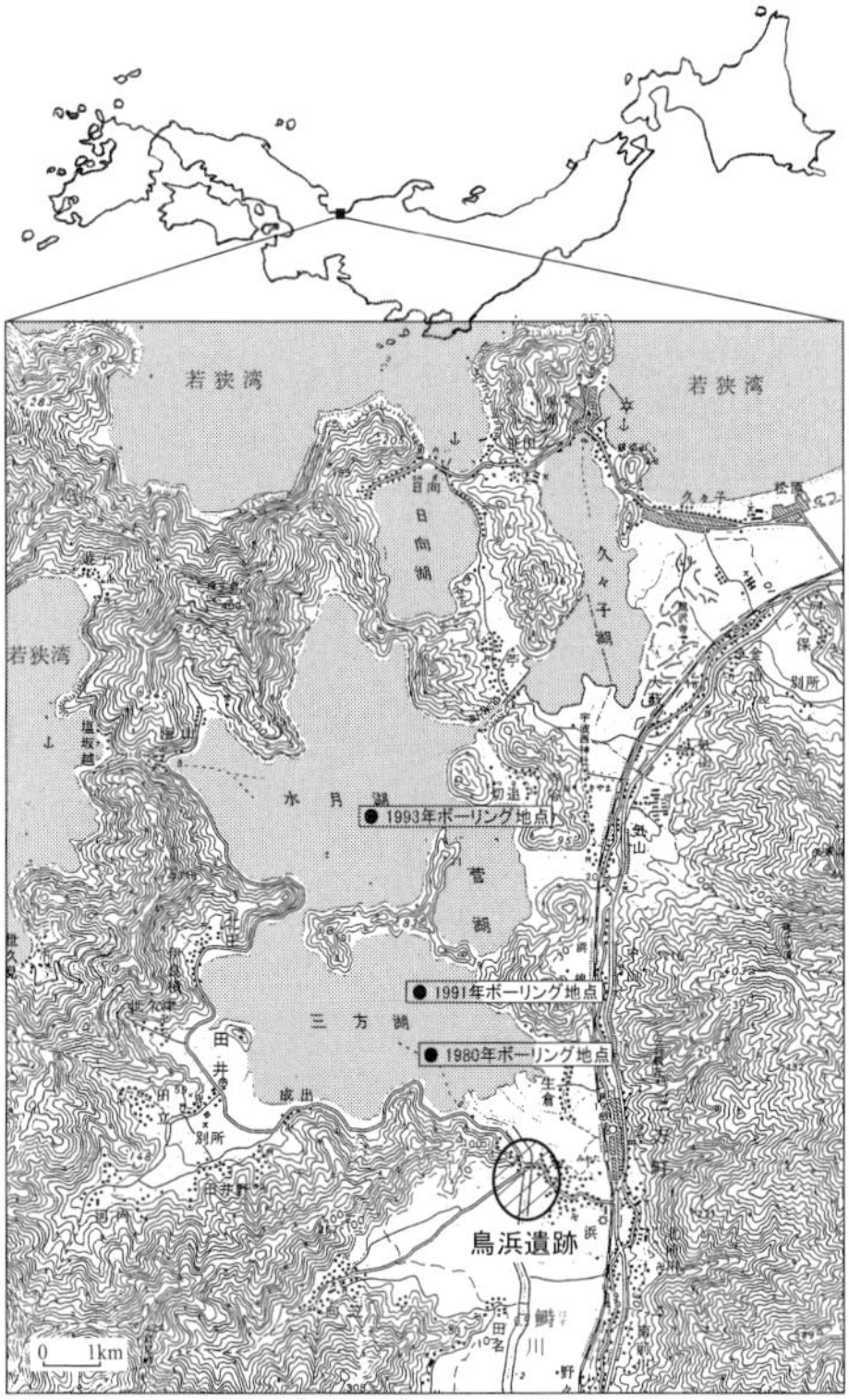

図 5-1　福井県三方五湖のボーリング地点と鳥浜貝塚の位置

（原図 安田喜憲）

図 5-2　福井県鳥浜貝塚 80 R区の発掘調査風景（左）と福井県三方上中郡若狭町の鳥浜貝塚 80R 区（右）

左：鰣（はす）川右岸に打ち込まれた矢板に挟まれた間を発掘調査する.
右：矢板に挟まれた間が，鳥浜貝塚.（撮影 安田喜憲）

三方湖周辺では積雪量が増加しはじめたことを示す。温度条件では氷河時代の寒冷期においても、またナラ類が低率ながらも存在したそれ以前にも、ブナは十分に生育できたはずである。にもかかわらず、一万六五〇〇年前にならないとブナが拡大できなかった背景には、ブナの生育に十分な降水量（とくに冬期）がなかったことを意味する。そして、こうした積雪量の増加が、一万六五〇〇年前以降に斜面の不安定化をもたらしたのであろう。

いずれにしても、ブナに比して乾燥に強いナラ類は、ブナに先行して拡大できた（安田・坪田、一九八三）。このナラ類の繁茂によって林床の土壌条件がブナの生育に適した状態にまで熟成されると、ブナの拡大がはじまったと考えられる。このことがブナの生育を促進する上で、重要な条件であったことはみのがせない。

こうして拡大したブナ林の中で、一万三五〇〇年前頃、鳥浜貝塚では隆起線文系土器をたずさえた人々が居住を開始する。一九八四年84Ｔ区の一万三五〇〇年前の値が得られた層準から、隆起線文系土器が出土し、さらにその上位の層準から爪形文・押圧文系土器が検出された（鳥浜貝塚研究グループ編、一九八五）。最古の縄文土器をたずさえた人々が居住したのは、湖岸にまで密生するブナやナラ類の落葉広葉樹林の森の中であった。

【一万一五〇〇〜九〇〇〇年前】　この時代の特色はブナ属が減少し、かわってコナラ属コナラ亜属、クリ属が増加することと、スギ属が増加を開始することである。嶋倉巳三郎氏（嶋倉、一九七九）の出土木材の樹種の変化をみても、スギは晩氷期の一万五〇〇〇年前以降、増加しはじめ、一万一五〇〇年前以降、その増加傾向は顕著になる。

ブナとともに日本海側の多雪気候に適応しているスギが、約一万二〇〇〇年前の青灰色砂礫層を境として急増した（図3-14）。なぜ青灰色砂礫層の堆積まで増加しなかったかは興味深い。温度条件ではブナもスギも競合しており、急速な温暖化がスギの発展のきっかけとなったというだけでは十分ではない。またスギはブナとともに多雪気候にも適応しており、降水量・積雪量の増加だけでも説明は不十分である。

鱒川左岸の一九七五年Ⅲ区の花粉ダイアグラム（図3-14）（安田、一九八〇a）において、スギ属は約一万二〇〇〇年前の青灰色砂礫層の堆積を境として増加する。このことは、青灰色砂礫層を堆積するような不安定な土壌条件の出現が、スギの発展にきっかけを与えたことを意味する。なぜなら、安定した土壌条件の下では、スギはブナ林の中に入りこめないからであり、天然の状態でスギがブナとの競合にうち勝って繁茂できるところは、ブナ林内の崩壊斜面や沢筋などの土壌の発達の悪い岩轢地や、やせ尾根などであった（遠山、一九七六、前田、一九八三）。

気候の温暖・湿潤化にともなってブナが後退しスギが拡大していく過程で、ブナやナラ類との競合にうち勝ってスギがまず繁茂できた場所は、ブナ林内の崩壊斜面などの岩礫地であったろう。鳥浜貝塚でスギ属は砂礫層の直上において一気に一〇％以下から二〇％以上に達する（図3-14）。三方湖や水月湖周辺でも増加する。このことは、スギの増加に適した不安定な土壌条件が、鳥浜貝塚周辺で出現していると見なされる。夏期の豪雨の頻発化（安田、一九八七b）によって、斜面が不安定化したことがあるのではないかと思われる。それとともに縄文時代の人々による森林破壊によって、不安定な斜面状態が形成されたことも無関係ではなかろう。

【九〇〇〇〜七五〇〇年前】　この時代は、ブナ属・コナラ属コナラ亜属が減少し、かわってエノキ属・クマシデ属・ニレ属・ケヤキ属が増加する。一九八〇年に採取した三方湖コアの花粉ダイアグラム（図

４‐15）では、とくにエノキ属の増加が顕著である。スギ属は前の時代にひきつづき増加の傾向を維持している。エノキ属の増加は、これまでの西日本の分析結果でも確認されており、落葉広葉樹林帯から照葉樹林帯への移行期にひき起こされている。すでにこの時代の下部からツバキ属・シキミ属などの暖温帯要素が確認されており、温度条件では照葉樹林が生育できたことを示している。しかし、照葉樹林を代表するコナラ属アカガシ亜属やシイ属は、七五〇〇年前にならないと拡大しない。それは、氷期の逃避地からこれらの照葉樹が移動し拡大するのに時間がかかったためと見るのが妥当であろう。そうした移行期を埋めて、エノキ林などが繁茂した。この時代は吉良竜夫氏の暖温帯落葉広葉樹林（吉良ほか、一九七六）の時代に相当し、クリやナラ林が鳥浜貝塚周辺でもっとも多かった時代である。

【七五〇〇〜六三〇〇年前】　この時代になると照葉樹林を代表するコナラ属アカガシ亜属がまず拡大し、おくれてシイ属が拡大する。またスギ属も上方に増加傾向を維持している。こうして七五〇〇年前以降、照葉樹林が三方湖や鳥浜貝塚周辺に拡大した。縄文時代前期以降、鳥浜貝塚周辺に照葉樹林が存在した事実は、昆虫化石の分析からも明らかにされている。それは、コナラ属アカガシ亜属に寄生するアカガシコムネアブラムシが検出されたからである。

【六三〇〇〜二〇〇〇年前】　鳥浜貝塚周辺でのみ、縄文時代前期の人々によって照葉樹林が破壊され、とくに六三〇〇年前の縄文時代前期後半に入って、破壊が著しくなった。一九八〇年に採取した三方湖コアの花粉ダイアグラム（図４‐15）では四〇〇〇年前頃の照葉樹林のピークを境として、コナラ属アカガシ亜属は減少するのに対し、シイ属はいぜん増加傾向を維持し、スギ属とともに二〇〇〇年前頃にピークに達する。こうした六三〇〇年前以降のコナラ属アカガシ亜属とスギ属・シイ属の挙動の相違は、この時代以降の気候変動とともに、人間の植生に対する干渉の結果生まれたものと見なされる（安田、一九八七ａ）。

【二〇〇〇年前以降】　この頃になると、コナラ属アカガシ亜属が著しく減少し、シイ属・スギ属も減少する。かわって二葉マツ類（マツ属複維管束亜属）が増加し、弥生時代以降、人間の森林破壊の影響が顕著になったことがわかる。

以上のように、鳥浜貝塚の鰣川右岸の一九八〇年80Ｒ区と三方湖の花粉分析の結果などからは、過去一万六五〇〇年間にわたる鳥浜貝塚周辺の環境変遷史の概要が明らかとなった。つぎに、鰣川右岸の分析結果から、縄文時代の鳥浜貝塚の生業についてより詳しく見てみる。

鳥浜貝塚の生業

図５－４には、鰣川右岸の一九八〇年80Ｒ区の花粉ダイアグラム（安田、一九八四ａ）と、笠原安夫氏による種子分析の結果（笠原、一九八一）を示した。種子と花粉は同一層準の試料を分析していた。試料採取地点と層序は図５－３に示した。

花粉ダイアグラム（図５－４）は下位より花粉帯Ⅰ・Ⅱ・Ⅲに区分される。花粉帯Ⅰは縄文時代草創期に相当し、ブナ属・コナラ属コナラ亜属・オニグルミ属・トチノキ属とハンノキ属が高い出現率を示す。縄文時代早期の花粉帯Ⅱの時代に入るとブナ属は減少し、かわってスギ属・クマシデ属・コナラ属コナラ亜属とハンノキ属が増加する。このブナ属・コナラ属コナラ亜属などの落葉広葉樹の花粉が優占する花粉帯Ⅰ・Ⅱの時代では、トチノキ・オニグルミ・ヒシ・クリ・サルナシ・マタタビ・イヌザンショウ・ナラ類などの大型遺体が多産し、花粉フローラから推定される環境と対応している。

アブラナ類は縄文時代草創期から検出されている。

一方、花粉帯Ⅲの時代に入ると、スギ属・コナラ属アカガシ亜属・シイ属・エノキ属が増加し、スギを含む照葉樹林が拡大してくる。それは、^{14}C年代測定値と出土土器から、縄文時代前期と判断される。こうした照葉樹林の拡大の後、約六五〇〇年前（試料番号六四五）になると花粉の種類や量に大きな変化があらわれる。その一つは、単位体積あたりに含まれる樹木花粉の量がこれまでの二〇分の一以下にまで減少し、かわって炭片が急増してくることである。そして、クワ科の花粉が急増し、オナモミ属・イヌタデ属などの人里植物の花粉も増加する。種子ではこの時代以降、ヤマグワ・カジノキ・リョクトウ・ヒョウタン・ウリ類・シソ・エゴマが出現してくる。この他、一九八一年Ⅲ区W29Ⅰ地区では、ゴボウとアサの種子が、縄文時代前期の包含層から検出されている（笠原、一九八三、一九八四）。

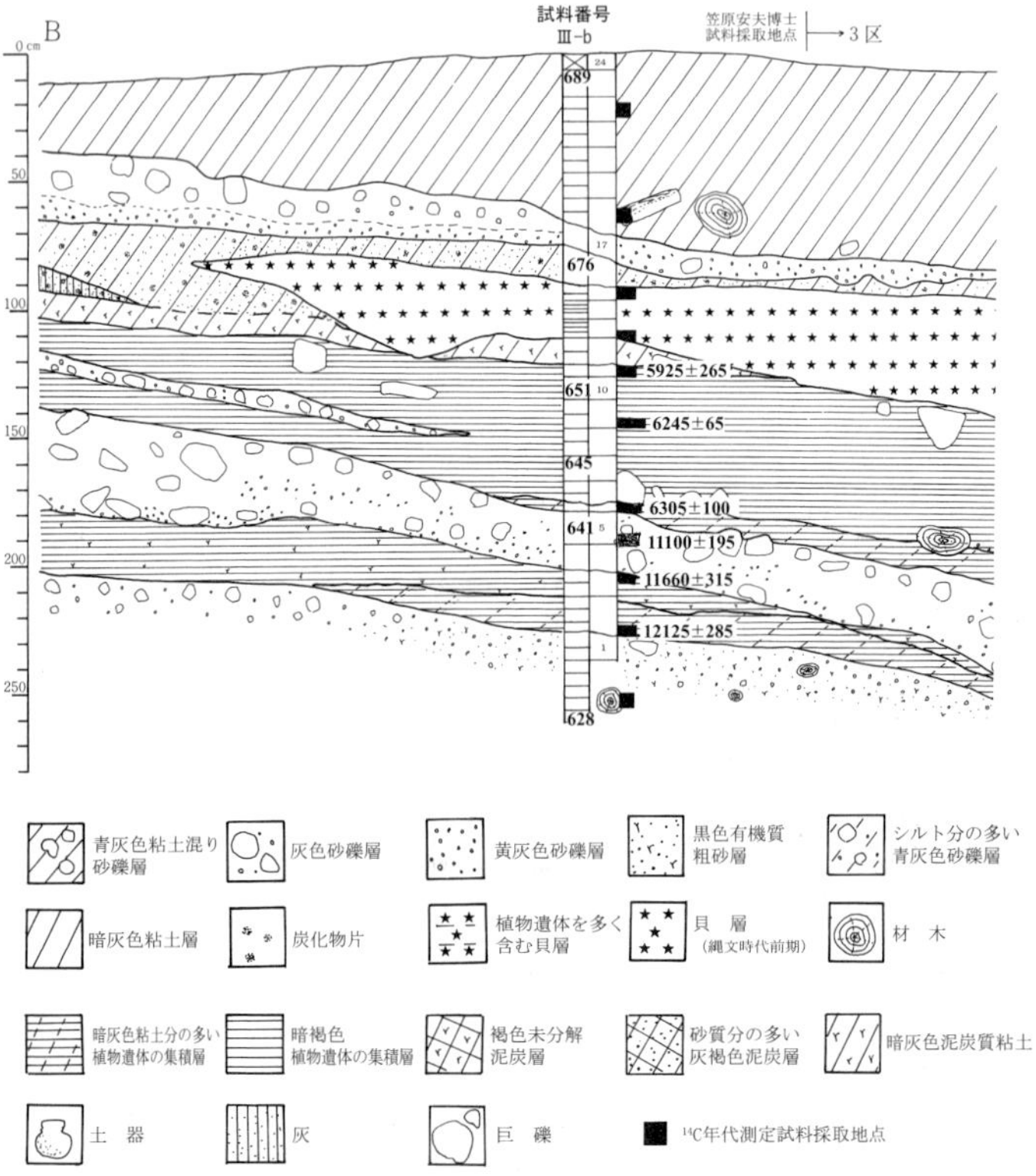

図 5-3　福井県三方上中郡鳥浜貝塚 1980 年 80R 区の層序と試料採取地点　^{14}C 年代は補正値.

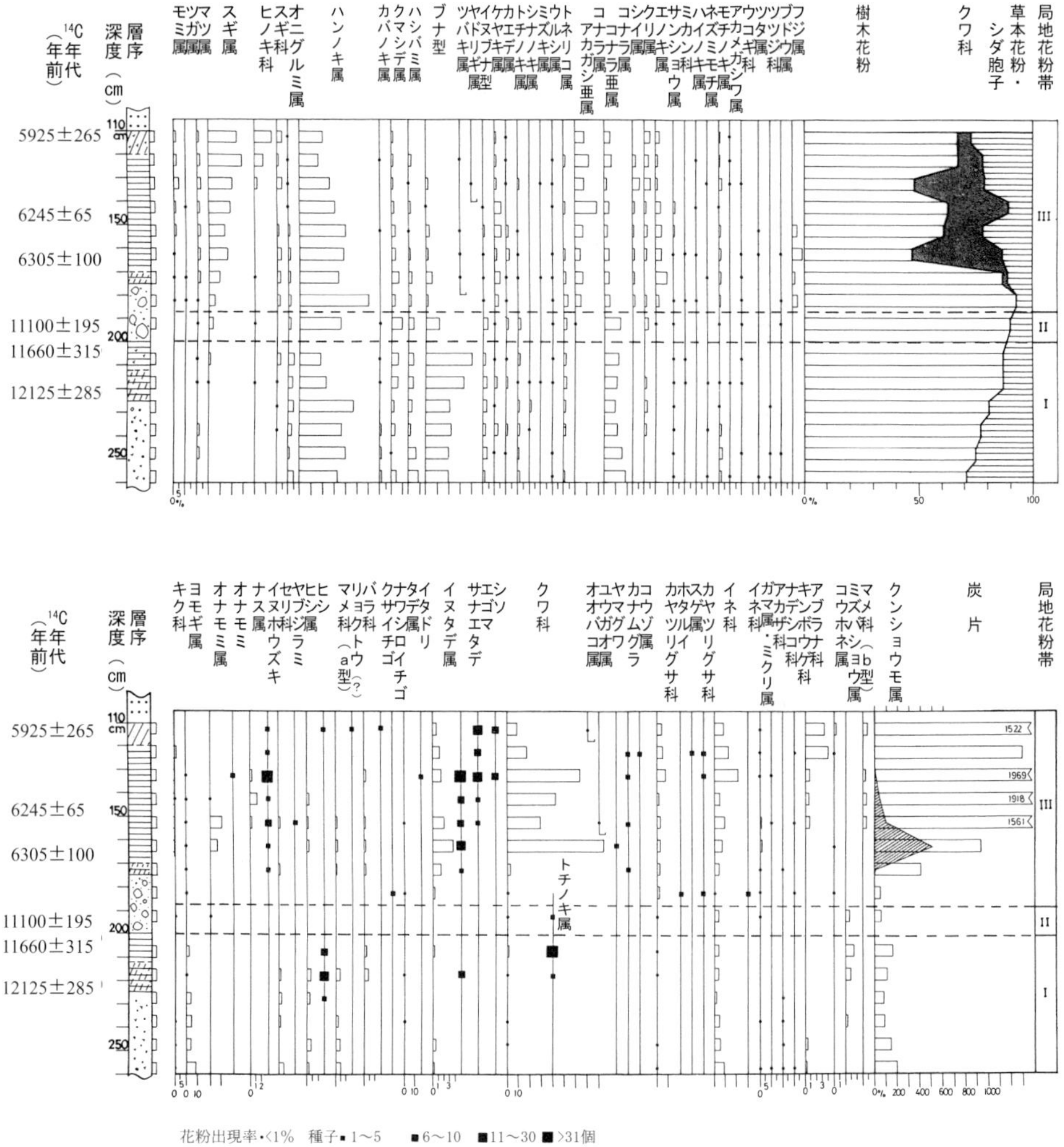

図 5-4　鳥浜貝塚 1980 年 80R 区の花粉ダイアグラムと種子分析結果

花粉ダイアグラムはハンノキ属を含む樹木花粉数を基数とする%．14C 年代は補正値．

これらのことから、鳥浜貝塚では、縄文時代草創期から早期にかけて、ブナ林・ナラ林に囲まれて、ヒシ・クリ・ドングリ類・マタタビ・イヌザンショウ・オニグルミなどの採集が行われていたと考えられる。ところが縄文時代前期の後半に入ると、人々は周辺の照葉樹林を火で焼き払っている。それは鳥浜貝塚左岸の一九七五年Ⅲ区の花粉ダイアグラム（図3-14）の最上位局地花粉帯Ⅳ（安田、一九八〇a）で著しい森林破壊がはじまった時代にほぼ対応している。そしてそのあとカジノキ・アサ・ヤマグワなどの種子とクワ科の花粉が増加し、エゴマ・シソ・ヒョウタン・リョクトウ・ゴボウ・ウリ類の大型植物遺体も出現し、これらの栽培作物が栽培されたことが明らかとなった。こうした鳥浜貝塚の農耕の段階は佐々木高明氏の原初的農耕（佐々木、一九八六a）に比定されよう。

鳥浜貝塚では縄文時代前期の六三〇〇年前に画期があり、炭片が急増しつぎにクワ科の花粉が著しく増加し、ヤマグワの種子も出現したことから、人間の植生に対する干渉の度合いが急激に高まったと見なされる。六三〇〇年前以降大量に出現するクワ科の花粉は走査型電子顕微鏡からカラハナソウ属・アサ属・クワ属・コウゾ属の存在が確認されている（安田、一九八四a）。すでに養蚕が伝播していたという証拠はもちろんないが、なぜクワ属が大量に出現しているかは興味深い。

さらにオナモミ属やイヌタデ属などの人里植物の花粉やイヌホウズキなどの種子が増加し、エゴマ・シソ・ヒョウタン・リョクトウ・ゴボウ・アサ・アブラナ類などの栽培作物も出現してくる。明らかに縄文時代前期の六三〇〇年前以降、鳥浜貝塚周辺の植生は人間によって大きく改変されている。

湖岸周辺にはハンノキ林が生育していたが、集落の周辺は人里植物やクワ科の低木、アカメガシワやウコギの仲間そしてオナモミやタデの人里植物、ツタやヤマブドウ、フジなどのつる性植物やイネ科などの草本類が生育し、エゴマ・シソ・ヒョウタン・リョクトウ・ゴボウ・アサ・アブラナ類などの栽培作物が栽培されていた。それは佐々木高明氏（佐々木、一九八六ａ）の原初的農耕の段階に近いものであった。高木はスギの巨木が点在する程度で著しく森林が減少した時代であった。カシ類やシイ類の照葉樹は集落からは少し離れたところに生育していたと見なされる。

しかし、西日本の日本海側の縄文時代前期の人々がスギの森に接したのはまれであった。鳥取県東伯郡北条町島遺跡の花粉ダイアグラム（図５－５）では、縄文時代前期のスギ属花粉の出現率は五％前後を占めるにすぎず、カシ類やシイ類の照葉樹の花粉が高い出現率を示している。

福岡市四箇遺跡

四箇遺跡は、福岡市西区四箇の室見川の扇状地に立地する縄文時代後期の遺跡である（図５－６）。縄文時代後期の遺物包含層は、扇状地の砂礫層の凹部に形成された泥炭層である（安田、一九八七ａ）。花粉ダイアグラムの花粉帯は、下位よりⅠ・Ⅱ・Ⅲ帯に区分され、縄文時代後期

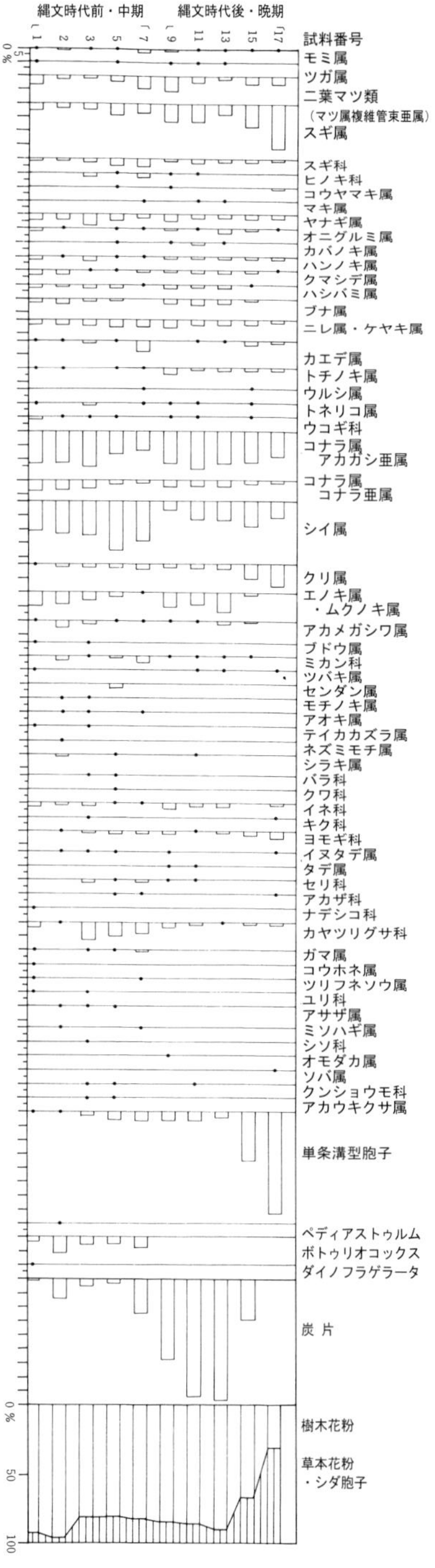

図 5-5 鳥取県北条町島遺跡の花粉ダイアグラム

出現率はハンノキ属を含む樹木花粉数を基数とする%.（安田，1983）

は局地花粉帯Ⅰ・Ⅱにあたる（安田、一九八七ａ）。局地花粉帯Ⅰではコナラ属アカガシ亜属・シイ属・エノキ属・ムクノキ属が高い出現率を示す。粉川昭平氏（粉川、一九七七）の大型遺体の分析結果によると、これらの化石花粉のうち、コナラ属アカガシ亜属の母樹はイチイガシ、シイ属の母樹はシリブカガシと見られる。したがって、当時は丘陵や扇状地の土壌の肥沃な所にイチイガシ林が生育し、扇状地を流下する河畔の不安定な土壌条件の所には、エノキ・ムクノキ林が生育していたのであろう。また花粉では残りにくいクスノキ・タブ・ヤブニッケイなどの大型植物遺体も検出されており、イチイガシ・シリブカガシと混在して、こうしたクスノキ科の樹種も生育していたと見られる。

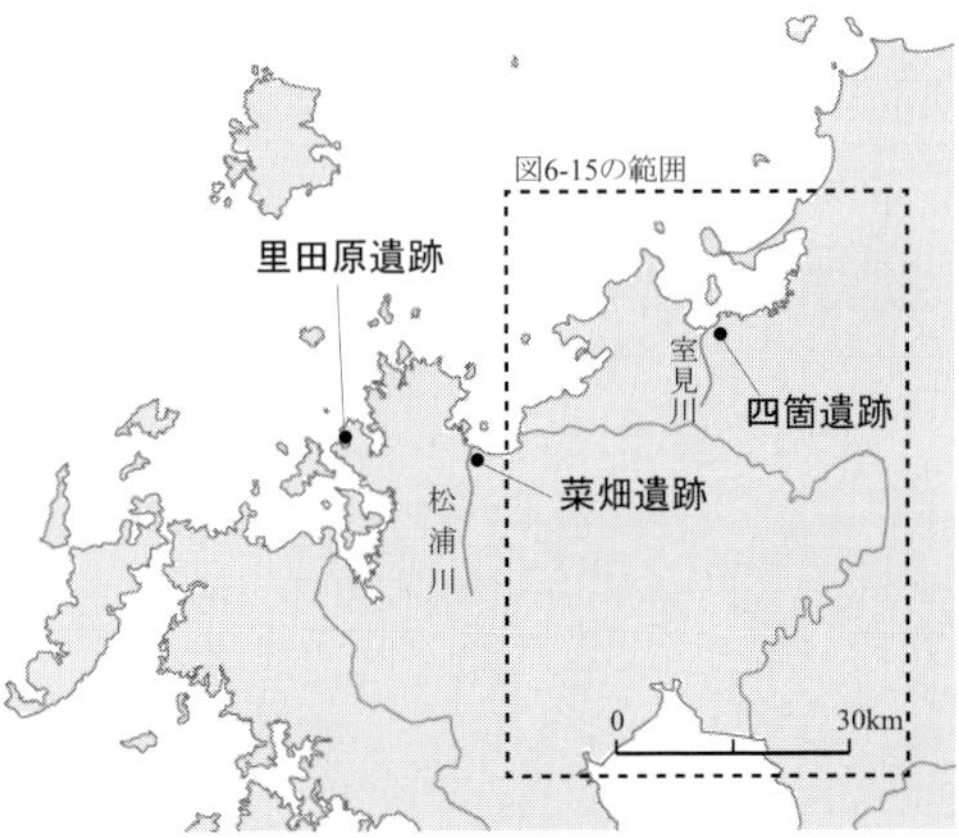

図 5-6　北九州の遺跡の位置
（原図 安田喜憲）

局地花粉帯Ⅱの時代に入ると、前の時代と異なって炭片が急増し、花粉の出現率にも変化が見られる。まず、コナラ属アカガシ亜属の花粉はこれまでの一五分の一に、シイ属は八分の一に減少し、エノキ属・ムクノキ属は一時的に消滅する。そして、これらにかわってクワ科・ブドウ属・アカメガシワ属などが急増してくる。鳥浜貝塚と同じく、とくにクワ科の増加が著しい。

笠原安夫氏（笠原、一九七九）はヤマグワとカジノキの種子を多数検出した。クワ科の花粉の母樹はこれらに由来するのであろう。この他、キランソウ・メハジキ・カタバミ・コアカソウ・ノブドウ・カラスザンショウなどの、現在の焼畑およびその周辺に見られる雑草や木本の種子が検出され、少数であるがハダカムギとアズキ炭化粒も検出された（笠原、一九七九）。

これは明らかに縄文時代後期の人々が、周辺のイチイガシ林や河畔のエノキ・ムクノキ林を火で焼き払い、その後に焼畑に類似した土地利用を行った可能性を示唆している。しかし、焼畑を代表するアワ・ヒエなどの遺体は検出されず、イネ科花粉の増加も顕著ではない。

局地花粉帯Ⅱの上部に入ると、再びコナラ属アカガシ亜属・シイ属が増加し、エノキ属・ムクノキ属も回復してくる。このことは、遺跡の周辺に森が回復してきたことを示している。

この四箇遺跡の縄文時代後期の人々の土地利用を、佐々木高明氏（佐々木、一九八六ａ）の原初的農耕の段階に比定するか、それとも初期的農耕の段階に比定できるのかは、現時点では明らかでない。

唐津市菜畑遺跡

菜畑遺跡は唐津市菜畑字松円寺山に立地する（図５－６）。遺跡はゆるやかな丘陵斜面にとり囲まれた海抜一〇メートル前後の谷底平野から発見された。遺跡をとり囲む南向き斜面はゆるやかであるが、北向き斜面は急崖となっている。中村純氏（中村、一九八二）の花粉分析の結果と、笠原安夫氏（笠原、一九八二）による種子分析の結果から、この菜畑遺跡では、縄文時代晩期後半の山の寺式の土器を含み、^{14}C年代二七五〇年前の値が得られた層準の下部の第一二層の上部で、イネ属（栽培型）が突発的に増加する（図５－７下）。しかし、水田雑草のオモダカ属やミズアオイ属の花粉は、それより上位の第八層上部の夜臼式土器の包含層に入らないと出現しないことが明らかになっている（図５－７下）（安田、一九八五）。

種子では第一二層以下では水湿地性植物の種子が全てを占めた。山の寺式土器を包含する第一一層

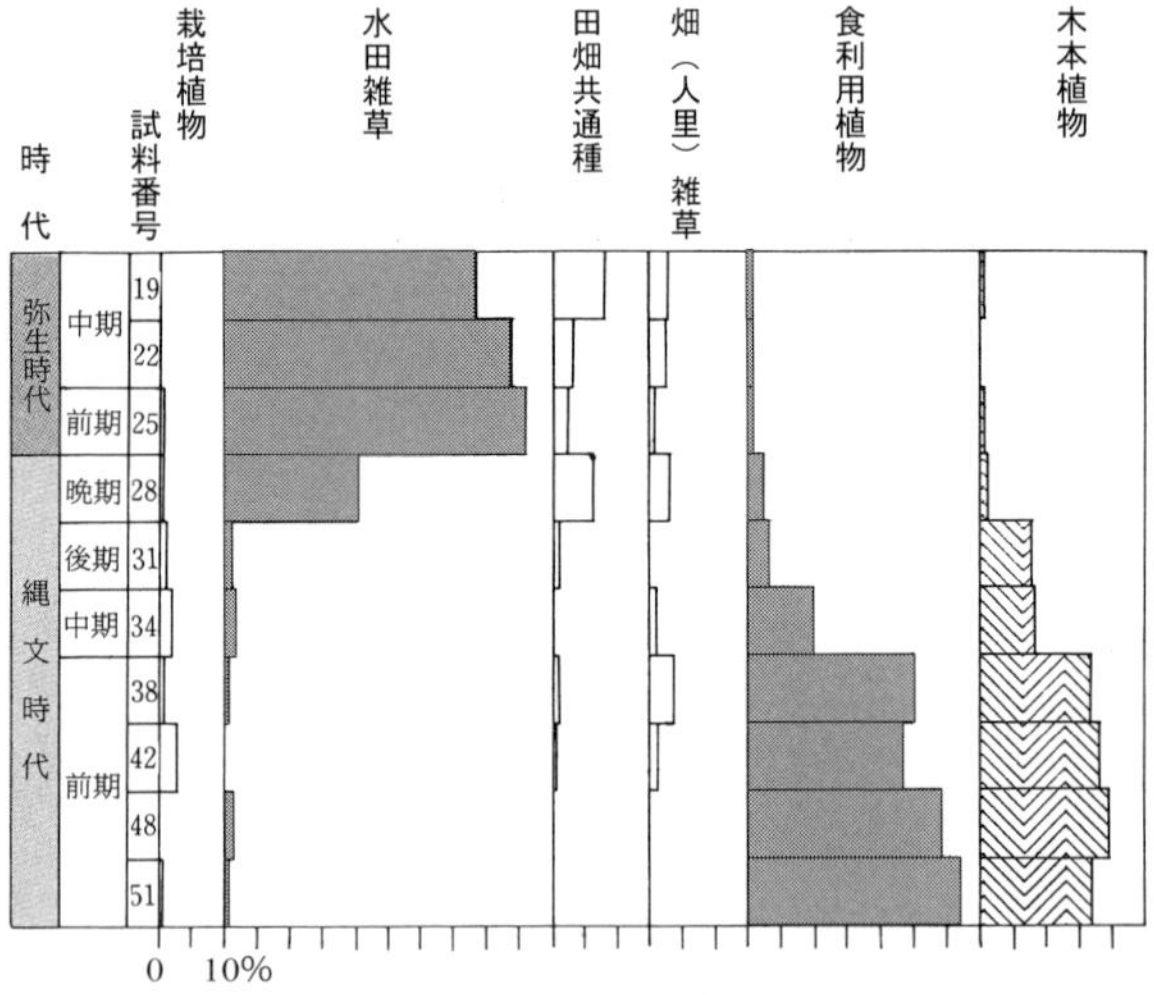

鳥取県米子市目久美遺跡出土の種子

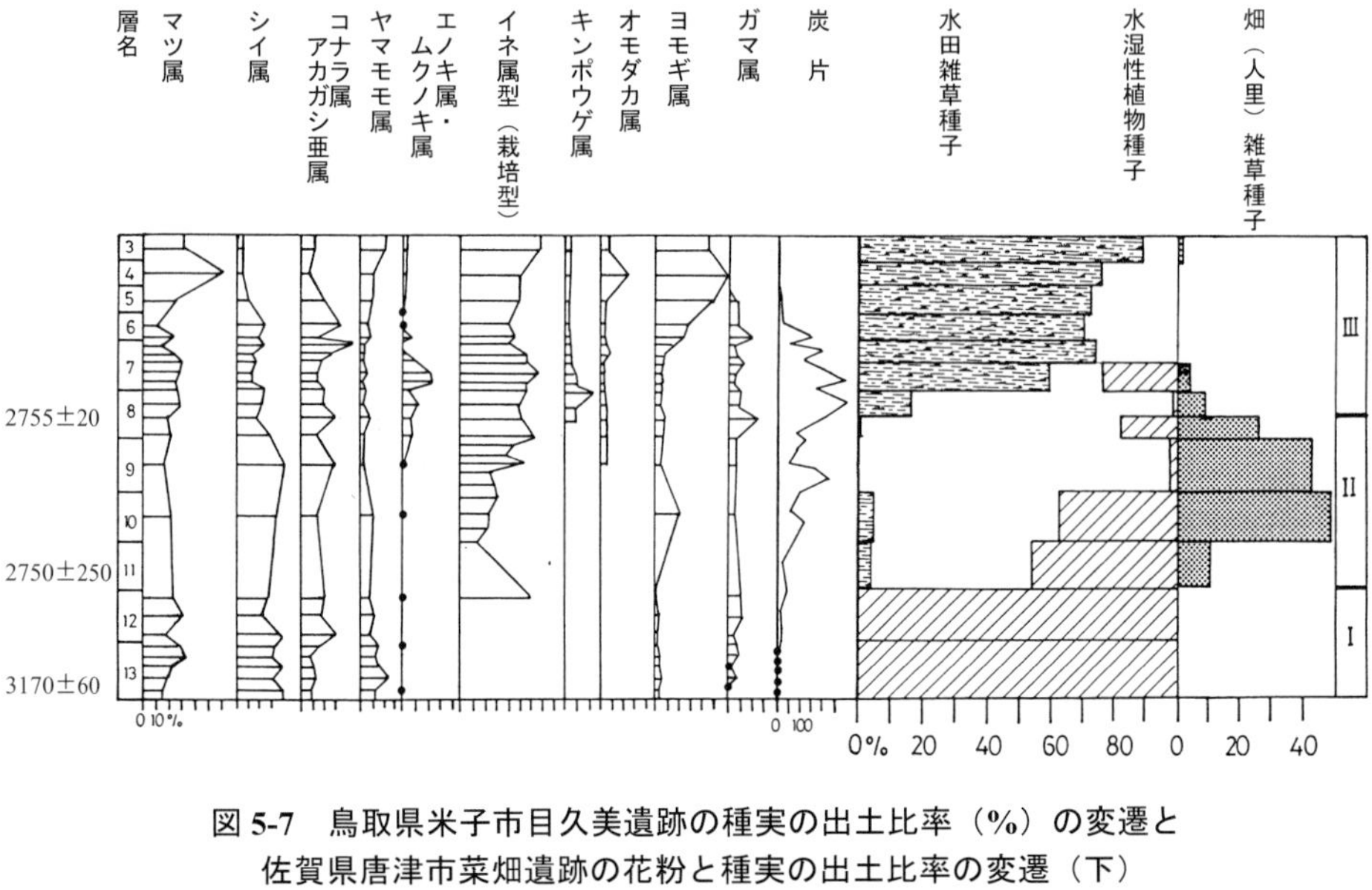

図 5-7　鳥取県米子市目久美遺跡の種実の出土比率（%）の変遷と佐賀県唐津市菜畑遺跡の花粉と種実の出土比率の変遷（下）

^{14}C 年代は補正値．上図は笠原（1985）により安田（1987c）作成，
下図は中村（1982），笠原（1982）により安田（1985）作成

から第八層下部層までの層準からは、イネ・アワ・アズキ・ヒョウタン・メロン・ゴボウ・シソなどの栽培作物と、カタバミ・イヌホウズキ・エノキグサ・ナズナ・ハコベ・ザクロソウ・イヌビユ・アカザ・イヌタデ・カナムグラなどの畑雑草の種が多産した。

一方、第八層上部以上の夜臼式土器の包含層では、畑雑草の種子は減少し、かわってコナギ・オモダカ・ホタルイなどの水田雑草とともに、これまでなかったタガラシ・トリゲモ・スブタ・ハリイ・イボクサ・キカシグサ・ミゾハコベ・カンガレイ・キクモ・コウガイゼキショウ・ハリイなどの水田や低湿地に生育する雑草種子が新たに出現してくる。

こうした花粉と種子の分析結果から、菜畑遺跡の古環境の変遷を示すと図5‐8のようになる。縄文時代晩期後半の山の寺式土器をもった人々が居住する以前は、谷底平野には湿原が広がり、周囲の丘陵にはシイ類・カシ類・ヤマモモ属などの照葉樹林が生育していた。海岸に近いためか二葉マツ類（マツ属複維管束亜属）も多かった。縄文時代晩期後半の

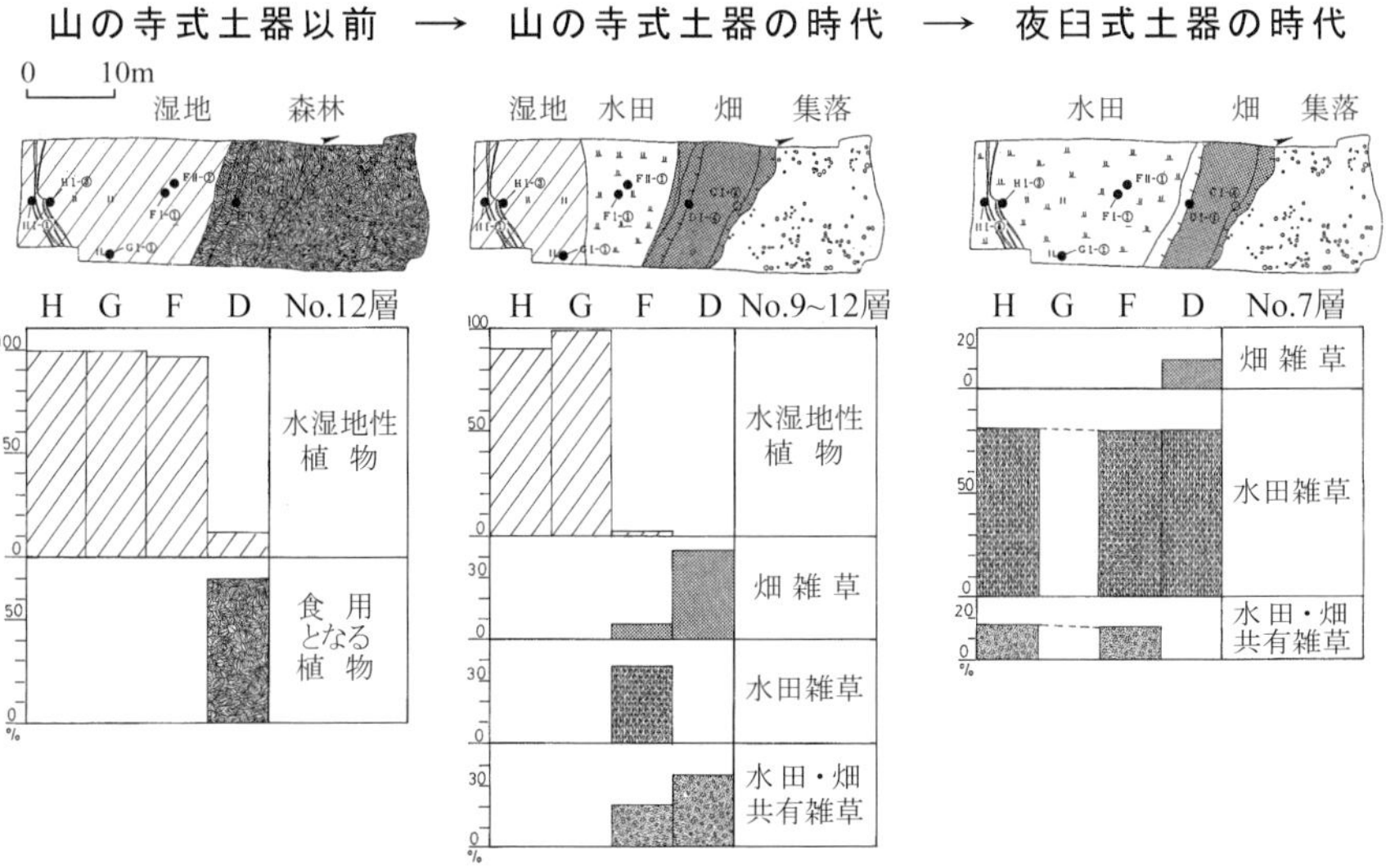

図 5-8　菜畑遺跡の古地理と古植生の変化

（安田，1988）

山の寺式土器の時代に入ると、谷底平野の斜面下部や湿地の縁辺でイネ・アワ・アズキ・ヒョウタン・メロン・ゴボウ・シソなどが栽培された。畑雑草の種子が多産することから、イネは陸稲的性格の強いものであったか、あるいは渡部忠世氏（渡部、一九八三）のいう水稲的性格と陸稲的性格が未分化なイネであったろう。

いずれにしても、これらの遺存種子や花粉からは、山の寺式土器の時代にあった農耕は、佐々木高明氏が指摘する「焼畑あるいは斜面の耕地で、（イネが）雑穀と混作されたり、谷間の平坦地や斜面下部などの水がかりのよい所をひらいて、他の雑穀と混作されていた」（佐々木、一九八三）ものではなかったかと推定される。鳥取県米子市目久美遺跡の種実の出土比率（％）の分析結果（図5-7上）（笠原、一九八五）も菜畑遺跡と類似した傾向を示し、目久美遺跡や菜畑遺跡からはアワ・アズキなども出現することから、この時代は、佐々木氏（佐々木、一九八六ａ）の初期的農耕の段階に比定されよう。

一方、縄文時代終末期の夜臼式土器の時代に入ると、目久美遺跡でも菜畑遺跡でも、雑草の種子は大半が水田雑草で占められる（図5-7）。しかも、これまでにみられなかった新しいタイプの水田雑草が多産する。山の寺式土器の時代の畑雑草や低湿地雑草の種子には、縄文時代前期の鳥浜貝塚と共通する種が多い。ところが夜臼式土器の時代に入ると、これまでとは違ったまったく新しい水田雑草群落が形成される。このことは、夜臼式土器の時代にはじまる稲作は、これまでの原初的・初期的農耕とは異質の土地利用と作物体系を有していたことを物語る。夜臼式土器以降の稲作は、水田稲作農耕の段階にあたる。

これらの照葉樹林帯を代表する遺跡の花粉分析の結果から、縄文時代前期の鳥浜貝塚の土地利用は、佐々木高明氏（佐々木、一九八六ａ）の原初的農耕の段階にあたると見られる。そして、縄文時代晩期後半の菜畑遺跡の山の寺式土器期は初期的農耕の段階に、晩期終末期の夜臼式土器期にはじまる土地利用は、水田稲作農耕の段階に比定されよう。ただし、縄文時代終末期の四箇遺跡の土地利用は、原初的農耕と初期的農耕のいずれの段階に比定し得るかは、確定することができなかった。

このように、いまだ解決すべき問題は多く残されているが、佐々木高明氏（佐々木、一九八二）の原初的農耕―初期的農耕―水田稲作農耕の発展段階は、これまでの遺跡の花粉分析の結果からも追補することができた。その原初的農耕の原型は、縄文時代前期の福井県鳥浜貝塚の時代に誕生し、それが縄文時代後・晩期の福岡市四箇遺跡や唐津市菜畑遺跡まで受け継がれたと見ることができる。たしかに、西日本に照葉樹林が安定して拡大した縄文時代前期以降、照葉樹林帯に展開した文化には、一貫して農耕の片鱗を示す分析結果が存在することが注目される。

四　ナラ林文化と縄文文化

初めての海外調査

一九八二年、大阪市立大学で吉良竜夫氏の退職記念講演会があった。ポナペ（ポーンペイ）島の一枚のスライドを示されながら、先生はどうして熱帯林の研究にとりつかれるようになったかについて話された。「たぶん、それははじめての海外旅行がミクロネシアの調査（今西、一九四四）であったためでしょう。――中略――はじめて海外経験をした国は、しばしば特別の意味をもっています。そのままその国に入れあげてしまう人も少なくないし、それほどでなくても、その国で何となくアト・ホームな感じを持つ人が多いようです。私もその例外ではなく、はじめて見た異質の自然の魅力にとりつかれてしまったのでしょう。」（吉良、一九八三）と説明された。それは、私自身の体験をふりかえってみても、納得がいく。

私にとっての初めての国は、韓国であった。もう四〇年も前のことになる。私を今でも強く魅了するのはユーラシアの旧大陸、中でも北方ユーラシアである。はじめて体験したナラ林の風土の魅力にとりつかれてしまったのであろう。熱帯の湿潤な風土よりも、大陸的で乾燥した風土が私は好きだ。

韓国の植生

図5-9には韓国の植生と気候分布図（Yim and Kira, 1975、鈴木、一九七六）を示した。朝鮮半島の南部に照葉樹林帯が分布している他は、韓国はナラ林を主体とする暖温帯落葉広葉樹林に広くおおわれる。かつて日本の縄文文化が発展した縄文時代前～中期に、日本列島でもこのナラ林主体の暖温帯落葉広葉樹林が繁茂しやすい気候的条件が存在したことを私（安田、一九八〇a）は明らかにした。

韓国の暖温帯落葉広葉樹林は、モンゴリナラ（*Quercus mongolica*）、コナラ（*Q. serrata*）を中心とする北部と、クロマツ（*Pinus thunbergii*）、イヌシデ（*Carpinus tschonoskii*）、カエデ類など多く混える南部に区分されている。この暖温帯落葉広葉樹林の提唱者も吉良竜夫氏（吉良ほか、一九七六）である。日本のブナ帯に相当する冷温帯落葉広葉樹林帯は、韓国の北東部の山地に見られるが、ブナは存在しない。ブナが認められるのは、日本海中の孤島、竹島に生育するタケシマブナだけである。

しかし、暖温帯落葉広葉樹林や照葉樹林は破壊し尽くされ、現在はアカマツ林とハゲ山の国にかわっている。

韓国の年降水量は平均して一〇〇〇～一二〇〇ミリメートルと少ない。その値は日本の瀬戸内海の少雨地帯に匹敵する。しかも、その雨の降り方は、著しく七～八月の夏期に集中している（図5-9）（安田ほか、一九七八）。夏期の降水はしばしば集中豪雨となり、洪水を引き起す。大粒の夕立のよう

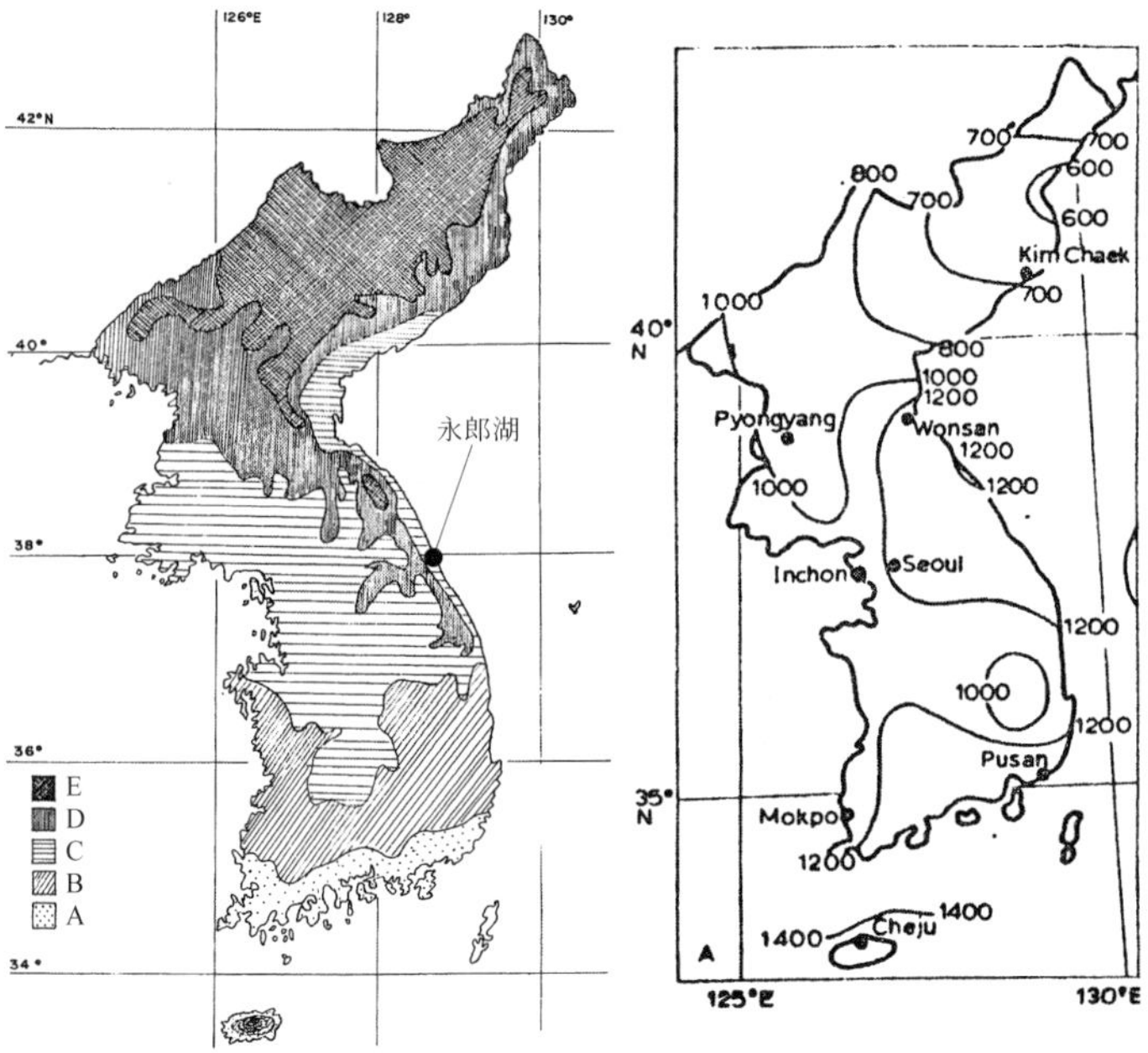

上左図の凡例
E　亜寒帯針葉樹林帯
D　冷温帯落葉広葉樹林帯
C　暖温帯落葉広葉樹林帯（北部）
B　暖温帯落葉広葉樹林帯（南部）
A　照葉樹林帯

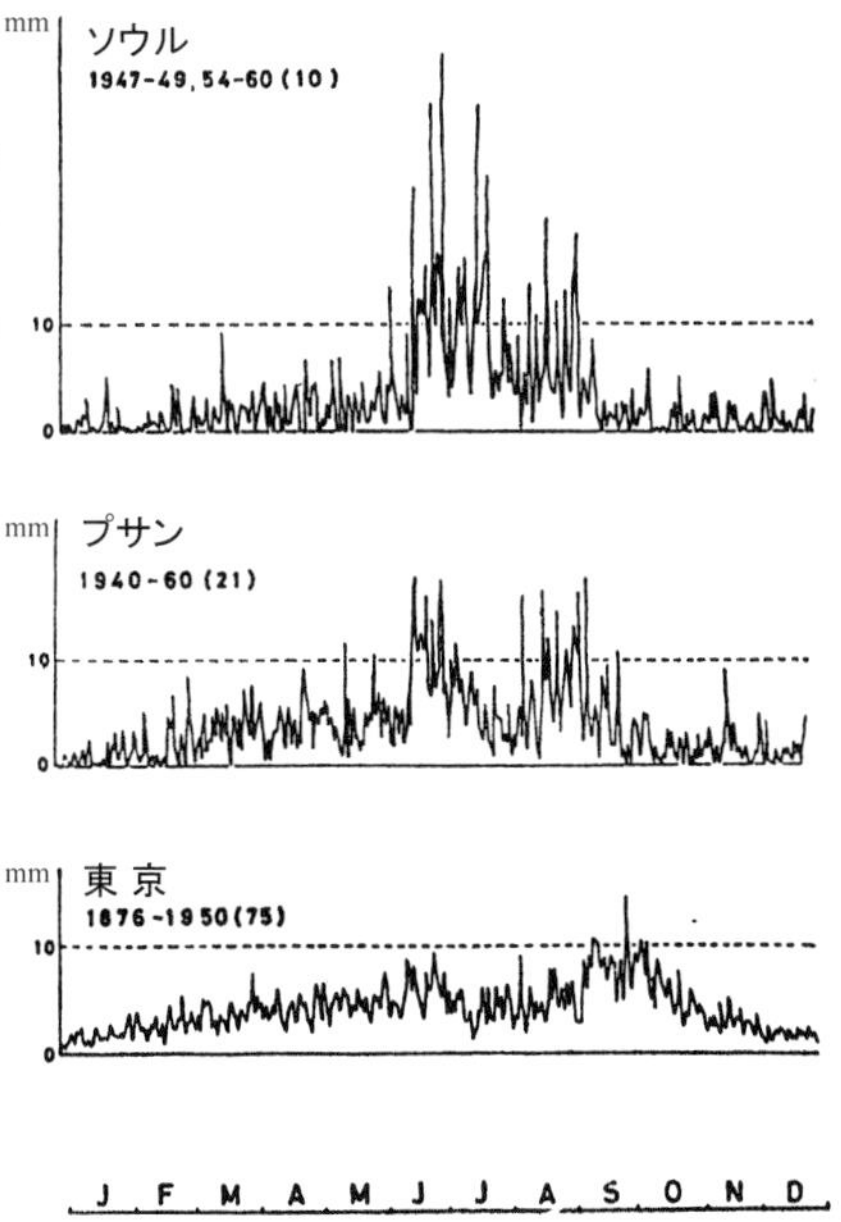

図 5-9　朝鮮半島の植生図（左）（Yim and Kira, 1975）**と朝鮮半島の降水量分布（右上，右下）**（鈴木，1976）

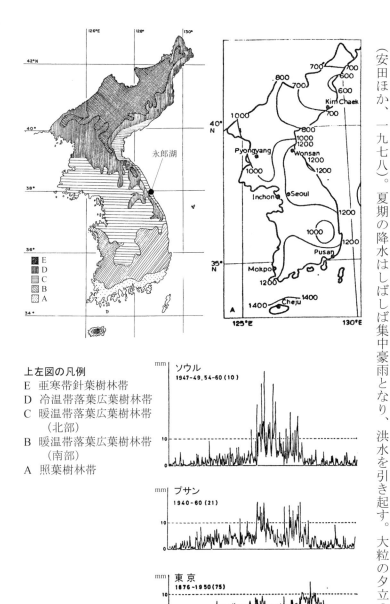

な雨が激しくたたきつける。いったん森林が破壊されると、表層土壌は、夏期の集中豪雨で急速に流亡する。しかも、土壌形成作用のおそい花崗岩地帯が多いために、森林の再生が困難となる。冬の乾燥は著しい。韓国で積雪量は日本海に面した北東海岸に多い。しかし一九六一～一九七〇年の過去十年間の新積雪量の平均値は一一〇センチメートルに達する程度である。雪におおわれない地表は凍りつき、冬期の植物にとって生育の重大な阻害要因となっている。これに反し、日本海中の竹島の積雪量は三五二センチメートルに達する。日本海をへだてた朝鮮半島の東海岸と日本海側の大きな相違は、この冬の積雪量の差に明白に示されている。

韓国永郎湖

韓国には高い山がない。火山と地殻変動が少ない点においても、日本列島の地形とはきわだった対照を示している。山地と平野との地形の境界は不明瞭で、山麓斜面がなだらかに沖積平野に移行している。半島の西海岸には広大な三角州性沖積平野が発達している。一方、東海岸の沖積平野の発達は悪い。東海岸には数列の浜堤と砂丘が発達し、その背後には潟湖が残存している。湖や湿原の少ない韓国では、花粉分析などに適した良好な堆積物を採取できるところはかぎられている。私たち（安田ほか、一九七八）は東海岸の潟湖の一つ永郎湖にボーリングを実施し、堆積物を採取した（図5-10）。

永郎湖は江原道高城郡東草市（北緯三八度一三分、東経一二八度三五

図 5-10　韓国江原道東草市永郎湖でのボーリング風景
（撮影 安田喜憲）

分）に位置する（図５‐９）、南北約八〇〇メートル、東西約二キロメートルの湖である。最大水深は七メートルである。

湖底から採取した一二・二メートルの堆積物は、^{14}C年代測定結果から、過去約一万八〇〇〇年間の環境変遷史を記録していることが明らかとなった（図５‐11）。

氷河時代の終末期から晩氷期にかけて、永郎湖周辺にはトウヒ属・モミ属・五葉マツ類（マツ属単維管束亜属）、それにカラマツ属が高い出現率を示した。日本海の対岸の三方湖で高い出現率を示したツガ属は見られなかった。かわりに、カラマツ属が高い出現率を示した。このことは、日本海側より寒冷でより乾燥した気候が支配的であったことを示している。ツガ属の欠如とカラマツ属の高い出現率をのぞけば、対岸の日本海側のこの時代の植生と、大きな相違はない。

ところが約一万一五〇〇年前を境として、これらの北方系針葉樹林が後退していったあと、周辺に拡大してくるのはコナラ属コナラ亜属を中心とする落葉広葉樹林である。この他マツ属・オニグルミ属・ニレ属な

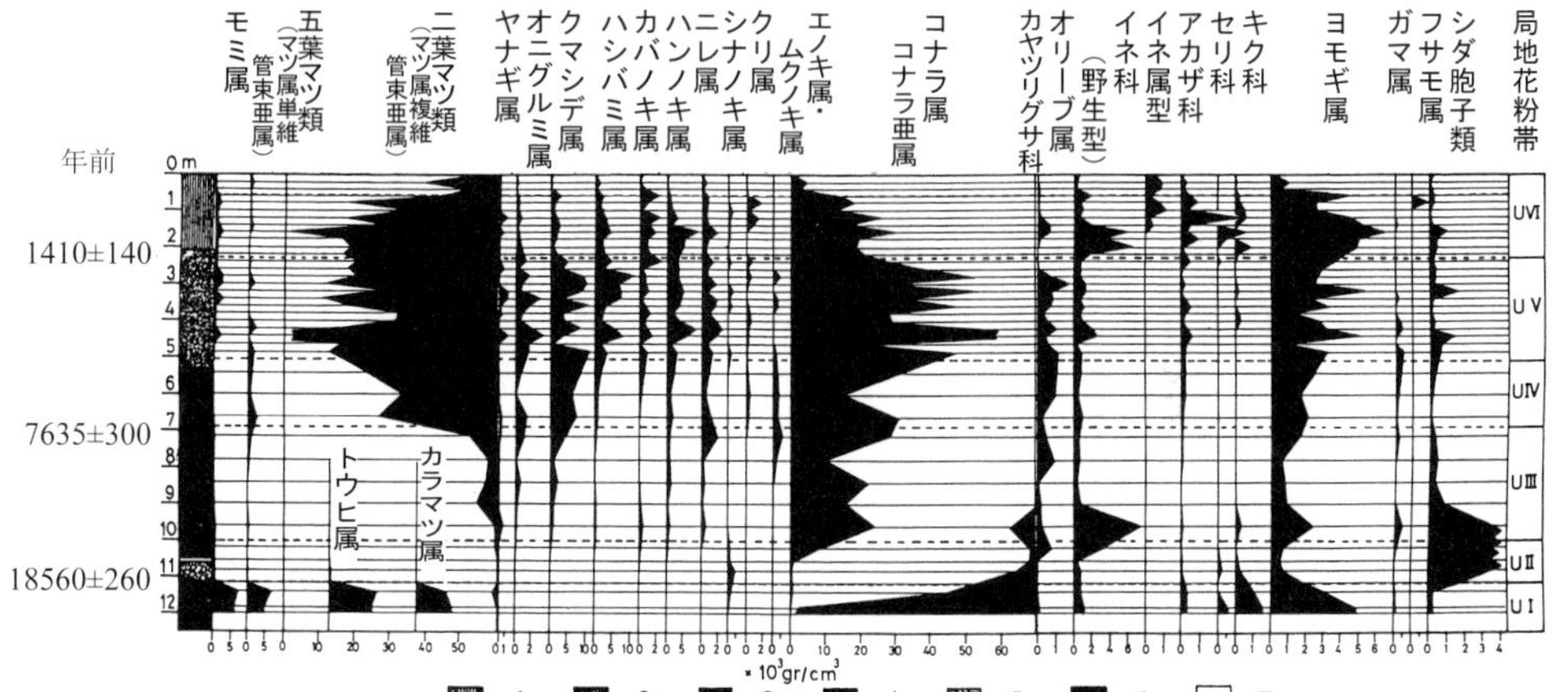

1：暗灰色ユッチャ　2：暗褐色ユッチャ　3：緑灰色ユッチャ
4：黒泥　5：砂礫　6：暗褐色泥炭　7：灰色粘土

図 5-11　韓国永郎湖の花粉ダイアグラム

花粉の出現率は単位体積 1cm³ あたりの絶対花粉量で示す.
^{14}C 年代は補正値.（安田ほか,1978）

ども増加する。しかし、晩氷期から後氷期にかけて日本列島の日本海側を中心に急増するブナ属とスギ属の花粉の増加は認められなかった（図5‐11）。

すでに述べた如く、スギとブナは日本海側の多雪の風土を代表する植物であった。そのスギとブナがこの韓国では後氷期に入ってからまったく増加しない。おそらくブナとスギは、最後の氷河期かあるいはそれ以前の氷河期の寒冷で乾燥した気候にたえきれずに、朝鮮半島からは絶滅したのであろう。竹島にのみタケシマブナが残存している。その背景には、竹島は朝鮮半島に比して現在でも積雪量が多いことが深くかかわっている。タケシマブナが絶滅をまぬがれるだけの海洋的な気候が、氷河期にも存続したのであろう。

日本海をはさんで朝鮮半島と日本列島の風土の相違をはっきりと意識したのは、この時であった。それは視覚的には、大陸に存在しないブナやスギの森の存在で知ることができる。ブナが存在する所、それが日本列島である。竹島も気候風土的に見た場合には、あきらかに日本の領土に含まれる。ブナやスギの森の多い風景は、積雪量の多い、海洋的な日本の風土を物語っている。

大陸的風土

氷河時代の亜氷期には、日本列島も大陸的な寒冷で乾燥した気候にみまわれ、ブナやスギは絶滅こそしなかったものの、発展することができなかった。図4‐16左には最終氷期最寒冷期末期の温度条件のみから復元した森林帯気候の分布図を示した。

東日本は亜寒帯針葉樹林気候、関東平野以南の低地の大半は、冷温帯落葉広葉樹林気候の分布域となる。温度条件から見る限り、この時代の西日本にはブナ林が生育できる条件が十分にととのっている。

ところが、実際の花粉分析の結果明らかとなったこの時代のブナ属の出現率（図4‐16右）は、著しく低率である。わずかに西南日本の太平洋側に比較的高い出現率がみられる程度であった。最終氷期の亜氷期には、温度条件ではブナ林が生育できたにもかかわらず、ブナが発展できなかった理由として、冬期の積雪量の減少が考えられた。海面の低下によって日本海は湖に近い状態となり、対馬暖流の流入は著しく弱まったかあるいは途絶した。このため冬期の積雪量が減少し、寒冷で乾燥した大陸的気候に日本列島が支配されたのである。

太平洋側にブナ属の高い出現率がみられるのは、太平洋からの水蒸気の供給によって、湖に近い状態となった日本海側より、この太平洋側のほうがこの時代の積雪量が多かった可能性を示唆している。

大陸的風土から海洋的風土へ

こうした氷河時代の亜氷期の大陸的風土から、今日のような海洋的風土に移行を開始するのはブナ属花粉の増加で知ることができた。日本の縄文文化は、こうした海洋的風土に適応していった。

富山県十二町潟遺跡

氷見市十二町潟遺跡は、富山湾の北西部氷見市の南西、十二町潟低湿地に位置する（図5‐12右上）。十二町潟の排水工事現場の地表下三メートルから、縄文時代前期の土器を多量に含む遺物包含層が検出された。この遺跡の模式的層序は、図5‐12左のとおりで（安田、一九八二b）、現海面下マイナス二メートル前後より下位には、青灰色中～粗砂が堆積しており、完形・大型のハイガイ・チョウセンハマグリ・ウミニナ・サルボウなどの海棲の貝類が多く含まれている。松島洋氏（松島、一九八一）によると、この砂層の^{14}C年代は、八〇二〇±一五六〇年前（補正値）が得られている。この層の上位にシルト質細〜中砂が堆積しており、ここにはイボウミニナ、ハマグリなどの内湾の貝類とともに、縄文時代前期の土器片・炭片が含まれている。土器は磨滅しておらず、流されたとしても

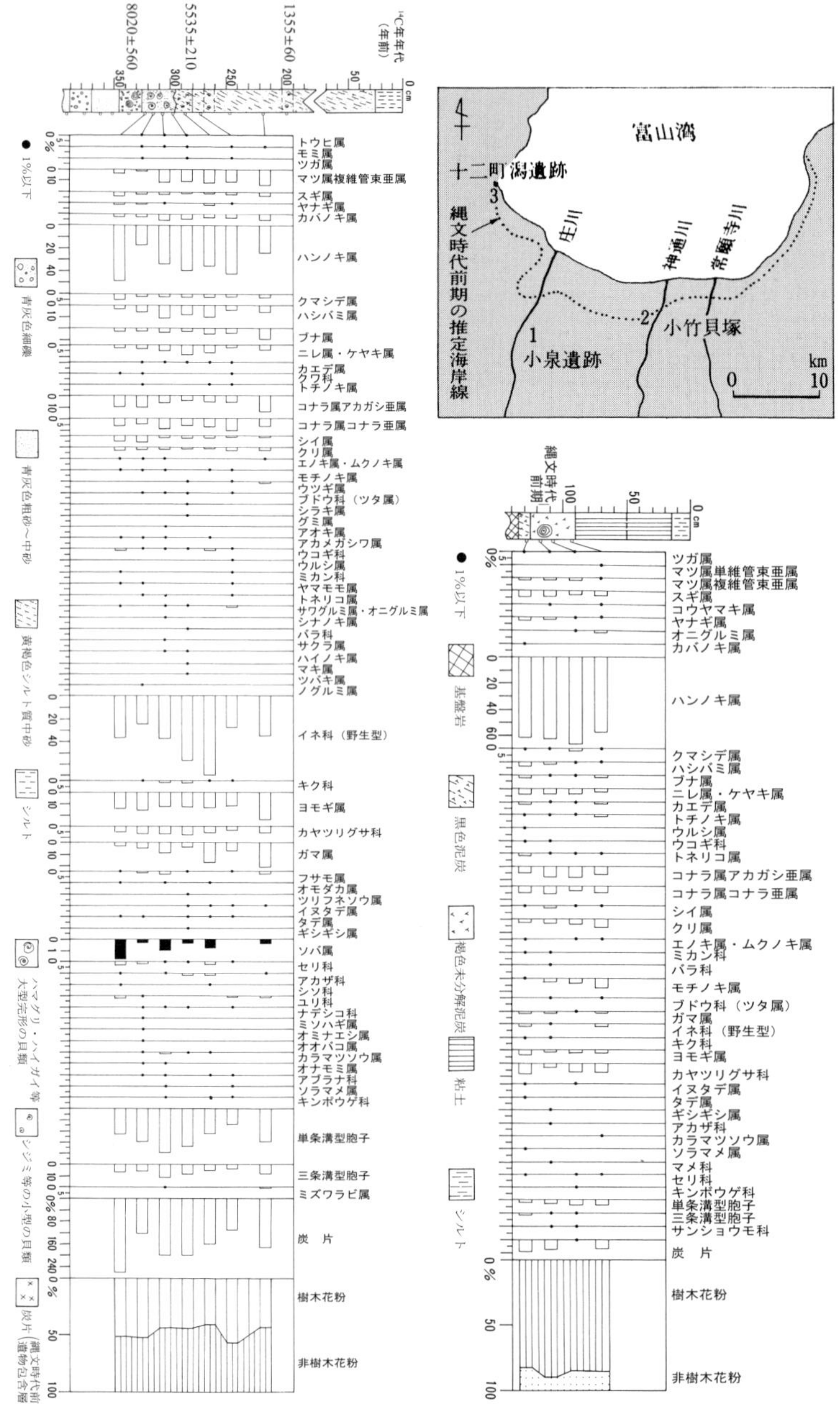

図 5-12　富山県小泉遺跡・小竹貝塚・十二町潟遺跡の位置と層序（右上）ならびに十二町潟遺跡（左）小竹貝塚（右）の花粉ダイアグラム

花粉ダイアグラムの出現率はハンノキ属を含む樹木花粉を基数とする %.
^{14}C 年代は補正値.（安田，1982b）

ごく近い距離であったと推定される。こうした遺物包含層の^{14}C年代は約五五三五±二一〇年前（補正値）である。花粉分析の結果は図5‐12左に示した。

富山県小泉遺跡の環境変遷

小泉遺跡は富山県射水郡大門町字小泉にあり、庄川とその支流和田川の間の後背湿地型の氾濫原（海抜一一～一二メートル）に立地する（図5‐12右上）。縄文時代前期を中心とするこの遺跡の模式的層序（安田、一九八二b）は、庄川の扇状地の砂礫層の凹部に堆積した有機質粘土・泥炭層である。この泥炭の最上部からは、埋没樹根が検出された。この^{14}C年代は約四七六〇±一一五年前（補正値）とされ、この値から埋没樹根は縄文時代中期のものとみられる。なお、遺跡の花粉分析はK-26地区とK-36地区の二地点で行った。花粉ダイアグラム（図5‐13）（安田、一九八二b）にはK-26地区（右）とK-36地区（左）の分析結果を示した。

小泉遺跡のK-36地区の花粉ダイアグラムの最下部（図5‐13左）（安田、一九八二b）においては、ブナ型・コナラ属コナラ亜属が、ハンノキ属とともに高い出現率を示している。この当時は、小泉遺跡が立地する庄川扇状地まで、ブナやミズナラの冷温帯林が下降していたと推定される。その時期は縄文時代早期の八〇〇〇年前より以前と考えられ、年平均気温にして摂氏二度前後は現在より低い冷涼な時代であった。この時代には、小泉遺跡では居住の痕跡はみられない。

さて、花粉ダイアグラム（図5‐13右）に示すように、小泉遺跡に縄文時代前期の人々が居住する直前には、ブナやミズナラの冷温帯林が後退し、扇状地の湿地周辺にはハンノキ林（埋没樹根の樹種よりハンノキ属の花粉の母樹はハンノキとみられる）が広く生育していた。またわずかながらコナラ

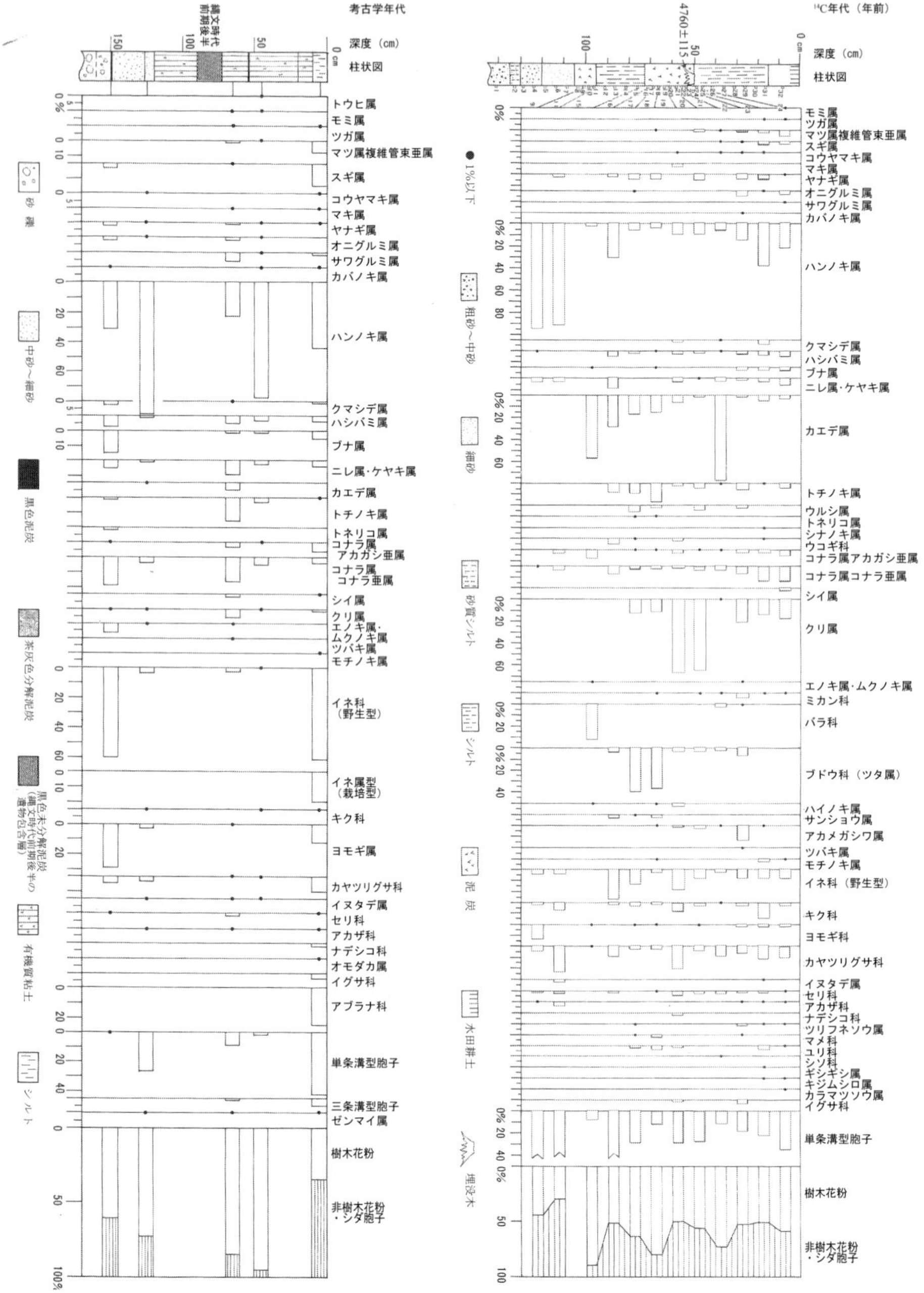

図 5-13　富山県小泉遺跡の花粉ダイアグラム

左：K-36 地区の花粉ダイアグラム，右：K-26 地区の花粉ダイアグラム．花粉ダイアグラムの出現率はハンノキ属を含む樹木花粉を基数とする％．^{14}C 年代は補正値．（安田，1982b）

属アカガシ亜属の出現も認められ、当時の気候は現在に近いまでに温暖化していたとみられる。

しかし、人々が居住をはじめた縄文時代前期の遺物包含層では、K-36地区の花粉ダイアグラムに示すごとく、ハンノキ属は急減する（図5－13右）。このハンノキ属が急減したあと、まずカエデ属とバラ科が増え、つづいてトチノキ属とブドウ科が増加する（図5－13右）。このブドウ科の大半はツタ属である。これらのほかウルシ属・ウコギ科・サンショウ属・ハシバミ属・アカメガシワ属などが増え、最後にクリ属の増加がみられる。こうした花粉フローラの変化は、後述するように明らかに縄文人の森林への干渉の結果を示すが、当時の気候の変化とも何らかのかかわりがあるとみられる。それは土地条件の乾燥化をもたらすような気候の乾燥化、とくに冬期の積雪量の減少である。

すでに述べた若狭湾沿岸の鳥浜貝塚では、縄文時代前期にスギとともにカシ類・シイ類の照葉樹林が拡大していた。ところがこの小泉遺跡では、コナラ属アカガシ亜属の花粉の出現率は最高でも八％にすぎず、スギ属にいたっては、出現率はきわめて低い。一方、富山湾沿岸の十二町潟遺跡の花粉ダイアグラム（図5－12左）では、コナラ属アカガシ亜属は一〇％前後とやや高い出現率を示し、シイ属も連続的に出現し、さらにスギ属も一〇％以下ながら連続的に出現する。このことから縄文時代前期に、富山湾沿岸の海岸部にはスギや照葉樹林が拡大していたと見ることができる。

ところが、より内陸部の小泉遺跡では、照葉樹林は面的な森林を形成するまでにはいたっていない。小泉遺跡の縄文時代前期の森の特色は、カエデ属・クリ属・コナラ属コナラ亜属・ブドウ科・ウルシ属・ウコギ科・アカメガシワ属・ハシバミ属など、二次林的な性格の強い雑木林である。しかもトチノキ・ハシバミ・クリ・ドングリ類などの食用となる木の実のなる樹木の花粉の出現率が異常に高い。トチノキ属は最高で一六％、クリ属は六五％以上におよんでいる。トチノキは天然の状態では、単木でブナ林や暖温帯落葉広葉樹林に生育し、このように一〇%以上の高い出現率を示すことはまれである。またクリ属は虫媒花で花粉の生産量が少なく、六五%以上もの高率を示すことはきわめてめずらしい。それは「縄文のクリ林」と名づけてもよいくらいである。この小泉遺跡の縄文時代前期の森はクリ・ナラなどの暖温帯落葉広葉樹林（吉良ほか、一九七六）であった。

小泉遺跡の^{14}C年代四七六〇±一一五年前の値が得られた埋没樹根より上部の層準では、再びハンノキ属が増え、スギ属・ブナ属も増加してくる（図5-13右）。またオニグルミ属・サワグルミ属・トチノキ属などの渓畔林の植物の花粉も増加してくる。これは明らかにこの時代以降、泥炭の堆積からも類推されるように、土地条件が湿性化したことを示している。それは気候の冷涼・湿潤化、とくに冬期の積雪量の増加を反映しているのであろう。

^{14}C年代値から四七〇〇年前頃のものと推定される埋没樹根一三点のうち、六点がカシ類、五点がハンノキ、一点がクヌギ、一点がクリであった（林・島地、一九八二）。このことは四七〇〇年前頃に入って再び周辺にハンノキ林が拡大してくるとともに、ようやくカシ類を中心とする照葉樹林が、小泉遺跡周辺にまで拡大してきていたことを物語る。

生業

小泉遺跡のトチノキ属やクリ属の花粉の出現率は、天然の状態にくらべて、異常に高率であった。このことは、縄文時代の人々が、意識的にカロリーの高い堅果類のなる樹種を保護・管理した可能性が考えられる。それは、中尾佐助氏（中尾、一九七七）の半栽培に近い状態を想定させる。かつて私（Yasuda, 1978）は、縄文時代晩期の青森県亀ヶ岡遺跡のトチノキ属の高い出現率に対して、半栽培の可能性を指摘したが、それは縄文時代前期にまでさかのぼり得るようである。すでに西田正規氏（西田、一九八〇）は、縄文人の積極的なクリの保存育成を重要な食料獲得活動の一つとみている。鳥浜貝塚においても、クリの実が出土している。しかし、花粉分析の結果では、縄文時代前期の層準ではクリ属の花粉の出現率は低い。このことは鳥浜貝塚の場合、遺跡周辺や三方湖湖岸の照葉樹林帯ではなく、東につらなる雲谷山や矢笘山に存在したであろう暖温帯落葉広葉樹林からクリの実を採集してきたものと推定される。

そして考慮に入れなければならないのは、縄文時代前期の気候の温暖化に対応した森林帯の移動と、若狭湾沿岸と富山湾沿岸の置かれた地理的差異である。若狭湾沿岸では縄文時代前期に照葉樹林が拡大していた。富山湾沿岸でも温度条件からは、照葉樹林が生育する条件がととのっていた。それにもかかわらず、小泉遺跡の分析結果で見たように、コナラ属アカガシ亜属の出現率は低かった。このことは、北上してきた照葉樹林が平野一面をおおうほどに拡大するまでには、時間がかかったことを示す。そして、この時代の土地条件の乾燥化も、照葉樹林の拡大をおくらせた一要因とみられる。

本来ならば照葉樹林が生育できる所であるにもかかわらず、森林の拡大がおいつかないため、気候的極相林の生育できない空間ができた。そこには代償的性格の強い植物が生育した。小泉遺跡の場合、それはハンノキ林であった。縄文時代前期前半の人々が居住する直前には、ハンノキ属の花粉が九〇％以上の異常な高率を示したのは、このことを物語っていよう。

こうした代償的性格の強い移行期の植生の段階では、人間が火入れなどによって植生を破壊した場合、容易に二次林をつくりだすことができ、かつそれを長期に維持できたのではなかろうか。たしかに鳥浜貝塚でも、火入れによって照葉樹林を破壊している事実が花粉分析の結果から明らかになった。照葉樹林を破壊したあとに拡大してくるのはクワ科やオナモミ属・イヌタデ属・アブラナ科などと、エゴマ・シソ・ヒョウタン・リョクトウ・ゴボウなどの栽培作物の花粉や種子であった。小泉遺跡のようにクリ・トチノキ・クルミ・ドングリ類など落葉広葉樹の花粉は増加しない。それはくだって縄文時代後期の福岡県四箇遺跡でも同じであった。すくなくとも花粉分析の結果から見るかぎり、四箇遺跡でも照葉樹林を縄文人が破壊しても、その後にクリ・トチノキ・クルミ・ドングリ類などのカロリーの高い堅果類のなる木の花粉は増加しないのである。

ここに照葉樹林帯とナラ林帯の縄文時代の歴史の舞台としての生態史的相違があるように思われる。ナラ林帯ではわずかな人間のインパクトによって、カロリーの高い堅果類のなるクリ林やドングリ林を容易につくりだすことができる有利な条件があったのではなかろうか。東日本には火山性台地が多いことも、乾燥した土壌条件が雑木林の維持に適しているという意味で、プラスの要因として働いたのではなかろうか。

おそらく縄文人は、こうした植生の遷移を熟知し、それをたくみに利用する知恵を有していたと思われる。そうした縄文人の植物利用を、中尾佐助氏（中尾、一九七七）のいう半栽培段階とよぶことが可能であろう。

こうした考えの基本は、一九八二年に私（安田、一九八二a）が明らかにしたことである。その後、福井勝義氏（福井、一九八三）はこうした自然植生を人為的にクリアし、人間が利用しやすい状態にするという行為には、焼畑の基本的特徴が見られるとして、半栽培型焼畑農耕「遷移畑」の概念を提示した。たしかに鳥浜貝塚の場合、照葉樹林を破壊した後に、栽培作物が明瞭に出現してくるが、小泉遺跡の縄文のクリ林をはたしてクリ畑とよべるかどうかは、なお議論の余地が残されているだろう。現時点では、私はナラ林帯における二次的植生の集約的利用を、中尾佐助氏（中尾、一九七七）の言う半栽培段階に位置づけておくのが妥当であると考える。

ソバ栽培の起源

小泉遺跡では、堅果類の集約的利用はみられたが、栽培作物の痕跡は認められなかった。これに対して、海岸部に立地する十二町潟遺跡の分析結果では、ソバ属の花粉が検出された。

このソバ属の花粉は、図5-12に示した富山県十二町潟遺跡の花粉ダイアグラムでは、最下部から検出され、花粉形態からフツウソバであることが明らかとなった（安田、一九八二b）。ここからはソバ属花粉とともに多量の炭片が検出され、その^{14}C年代は五五〇〇年前と八〇〇〇年前の間にまでさかのぼる。また縄文時代前期の土器も共伴している。こうした多量の炭片とソバ属花粉の出現、それに一〇%以上の出現率を示す二葉マツ類（マツ属複維管束亜属）の存在は、海岸部という地理的条件をさしおいても、フツウソバの栽培をともなう人間の森林破壊と無関係ではあるまい。

佐々木高明氏（佐々木、一九八六a）はナラ林農耕文化の重要な栽培作物としてソバをあげているが、ナラ林帯におけるソバの栽培は縄文時代前期にまでさかのぼる可能性がある。ただこの十二町潟遺

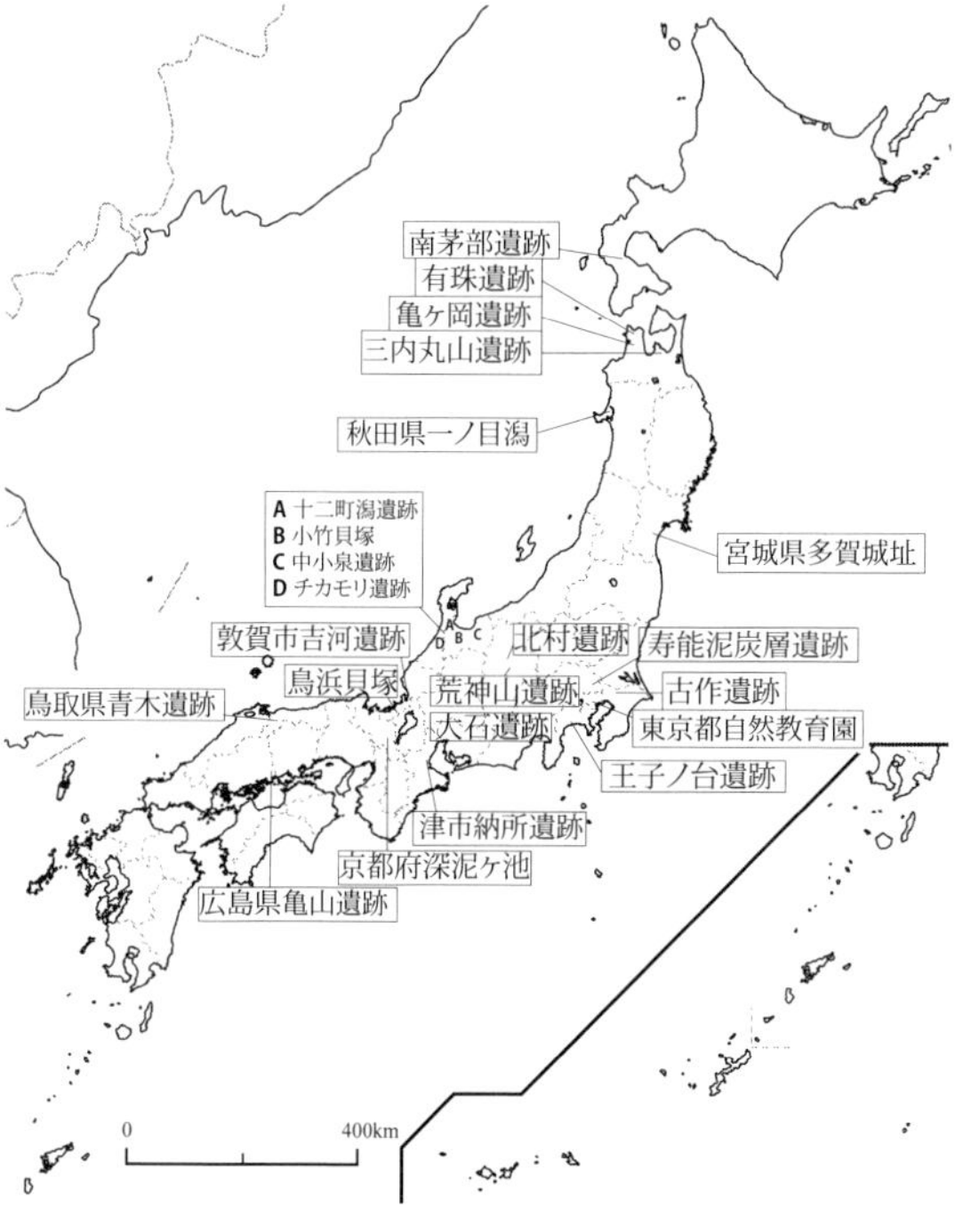

図5-14　関連する遺跡の分布
（原図 安田喜憲）

跡の場合は、正式の遺跡の発掘調査の結果ではなく、露頭の壁面から試料が採取されているため、第一級の試料とはいいがたい。

このように、富山湾沿岸の小泉遺跡では、クリなどの堅果類の半栽培が、ナラ林帯の重要な生業として指摘できる。一方、海岸部の十二町潟遺跡では、ソバの栽培が縄文時代前期にまでさかのぼり得る可能性が明らかになった。

埼玉県寿能泥炭層遺跡

ナラ林帯の太平洋側の分析結果として、埼玉県大宮市寿能町に位置する寿能泥炭層遺跡（図5-14）を取りあげる。図5-15には寿能泥炭層遺跡から出土した木材の樹種の変化を、鈴木三男氏ら（鈴木ほか、一九八二）の分析結果にもとづき、私（安田、一九八四b）がダイアグラムに整理したものを示す。ここにとりあげた木材は流木であり、人間の選択的意志の影響が比較的小さく、遺跡周辺の植生をある程度、統計的に反映しているとみられている。

図5-15から明らかなように、縄文時代早期にはコナラ属コナラ亜属が最も高い出現率を示す。

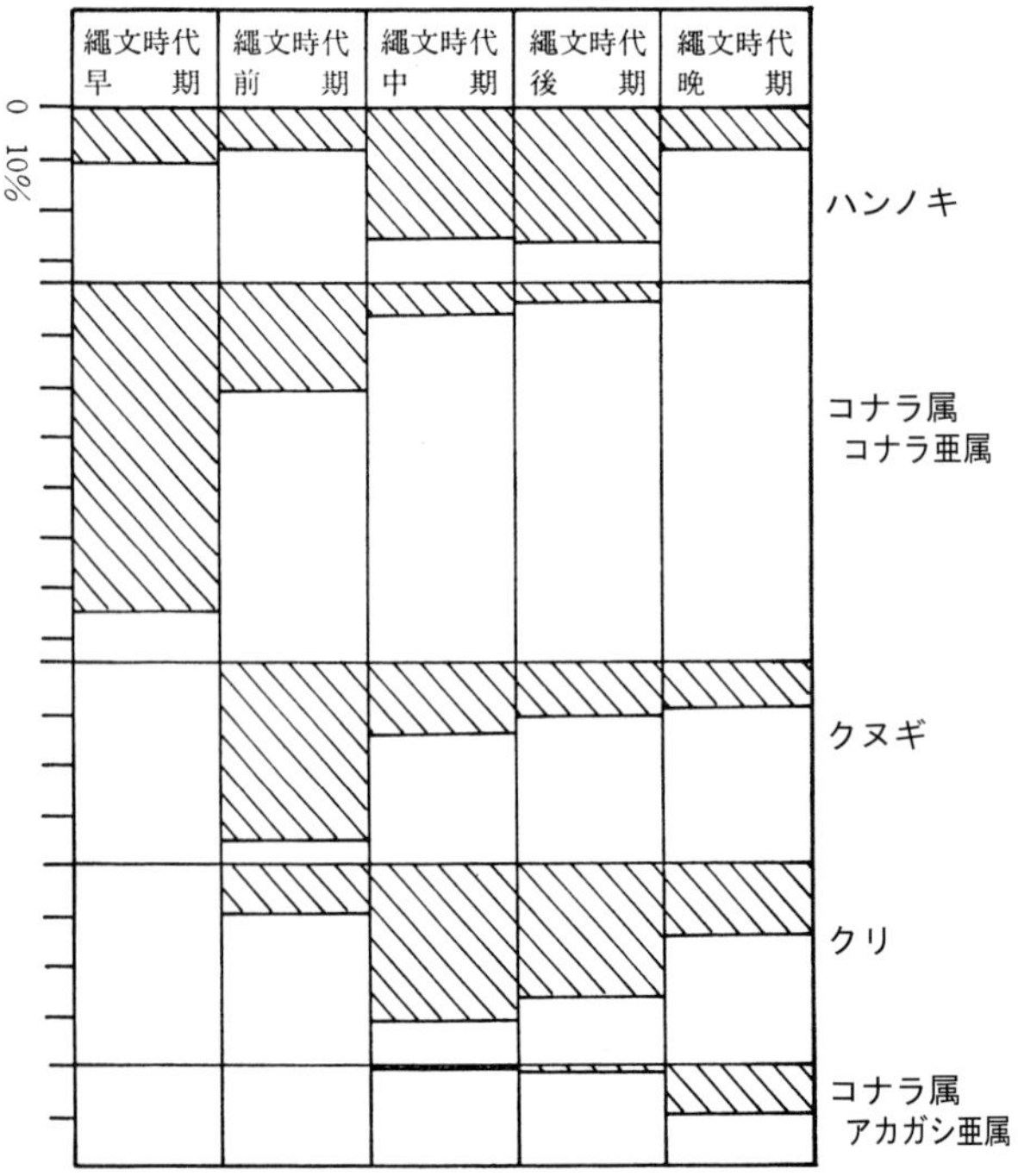

図 5-15　埼玉県寿能泥炭層遺跡の流木の樹種の変遷
（鈴木（三）ほか，1982にもとづき安田作成）

縄文時代前期に入るとクヌギが最高の値を示し、クリが出現する。縄文時代中期にはクヌギは減少し、かわってクリが最高の値を示し、コナラ属アカガシ亜属がわずかながら出現してくる。この時期のもう一つの特徴的な現象は、ハンノキが増加することである。ところが花粉分析の結果（堀口、一九八三）では、ハンノキ属は逆に減少している。私ども（Kitagawa and Yasuda, 2008）が寿能泥炭層遺跡の花粉分析を行った結果（図5-16）では、たしかにハンノキ属の出現率は二〇％以下であるが、局地花粉帯Ⅱbの縄文時代前期から局地花粉帯Ⅲの縄文時代中期にかけてわずかながら増加する。それは木材の分析結果と調和的である。そしてクヌギなどを含むコナラ属コナラ亜属の花粉が四〇％以上ともっとも高率で出現する。クリの花粉は、縄文時代前期に入って増加し、縄文時代中期・後期・晩期と連続的に出現するが、出現率は一〇％前後で木材の分析結果ほど高率ではない。

　縄文時代前期から増加するクリの花粉は明らかに縄文人による人為的な半栽培の可能性が高く、縄文

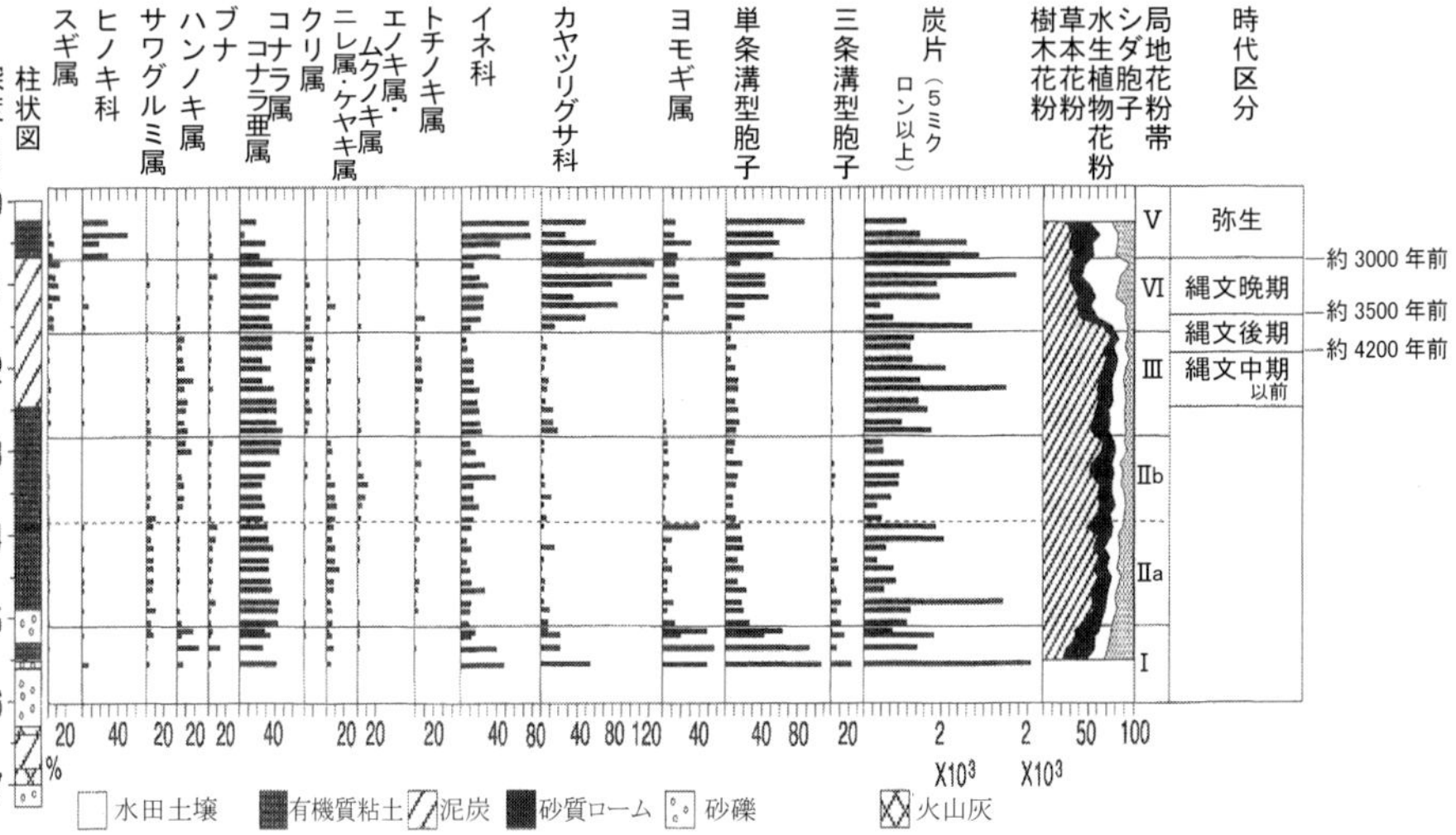

図 5-16　埼玉県寿能泥炭層遺跡の花粉ダイアグラム

出現率はハンノキ属を除く樹木花粉数を基数とする％，年代は補正値.

(Kitagawa and Yasuda, 2008)

時代晩期までその出現率は維持されている。

福井勝義氏（福井、一九八三）は、焼畑農耕民が休閑地にハンノキを移植し、地力の回復や木細工具の材料として利用していることを指摘している。縄文時代中期から後期にかけて花粉ではそれほど顕著ではないが、遺跡出土のハンノキ材が増加する背景には、人間のインパクトの結果による可能性もある。縄文時代中期と後期はクリが木材の分析結果では圧倒的に多く出現し、小泉遺跡（図5-12）で見たのと同じように、縄文のクリ林の存在を推定させる。流木とは言え、遺跡から出土する木材には人間の選択的意志の影響があるように見える。

寿能遺跡の立地する大宮台地は、現在は照葉樹林帯にあたり、気候最適期後期（クライマティック・オプティマム）の高温期に相当する縄文時代前期には、温度条件では十分に照葉樹林が生育できたとみられる。それにもかかわらず、花粉ではコナラ属コナラ亜属がもっとも多く、出土樹木の大半はナラ類・クヌギ・クリ・ハンノキなどの落葉広葉樹で占められている。このことは、富山湾沿岸の小泉遺跡と同様に、照葉樹林の拡大に時間がかかったか、あるいはそれを阻止するような条件があり、関東平野北部の寿能泥炭層遺跡周辺でも、照葉樹林は縄文時代晩期に入るまで、広い面積の森林を形成し得なかったことを示している。

縄文時代前期以降、高い出現率を示すクリやクヌギは、そうした移行期に発展の足がかりが与えられた。そして縄文人はこうしたクリ・クヌギなどを積極的に保護・管理することによって、カロリーの高い木の実を得ていたと見ることができる。照葉樹林が拡大できなかった背景には、縄文人の植生への干渉、クリやナラ林の保護・管理も、さらに近年注目されるようになった黒ボク土を形成するような縄文人の野焼きの影響（山野井、二〇一五）も間接的にはあったと見なされる。寿能泥炭層遺跡の花粉ダイアグラム（図5‐16）で大量に出土する炭片の存在が、そのことを物語っているのであろう。

五　クリ林が支えた高度な縄文文化

青森県三内丸山遺跡

私（Yasuda, 1978）は、はじめて縄文人のクリ（*Castanea crenata*）の半栽培の可能性を花粉分析の結果から指摘した。それを決定的にした遺跡が、青森県三内丸山遺跡（図5‐17）である。三内丸山遺跡でクリが半栽培され、これが主要な食料の一つになっていたことを、三内丸山遺跡の縄文時代前期・中期の谷底の泥土の花粉分析の結果、一九九四年に私がはじめて発見した。河北新報（一九九四年一二月二六日の朝刊）でも報道され、縄文映画（飯塚俊男監督）にもなり、梅原猛・安田喜憲編（一九九五）『縄文文明の発見』として刊行された。それまでは、「このような大規模な遺跡が形成されるための人々の食料は何か？　ひょっとするとアワやヒエの農耕があったからではないか？」などと議論されていただけに、「それはクリだ！」という事実の発見と指摘は重要であると私は思う。事実が発見されてからさらに精緻に分析する

図 5-17　青森県三内丸山遺跡の遺物廃棄ブロックの発掘調査風景
（撮影 安田喜憲）

ことは可能だが、最初に分析結果にもとづいてその事実を指摘したことは重要であると思う。サイエンスの発見とはこういうことを言うのではないだろうか。日本人はそうした発見をあまり重視しない傾向がある。

一九九二年に三内丸山遺跡の発掘調査ははじまった。私は一九九四年に初めて遺跡を訪れ、三内丸山遺跡の縄文時代前期・中期の遺物廃棄ブロック（図5‐17）と名づけられた北側の谷底に堆積した堆積物の花粉の化石を分析してみた。分析用の堆積物は、谷の下流部（A地点）と上流部（B地点）から採取した（図5‐18）。花粉分析の結果は、驚くべきことに、クリの花粉の異常な高い出現率を示した。B地点ではクリの花粉（図5‐19）の出現率は八〇%を超えた（詳しい花粉分析の結果はKitagawa and Yasuda, 2004、梅原・安田編『縄文文明の発見』PHP研究所、一九九五を参照）。こんな花粉の構成を持った分析結果に、今まで出会ったことはなかった。私は興奮した。

クリは虫媒花で、花粉の生産量が少なく、天然の状態ではせいぜい一〇%前後出現する程度である。ところが三内丸山遺跡の分析結果では、ほとんどがクリで占められているではないか。クリに次いで

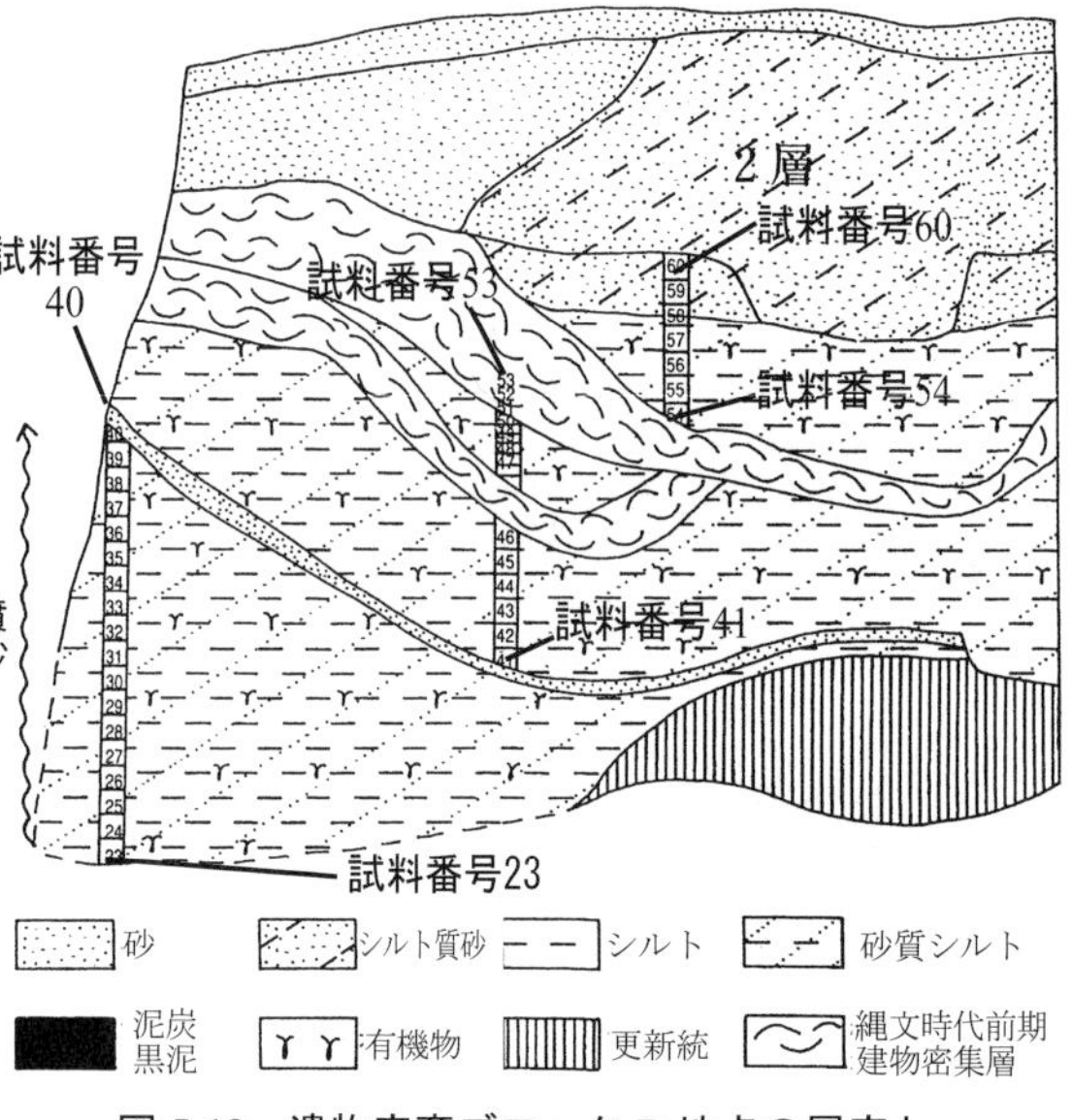

図 5-18　遺物廃棄ブロック B 地点の層序と花粉分析試料採取地点
（高橋，1995）

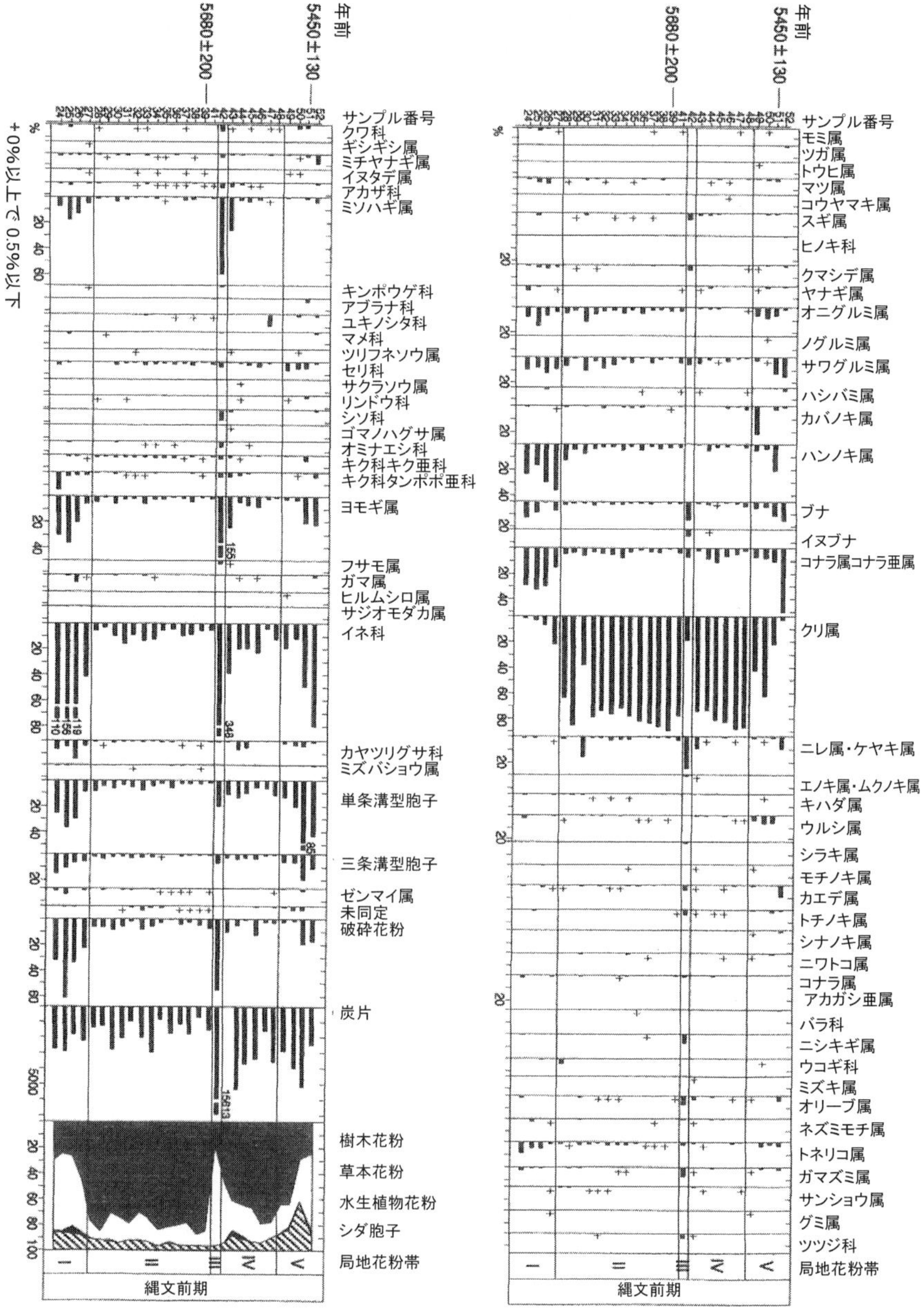

図 5-19　青森県三内丸山遺跡遺物廃棄ブロックＢ地点の花粉ダイアグラム

出現率はハンノキ属を除く樹木花粉数を基数とする%，^{14}C 年代は補正値.

(**Kitagawa and Yasuda, 2004**)

高い出現率を示すのがクルミだった。クリもクルミも、ともにアク抜きをすることなく食べることができるものだ。

谷の下流部のA地点の分析結果からは、縄文時代前期の三内丸山遺跡の人々が、台地に生育していたナラやカエデの森と谷底周辺に生育していたヤナギやハンノキの林を破壊して、クリやクルミの林を人工的につくりだしている様がはっきりと立証できた。クリやクルミは、天然林を破壊した後に生育地を拡大する二次林である。縄文人たちは天然のナラ林を破壊し、燃やした後、二次林のクリ林をつくりだしていたのである。縄文時代前期の三内丸山遺跡の台地上の集落は、クリ林に囲まれていたのだ。

花粉分析の結果では、谷底にミズバショウが華麗な花を咲かせていたことも明らかとなった。しかし乾燥した台地上に生育する雑草の花粉の出現率は、予想外に低かった。クリがたくさん実をつけるためには、除草と枝打ちが効果的である。雑草の花粉の出現率が低いのは、縄文人たちが除草さえ行っていたためではないかと想定された。

クリから見た集落の人口

三内丸山遺跡には最盛期には五〇〇人前後の人が居住していたという説と、いや五〇人ぐらいだったという説が対立している。花粉分析の結果から当時の人口を推定してみよう。

クリの花粉の異常に高い出現率から、三内丸山遺跡の縄文人たちの主食の一つがクリであったことはまちがいない。縄文人が一日に必要なエネルギーを二〇〇〇キロカロリーとすると、一年で必要なエネルギーは七三万キロカロリーである。もちろん縄文人はクリばかり食べていたのではない。海に面した三内丸山遺跡では、魚介類がタンパク質を摂取するための重要な食料だった。もちろん、森の中の小型草食動物も重要な食料となったが、一番重要なタンパク源は魚介類から摂取された。西本豊弘氏（西本、一九九五）はムササビとノウサギが陸上の動物では多いことを指摘している。おそらくイノシシとシカを狩り尽くした後、こうした小型哺乳動物が狩りの対象となったのであろう。

三内丸山遺跡の人々は、シカやイノシシを捕り尽くした後は、魚介類や鳥類を捕獲することで生活を送っていたと見なされている（西本、一九九五）。西田正規氏（西田、一九八〇）は福井県鳥浜貝塚（図5‐2）の大型植物遺体の分析結果（図5‐20）から、縄文時代前期の鳥浜貝塚の人々は、必要カロリーの約四二％をクリやクルミ、ヒシなどの植物質食料から摂取していたと推定している。鳥浜貝塚もまた三内丸山遺跡と類似した遺跡の立地環境にあった。湖に面し、海に近接した遺跡であり、魚介類が重要なタンパク源を提供した（内山、二〇〇七）。そこで三内丸山遺跡の縄文人も鳥浜貝塚人と類似した食料採取を行っていたと仮定して、この割合を三内丸山遺跡に適用する。必要な全カロリーの四〇％をクリだけから摂取したとすると、縄文人は一年で二九万二〇〇〇キロカロリーをクリから摂取する必要がある。クリ一グラムあたりのカロリーは約二キロカロリーである。二九万二〇〇〇キロカロリーを摂取するには、一年に、一四六キログラムのクリを食べなければならない。

一方、赤澤威氏（赤澤、一九九四）らは、図5‐20に示すように、縄文時代後期頃の千葉県古作《こさく》遺跡（図5‐14）の縄文人の人骨の炭素と窒素の安定同位体比の分析から、古作人はカロリーの一八・七％をクリやクルミなどのC3植物から摂取していたと指摘している。古作遺跡も鳥浜貝塚や三内丸山遺跡と同じく、水域に面し、かつては海岸に立地する遺跡であった。

さらに赤澤氏らは内陸部の長野県北村遺跡（図5‐20）の縄文人の人骨の安定同位体比の分析結果から、内陸の北村縄文人も、必要なカロリーの七四・二％を、クリやクルミなどのC3植物から得ていたことを指摘している。また、明治六年に完成した『斐太後風土記』から飛騨地方の野生食を推定した五島淑子氏（五島、一九九二）も、エネルギー源の八〇％が植物食から得られていることを指摘している。もし三内丸山遺跡の縄文人が必要なカロリーの八〇％をクリなどから得ていたとすると、一年に二九二キログラムのクリを食べる必要がある。

一九五五年頃より日本のほとんどのクリ園では丹波クリ系が栽

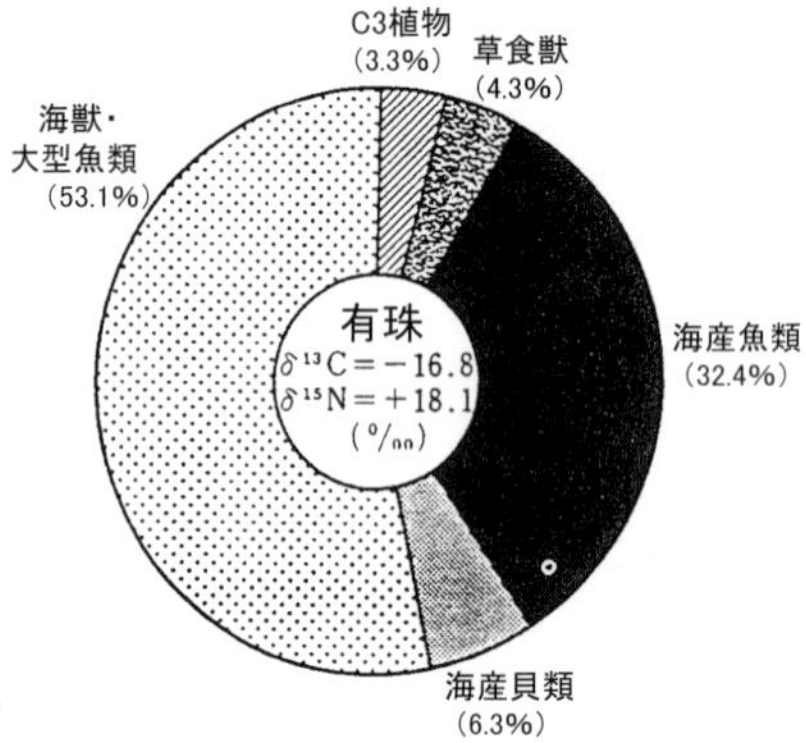

分析結果からみた有珠縄文人の食物構成
（赤沢, 1994）

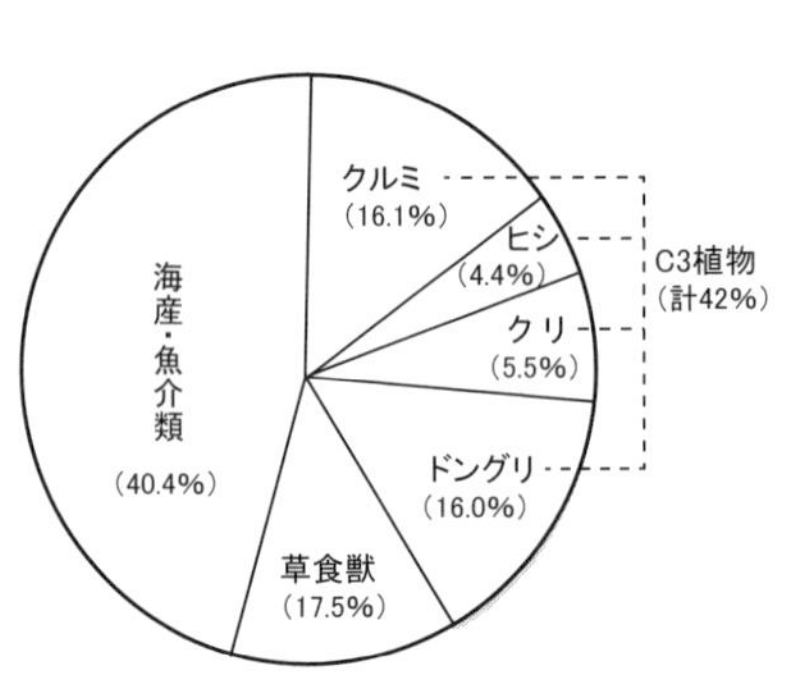

分析結果からみた鳥浜貝塚人の食物構成
（西田, 1980）

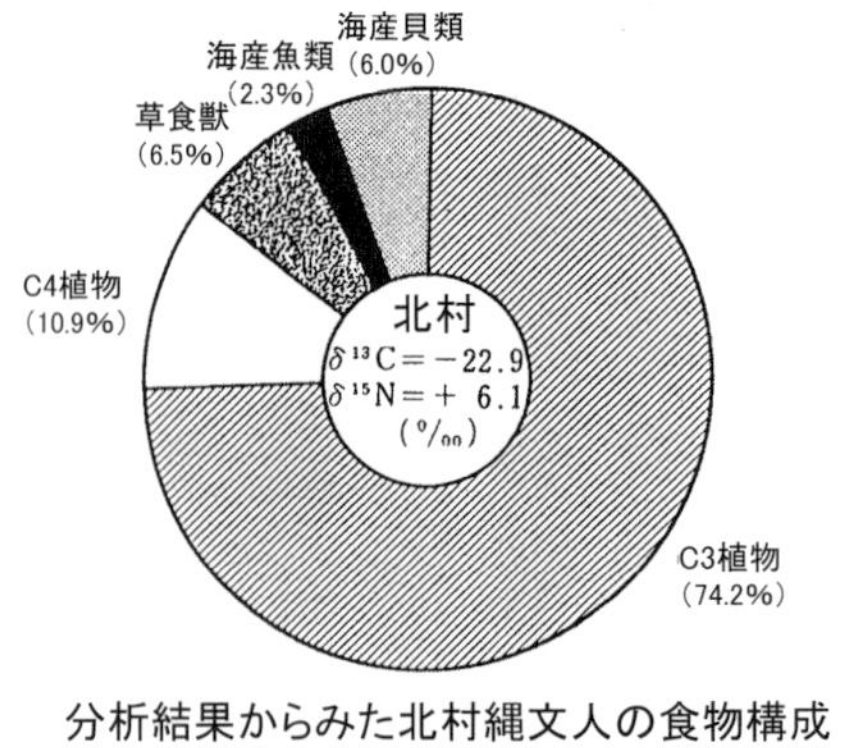

分析結果からみた北村縄文人の食物構成
（赤沢, 1994）

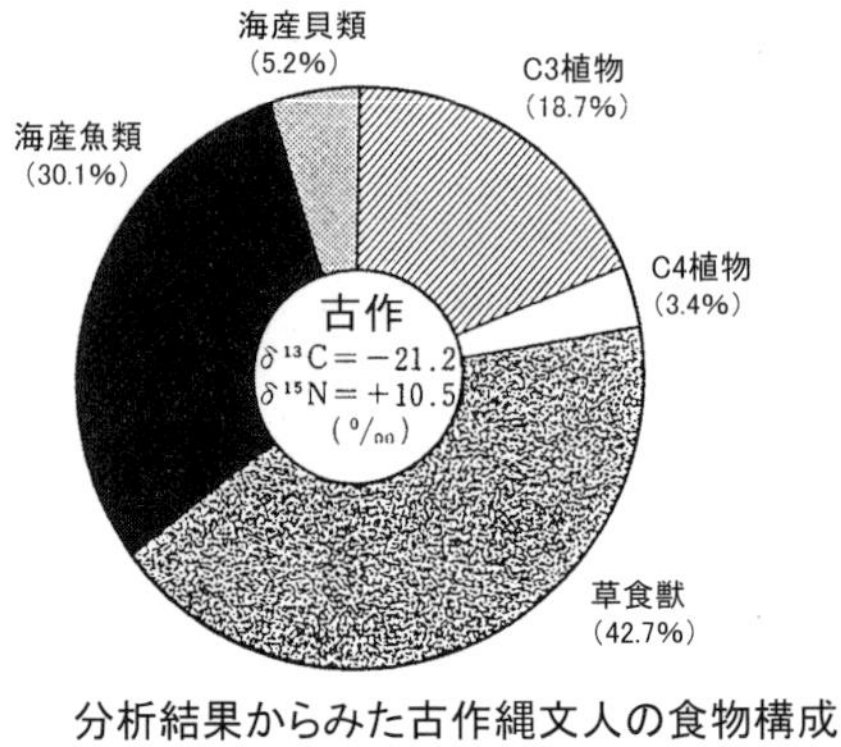

分析結果からみた古作縄文人の食物構成
（赤沢, 1994）

図 5-20　有珠遺跡，鳥浜貝塚，北村遺跡，古作遺跡の食料の分析
（西田，1980，赤沢，1994 による）

培されるようになった。しかし、かつてはシバグリだった。シバグリは北海道南部から九州南部にかけて、日本全国で栽培できた。しかし、その収穫量には大きな変動があった。元木 靖氏（元木、一九六九・二〇一五）によれば、全国有数のクリの生産地である茨城県の第二次世界大戦前後の収穫量をみても、一〇アールあたり一三〇キログラムから二三〇キログラムと大きく変動している。しかも、しぶ皮などをのぞくと、実際に食べられる部分はその内の七〇％に減少する。第二次世界大戦前後はクリの栽培に十分手がまわらず、もっとも粗放的な状態で栽培されていたと考えられる。

仮に縄文人が第二次世界大戦前後に近い状態（それでも縄文時代に比べればはるかに収量は高いと見なされる）でクリ林を維持・管理したとして、一〇アールあたり二〇〇キログラムの収穫があったとしても、実際に食べられる部分は一四〇キログラムである。縄文人が一年に必要なカロリーの四〇％前後をクリから摂取するためには一四六キログラムのクリを食べる必要があったから、一〇アールのクリ林で養える人口は約一人ということになる。もしカロリーの八〇％をクリから取っていたとすると、一〇アールのクリ林で養える人口は〇・五人ということになる。

三内丸山遺跡の人口が五〇〇人とした場合、しかも、みんなが同じ量のクリを食べたとすると、五〇〇〇～一万アールのクリ林が必要になる。現在のクリ園では一〇アールあたり樹齢二〇～三〇年のクリの木が一二本前後あるのが、もっとも結実の効果が高いとされている。したがって、縄文時代にもっとも効率よくクリの木が生育していたとしても六〇〇〇～一万本前後のクリの木が必要になる。

三内丸山遺跡は約五〇〇〇アールの台地全体が遺跡であったと見なされる。五〇〇〇アールの台地を全てクリ林にした場合、鳥浜貝塚人と同じように、カロリーの四〇％前後をクリから摂取していたとすると、計算上は確かに五〇〇人の人口が維持できる。おそらく西本豊弘氏（西本、一九五五）が明らかにしたように、豊富な海産資源がもう一つのメジャー・フードであったのであろう。しかし、同時期に五〇〇人もの人々が三内丸山遺跡で生活していたかどうかは、より慎重な論の展開と科学的データの蓄積の上で結論づける必要があるだろう。

クリは収穫期間が限られており、粗放的な経営で済むとはいえ、集中した労働力が必要である。五〇〇〇アールのクリ畑を維持・管理するためには、統制のとれた共同作業が必要不可欠であったにちがいない。

さらにクリは豊凶性が著しい。松山利夫氏（松山、一九八二）らによれば、クリは気候の寒冷化と多雪化には大変弱く、凶作となる。台地全面をクリ林とし、豊富な海産資源とのセットによって、異常なまでにふくれ上がった人口を擁する社会は、わずかの気候悪化によって食料危機に陥ったのではないだろうか。

巨大集落がこつぜんと三内丸山の台地から姿を消す背景には、過剰なまでにクリに依存し、過剰なまでにふくれ上がった人口が、四二〇〇年前の気候寒冷化の影響で食料危機に直面したことを物語っているのではなかろうか。

建物の高さは一〇メートル

三内丸山遺跡の北西から、直径八〇センチもあるクリの巨木柱を持った建物が発見された。ある建築家はその建物の高さは二〇メートル以上に達する巨大なものだったと指摘し、ある人はいや一〇メートル以下だと指摘する。

このクリの巨木柱は、遠方の山奥から運んできたものではなく、集落の近辺のクリ林に生育していた老木を伐採したものではないかと私は推定している。近くにクリの木があるのに、わざわざ遠方から運んでくる必要はない。クリの実が一番多くつくのは若木である。おそらくクリの実をいっぱいつけることができなくなった老木を、建物の柱として利用したのであろう。クリの巨木柱の年輪の幅が、意外に広いのも、このクリの巨木柱が天然のものではなく、人工的に半栽培管理されたものであることを物語っている。

たしかに、天然の状態ではクリは樹高二〇メートル以上に達するものもある。それは他の樹木と競合し、光を求めて、上へ上へと生長する必要があるからである。しかし、半栽培・管理されたクリの場合は、そんな必要はない。人間がクリ以外のじゃまな木を伐採してくれるし、草さえ刈ってくれる。クリの実をたくさん採るためには上にのびる枝を切り、枝を横にはらせることも必要である。クリ林のクリは上に生長するよりも横へ横へと生長する。だから年輪の幅も大きくなる（図5‐21）。

このことから、人間が管理したクリの巨木を柱として利用した場合、その建物の高さが一〇メートル以上に達することは、まずないとみてよい。クリの巨木柱を使用した建物の高さは一〇メートル以下と見なすのが妥当であると私は考えている。

図 5-21　トルコ黒海沿岸のクリの巨木
（撮影 安田喜憲）

クリ林を維持できた理由

　一九九二年に花粉分析を実施した相模原市東海大学構内王子ノ台遺跡（図５－14）（安田、一九九一ｂ）でも、縄文時代前期・中期の包含層からクリの花粉が三〇～四〇％の高い出現率を示し、縄文人のクリの半栽培を裏づけた（図５－22）。そして、今回の三内丸山遺跡である。

　そうしたクリの花粉の異常に高い出現率がみられるのは、東日本の落葉広葉樹林帯である。一九七五年以来調査をつづけてきた縄文時代前期の福井県鳥浜貝塚では、クリの実の遺体は検出されているが、クリの花粉の出現率は一〇％以下にとどまっていた。それは西日本の照葉樹林帯に位置する他の縄文時代遺跡の花粉分析の結果におい

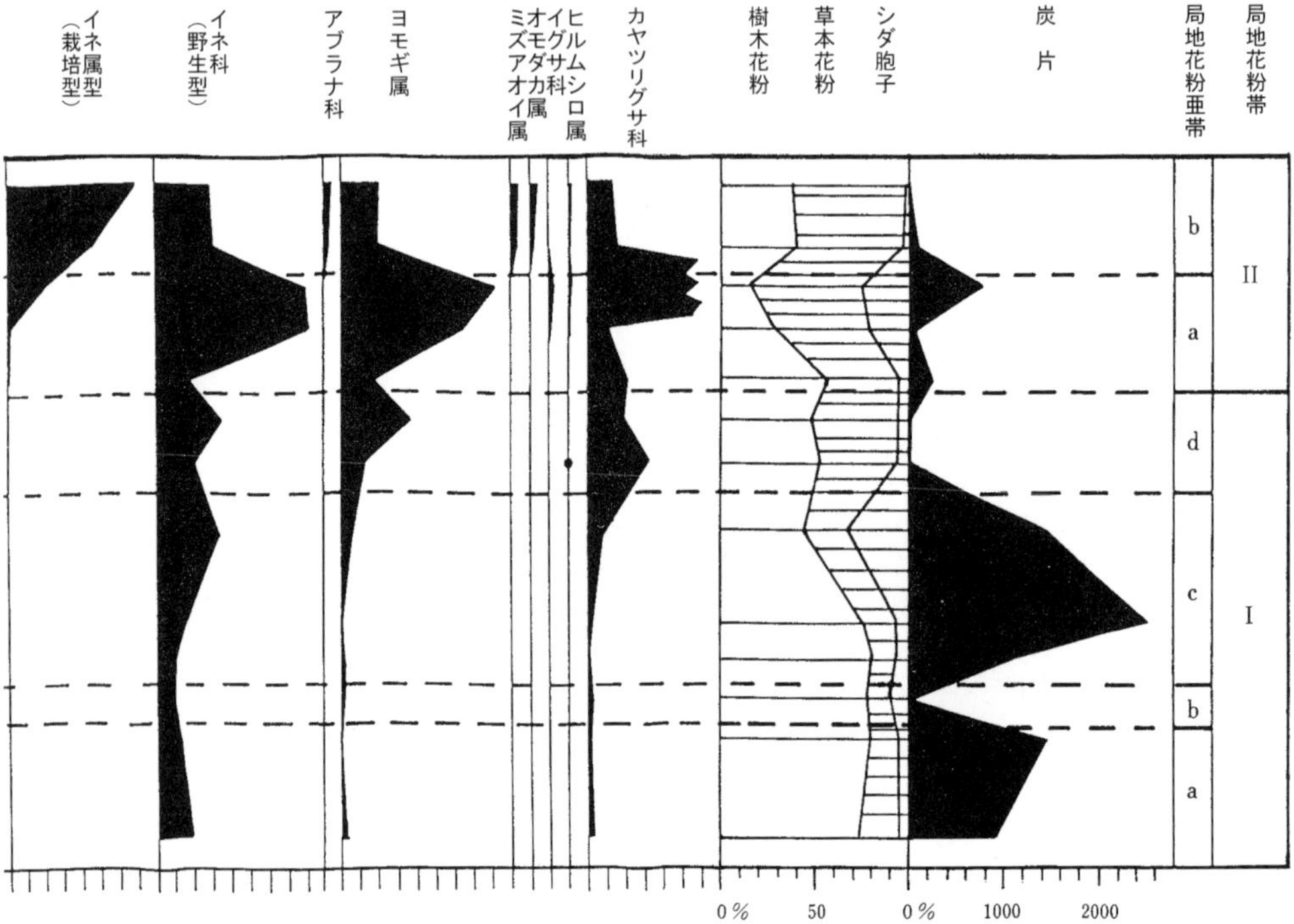

図 5-22　神奈川県王子ノ台遺跡の北東入谷戸ボーリングコアの花粉ダイアグラム
層序は安田（1991b）参照．出現率はハンノキ属を含む樹木花粉数を基数とする％，
^{14}C 年代は補正値．（安田，1991b）

ても共通している。

クリは二次林的な植物だった。西日本のシイ類やカシ類のうっそうとおい繁る照葉樹の森を破壊して、二次林的なクリ林を大規模に維持することはなみたいていのことではなかったのである。

それに対し、東日本のナラ林帯においては、縄文人が火入れなどをすることによって、容易にクリ林をつくりだすことができた。乾燥した火山灰台地であったこともプラスの要因として作用した。もともと植えていたクリの木だけを残して、選択的に伐採するだけでも、かなりの効果があったものと見なされる。近年では故意に草原や二次林を縄文人は維持したと見なされるようになった(山野井、二〇一五)。

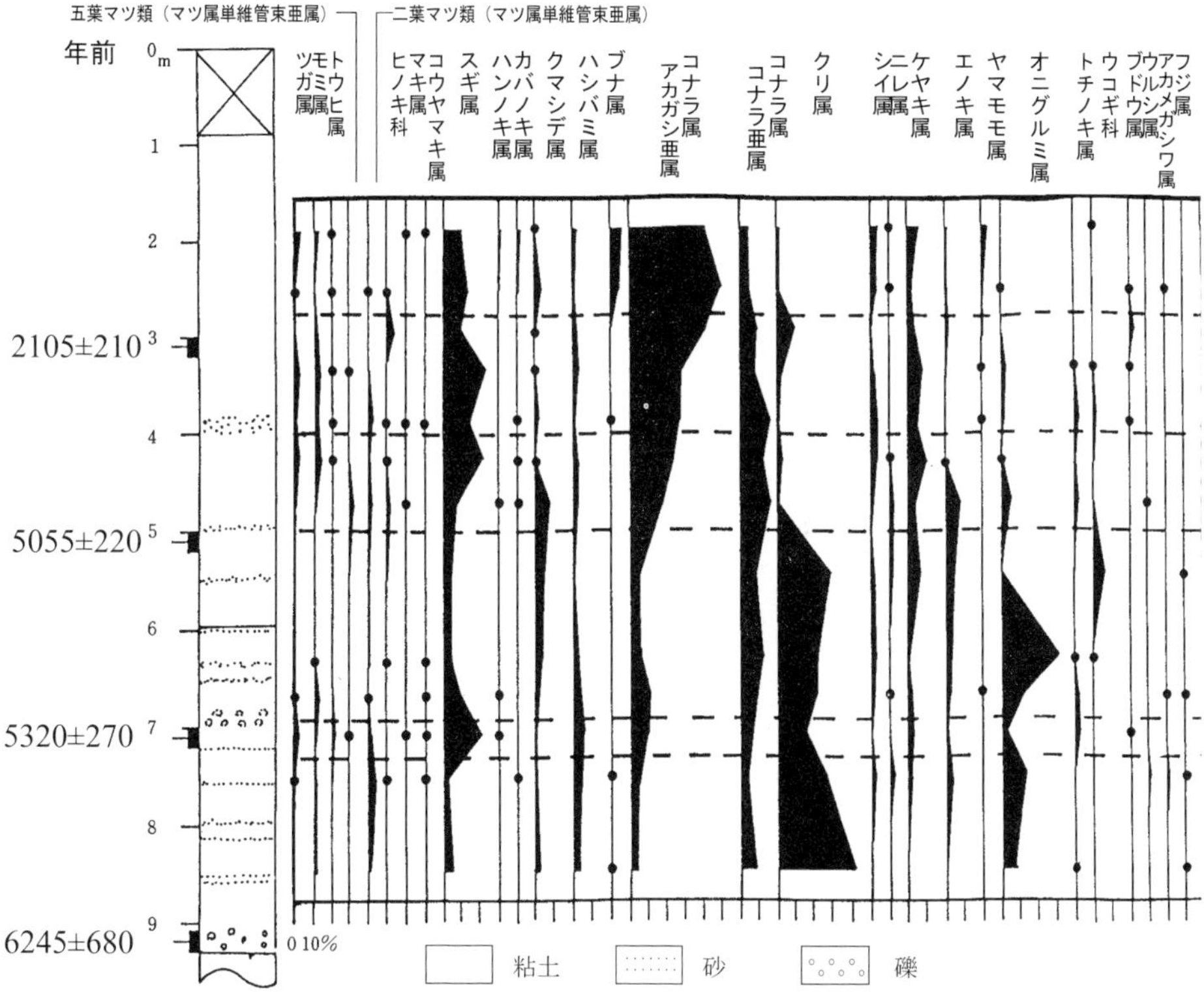

小山修三氏（小山、一九八四）が示した縄文時代前期・中期の人口の分布が、圧倒的に東日本に多いというその背景には、カロリーの高いメジャー・フードを採取できるクリ林を容易につくりだすことができたという生態的な背景が深くかかわっていると見なされる。さらに、その後、佐藤洋一郎氏（佐藤、一九九七）による三内丸山遺跡から出土したクリの実のDNAの分析から、この縄文人のクリの栽培化はさらに補強され、クリ林を維持・管理し、集約的に利用することが、東日本のナラ林帯の縄文文化を発展させる重要な要因であったことは、もはや疑いない事実となった。

このように縄文文化を発展させた背景の一つに、高度なクリやトチノキなどの堅果類の果樹利用と海産資源の利用の技術革新があったことは、まずまちがいないであろう。三内丸山遺跡では、イヌビエの栽培化などいくつかの技術革新の可能性も考えられているが、現時点ではまだまだそれらは実証的に解明されていない。

こうした生業における技術革新を背景として、縄文時代中期には大量の土偶の生産にみられるように、宗教や呪術の発展があり、三内丸山遺跡の巨木の建築にみられるような大土木工事の技術さえ出現してくるのである。

三内丸山遺跡については、最近になってようやく花粉分析（吉川、二〇一一）や材木樹種（鈴木、二〇一六）の立場から、クリの重要性について指摘されるようになったが、そうした指摘は一九九〇年代半ばにもうなされていたことをご理解いただければ幸いである。

鈴木（二〇一六）は、縄文時代の一般住宅や公共の共同作業場も、ほとんどクリで作られていたと指摘している。

青森県亀ヶ岡遺跡

亀ヶ岡遺跡（図５‐14は青森県西津軽郡木造町亀ヶ岡に位置する縄文時代晩期の遺跡である。これまで新戸部隆氏（新戸部、一九七三）の花粉分析の結果、山野井徹氏ら（山野井・佐藤、一九八四）の花粉分析の結果がある。本来ならば遺跡周辺はブナやナラ林が気候的極相林として生育するはずである。事実、青森平野などの花粉分析の結果（Yamanaka, 1971）は、この時代、ブナ属やコナラ属コナラ亜属が高い出現率を示している。ところが、この亀ヶ岡遺跡の花粉分析の結果では、トチノキ属・クリ属・オニグルミ属などの食用の堅果類のなる木の花粉が異常に高い割合で出現する。クリ属の花粉は八〇％以上に達する層準があり、トチノキ属も四〇％以上に達する層準がある。こうしたクリやトチノキの異常に高い出現率は、天然の状態では考えがたく、あきらかに縄文人がこれらの樹木を保護・管理した結果であることを私（Yasuda, 1978）が最初に指摘した。

その後、山野井氏（山野井・佐藤、一九八四、山野井、二〇一五）も有用樹として保護されたか、さらに積極的に植えられた可能性の高いことを指摘している。さらにこの亀ヶ岡遺跡では、縄文時代晩期の後半の層準から、ソバ属の花粉も検出され（那須・山内、一九八〇）、ソバ属の栽培が指摘されている。

図５‐23は北川淳子氏（Kitagawa and Yasuda, 2004）が行った亀ヶ岡遺跡の花粉分析結果である。花粉ダイアグラムはクリ属の高い出現率で特徴づけられ、六〇％以上の高い出現率を示す層準もある。クリの半栽培が行われていたことは間違いない。とりわけ三六〇〇年前にハンノキ属が激減し、ハンノキ林の生育する低湿地林が破壊された。その後、三六〇〇年前から三三〇〇年前は、著しく樹木の少ない環境が周辺に存在した。樹木ではクリ属・トチノキ属・サワグルミ属などの堅果類の花粉とヨモギ属などの草本類の花粉が増加するほかは、著しく単位体積あたりの絶対花粉量が減少する。

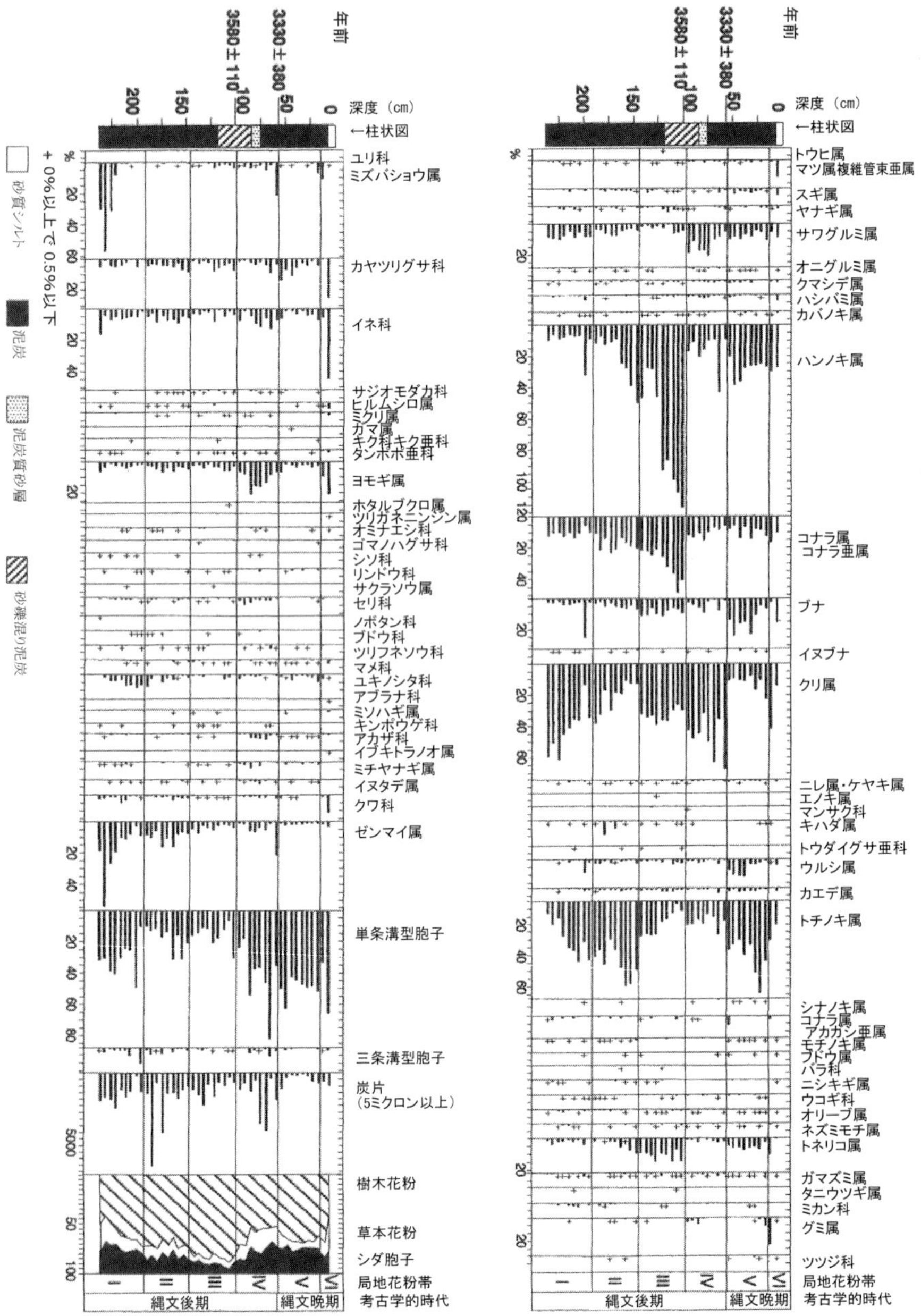

図 5-23　青森県亀ヶ岡遺跡の花粉ダイアグラム

出現率はハンノキ属を除く樹木花粉数を基数とする %，^{14}C 年代は補正値.

(Kitagawa and Yasuda,2004)

おそらくこの三六〇〇年前から三三〇〇年前が、亀ヶ岡遺跡のもっとも繁栄した時代であり、周辺の植生は著しく破壊されていたと思われる。ところが三三〇〇年前頃より、亀ヶ岡遺跡周辺にはマツ属、ハンノキ属、ブナ属、トチノキ属が増加し、クリ属は減少する。単位体積当たりの絶対花粉量も増加してくる。おそらくこれは気候の冷涼化・湿潤化の影響で、周辺にブナやトチノキの森林が回復してきたことを物語る。ブナ属の増加は降雪量の増加を、トチノキ属の増加は渓畔林の発達を示す。北川淳子氏（Kitagawa and Yasuda, 2004）は気候温暖期にはクリ属がまた気候冷涼期にはトチノキ属が増加することを発見した。

ただこの亀ヶ岡遺跡の分析結果では、これまでソバの栽培が指摘されてきた（那須・山内、一九八〇）が、そのソバ属の花粉を検出することはできなかった。

六　土偶はナラ林文化のシンボル

土偶はクリ栽培の大地母神

小山修三氏（小山、一九八四）の示した縄文時代前・中・後・晩期の遺跡数の分布とそれから推定される人口は、圧倒的に東日本が優位を占めている。この東日本の高い人口圧を支えることができたメジャー・フードの一つにクリがあったことは、これまでみてきた東日本各地の縄文時代の遺跡の花粉分析の結果からほぼまちがいのない事実であろう。

なぜ東日本の落葉広葉樹林帯において、特異的に縄文時代前期以降の文化が発展をとげることができたかの理由の一つに、東日本の落葉広葉樹林帯の風土がクリの集約的利用に適していた点があげられる。

もちろん、サケやマスなどの魚介類、クリ以外の山菜や堅果類さらにはヒエ属の栽培の可能性など様々な要素がかかわっているのであるが、その中の一つの重要な要素がクリであったことは確実だろう。

クリは二次林的な植物だった。西日本に生育するシイやカシのうっそうとした照葉樹の森を破壊して、二次林的なクリ林を大規模に維持することは、なみたいていのことではなかった。

これに対し、東日本のナラ林帯においては、縄文人が火入れなどをすることによって、容易にクリ林をつくりだし維持することができた。また乾燥した火山灰台地や扇状地など土壌条件の不安定な所が多いことも、プラスの要因として作用した。もともと生育していたクリの木だけを残して、選択的に伐採するだけでも、かなりの効果があったものと見なされる。

小山修三氏が示した縄文時代前期・中期の人口の分布が、圧倒的に東日本に多いというその背景には、カロリーの高いメジャー・フードを採取できるクリ林を容易につくりだすことができたという生態的な背景が深くかかわっていると見なされる。クリ林を維持・管理し、集約的に利用することが、東日本のナラ林帯の縄文文化を発展させる重要な要因であったことは、もはや疑いのない事実となったと言ってよいだろう。

土偶＝大地母神説

縄文時代前期以降の東日本の高い人口圧と、その上に立った高い縄文文化の発展を象徴するものの一つに土偶がある。図5－24には縄文時代前期・中期の土偶分布の概略を示した（八重樫ほか、一九九二）。土偶の分布は東日本に集中するという著しい地域性を示している。その著しい地域性はなぜ引き起こされたのであろうか。その地域性がもたらされた原因を解明すれば、土偶の謎もとける

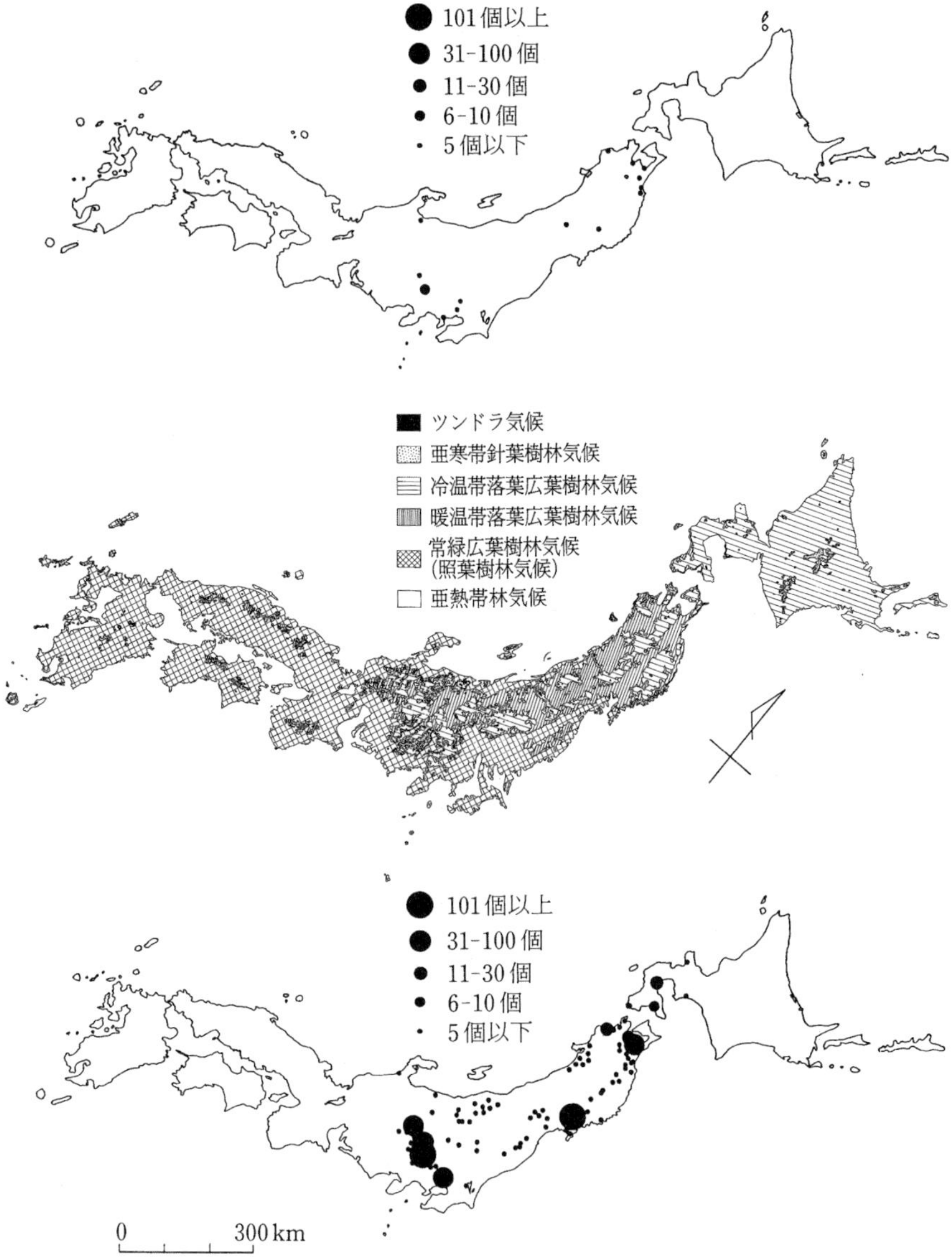

図 5-24　縄文時代の土偶の分布

土偶は温帯落葉広葉樹林の森の文化の象徴だった．土偶の分布は八重樫ほか (1992) による．ただし北海道黒松内低地以北については安田 (1993) が修正．

上：縄文時代前期の土偶の分布

中：縄文時代前期の森林帯気候の分布

下：縄文時代中期の土偶の分布

かもしれない。特に縄文時代中期に土偶の出土数が爆発的に増加するのは、東日本、しかもその地域は、ちょうどクリの花粉が高い出現率を示す地域と対応することに注目したい。

クリの花粉の高い出現率と大量の土偶が出土する事実との間に、果たして因果関係が存在するのかどうかは、推測の域を出ない。しかし、土偶がイモ栽培をはじめ、なんらかの植物の利用と栽培に関係する大地母神ではなかったかという説はこれまで数々指摘されてきた。

藤森栄一氏（藤森、一九六九・七〇）は、『古事記』にいう大氣津比賣《おほげつひめ》と同じ役割を果たした地母神ではなかったかと指摘した。豊穣の女神として土偶を壊すことで殺害し、その死体としての土偶のかけらから、再び新たな作物を生え出させようとしたのではないかと指摘する。

この藤森氏の説を神話学の立場から強く支持したのは吉田敦彦氏（吉田、一九八七）である。吉田氏は山梨県釈迦堂遺跡から発見された一〇〇〇点以上の土偶が、完形のものがなく、かつ破片をつなぎあわせても完形品が復元できず、それらの土偶があらかじめ壊すことを前提としてつくられていることに注目した。そして縄文時代中期にはすでに作物の栽培がはじまっていて、これらの作物が豊穣女神的地母神の死体より生まれるという、死体化生型の作物起源神話が存在し、土偶はそうした世界観の下につくりだされた大地母神像であると指摘している。吉田氏は江坂輝彌氏（江坂、一九七三）のイモ栽培説に注目し、熱帯のイモ栽培民の作物起源神話との関連を重視している。

しかしこれまでのところ、イモ栽培やアワ栽培の確たる証拠は発見されていない。最近東北地方で注目されてきたのはヒエ属である。吉崎昌一氏（吉崎、一九九三）は縄文時代中期後半の青森県六ヶ所村富ノ沢遺跡の三六一号住居の床面から、二〇〇〇粒を超す炭化したヒエ属の種子を検出している。これにより、野生のイヌビエを縄文時代中期の人たちが意識的に管理・利用した可能性は高くなってきたが、まだまだ試料が不足している。

一致する土偶とクリ文化圏

このヒエ属とともに縄文人たちの植物利用として、クリを見逃すことはできない。すでに述べたように縄文時代前期には、クリの集約的利用がはじまっていたことは確実である。土偶はこのクリの集約的利用と深くかかわった大地母神ではなかったか。土偶文化圏とクリ文化圏のみごとな一致は、このことを物語っているのではないだろうか。クリの花粉の出現率の分布の地域性と土偶分布の地域性の対応から、このような仮説を私は提示したい。

吉田敦彦氏（吉田、一九八七）はニューギニアのマリンド・アニム族のマヨとラパとよばれる、凄惨な殺害をともなう豊穣の儀礼を紹介している。祭にはマヨ娘・ラパ娘とよばれる二人の若い娘が犠牲に捧げられる。まず二人の娘は大人たちによって犯されたあと、殺される。大人たちはその若い娘の肉を食べ、食べ残された遺体は集められ、ココヤシの若木の側に一片ずつ分けて埋められ、血はココヤシの幹に塗りつけられる。

このココヤシのかわりにクリを、そして、マヨ娘とラパ娘のかわりに土偶をおきかえてみたらどうだろうか。縄文人たちは土偶を壊すことで地母神的女神を殺し、その破片を分断することで、クリの実の豊穣を祈ったのではないか。この仮説は一九九一年に拙著『大地母神の時代』(安田、一九九一 a）の中で指摘したことであるが、イモやアワなどの栽培作物の証拠が確実でない現在、土偶を大地母神と考えるならば、このような「縄文土偶クリ文化圏説」が成り立ち得るのではなかろうか。

クリが縄文人たちの重要な食料源であったことは確実である。儀礼の中で一番大切なのは主食に関連するものであることは、多くの民族誌の事例に照らし合わせても納得のいくところである。縄文時代の主食の一つはクリであった。そうしたメジャー・フードとしてのクリに関連した儀礼があったであろうことは、現在においてもコメに関係する豊穣儀礼が数々存在することからも容易に推測できることである。

人間は主食になる食物の豊穣をもっとも強く願うものである。縄文人にとって重要な食料であったクリに関連する豊穣の儀礼があったことは確実である。それが土偶を祀る儀礼だったのではないだろうか。土偶文化圏とクリ文化圏のみごとな一致は、このことを物語っているのではなかろうか。

七　ナラ林文化の発展段階

ナラ林文化と縄文文化

佐々木高明氏（佐々木、一九九七）は、プレ農耕段階のナラ林文化には、「内陸・狩猟民・定着型」の文化と、「沿岸・漁撈民・定着型」の文化の二類型が存在すると指摘している。前者は内陸の森林帯の中でトナカイの狩猟を行っていた、エヴェンキやオロチョンさらにはチュクチなどの人々の文化がこれに近いものであった。後者は大河川の沿岸に定着し、漁撈民型のニヴヒ（ギリヤーク）などの文化がそれに近いと指摘する。そしてこの文化は身分階層さえ生み出していた可能性があるという。

東日本のナラ林帯の縄文文化も、こうした東アジアのナラ林帯を中心に栄えたプレ農耕段階のナラ林文化の一類型と見なすことができる。

ナラ林文化の農耕段階においては、佐々木高明氏（佐々木、一九九七）は、典型的なナラ林帯において、農耕がかなり進んだグループと、農耕化がほとんど進まなかったグループがあることを指摘している。農耕化が早く進んだアムール川流域や沿海州の内陸部では、約三〇〇〇年前頃には、アワ・キビ・大豆・オオムギなどを栽培する農耕がはじまり、ブタも飼育されていた。

一方、中国東北部のナラ林帯では、黄河文明の影響の下に、九〇〇〇年前頃からすでにアワやキビの栽培、それにブタやヒツジ、ヤギの飼育が行われていた。これらのナラ林帯の農耕文化は、ほかにソバ・カブ・ゴボウ・ネギ・カラシナ・タイマ・エンバク・雑草性のライムギなどを栽培していた。

ではこれら北方系作物群をもつナラ林帯の農耕文化が、いつごろ日本列島に伝播したのであろうか。北方系作物群の中に含まれるゴボウやアブラナの仲間は、福井県鳥浜貝塚の縄文時代早期の遺物包含層からすでに発見されており（笠原、一九八三・八四）、九〇〇〇年前頃から、大陸のナラ林帯の文化と交流があったと見なされる。

こうした大陸北方のナラ林帯の文化が大挙して伝播したのは、縄文時代後期・晩期に入ってからである。四二〇〇年前を中心とする気候冷涼化と三二〇〇年前を中心とする気候冷涼化が、大陸北方のナラ林帯の人々の南下・移動を引き起こし、ナラ林帯の栽培作物を伝播させた。日本列島の主として日本海側の各地においてソバ属の花粉の出現が顕著になるのは、こうした気候悪化が契機となって人々が大陸北方から南下・移動した結果であると見てよいであろう。

これまで述べてきた東日本のナラ林帯を代表する遺跡の花粉分析の結果から、ナラ林帯では縄文時代前期以来、クリ・クルミ・ドングリ・トチノキなどの樹木を保護・管理し、それらの堅果類の集約的な利用が、縄文時代前期から晩期まで一貫してみとめられた。金沢市新保本町の縄文時代後期・晩期のチカモリ遺跡（金沢市教育委員会ほか編、一九八三）（図5-14）からは、直径が五〇センチメートルをこえるクリの巨木の柱根が多数検出されている。そしてこうしたクリの高い出現率を示す分析結果は、弥生時代の遺跡からも明らかにされている。秋田県南秋田郡若美天町の横長根A遺跡（児玉、一九八五）の弥生時代中期後半の遺物包含層では、クリ属が著しく高い出現率を示している。

コナラ・クヌギ・クリなどの移行的性格の強い雑木林を維持・管理し、集約的に利用することが、東日本のナラ林帯の縄文文化を発展させる重要な要因であった。縄文人は完新世の気候変動と大規模な森林の変遷のなかで、植物の遷移を熟知し、それらをたくみに利用する、きわめて集約度の高い堅果類の利用体系を完成させていたと言えるだろう。

こうしたナラ林帯におけるクリ・トチノキ・クルミなどのカロリーの高い堅果類の利用を、中尾佐助氏の言う半栽培段階（中尾、一九七七）と見なすことができた。堅果類を中心とする半栽培こそが、東日本のナラ林帯の縄文文化を発展させた原動力であった。

富山県十二町潟遺跡でみられたように、ソバの栽培は縄文時代前期にまでさかのぼる可能性があるが、それが顕著になるのは、縄文時代晩期以降である（安田、一九八四b）。ソバの栽培に代表される農耕の開始が、佐々木高明氏（佐々木、一九八四）のナラ林帯の発達段階の（２）農耕段階に比定されると考えられるが、現時点ではまだその実態はさだかではない。（３）崩壊段階については、花粉分析の結果から論証するのは困難である。

八　東西二つの縄文の森

ナラ林文化と照葉樹林文化

以上みてきたごとく、縄文時代にはナラ林と照葉樹林という東西二つの縄文の森が存在し、その森の生態系に適応した二つの特徴的な縄文文化が存在したことがわかる。

ナラ林帯と照葉樹林帯における代表的な遺跡の花粉分析結果をつうじて、現時点で言えることは、ナラ林帯においては、クリ・ドングリなどの堅果類の集約的利用を物語る分析結果が多いということである。もちろんソバ属のみでなく、縄文時代中期の長野県大石遺跡や荒神山遺跡（松谷、一九八四）のように、エゴマ・シソの栽培作物が検出される遺跡もあるが、福井県鳥浜貝塚のように連続的な層序関係において、明瞭な栽培作物をともなう例はめずらしい。

東日本のナラ林帯では、完新世の気候変動にともなう森林帯の移動の中で、代償的性格の強い移行期の植生に、火入れなどによって二次林的性格の強いナラ・クリ・トチノキ林などの二次林をつくりだし、それを長期にわたって維持・管理することによって、集約的な堅果類の利用体系を確立していたと見られる。縄文時代前期以降のナラ林帯の文化的発展を支えたのは、こうした堅果類の半栽培であった。そして、縄文時代前期以来の堅果類の集約的利用は、弥生時代に入っても受け継がれていた。

鳥浜貝塚を含め、縄文時代に照葉樹林が気候的極相林として成立した西日本では、仮に縄文人が照葉樹林を破壊して、二次林的な雑木林を作ったとしても、すぐにもとの照葉樹林が回復したであろう。照葉樹林に囲まれた中で、クリやナラの雑木林や二次林植生を維持することは、なみたいていではなかったろう。事実、西日本では弥生時代以降、沖積低地のイチイガシ（*Quercus gilva*）林が破壊され、古墳時代以降、丘陵部の照葉樹林が破壊されていくが、花粉分析の結果では、照葉樹林が破壊された後にコナラ・クヌギの二次林が成立するというプロセスを示す結果はきわめて少ない。大阪府河内平野の事例から河畔林のエノキ・ムクノキ林が増加することは明らかになっているが（安田、一九八〇b）、照葉樹林が破壊された後にくるのは、多くの場合アカマツの二次林である。照葉樹林が安定的に西日本に拡大した縄文時代前期以降、縄文人が森林を破壊して、ナラ・クリの二次林を大規模につくりだすことは困難であった。それは照葉樹の強い萌芽特性や気候・土壌条件が深く影響していた。これに対し、東日本のナラ林帯では、わずかな人間のインパクトによって、カロリーの高いクリ・クルミなどの木の実のなる二次林を容易につくりだすことができ、かつそれを長期にわたって維持できた。このことが東日本のナラ林帯の縄文文化の発展をもたらす一つの要因であったことは、確かであろう。

松山利夫氏（松山、一九八二）は、ナラ林帯の木の実のセットは澱粉質種子だけでなく、クルミのような脂肪質種子を含み、食料資源として価値が相対的に高いことを指摘している。また飛騨の事例研究（松山、一九七九、小山ほか、一九八一）は、クリやトチノキなどの堅果類の集約的利用と狩猟採集がセットとなった社会は、たいへん高い生産性を有し、それなりに自己完結した社会であったことを指摘している。

小山修三氏（Koyama, 1978、小山、一九八四）は遺跡数の分布から人口を割り出し、東日本のナラ林帯の人口が縄文時代には多かったことを指摘した。その背景にはこれまで述べてきたようなナラ林帯の縄文時代の歴史の舞台としての生態史的特性が、一つの要因としてあったことはまちがいないであろう。

西田正規氏（西田、一九八五）は小山氏の示した人口分布に対して、東日本と西日本の遺跡数の差は、地形条件に制約された遺跡の保存や発見の確率の差にすぎないのであって、人口や環境の差ではないとし、小山修三氏（小山、一九八四）の見解を否定する考えを提示した。西田氏は東日本に縄文時代の遺跡が多いのは、東日本に火山灰台地が多く、遺跡が多く台地上に立地するため、発見される確率が高いだけではないかと言う（西田、一九八五）。枝村・熊谷（二〇〇八）はこの西田氏の説に注目し、黒ボク土の形成（山野井、二〇一五）が縄文人の野焼きなどの活動と深くかかわっていることを解明した。ただ、関東平野が照葉樹林帯に属するにもかかわらず、生態系が確立するには時間がかかり、暖温帯落葉広葉樹の分布域になっていたことは、本章で述べたように王子之台遺跡の花粉分析の結果や寿能泥炭層遺跡の花粉分析・出土木材の分析結果からすでに明らかになっていた。

縄文人の生活にとって、二次林あるいは二次植生がきわめて重要な意味をもっていることは、西田正規氏（西田、一九八一）が指摘してきたことがらでもある。火山灰台地の多い東日本に縄文遺跡が多いということの背景には、たんに発見しやすいというだけでなく、火山灰土壌が、ナラ類・クリなどの二次林の繁茂に適していたという側面も考慮する必要があるのではなかろうか。

西田正規氏（西田、一九八五）は東日本と西日本の差を、ナラ林文化や照葉樹林文化の範疇で把えない新しい見解を提示している。西田氏によれば、東日本と西日本の差を生みだしたのは、文明以前の社会における人脈であるという。その人脈関係のネットワークが、先土器時代から現在まで、本州中部を横断して東日本と西日本を分ける、ほとんど移動しない境界線を形成したと言うのである。この説は既存の照葉樹林文化論やナラ林文化論への新たな挑戦でもあり、その説の発展が将来期待されるが、人脈関係のネットワークで境界線が決定されるのならば、その境界線は東と西の勢力間係によって、時には東にあるいは西に大きく移動してもよいように思われる。弥生時代以降の稲作文化や大和朝廷の勢力の拡大は、まさにそうした人脈関係のネットワークで把えることができるであろう。しかし、東日本と西日本の境界線がほとんど移動しないことの背景には、本州中部が、氷河時代には亜寒帯林と冷温帯林の、後氷期に入ってからは冷温帯林と暖温帯林の境界部としての位置を基本的に保持していたという風土的特性を無視できないのではなかろうか。

照葉樹林帯では、照葉樹林が西日本に安定して拡大した縄文時代前期以降、一貫して自然を改変して、栽培作物を栽培するという農耕への強い指向が認められた。そしてその伝統は、水田稲作農耕へと受け継がれた。現時点の限られた花粉分析の結果からの推論ではあるが、東日本のナラ林帯における堅果類の集約的利用と、西日本の照葉樹林帯における農耕への強い指向が指摘できそうである。

それでは、農耕への強い指向をもつ照葉林帯の縄文時代の遺跡数が堅果類の半栽培の狩猟・漁撈にあけくれる東日本のナラ林帯よりなにゆえ少ないのであろうか。農耕を文明の発展の所産とみるこれまでの歴史観に照らし合わせるとき、これは明らかに矛盾する。

福井県鳥浜貝塚や福岡県四箇遺跡で見たように、照葉樹林帯では、縄文人が森林を破壊しても、ただちにクリ・クルミ・トチノキなどのカロリーの高い木の実のなる落葉広葉樹は拡大しなかった。西日本の照葉樹林帯は、東日本のナラ林帯に比して、クルミ・クリ・トチノキなど、カロリーの高い木の実を得にくい所であった。こうした貧しさが、作物を栽培するという農耕への強い動機をもたらしたのではなかろうか。

もちろん東日本のナラ林帯の縄文時代の遺跡からも、ソバの花粉や、長野県大石遺跡や荒神山遺跡のシソ・エゴマ、岐阜県阿曽田遺跡のアブラナ類（笠原、一九八五）などのように、栽培作物の遺体が検出されている。さらに、縄文時代中期の青森県六ヶ所村富ノ沢遺跡の三六一号住居の床面から、二〇〇〇粒を超す炭化したヒエ属の種子が検出されていた（吉崎、一九九二）。ナラ林帯では、クリやトチノキなど堅果類の半栽培と原初的農耕がセットとなっていた可能性が高い。仮にそうだとすれば、東日本が植物質食料において、西日本の照葉樹林帯を上回っていたと見ることができる可能性もある。気候の冷涼なナラ林帯では、堅果類の半栽培は、原初的農耕よりも、その風土的特性に適合していたのであろう。さらにマラリアなど照葉樹林帯で多発したであろう風土病が比較的少ないこともプラスの要因となっていたかもしれない。寄生虫の問題も含めて、縄文人の疫病学的研究が、糞石の分析的研究などによって近い将来、明らかになることが期待されるのである。

第五章の引用文献

・赤澤威「縄文社会における季節性の克服」赤澤威編『講座 地球に生きる2』雄山閣 一九九四年
・今西錦司編『ポナペ島―生態学的研究』彰考書院 一九四四年
・上山春平編『照葉樹林文化』中央公論社 一九六九年
・梅原猛・安田喜憲編『縄文文明の発見』PHP研究所 一九九五年
・内山純蔵『縄文の動物考古学』昭和堂 二〇〇七年
・江坂輝彌『古代史発掘2 縄文土器と貝塚』講談社 一九七三年
・枝村俊郎・熊谷樹一郎「縄文文化=ナラ林圏説の検証」地理情報システム学会講演論文集 一七 二〇〇八年
・笠原安夫「雑草の歴史」沼田真編『雑草の科学』研成社 一九七九年
・笠原安夫「鳥浜貝塚の植物種実の検出とエゴマ・シソ種実・タール状塊について」鳥浜貝塚研究グループ編『鳥浜貝塚』福井県教育委員会 一九八一年
・笠原安夫「菜畑遺跡の埋蔵種実の分析・同定研究」『菜畑遺跡』唐津市教育委員会 一九八二年
・笠原安夫「鳥浜貝塚（第六次発掘）の植物種実の検出と同定について」『鳥浜貝塚』福井県教育委員会 一九八三年
・笠原安夫「鳥浜貝塚（第六・七次発掘）の植物種実のアサ種実の同定について」『鳥浜貝塚』福井県教育委員会 一九八四年
・笠原安夫「目久美遺跡の種実」『目久美遺跡』鳥取県教育委員会 一九八五年
・加藤晋平『日本人はどこから来たか』岩波新書 一九八八年
・金沢市教育委員会ほか編『金沢市文化財紀要34 金沢市新保本町チカモリ遺跡』一九八三年
・吉良竜夫『熱帯林の生態』人文書院 一九八三年
・吉良竜夫・四手井綱英・沼田真・依田恭二「日本の植生」科学 四六 一九七六年
・吉良竜夫ほか「近畿地方の植生研究と課題」宮脇昭編『日本植生誌・近畿』至文堂 一九八四年
・小島秀彰『鳥浜貝塚 日本の遺跡51』同成社 二〇一六年
・児玉準「弥生時代の稲作農耕―横長根A遺跡」えとのす 二六 一九八五年
・五島淑子「日本における肉食と魚食」、小山修三編『狩猟と漁撈』雄山閣 一九九二年
・粉川昭平「福岡市四箇J-10区出土の種子について」『四箇周辺遺跡調査報告書（1）』福岡市教育委員会 一九七七年
・小山修三・松山利夫・秋道智彌・藤野淑子・杉田繁治「『斐太後風土記』における食料資源の計量的研究」国立民族学博物館研究報告 六 一九八一年
・小山修三『縄文時代』中公新書 一九八四年
・阪口豊「過去七六〇〇年間の気候変動とその原因」日本地理学会予稿集 一九八二年
・佐々木高明『稲作以前』日本放送出版協会 一九七一年
・佐々木高明『照葉樹林文化の道―ブータン・雲南から日本へ』日本放送出版協会 一九八二年
・佐々木高明「東アジアにおける水田稲作の形成―焼畑から水田へ」佐々木高明編『日本農耕文化の源流』日本放送出版協会 一九八三年

・佐々木高明「ナラ林文化」月刊みんぱく　一九八四年
・佐々木高明『縄文文化と日本人—日本基層文化の形成と継承』小学館　一九八六ａ年
・佐々木高明「バイオ・アーケオロジーと先史農耕の存在形態」（『岩波講座 日本考古学』月報六）岩波書店　一九八六ｂ年
・佐々木高明『日本文化の多重構造』小学館　一九九七年
・佐々木高明ほか「日本農耕文化源流論の展望と課題」、佐々木高明編『日本農耕文化の源流』日本放送出版協会　一九八三年
・佐藤洋一郎「DNA 分析でよむクリ栽培の可能性」、岡田康博ほか『縄文都市を掘る』日本放送出版協会　一九九七年
・嶋倉巳三郎「木製品の樹種」、『鳥浜貝塚』福井県教育委員会　一九七九年
・C・ジンマー（長谷川真理子監修）『進化』岩波書店　二〇一二年
・鈴木秀夫「日本列島と朝鮮半島の相互雨陰作用」地学雑誌　八五　一九七六年
・鈴木三男『クリの木と縄文人』同成社　二〇一六年
・鈴木三男・能城修一・植田弥生「樹木」『寿能泥炭層遺跡発掘調査報告書』埼玉県教育委員会　一九八二年
・高橋 学「ラグーンを臨む台地での生活」梅原 猛・安田喜憲編『縄文文明の発見』ＰＨＰ研究所　一九九五年
・遠山富太郎『杉のきた道』中央公論社　一九七六年
・富樫一次「昆虫の語る自然史」季刊考古学　一五　一九八六年
・鳥浜貝塚研究グループ編『鳥浜貝塚』福井県教育委員会　一九八五年
・中尾佐助『栽培植物と農耕の起源』岩波新書　一九六六年
・中尾佐助「農業起源論」、森下正明・吉良竜夫編『自然・生態学的研究』中央公論社　一九六七年
・中尾佐助「半栽培という段階について」どるめん　一三　一九七七年
・中村 純「菜畑遺跡の花粉分析」『菜畑遺跡』唐津市教育委員会　一九八二年
・那須孝悌・山内 文「縄文後期・晩期低湿地性遺跡における古植生の復元」『自然科学の手法による遺跡・古文化財等の研究』
「古文化財」総括班　一九八〇年
・西田正規「縄文時代の食料資源と生業活動—鳥浜貝塚の自然遺物を中心として」季刊人類学　一一—三　一九八〇年
・西田正規「縄文時代の人間・植物関係—食料生産の出現過程」国立民族学博物館研究報告　六—二　一九八一年
・西田正規「縄文時代の環境」『岩波講座 日本考古学2』岩波書店　一九八五年
・西田正規『定住革命』新曜社　一九八六年
・西本豊弘「魚と鳥の肉食生活」梅原 猛・安田喜憲編『縄文文明の環境』ＰＨＰ研究所　一九九五年
・新戸部隆「花粉分析について」『亀ケ丘遺跡発掘調査報告書』青森県教育委員会　一九七三年
・林 昭三・島地 謙「埋没林の樹種」『小泉遺跡』富山県大門町教育委員会　一九八二年
・福井勝義「焼畑農耕の普遍性と進化」『日本民俗大系5　山民と海人』小学館一九八三年
・藤森栄一『縄文の世界』講談社　一九六九年
・藤森栄一『縄文農耕』学生社　一九七〇年
・堀口万吉「埼玉県寿能泥炭層遺跡の概況と自然環境に関する二、三の問題」第四紀研究　二二　一九八三年

・前田禎三「天然分布」『スギのすべて』全国林業改良普及協会　一九八三年
・松島洋「氷見十二町潟低湿地の断面露頭」富山教育　七〇九　一九八一年
・松谷暁子「走査電顕像による炭化種実の識別」、文部省科学研究費特定研究「古文化財」総括班『古文化財に関する保存科学と人文・自然科学』　一九八四年
・松山利夫「明治初期の飛騨地方における堅果類の採集と農耕」国立民族学博物館研究報告　四　一九七九年
・松山利夫『木の実』法政大学出版局　一九八二年
・宮脇昭『森の力』講談社現代新書　二〇一三年
・三好教夫「森林植生の変遷とその周期性」伊東俊太郎・安田喜憲編『文明と環境』学振新書　一九九五年
・元木靖「茨城県におけるクリ栽培地域」東北地理二一　一九六九年
・元木靖『クリと日本文明』海青社　二〇一五年
・八重樫純樹ほか「土偶とその情報」国立歴史民俗博物館研究報告　三七　一九九二年
・安田喜憲「花粉分析」『鳥浜貝塚』福井県教育委員会　一九七九年
・安田喜憲『環境考古学事始―日本列島二万年』日本放送出版協会　一九八〇a年
・安田喜憲「大阪府恩智遺跡周辺の古環境の復元」『恩智遺跡』東大阪市瓜生堂遺跡調査会　一九八〇b年
・安田喜憲「ナラ林文化と縄文文化」採集と飼育　十月号　一九八二a年
・安田喜憲「花粉分析」『小泉遺跡』富山県大門町教育委員会　一九八二b年
・安田喜憲「気候変動」加藤晋平他編『縄文文化の研究1』雄山閣　一九八二c年
・安田喜憲「福井県三方湖の泥土の花粉分析的研究」第四紀研究　二一　一九八二d年
・安田喜憲「島遺跡の花粉分析」『鳥取県北条町埋蔵文化財報告書2』北条町教育委員会　一九八三年
・安田喜憲「鳥浜貝塚80R区の花粉分析」、『鳥浜貝塚』福井県教育委員会　一九八四a年
・安田喜憲「環日本海文化の変遷」国立民族学博物館研究報告　九　一九八四b年
・安田喜憲「鳥浜貝塚80R区の花粉分析、鳥浜貝塚研究グループ編『鳥浜貝塚　一九八四年度調査概報・研究の成果』福井県教育委員会　一九八五年
・安田喜憲『世界史のなかの縄文文化』雄山閣　一九八七a年、改訂第三版　二〇〇四年
・安田喜憲「モンスーン大変動」科学　五七〇　一九八七b年
・安田喜憲「古環境の変遷」『別府大学付属博物館だより』二八号　一九八七c年
・安田喜憲「縄文時代の環境と生業」佐々木高明・松山利夫編『畑作文化・縄文農耕論へのアプローチ』日本放送出版協会　一九八八年
・安田喜憲「北陸地方の植生史」安田喜憲・三好教夫編『日本列島植生史』朝倉書店　一九九八年
・安田喜憲『大地母神の時代』角川選書　一九九一a年
・安田喜憲「花粉分析からみた古環境の変遷」『東海大学校地内遺跡調査団報告』東海大学　一九九一b年

・安田喜憲『日本文化の風土』朝倉書店　一九九二年
・安田喜憲「列島の自然環境」網野善彦ほか編『岩波講座日本通史第一巻』岩波書店　一九九三年
・安田喜憲『稲作漁撈文明』雄山閣　二〇〇九年
・安田喜憲『一万年前』イーストプレス　二〇一四年
・安田喜憲『環境文明論』論創社　二〇一六年
・安田喜憲ほか「韓国における環境変遷史」『文部科学省海外学術調査報告書』広島大学総合科学部　一九七八年
・安田喜憲・坪田博行「日本列島沿岸の海洋環境の変動と古気候」平野敏行編『沿岸域保全のための海の環境科学』恒星社厚生閣　一九八三年
・山田治・小橋川明「鳥浜貝塚の^{14}C年代測定Ⅲ」『鳥浜貝塚』福井県教育委員会　一九八五年
・山野井徹『日本の土』築地書館　二〇一五年
・山野井徹・佐藤牧子「亀ケ岡遺跡の花粉分析」『青森県郷土館調査報告書亀ケ岡石器時代遺跡』一九八四年
・吉川昌伸「クリ花粉の散布と三内丸山遺跡周辺における縄文時代のクリ林の分布状況」植生史研究　一八　二〇一一年
・吉崎昌一「考古学的に見た北海道の農耕問題」札幌大学女子短期大学創立二五周年記念論文集　一九九三年
・吉崎昌一「日本における栽培植物の出現」別冊歴史読本『日本古代史謎の最前線』一九九五年
・吉田敦彦『縄文の神話』青土社　一九八七年
・吉田敦彦『豊穣と不死の神話』青土社　一九九〇年
・渡部忠世『アジア稲作の系譜』法政大学出版局　一九八三年
・Kitagawa, J. and Yasuda, Y.:The influence of climatic change on chestnut and horse chestnut preservation around Jomon sites in Northeastern Japan with special reference to the Sannai-Maruyama and Kamegaoka sites. *Quaternary International*, 123/125, 89-103, 2004.
・Kitagawa, J. and Yasuda, Y.: Development and distribution of *Castanea* and *Aesculus* Culture during the Jomon Period in Japan. *Quaternary International*, 184, 41-55, 2008.
・Koyama, S.: Jomon Subsistence and population. *Senri Ethnological Studies*, Vol.2 , Osaka: National Museum of Ethnology, 1978.
・Kure. H., and Yoda K.: The effects of the Japan Sea climate on the abnormal distribution of Japanese beech forests. *Jap. J. Ecol.*, 34, 63-73, 1984.
・Yamanaka, M.: Palynological study of recent sediment in the lowland in Aomori Prefecture. JIBP-CT (P), 96-99, 1971.
・Yasuda, Y. : Prehistoric environment in Japan. *Sci. Rep. Tohoku Univ, 7th series (Geography)* , 28, 117-281, 1978.
・Yasuda, Y, Yamaguchi, K., Nakagawa, T., Fukusawa, H., Kitagawa, J., Okamura, M.: Environmental variability and human adaptation during the Lategracial/Holocene transition in Japan with reference to pollen analysis of the SG4 core from Lake Suigetsu. *Quaternary International*, 123-125, 11-19, 2004.
・Yim, T. and Kira, T: Distribution of forest vegetation and climate in the Korean Peninsula. *Jap. J.Ecol.* 25-2, 77-78, 1975.

第六章

アカマツ林と里山の文化

静岡県三保松原と富士山そして駿河湾
（撮影 大野剛）

一　枯れていくマツ

マツの緑が日本復興のシンボルだった

「ふりつもる　み雪にたへていろかへぬ　松ぞおおしき　人もかくあれ」

これは敗戦の痛手もなまなましい一九四六年の歌会始に、昭和天皇が読まれたものである。降りつもる雪のおもみにたえつつ、変わらぬ緑をたたえているマツに、敗戦でうちひしがれた国民を鼓舞する気持ちを、生物学者だった昭和天皇はたくされたのであろう。

一九四六年は私の生まれた年である。敗戦の混乱の中で誕生した戦後世代にとっては、敗戦がいったいどのようなものであったかは、わからない。しかし、この昭和天皇のお歌にもあるように、緑の山野が残ったことは知ることができる。

「国破れて山河あり」。戦争に敗れても、豊かな緑の国土が残った。この豊かな緑の国土こそが、戦後七〇年、日本の経済発展と日本人の生命を背後から支えてきた重要な要素であるように、私には思える。日本は先進工業国の仲間入りをし、世界第二の経済大国にまでなった。その経済発展を支えたのは、戦後生まれの私たち団塊の世代だった。団塊の世代は戦後世代のはしりだが、その団塊の世代さえも役割を終え、時代はいつしか戦後ではなくなった。

戦後日本の経済発展とは裏腹に、その復興のシンボルだったマツの緑が、眼前で赤茶けて枯れてい

図 6-1　仙台市東北大学青葉山キャンパスの枯れていくマツ（撮影 安田喜憲）

く（図6‐1）。あたかも団塊の世代の終焉を告げるかのように。

マツ枯れ対策は公共事業になった

県の林務部や国の林野庁は、「マツクイムシが原因だ！　恐ろしい伝染病だ！」と言って、マツクイムシを駆除するために、農薬を空中散布した。さらに樹木医は枯れそうなマツの幹に樹幹注入をして、弱ったマツを蘇らせようとした。死を目前にした弱ったマツの木に、「これでもかこれでもか」と言わんばかりに樹幹注入するやり方は、「あまりにもひどいのではないか」とマツの立場に立つと言いたくなった。樹齢何年、幹回り何メートルのマツには、どのような薬品を、どれくらいの量、樹幹注入したらいいかも十分に議論しないで、注入されているのではないか。「樹幹注入はマツにいいから」という理由だけで、マツの樹齢や枯れ具合にかかわらず、一律に行っておられるのではないかと思った。

マツには巨木・銘木が多い。ある県の銘木のマツが枯れはじめた。高名な樹木医がよばれて治療にあたられたが、結局マツを助けることはできなかった。「原因はマツクイムシだからどうしようもない」というのが結論だったそうだ。そして、その銘木のマツの治療費には七〇〇万円もの費用がかかったという。

農薬を空中散布してからもう二五年以上の歳月が経つのに、マツ枯れはまったくおさまらない。とうとう九州から青森まで、日本のマツはほとんど枯れてしまった。「伝染病だからしかたがない。それでも林野庁や県や市の林務の担当者は農薬を撒きよくやっているほうだ」と指摘されている。しかし、「もし農薬に効果があるのなら、なぜマツ枯れはおさまらないのか」と問い正したくなる。

私はある市の担当者に「君、農薬を散布してこれが効いていると本当に思うのか？」と質問したことがある。担当者は小さな声で「効かないと思います」と言った。正直な答えだと思った。ところが上司はそれを打ち消すかのように、「現在では健康被害があり農薬の濃度をこれまでの三分の一に薄めて使用している。だから効かないのだ。もし今の三倍以上の濃度の農薬を散布したら効くはずだ」と答えた。

マツ枯れ対策の予算は国庫補助事業であり、農林水産省から予算が下りる。国民の税金が使用されているのである。農林水産省から来た費用はまず県に支払われる。県はその費用を担当市町村に配布する。県はその施工を市町村にまかせている。とりわけ政令指定都市の場合だと口も出せない。もちろん国から農薬を撒く費用が来るのであるから、地方公共団体の財政は傷まない。さらに枯れたマツを伐採するのに、三〇万円もの費用がかかる。それはもう立派な公共事業になっている。その公共事業に群がっているのが、県の林務部の職員の天下り先になっている樹木医や施工業者たちではないのか。

林野庁は林野庁で、もし農薬を撒く現在のマツ枯れ対策が何の効果もなく中止するということになれば、その予算が財務省に召し上げられる。乏しい林野庁の財源がますますなくなるという不安があるのではないか。さらに二五年以上も目だった効果がみられないのに農薬を撒き続け、土壌を、水を、空気を汚染し、人間の命まで危険にさらしてきた責任を、誰かが取らされる。それが怖いから、やり続けるしかないのではないか。

こうして二五年以上もの間、目だった効果を生み出せないまま、国民の税金を使って、農薬を撒き続け、九州から青森までほとんどのマツは枯れてしまった。「伝染病だからしかたない、それでもよくやっている方だ。マツ枯れは日本だけの問題ではない。世界的に流行している伝染病だ」「我々はマツ枯れの専門家で権威だ。マツ枯れがマツノザイセンチュウが原因で引き起こされているというのは世界の植物病理学の常識だ」。こう言われるマツ枯れの専門家を前にして、私たちは何も言えない。「それにしても、あまりに農薬の効果がないのではないか」と思う。

「マツ枯れの原因は、マツノマダラカミキリが媒介するマツノザイセンチュウだ」というのが林野関係者の常識になっている。これまで取られ、現在も実施されている対策は、このマツノマダラカミキリとマツノザイセンチュウを農薬を使って駆除する方法である。マツノマダラカミキリを駆除するために、農薬をマツ林に空中散布した。しかし、九州からはじまって日本海を北上するマツ枯れを、押しとどめることは出来なかった。二五年間、農薬を撒き続けても、マツ枯れを押しとどめることはできなかったのである。

よく調べるとマツノザイセンチュウには二種類あることがわかった。従来から日本のマツ林に生息していたものは悪さをしないのでこれを「ニセマツノザイセンチュウ」とよぶらしい。これに対して現在のマツ枯れは百年前に長崎から侵入した外国産で、それは伝染病だと言う。だからマツノザイセンチュウを撲滅しなければならないと言うのが、樹木医をはじめ県や市の林野担当者のお考えである。でも百年前に伝播した伝染病なら、どうして、松枯れは高度経済成長期以降急速に拡大したのであろうか。そのマツ枯れの急拡大の原因が解明されなければならないはずである。

そのうえマツノザイセンチュウを殺す農薬が、人体に悪影響を及ぼすことが指摘されるようになり、静岡市でも二〇〇五年を最後に、ヘリコプターによる農薬の空中散布は中止になった。空中散布にかわって、農薬の濃度を薄めて、地上から散布したり、樹幹注入で対応してきた。ところが樹幹注入をしている三保松原のマツ（図６‐２）まで

図 6-2　倒れる前の静岡市三保松原の龍のマツ
その後，幹が裂けて倒れてしまった．樹幹注入をした結果，幹が粘性を失ったためではないかと私は見なしている．（撮影 大野剛）

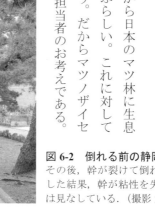

倒れてしまったのである。

土壌中には未解明のバクテリアや菌類が無数に存在する。二〇一五年のノーベル生理学・医学賞には大村智氏の土壌中のバクテリアや菌類の研究が輝いた。土壌中には何億というバクテリアや菌類が生息し、人間の命を助けているものもある。私たちはその土壌中の生命活動についてほんの一部を解明したに過ぎない。農薬はこうした人類の生命維持の活動に必要不可欠のミクロな生き物たちまで殺すのである。

原核生物とよばれる単細胞生物でさえ、五〇メートル以上も離れた隣の原核生物とコミュニケーションしていること、そうした地球上のもっとも原始的な生命体と真核生物としての人間の生命はつながっていることを、最近の生物学は明らかにしつつある（西永ほか、二〇一六）。

マツ枯れはおさまらなかった。「三保松原」のマツは毎年二〇〇本近くも枯れるようになった。担当者によれば、農薬を空中散布していた時の五倍以上の速度でマツ枯れが進行していると言う。だから静岡市はその対策として、九年前に中止した農薬の空中散布を復活することにした。マツノマダラカミキリが柔らかい樹皮を求めてマツの木の上部に集まる二〇一四年五月二七日と六月二四日の二回、「三保松原」のマツに農薬の空中散布を実施した。今回はラジコンヘリを使用して農薬散布を行うので、従来のヘリコプターを使用した空中散布より限定的に行えるという。

私たちは農薬の散布範囲を議論しているのではない。農薬の人体への悪影響、地球上の生きとし生けるものへの悪影響を問題視しているのである。農薬が生きとし生けるものにとって極めて有害であることは、スミチオンの事例を見るまでもなく実証済みのことである。特に最近注目されているのが、ネオニコチノイド系の農薬である。ネオニコチノイド系の農薬は浸透性の農薬で残留率が低いため、日本では安全な農薬として一般に広く普及している。マツノザイセンチュウを殺す上でも極めて有効であるとされてきた。

ところが、残留率が低いのは生体に吸収される率が高いからだという説もある。ニホンミツバチは花粉団子を作り巣に持ち帰り、幼虫の餌にする。ところがその花粉の中にネオニコチノイド系の農薬が残留しており、それを餌にしたニホンミツバチの幼虫の神経系統が犯される。そしてその幼虫から成長したニホンミツバチは、方向感覚を失い、巣にもどれなくなる。養蜂家は「ミツバチのアルツハイマー」だと言って恐れた。ネオニコチノイド系の農薬は、神経毒なのだ。

こうしてニホンミツバチは激減したのではないか。同じように、赤とんぼや雀の激減にも、このネオニコチノイド系の農薬が関係しているのではないかと言われるようになってきた。事実、ＥＵ諸国は、このネオニコチノイド系の農薬の使用に制限を設けるようになってきている。**Hallmann *et al.* (2014)** は、ネオニコチノイド系の農薬が昆虫を殺し、その昆虫を餌にしている鳥類が、毎年三・五％の割合で急速に減少しているという報告を Nature 誌に発表している。これまでに一〇〇〇本以上のネオニコチノイド系農薬の危険性を扱う論文が出ている。

二〇一四年六月二六日に参議院議員会館で、「いのちの党」（菅原文太代表・当時）によって、はじめてネオニコチノイド系農薬の危険性を訴える国際集会が開催された。ようやく人々はネオニコチノイド系農薬の危険性に目を向けはじめたが、まだまだ序の口である。

ずさんなマツ枯れ対策

私は担当者に、「三保松原のマツは何本残っているのか」と質問した。「はい、五万四〇〇〇本残っています」と答えた。ところが日本ボーイスカウト連盟を中心とする地域住民約四〇〇人が、「三保松原」のマツの本数を数えたら、三万六九九本しかなかった。ということは、これまで二万本以上のサバを読んでいたことになる。「ずさんな管理だった」と言われてもしかたがない。

これには川勝平太静岡県知事も「何というずさんさか」と驚かれ、静岡県ではただちに農薬以外にマツ枯れに効果的な方法があるのではないかという手法を検討することになった。その方法を探索するために、二〇一四年六月二二日に全国の有識者に集まっていただいて、第一回のマツ枯れの対策会議が開催された。

そのマツ枯れ対策委員会で驚いたのは「マツ枯れは伝染病だから樹齢百年以上の古木は枯れてもしかたがない。あたらしい抵抗性のあるマツを植えるしかない」という委員の発言があったことである。私たちは世界文化遺産になった三保松原のマツの古木・銘木をいかにすれば守ることができるかを、日本の有識者に集まっていただいて議論していただきたいと思って対策会議にのぞんだ。それを歯牙にもかけない委員のこの発言に、私はショックを受けた。

農薬の散布期間とマツ枯れの本数を担当者が集計してみると、農薬を散布している時にマツ枯れが進行している事例がいくつもある。もし、農薬が有効なら、農薬を散布している時には、マツ枯れはおさまらなければいけない。ところが各地のマツ枯れの現状は、明らかに農薬散布期間にマツ枯れが急増しているところもあるのである。

この原因について農薬散布を支持される先生方は、農薬を撒く時期がむずかしい、時期を慎重に選定し、マツノマダラカミキリが発生する時を狙う必要があると指摘された。「二五年以上も撒き続けてこられたのだから、そんなことはもうとっくの昔にわかっているはず」と私は思っていたら、そんなことはまったく意にも介さず、人体にさえ危険な農薬が撒かれ続けていたのである。「ずさんな防御対策」であると言わざるを得ない。

常識で考えれば、数年もすれば「農薬の散布だけではマツを助けることができない」ことはわかったのではないだろうか。なのに、前例踏襲主義と責任を取らない行政マンたちの責任回避のシステムの中で、未来に残さなければならない貴重なマツが、国民の税金を使って犠牲となり、枯れ果ててしまおうとしている。

もし「森の民日本人の心」が生きていたら、数年の間、農薬を撒いても効果がないとわかれば、マツの再生と復興には別の手段も講じたはずである。ところが農薬を撒き、数年たっても具体的に目に見える効果がないことがわかっても、行政マンの中からその方法に疑問を呈する人は現れなかった。「伝染病だからしかたない」と農薬を二五年以上撒き続け、土壌と、水と、大気を汚染しただけで、ほとんどのマツを枯らしてしまった。

マツが何も言わないことをいいことに、前例踏襲主義と事なかれ主義、波風を立てないで、責任を取らないで過ごす生き方によって、日本のマツはほとんど枯れ果ててしまったのではないか。「森の民日本人の心」は腐り果ててしまったのだろうか。

農薬一辺倒のこれまでのずさんなマツ枯れ対策に対して、漢方薬や土壌改良などの新たな手法も取り入れ、世界文化遺産になった「三保松原」のマツの保全対策をどう立案するかが、二一世紀を生きる我々に課された責務なのではあるまいか。

反対する研究者は学会で孤立し、業者は干された

農薬の散布に異論を唱え、戦いを挑んだ研究者と民間の業者として、広島大学時代に同僚だった中根周歩氏（広島大学名誉教授）と、イービーエス産興株式会社会長の戎 晃司氏がいる。中根氏と戎

氏はマツ枯れの原因は大気汚染と土壌汚染に原因があると考えた。大気汚染で免疫力の低下したマツはまず根が弱る。マツの元気の源は根にある。水や栄養分を吸収する根が弱ることで、マツの元気が失われるのだ。マツの元気が失われるとマツヤニが出なくなり、幹がカサカサになる。すると、マツノマダラカミキリが幹に卵を産み、マツノザイセンチュウが入ってくる。だから「大元の根っこの部分の土壌を改良し、マツに活力を与えなければだめだ」という考えである。

もちろん大気汚染が改良されれば、それにこしたことはないが、中国から吹いてくる汚染した大気をとめるには、お二人の力だけではどうしようもない。だから大気汚染にも負けない免疫力をまずマツにつけさせるために、「マツイキイキ」という漢方薬を開発されたのである。漢方薬なので副作用も土壌汚染もない。

その漢方薬を「かん注器」で根元の土壌に注入し、マツの免疫力を高める。「かん注器」で根と空気の接触をうながし、固結した土をやわらかくし、マツにとって大切な根が呼吸できるようにする。マツヤニにはマツのマダラカミキリの卵を殺す作用があり、マツヤニが大量に出るマツの木には、マツノマダラカミキリは卵を産めない。

私は当初は半信半疑だったが、ちょうどレバノンスギが日本のマツ枯れとよく似た症状で枯れはじめていた。レバノンスギはスギという名前だが、植物学的にはマツ科の針葉樹であり、日本のアカマツやクロマツにより近い樹種である。レバノンスギの樹肌からはマツヤニも出ている。

そこで、ひょっとしたらこの「マツイキイキ」が効くかもしれないと思い、戎晃司氏にお願いしたところ、二つ返事でレバノンスギの救済を引き受けてくださった。

そしてみごとにレバノンスギがよみがえったのである。その間のレバノンスギの救済活動については、これまで様々なところで報告してきた（安田、一九九七・二〇一三）ので、そちらをご参照いただければ幸いである。

しかし中根周歩氏と戎 晃司氏の活動はあまりに過激であったため、県や市町村の林務部の人も警戒して、開発された漢方薬を日本で施工するチャンスになかなか恵まれなかった。中根氏は学会でも反対にあったりして、二人の行動は、一九八〇年代には実をむすぶことはなかった。しかし、その間にもどんどんとマツは枯れていった。

二〇一二年、やっと沖縄県が胸襟を開き、戎 晃司氏たちはリュウキュウマツの救済活動に着手することができた。しかし、もう「時遅し」の感はゆがめなかった。本州のマツのほとんどは枯れてしまった。それでも私たちは今、財団法人「巨木・銘木を助ける会」（注1）を組織し、残された日本全国の巨木と銘木の救済活動を展開している。もしこの本を読まれて関心のあるかたがおられれば、下記にご連絡いただければ幸いである。巨木銘木の救済のためには、どこへでも出かける覚悟である。戎 晃司氏が開発された「マツイキイキ」は、マツだけでなく樹勢の弱ったサクラなどにもよく効くらしい。二〇一三年に静岡県御殿場高原にある「時之栖《すみか》」のサクラの古木の樹勢が弱り、花の数がめっきり減少した。庄司清和会長に戎 氏を紹介し、「マツイキイキ」を根元の土壌に注入した結果、二〇一四年の春、サクラは見違えるようによみがえった。庄司会長に「今年のサクラはいちばんよかった」と言わしめるまでにサクラの樹勢は回復した。私たちは戎 晃司氏を「平成の花咲爺」と呼んでいた。不幸にして戎 晃司氏はお亡くなりになってしまったが、ご子息の戎 富弘氏がその意志をついで、がんばっておられる。

その後の調査で、三保松原には不透水層と固結層があり、これが羽衣のマツを弱らせている原因である実態がしだいにわかってきた。前述のように戎 晃司氏は「かん注器」で漢方薬を根元に注入されてい

（注1）〒731-5128　巨木銘木を助ける会　　イービーエス産興株式会社気付け
広島県広島市佐伯区五日市中央4丁目2-53-7　TEL（082）924-4411　FAX（082）924-4413

た。静岡県の森林整備課が類似の「かん注器」を使って空気と水とマツの根が接触できるようにしたところ、たいへんよい結果が得られた。さらに戎氏は漢方薬を注入され、根を元気にされていたが、林業関係者はそれに強く反対していた。そこで炭の粉末を水にといて注入することを私や中根周歩氏は提案している。ベントナイト（練炭の接着剤）で形成された不透水層と固結層の分布は広範囲にひろがっていた。不法投棄されたベントナイトを含む練炭灰が、局地風にのって広がったと想定される。さらにモルタルなどを、羽衣のマツの周囲に敷き詰めたことなどがなかったなど、複合的な要因も調査している。

私が館長をしている静岡県立「ふじのくに地球環境史ミュージアム」の山田和芳准教授はその専門で、全国に数台しかないＸＲＦや電子顕微鏡もミュージアムにはあり、元素分析装置などをつかって、これから本格的に調査することにした。

最近ショックだったのは、四国の神社の境内にあるスギの巨木が突然枯れはじめたニュース（ＮＨＫ）だった。よく調べると、何者かが年輪採取用のようなドリルで巨木の根元に穴をあけ、そこに除草剤のようなものを流し込んで、故意にスギを枯らしていたのだ。スギの巨木は今や高値がつく。それをあてこんだ業者が、地元住民に神社のスギの巨木を売ってくれるように交渉していたことは事実である。スギは枯れても幹は木材として十分使用できる。犯人が誰かはまだ特定できていないが、神社の御神木を故意に枯らし、金儲けしようとたくらむ人まで出てきたとすれば、もう世も末である。「森の民日本人の心」はどこへいってしまったのだろうか。

二　富士山が世界遺産になった

富士山が世界遺産になった

富士山が世界文化遺産に登録された。しかし、二〇一三年四月三〇日にユネスコのＩＣＯＭＯＳ（国際記念物遺跡会議）から提案されたものには付帯条件が付いていた。「富士山を世界文化遺産にしたいのなら、構成資産から三保松原をはずせ」というものだった。

その理由は、三保松原が富士山を信仰するピルグリム・ルートから四五キロメートルも離れているということだった。しかし、日本人にとっては三保松原と富士山は一体である。天女は富士山の化身であり、富士山から水浴びに来て、富士山に帰っていくのである。富士山と三保松原（第六章扉写真）は命の水の循環でつながっているのである。

稲作漁撈民が山を崇拝するのは、稲作に必要な水の源としての山を聖なる山として崇拝するからである。山は天地を結合する磐の梯子であり、天地の結合によって豊穣の雨を降らせるのである。そして（安田、二〇〇九ａ）山に蓄えられた水は水田を潤し、海に流れてプランクトンを育て稲作漁撈民になくてはならないタンパク源としての魚介類を育ててくれるのである（安田、二〇〇九ａ）。

富士山と三保松原は命の水の循環でつながっているからこそ、稲作漁撈民は富士山を信仰し、その風景美を発見し、信仰と芸術の源泉になったのである。「命の水で人と人が繋がる社会」それが稲作漁撈社会なのである。三保松原がピルグリム・ルートから四五キロメートルも離れているという理由で世界遺産からはずされるのは、稲作漁撈民の私としては納得のいかないことだった。たまたま富士山を世界文化遺産に決定するユネスコの世界遺産の第三七回の最終会議が、カンボジアのプノンペンで開かれることになった。しかも、その議長はソクアン副首相であるという。

カンボジアの人々も山を崇拝する世界観を持っている。驚くべきことだが、シロアリの巣が山のシンボルにまでなっていた。世界文化遺産のアンコールワットは、その東北にある聖なる山のプノンバケン山と聖なる水でつながっていた。王は毎年、聖なるプノンバケン山に巡礼した。

アンコールワットのそばにあるアンコールトムの環濠（図6－3）を私たちは二〇〇七年に調査した。一二世紀の段階でアンコールトムの人口は世界最大だった。さぞかし環濠の水も汚れていると予想した。ところが環濠の土壌中の珪藻と昆虫の化石を分析した森 勇一氏は、「先生この水は飲もうと思ったら飲めますよ」と指摘した（Mori, 2012, 森、二〇一五・一六）。一二世紀の段階で世界一の人口を誇ったアンコールトムの環濠には、オオミズスマシやガムシの仲間が生息していた。飲むことができるほどの美しい水がたたえられていたのである。

カンボジアの人々もアンコールワットの東北に位置する聖なるプノンバケン山を崇拝し、命の水を崇拝する世界観を持っていた。アンコールトムの調査の時にカウンターパートになってくれたロス・ボラート博士は、今回の世界遺産のカンボジアのユネスコ大使になっていた。

そこで私はソクアン副首相にお願いの手紙を二回書いた。富士山と三保松原の関係は、プノンバケン山とアンコールワットの関係と同じだから、三保松原を世界遺産に登録するようにお願いし、その

図 6-3　カンボジア アンコールトム

左：環濠の 2007 年の調査．左手前は藤木利之博士．
右：アンコールトムの門．（撮影 安田喜憲）

ことを書いた拙著『*Water Civilization*』(Yasuda, 2012) をあわせてお送りし、「この四二八頁を見てほしい」とまで書いた。プンスナイ遺跡発掘調査のカウンターパートだったチュップン文化副大臣は、その手紙と本を、ただちにソクアン副首相に届けてくださった。

しかし、それでも心配だったので私は半田晴久氏にソクアン副首相に直接話していただくようお願いした。半田氏は毎年多額のお金をこれまでカンボジアに寄付され、英語で講義する総合大学までプノンペンに作られ、カンボジアの名誉領事にまでなられた方である。半田氏は近藤誠一文化庁長官(当時)にもこのことを伝えてくださった。

二〇一三年六月二一日の夜のパーティが終わった後、近藤長官のお顔が輝いていた。「ひょっとするとうまくいくかもしれないな」という直観が私には走った。翌日の二〇一三年六月二二日午後二時半からの会議では各国のユネスコ大使は誰も反対しなかった。ドイツやメキシコの大使の賛同からはじまって、マレーシアの女性大使も積極的に世界文化遺産に三保松原を取り入れることを進言し、インドの大使は聖なる水を崇拝する「精神性が重要だ」とまで言及した。横内正明山梨県知事(当時)と川勝平太静岡県知事の感謝の言葉は見事だった。

聞けば最後の夜に近藤長官の折衝で決まったとのことである。もちろん私たちの努力がどこまで功をそうしたかはわからないが、みんなの思いがきっと結集したからだと私は思いたい。

稲作漁撈民の心と国際交流のシンボルを守る

エレーヌ・ジュクラリス(一九一六〜一九五一)というフランスの舞踏家がいた。彼女は謡曲「羽衣」に魅せられた。天女が羽衣をまとって天から降りてくるそのストーリに魅せられ、なんとか羽衣の舞を舞いたいと思った。そして、一九四九年に能「羽衣」はフランスで上演され、絶賛を浴びた。しかし、公演を重ねる中、過労のため、エレーヌ女史は天女が消えいく最後の場面で倒れ、一九五一年、白血病で若干三五歳の若さで短い生涯を終えた。

エレーヌ女史は生前、「羽衣の舞台となった三保松原にぜひ行ってみたい」と念願していたが、それを果たすことはできなかった。その思いを果たすため、夫のマルセル氏は、エレーヌ夫人の遺髪を持って、一九五一年に来日した。そのことを聞いた静岡県清水市民（現在は静岡市清水区）は感動し、一九五二年に記念碑を建立したのである。当時の日本は第二次世界大戦に敗戦し、経済的にも困窮した時代だった。とても記念碑など建てる余裕はなかったはずなのに、多くの清水市民が、この日本を愛し、三保松原を愛したエレーヌ女史のために寄付を行い、記念碑が建立されたのである。

ユネスコでは、フランスはドイツと共に大きな力を持っている。公用語も英語とフランス語である。もし事前にこのエレーヌ女史の思いとそれを支援した日本人の心がわかっておれば、フランスは、もろ手を挙げてさらに強力に三保松原を世界遺産に推挙したであろう。三保松原はフランスと日本の友好交流の大きな架け橋にもなっているのである。

二〇一三年四月三〇日のイコモスの勧告で、三保松原がいったんはずされたのはよかった。三保松原がはずされたために、連休中は五〇〇〇人を超える人が、三保松原の清掃活動に参加した。勧告からはずされたため、人々の関心が、稲作漁撈民の宝である「三保松原の景観を美しく保たなければならない」ことに集中したとも言える。

中には北海道から修学旅行の途中に、三保松原の清掃活動に参加してくれる生徒さんまで現れた。

日本の未来に暗雲がただよう

富士山が世界文化遺産になり、三保松原もその構成資産になった。おかげで観光客が急増し、多くの人々が三保松原を訪れるようになった。

ところがすでに述べたように、肝心の三保松原のマツが枯れはじめていた。全国的に猛威をふるっているマツ枯れで「羽衣のマツ」の老木も枯れてしまい、今は三代目の世となっている。

それはたんにマツが枯れていくという問題にとどまらず、その背後にある「森の民日本人の心」の荒廃を表しているのではないか。戦後、日本はがむしゃらに先進工業国への道を走ってきた。豊かさと引き換えに、日本人は失ってはならない「森の民日本人の心」を失いはじめているのではないか。

何も言わないで枯れていくマツ。マツ枯れを防除するという名目で、マツ枯れにほとんど効果のないように見える農薬を散布し、枯れれば直ちに伐採する。それにも費用がかかる。そんなことを二五年以上繰り返しても、おかしいとは思わない。いやおかしいと思っても、責任を取らされることを考えると怖くて言えない。その間に物言えぬマツは、九州から青森県までどんどん枯れていった。

私たちはマツの緑を犠牲にして、経済成長を手に入れたようなものである。だがはたしてこれからの日本は、この繁栄を維持していけるだろうか。マツの緑が赤茶けたことは、日本の暗い未来を暗示しているのではないか。「森の民日本人の心」の荒廃を暗示しているのではないか。日本人の心が荒廃した時、すべてが終わりである。

もし「森の民日本人の心」が生きていたら、数年の間、農薬を撒いても効果がないとわかれば、マツの再生と復興には別の手段も講じたはずである。ところが農薬を撒き、数年たっても具体的な効果がないことがわかっても、行政マンの中からその方法に疑問を呈する人は現れなかった。「伝染病だから致し方ない」と決められたように農薬を二五年以上撒き続け、土壌と、水と、大気を汚染しただけで、ほとんどのマツを枯らしてしまった。

ネオニコチノイド系の農薬使用に慎重なＥＵ諸国

知床の世界自然遺産はユネスコの下部機関であるＩＵＣＮ（国際自然保護連合）からクレームがついて、これまで五回管理計画の報告を命じられた。世界自然遺産を推挙するＩＵＣＮからは、いまだに了解が得られていない。知床でさえそうだから、ＩＣＯＭＯＳ（国際記念物遺跡会議）の面子をつぶして逆転勝訴、世界文化遺産になった三保松原については、ＩＣＯＭＯＳはその面子をかけて、強力なプレッシャーをかけてくるであろう。

しかも、二〇一三年にカンボジアのプノンペンで三保松原を世界文化遺産に推挙してくれたユネスコ大使の面々は、二〇一六年のトルコのイスタンブールで開催された会議では、すべて入れ変わっていた。ユネスコの中心的存在であるフランスやドイツなどのＥＵ諸国は、浸透性農薬である神経毒のネオニコチノイド系農薬を使用することに、極めて否定的である。ネオニコチノイド系の農薬を積極的に使用しているのは、先進国では日本とアメリカである。事実、三保松原の保全にも静岡市はネオニコチノイド系のチアクリプリドを使用している。

種子の段階でネオニコチノイド系の農薬に暴露した植物は、成長して大きくなっても、花粉にいたるまで農薬が染み渡っている。人間を含む脊椎動物にはあまり悪さをしないと見なされているが、非脊椎動物の神経を麻痺させ生殖機能を低下させるのに極めて効果があるという。非脊椎動物には節足動物の昆虫や土壌中のバクテリアも含まれる。

だが脊椎動物には安全で、非脊椎動物にだけ効果があるというような農薬が存在するだろうか。生命は連鎖している。しかも非脊椎動物すべてに効果があるとすれば、莫大な数の生命体に悪影響を及ぼすことになる。農薬の悪いところは特定の害虫ではなく、こうした非脊椎動物全般にたいして無作為に作用し、命を奪うことである。

すでに述べたように、ニホンミツバチは幼虫の餌として、イネの花粉を花粉団子としてせっせと巣に運んでくる。その花粉を食べたニホンミツバチの幼虫は神経を侵され、成虫になっても巣にもどることができず、生殖能力も低下すると見なされているのである。

このままでは三保松原は危機遺産になる

日本とアメリカではネオニコチノイド系の浸透性農薬や有機リン系農薬（静岡県の森林整備課はこれを使用している）の使用が許可されている。だからといって、農薬を使用してマツの保全にあたることは、世界遺産を保全管理するユネスコのＥＵ諸国とは道を異にしていることは明白である。

ユネスコのお墨付きで世界文化遺産になったのなら、ユネスコの標準を尊重しなければならない。ＥＵ諸国の意見を無視して、三保松原を世界文化遺産として維持・管理する事は、ネオニコチノイド系の農薬を使用しているかぎり不可能である。

農薬を撒いたマツの下では、富栄養化を防止するのだと高校生が落ち葉下掻きまでしてくれている。いくら日本で許可されているからと言って、ネオニコチノイド系の農薬を使用して三保松原を守ることは、ＩＵＣＮはもちろんのこと、ＩＣＯＭＯＳの反感を買うことは必定である。ＩＣＯＭＯＳが日本のやり方に〝ＮＯ〟をつきつけてくるのではないか。「せっかく三保松原が世界文化遺産になったのに」。まことに残念である。二〇一八年には、三保松原と富士山を含む世界文化遺産の保全状況報告書をユネスコに提出しなければならない。その時が本当に心配である。

ドイツのドレスデンが世界文化遺産の登録を抹消された原因は、市民からの通報だった。「ライン川に橋を架けようとしている」という市民からの通報が世界文化遺産登録抹消のきっかけだった。

日本のマツ枯れ対策に農薬はあわない

これまでの農薬を使う手法が間違っているとしたら、それこそたいへんなことになる。農薬を使ってマツノザイセンチュウを殺すという手法そのものが間違っているとしたら、どうだろうか。事実これまで二五年間農薬を使ってきても大きな成果があげられなかったことは、ひょっとするとこの手法が間違っていることを示しているのかもしれない。

私はマルクス史観隆盛の時代に生きた人間である。「そんなことを言うと仕返しされるぞ」と忠告してくれた友人もいた。しかし、けっきょくマルクス史観は崩壊し、いまや自分がマルキストだと公言する人はいなくなった。

もちろん戦後の日本において農薬が果たした役割は極めて大きい。今日の豊かさの背景には農薬の使用があったことは確実である。しかし、マツ枯れについては農薬の継続使用は、再検討する必要があるのではなかろうか。

二一世紀の未来の人類は、生きとし生けるものとともに、この美しい地球で千年も万年も生き続けていかなければならない。そのとき、特定の害虫ではなく、非脊椎動物全般の神経を犯し、農薬に暴露した生き物はすべて殺されるなどというやり方は、どう考えても正しいとは思われない。農薬を開発される方もどうかこの点を考慮いただいて、特定の害虫にだけ効く農薬の開発をお願いしたい。

三保松原が世界文化遺産からはずされたりすれば、どうして稲作漁撈民は森里海の命の水の循環を大切にするのかの意味がわからなくなる。森里海の命の水の循環のシンボルとしての富士山を崇拝する東洋の自然観が、命の水の循環を破壊し、自然を一方的に収奪する西洋の畑作牧畜民の自然観の軍門に下ることになる。なんとかして最後の砦の三保松原を守ろうという静岡県民の願いも消えることになる。それはなんとしても避けたい。

三　日本列島におけるアカマツ林の形成過程

日本のアカマツ林

日本列島に生育する二葉マツ類（マツ属複維管束亜属）には、アカマツ、クロマツ、リュキュウマツがある。その中で、アカマツはもっとも分布範囲が広く、南は屋久島から北は青森県の下北半島まで生育している。さらに朝鮮半島、山東半島、沿海州にまで分布している。

アカマツ林は日本の代表的な森林植生であり、とくに西日本において、広大な面積を占めていた。広島県を例にとれば、アカマツ林は陸域の約五〇％、森林の約七〇％を占めていた。

日本列島のアカマツ林は暖温帯から冷温帯にかけて分布しているが、大部分は二次林である。アカマツの天然林は、露岩地や湿地など、ほかの高木の生育には劣悪な土地条件のところに見られる。また地すべり跡地や、人工改変地などの裸地において、先駆植生としても見られる。しかし、大部分は暖温帯常緑広葉樹林や冷温帯落葉広葉樹林が破壊された跡地に、二次林として生育したものである。

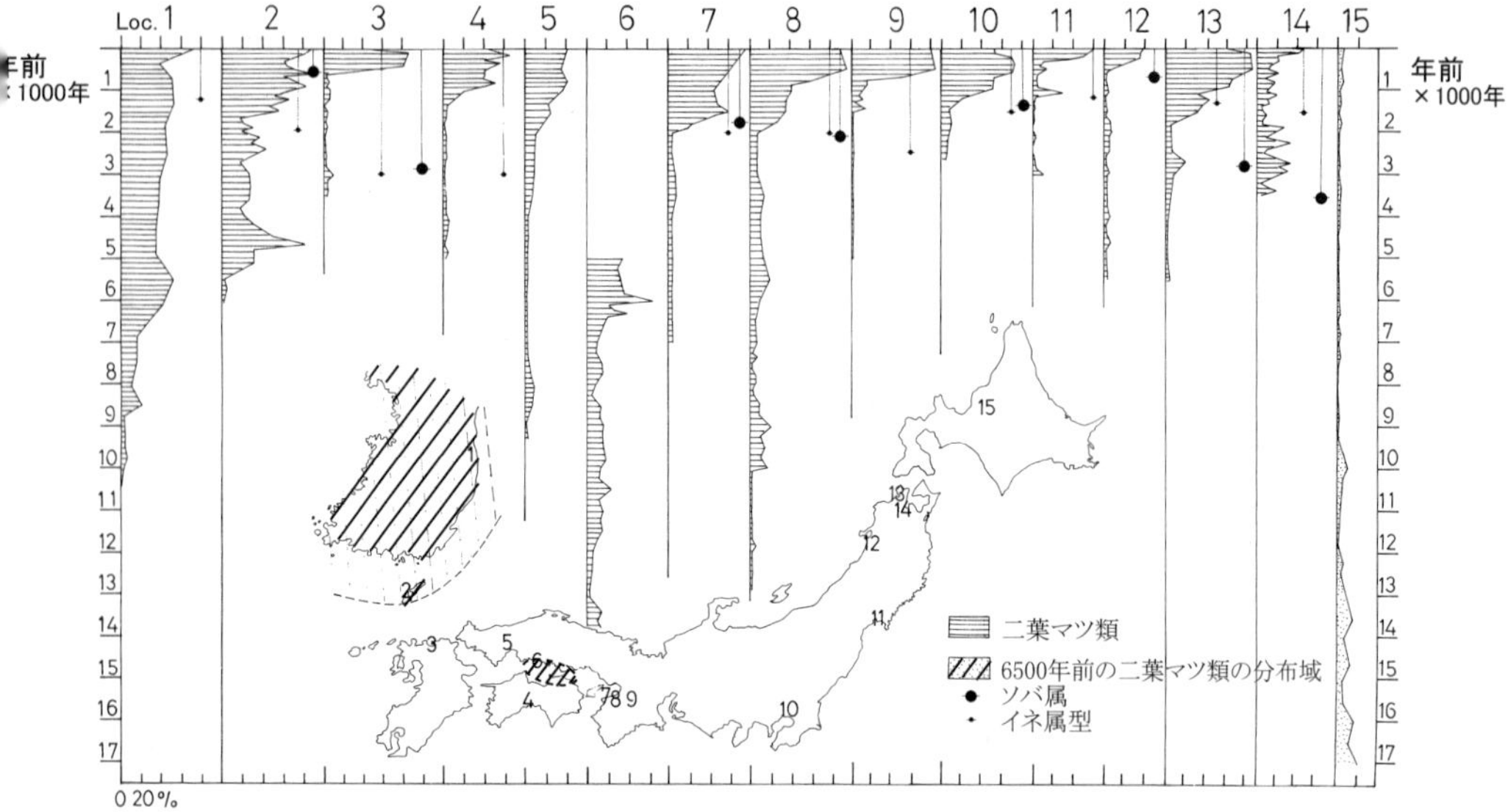

図 6-4　日本列島の代表的地点の二葉マツ類（マツ属複維管束亜属）の花粉とソバ属とイネ属の地域変遷

年代は補正していない．（Yasuda, 1983）

Loc.1　韓国江原道高城郡東草市永郎湖（安田ほか，1978）
Loc.2　長崎県対馬田ノ浜湿原（Hatanaka,1985）
Loc.3　福岡市板付遺跡（中村，1976）
Loc.4　高知県水久保湿原（中村，1980）
Loc.5　広島県枕湿原（三好・波田，1975）
Loc.6　広島県尾道市尾道造船･尾道農協病院（安田，1982 a）
Loc.7　大阪府高石市大園遺跡（古環境研究会，1979）
Loc.8　大阪府古市大溝（原，1979）
Loc.9　奈良市平城京（松岡・金原，1977）
Loc.10　東京都自然教育園（安田ほか，1980）
Loc.11　宮城県多賀城址（安田，1973）
Loc.12　秋田県能代市周辺（川村，1979，辻（1981），Kitagawa *et al.* (2016) は秋田県能代市の南の男鹿半島の一ノ目潟の年縞堆積物の花粉分析から，正確な時間軸の下に，過去 4000 年間の一ノ目潟周辺の植生変遷史を解明している（図 6-24）．ここでも二葉マツ類は 12 ～ 13 世紀以降にならないと拡大増加しない．
Loc.13　青森県亀ヶ岡遺跡（那須・山内，1980）
Loc.14　青森県月見野湿原（Yamanaka, 1979）
Loc.15　北海道秩父別湿原（中村，1968）

豊原源太郎氏（豊原、一九八一、Toyohara, 1984）はアカマツ林を、東日本に主として分布するアカマツ―ミズナラ群団と、西日本に主として分布するアカマツ―アラカシ群団に区分し、沿岸型と内陸型に明白に区別した。さらにそれらをいくつかの群集に細分している。西日本のアカマツ林はツツジ類と強い結びつきを持っており、アカマツ―オンツツジ群集、アカマツ―コバノミツバツツジ群集、アカマツ―モチツツジ群集などが区分されている。

旧石器時代人とアカマツ林

図6-4（Yasuda, 1983）には日本列島各地の花粉分析の結果から、代表的な地点を選び、二葉マツ類（マツ属複維管束亜属）の花粉の変遷を示した。さらに図6-5はこうした日本列島の花粉分析の結果から、日本列島における二葉マツ類の森の形成過程を、模式的に図示したものである。図6-5は一八五地点の花粉分析結果に基づいている。

広島県尾道市の丸善化成（この株式会社は現在ない）の花粉分析の結果（図6-6の④）（安田、一九八二b）、AT火山灰降灰直後の二八九四〇±一三六〇年前の^{14}C年代測定値（補正値）が得られた堆積物では、コナラ属コナラ亜属が、高い出現率を示した。第三

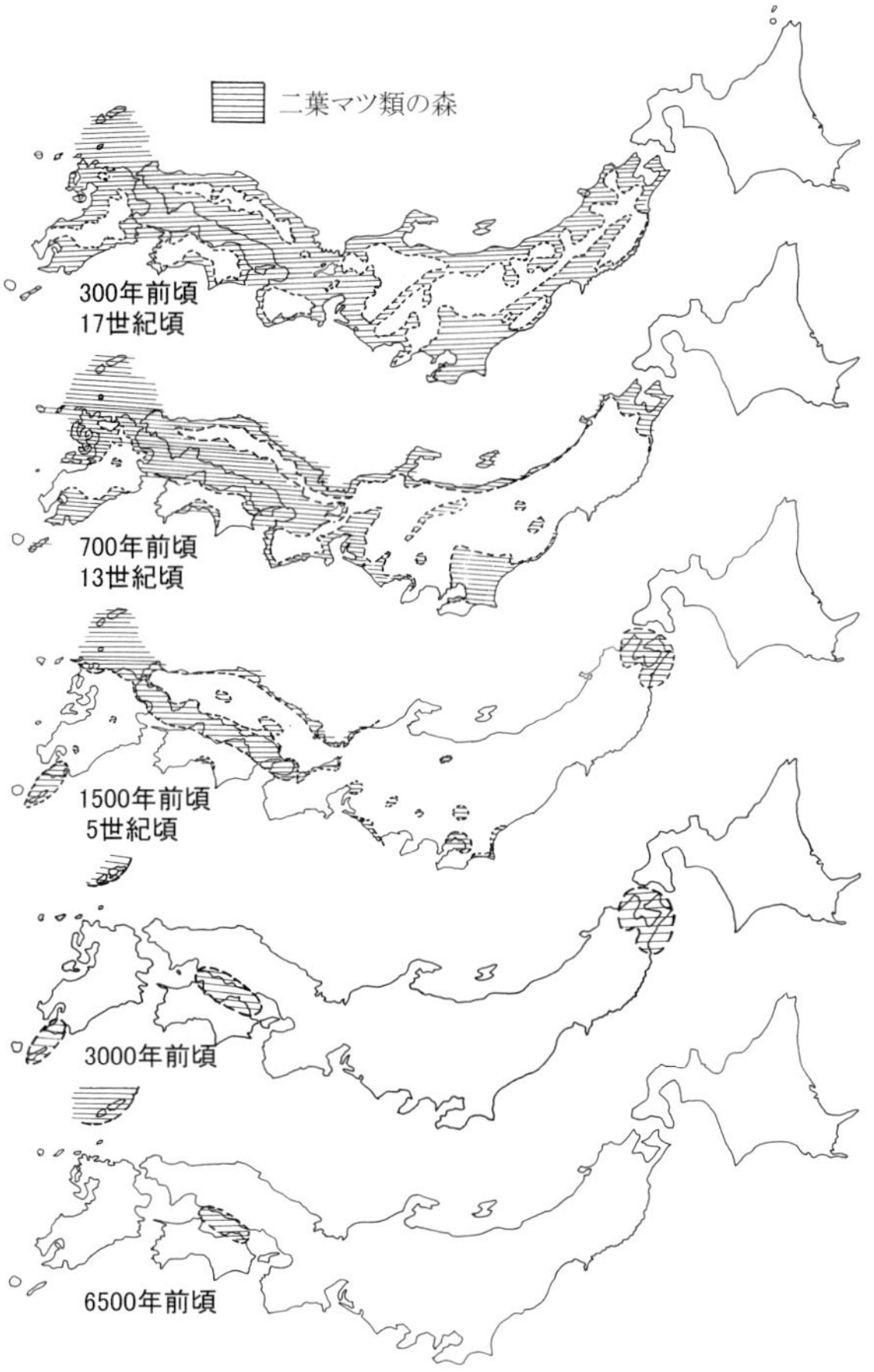

図6-5　日本列島の二葉マツ類（マツ属複維管束亜属）の森の形成過程模式図
（Yasuda, 1983）

章で述べたように最終氷期最寒冷期直前には温暖な亜間氷期が存在し、その時代にはスギも瀬戸内海に生育していた。

この尾道市丸善化成の花粉分析結果（図６‐６の④）でも、このＡＴ火山灰降灰の以前の層準の亜間氷期の時代の前半には、スギが高い出現率を示し、スギが瀬戸内海東部にも生息していたことを示している。さらにカヤツリグサ科が大量に出現し、当時、瀬戸内海は海面の低下で陸化し、スゲ類の

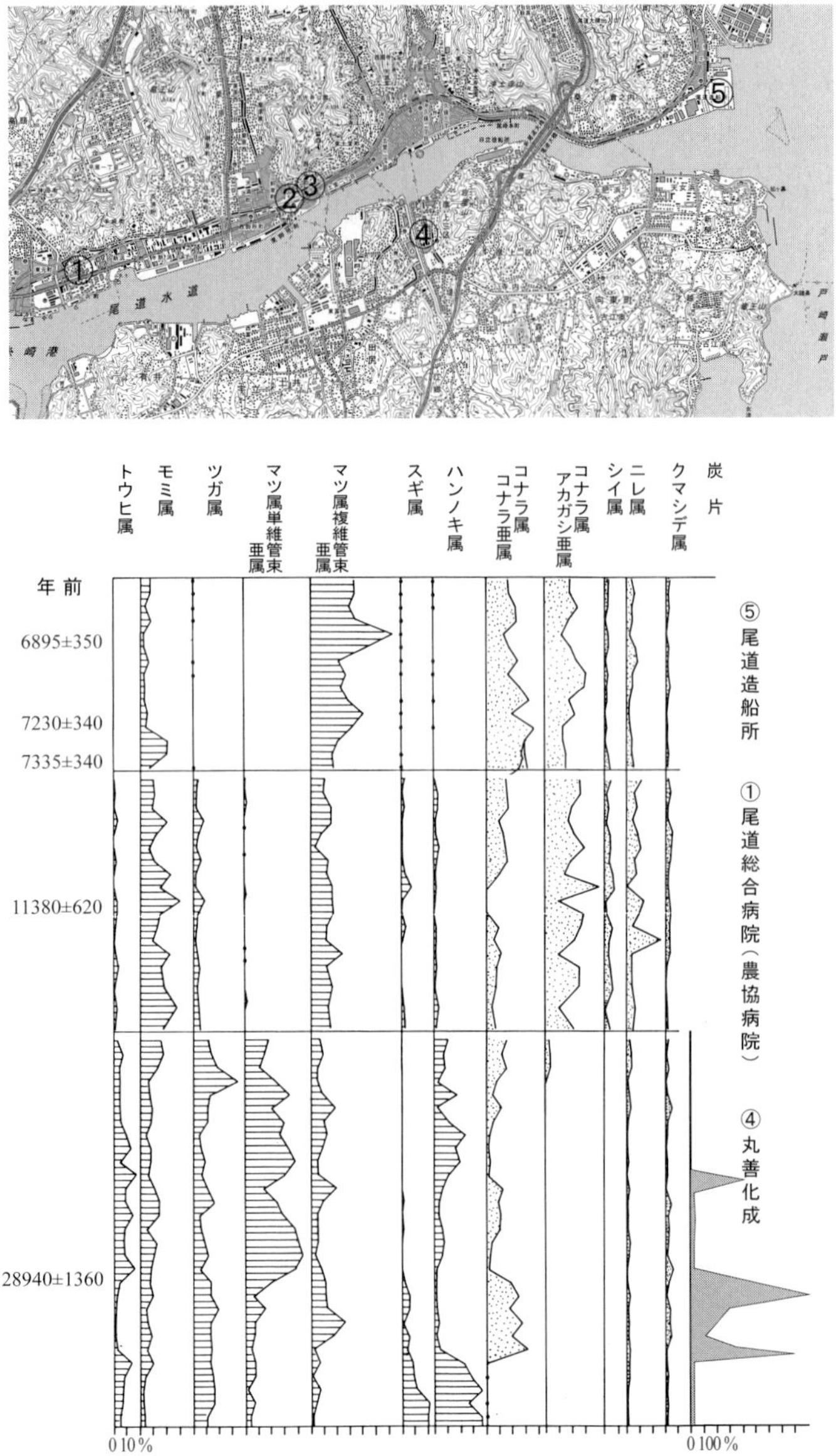

図 6-6　広島県尾道市尾道造船所・尾道市総合病院（農協病院）・尾道市丸善化成株式会社（今は消滅）の花粉ダイアグラム

出現率はハンノキ属を含む樹木花粉数を基数とする％．①④⑤は上段地形図に対応．^{14}C 年代は補正値．（安田，1982a）

生育する湿地草原であったことがわかる。

興味深いのはこのコナラ属コナラ亜属が多産する層準で、炭片が大量に出現することである（図6-6の④）。炭片が大量に出現するのはどうしてなのか。この炭片が大量に出現する層準で、同じく二葉マツ類（マツ属複維管束亜属）が二〇%前後の比較的高い出現率を示す。

亜間氷期の比較的温暖で乾燥した気候のもと、山火事が多発したことは容易に想像できる。尾道市背後の丘陵や向島・因島・伯方島・大三島・弓削島など備讃瀬戸の島々には、五葉マツ類（マツ属単維管束亜属）を中心に、これにトウヒ属・モミ属・ツガ属などの冷温帯針葉樹の混生する森林が存在した。

現在の瀬戸内海の海底からは漁師さんたちの網にかかって、ナウマンゾウやヤベオオツノジカ、ムカシジカなどの骨が多数引き上げられている。氷河時代、海面の低下によって干上がったところには、スゲ類を中心とした湿地草原が広がり、この湿地草原がナウマンゾウやオオツノシカに食料を提供する格好の生息地となった。

こうした大型哺乳動物をねらって、旧石器時代の狩人がやってきたことであろう。彼らは火を使って狩りをしたにちがいない。私（安田、一九九〇ａ）は、この尾道市丸善化成の花粉分析の結果（図6-6の④）から大量に見つかった炭片は、旧石器時代の狩人たちが火を使って狩りをした証拠ではないかと指摘した。

乾燥した気候の下に、そうした野火は山火事となり、備讃瀬戸の島々の森林にも燃え広がり、アカマツの二次林を生んだ可能性はないだろうか。

いずれにしても、瀬戸内海東部のこの尾道市丸善化成の花粉分析結果（図6-6の④）が、日本列島でもっとも古いアカマツ林拡大の証拠である。その年代は約三万年前までさかのぼる。

この尾道市から北東に位置する広島県深安郡神辺町の亀山遺跡の花粉分析の結果（図6‐7）（安田・山田、一九八六）にも、約一万八〇〇〇年前から一万七〇〇〇年前の間に炭片が多産する時代がある。尾道市丸善化成の花粉分析の結果に明白に示されていたが、氷河時代末期の瀬戸内海の低地一帯は、スゲ類の湿地草原であったことをこの亀山遺跡（図6‐7）の花粉分析の結果も示している。ところが、一万九〇〇〇年前頃に、カヤツリグサ科の湿地草原が燃えて、羊歯類の生育する草原が広がったことを示す。これは明らかにカヤツリグサ科の花粉は激減する。かわって羊歯類胞子と炭片が急増してくる。そして二葉マツ類（マツ属複維管束亜属）が二〇％まで増加する。一万九〇〇〇年前以降の地球温暖化によって、気候が温暖化する中で、瀬戸内海沿岸の乾燥化が進行し、山火事が多発したと考えられるが、私（安田、一九九〇a）は、これも旧石器時代晩期の狩人による野焼きの影響があるのではないかと指摘した。

いずれにしても、現在もっとも古い時代のアカマツ林の形成が見られるところは、尾道市から福山市にかけての因島や大三島のある瀬戸内海東部の備讃瀬戸である。

縄文人とアカマツ林

瀬戸内海東部の尾道市尾道総合病院（農協病院）の分析結果（図6‐6の①）（安田、一九八二a）は、縄文時代早期には二葉マツ類（マツ属複維管束亜属）が一五％前後の出現率を示す。こうした縄文時代早期の二葉マツ類（マツ属複維管束亜属）の出現比率は、大阪府羽曳野市古市（図6‐8）（安田、一九七八a）でも見られる。そこでは、シダ（羊歯）類胞子が著しく増加する時代（局地花粉帯RⅠ）に、二葉マツ類（マツ属複維管束亜属）もやや増加する。森林の生育に不向きな環境がこの一万一五〇〇年前から九〇〇〇年前頃の間続き、その時代に二葉マツ類（マツ属複維管束亜属）がやや増加する。これ

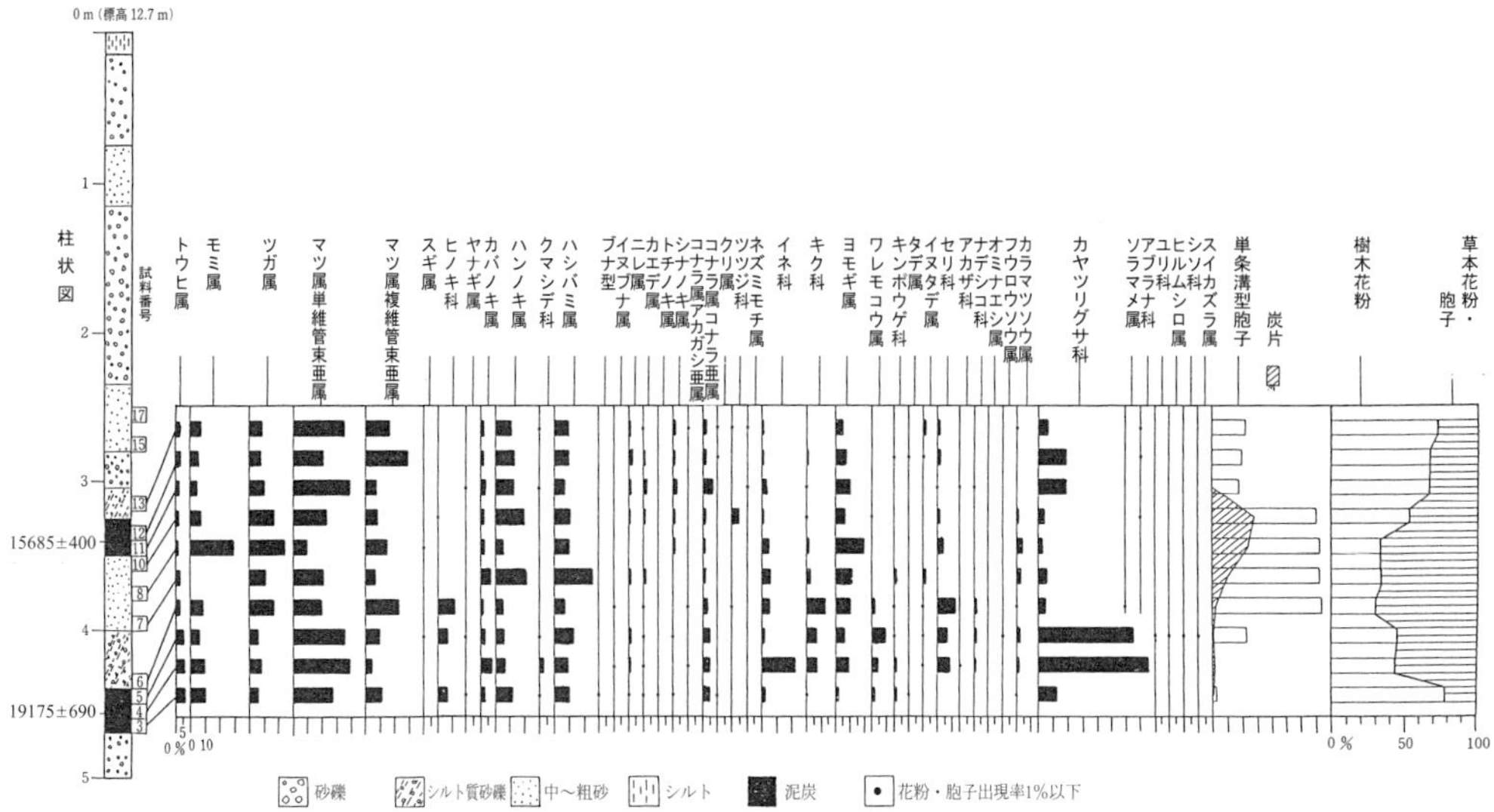

図 6-7　広島県亀山遺跡の花粉ダイアグラム

出現率はハンノキ属を含む樹木花粉数を基数とする %. ¹⁴C 年代は補正値.（安田・山田，1986）

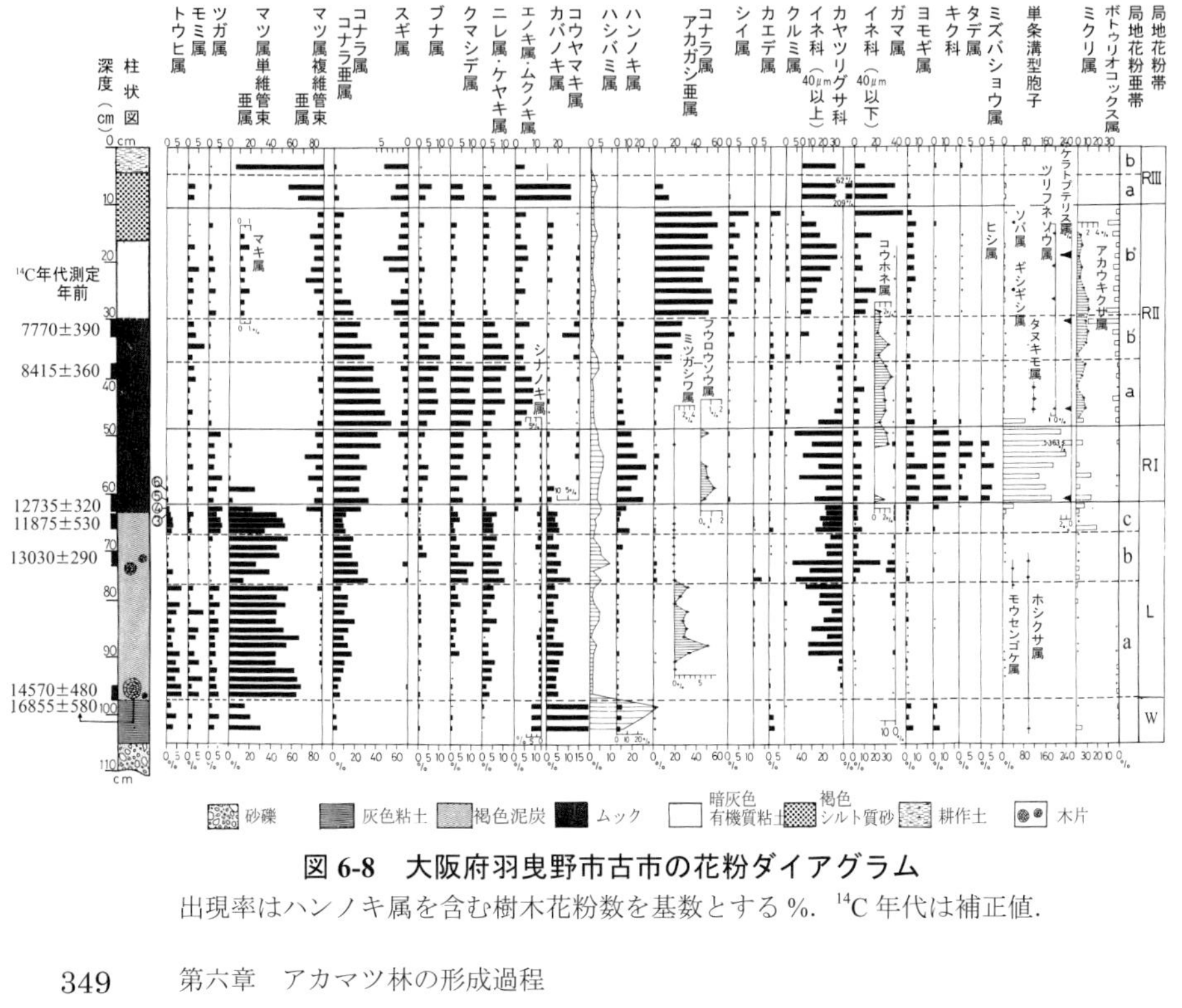

図 6-8　大阪府羽曳野市古市の花粉ダイアグラム

出現率はハンノキ属を含む樹木花粉数を基数とする %. ¹⁴C 年代は補正値.

と類似した傾向は、京都市深泥池の分析結果（中堀、一九八一）でも報告されている。微粒炭を分析した小椋純一氏（小椋、二〇一二）は、縄文時代早期の微粒炭が増加する九五〇〇年前頃に、二葉マツ類（マツ属複維管束亜属）とシダ（羊歯）類胞子がともに増加する時代があることを明らかにしている。縄文時代早期には、急激な地球温暖化の中で、二葉マツ林が生育しやすい不安定な環境が出現していた可能性がある。それが縄文時代早期の人々のインパクトの結果なのかどうかは明白にできない。気候最適期後半の七五〇〇年前に入ると、尾道市尾道造船所の花粉分析の結果（図6‐6の⑤）（安田、一九八二a）に示すように、二葉マツ類（マツ属複維管束亜属）の花粉が三〇％以上の高い出現率を示すようになる。

七五〇〇〜六三〇〇年前の気候最適期後期の温暖期に、朝鮮半島ではアカマツ林が形成されていた（図6‐4のLoc.1）（安田ほか、一九七八）。それ以降、朝鮮半島では、コナラ属コナラ亜属などの落葉広葉樹林とともに、アカマツ林が重要な植生の構成要素を形成するようになる。そうしたアカマツ林の形成は対馬（Hatanaka, 1985）（図6‐4のLoc.2）でも見られた。

瀬戸内海東部と対馬と朝鮮半島において、気候最適期の温暖期に二葉マツ類（マツ属複維管束亜属）が急増し、アカマツ林がすでに形成されていたことがわかる。二葉マツ類（マツ属複維管束亜属）がこの時代に急増する背景には、気候最適期後期の温暖化にともなって、瀬戸内海東部や朝鮮半島それに対馬が、著しく乾燥化したことがあげられる。さらに人間のインパクトが重要である。

図6‐9には瀬戸内海沿岸の縄文時代の遺跡分布と約六〇〇〇年前の二葉マツ類（マツ属複維管束亜属）の花粉の出現率を示した。縄文時代に二葉マツ類（マツ属複維管束亜属）が三〇％以上の高い出現率を示す場所は、瀬戸内海沿岸東部である。そこは縄文時代の遺跡が密集して分布する所にあたっている。

縄文時代前期以降、瀬戸内海沿岸東部に遺跡が密集する背景には、製塩が深くかかわっていたのではないかと推定される。アカマツ林が縄文時代に瀬戸内海東部で拡大した背景には、こうした縄文人のインパクトがあったことは確実であろう。

現在得られている花粉分析の結果では、日本列島の中で最も古いアカマツ林が形成された場所は、瀬戸内海東部の備讃瀬戸であったが、完新世後半の三五〇〇～三〇〇〇年前頃の冷涼期に入ると、瀬戸内海沿岸以外でも二葉マツ類（マツ属複維管束亜属）が増加してくる（図6-5）。それは種子島と大隅半島の南九州ならびに青森県である。本州の北端と南端で二葉マツ類（マツ属複維管束亜属）の増加地点が新たに出現する。

前者の南九州の二葉マツ類（マツ属複維管束亜属）についてはクロマツの可能性も否定できないが、後者の青森県については、人間のインパクトの可能性が高い。

図6-4のLoc.13の青森県亀ヶ岡遺跡（那須・山内、一九八〇、山野井・佐藤、一九八四）では、縄文時代後期から晩期の層準で、ソバ属の花粉が出現し、Loc.14の青森県月見ノ湿原（Yamanaka, 1979）では、これとともに、二葉マツ類（マツ属複維管束亜属）の花粉が二〇％前後の比較的高い出現率を示す。これはおそらく焼畑のようなところでソバが栽培され、

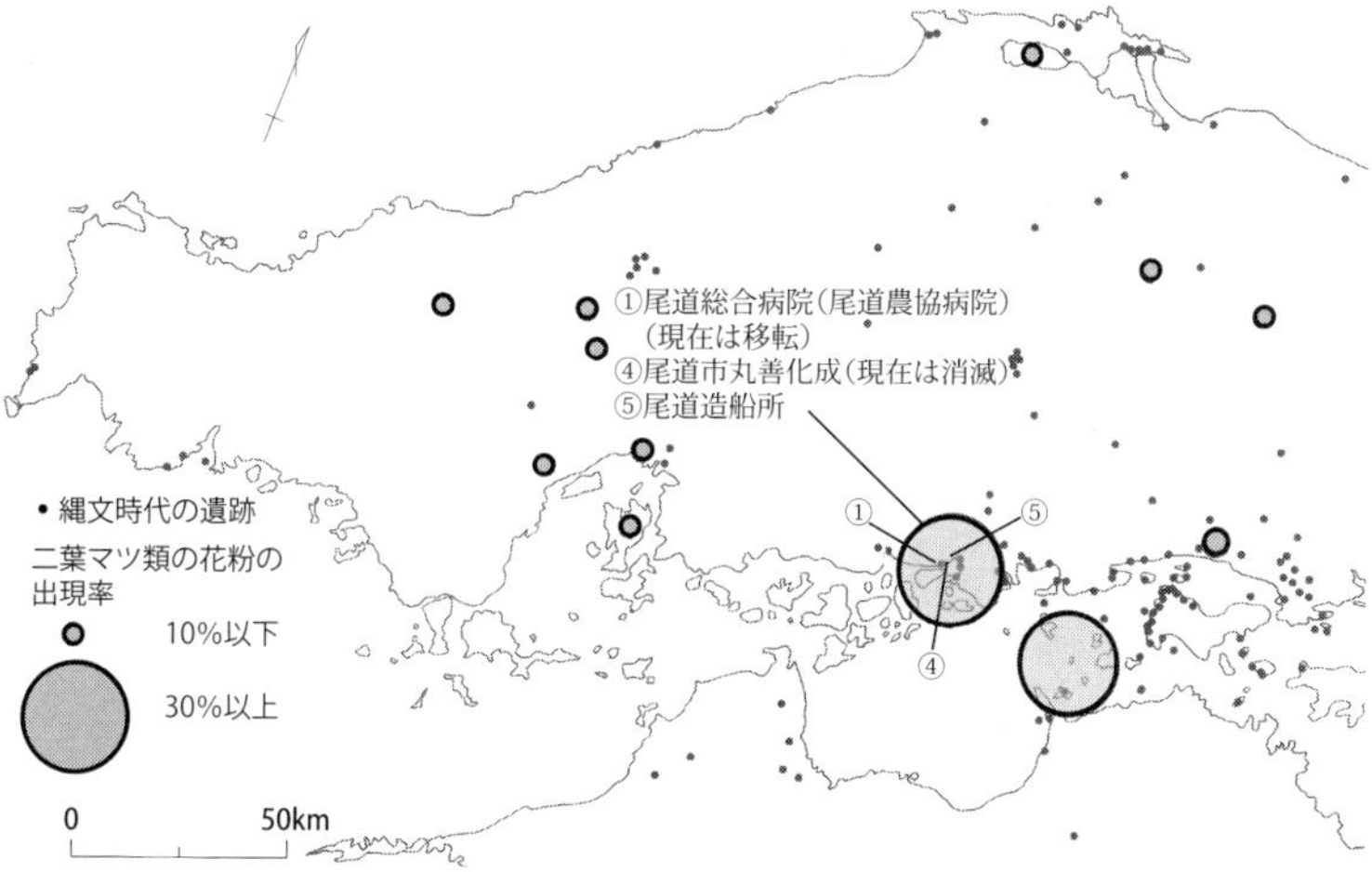

図 6-9　瀬戸内海沿岸の縄文時代の遺跡分布と縄文時代前期頃（約 6000 年前）の二葉マツ類（マツ属複維管束亜属）の花粉出現率

その結果、森林が荒廃し、二次林としてのアカマツ林が拡大したものとみなされる。

ただし、すでに述べたように（図５－22）、私どもが行った縄文時代後期から晩期にかけての青森県亀ヶ岡遺跡の泥土の花粉分析の結果（Kitagawa and Yasuda, 2004）では、最上部において、わずかにハンノキ属を除く樹木花粉数を基数とした％の花粉ダイアグラムで、マツ属が一〇％近くにまで増加するが、ソバ属の花粉は検出されなかった。

すでに第五章（図５－22）で述べたように、亀ヶ岡遺跡では、クリ属やトチノキ属の出現率が高く、クリやトチノキは中尾佐助氏（中尾、一九七七）の指摘する半栽培の段階に達していた。亀ヶ岡の縄文人がクリやトチノキの実を集約的に利用し、温暖期にはクリを、冷涼湿潤期にはトチノキを主として半栽培していたことを、北川淳子氏はつきとめた。そうした亀ヶ岡人が、ソバの栽培をともなう焼畑農耕のようなものを開始していた可能性はある。

この本州北端の青森県では、二葉マツ類（マツ属複維管束亜属）の花粉は、縄文時代が終了するとともに一時的に減少し、弥生時代以降の人類のインパクトがはじまると、再び増加することからも、縄文時代後期・晩期にアカマツ林が拡大した背景には、ソバを焼畑で栽培するような縄文人の原初的農耕活動が影響していた可能性があったかもしれない。

縄文時代後半の森林破壊には、ソバの栽培をともなう畑作の原初的農耕活動（佐々木、二〇〇一）が深くかかわっていた可能性がある。

図６－４には、二葉マツ類（マツ属複維管束亜属）の変遷とイネ属型花粉（栽培型）とソバ属花粉が最初に出現する層準を示した。弥生人による水田稲作の拡大にともなう沖積低地のイチイガシなどの森の破壊はアカマツ林の拡大には結びつかない。むしろアカマツ林の拡大期は、ソバ属花粉の出現期と対応して

いるようである。このことはアカマツ林の拡大が、台地や丘陵の森林破壊をともなう畑作をともなう開発と深く関係していることを示している。そこにはアカマツ林の拡大を許す土壌条件が深くかかわっていた。

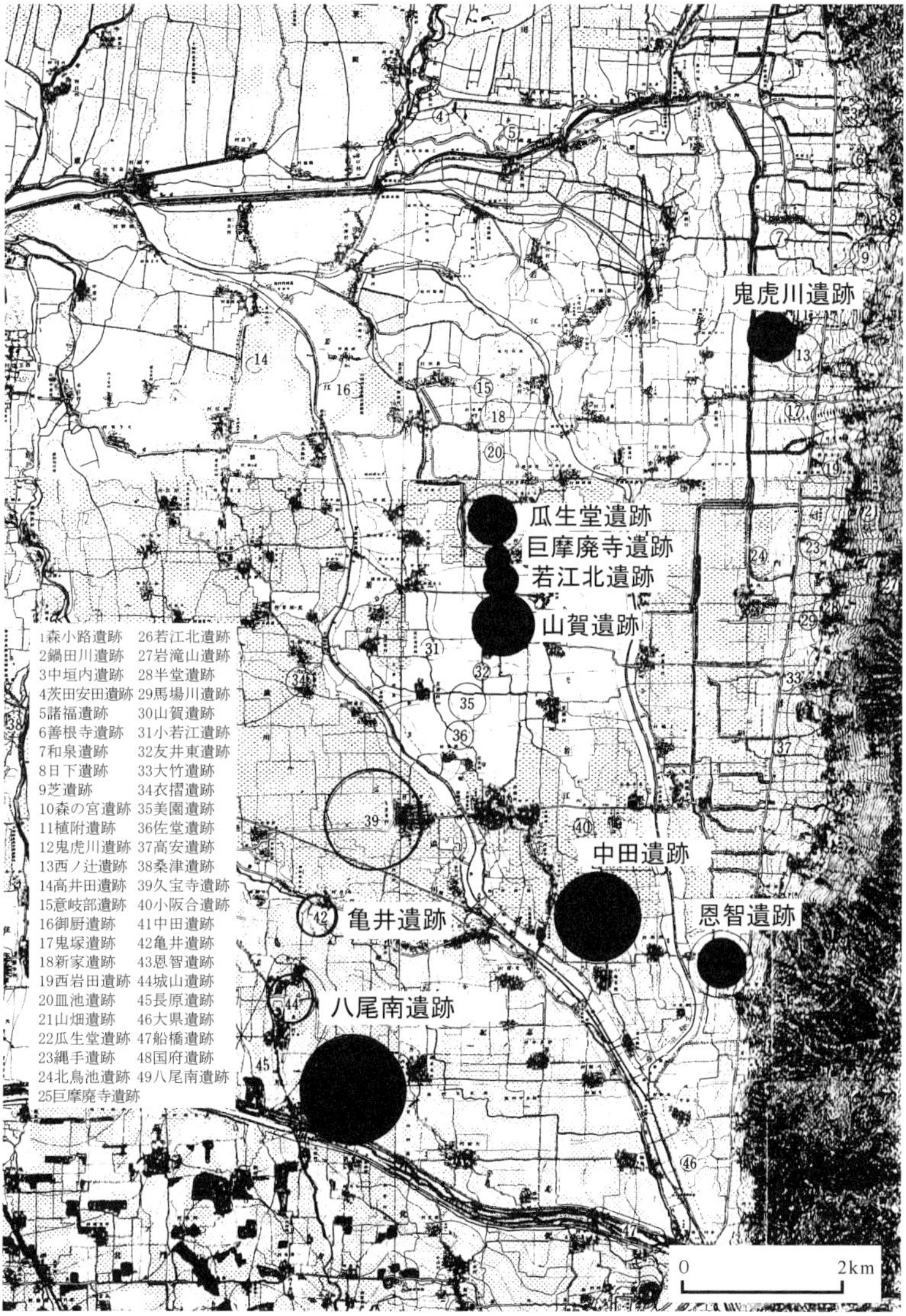

図 6-10　大阪府河内平野の弥生時代を含む遺跡分布図
生駒山麓と旧大和川にそった河内平野南東部の自然堤防を中心として集落は分布し，河内平野の北部は河内潟となって集落がまだ分布しなかったことを示す．●は本章で述べる遺跡．（大阪文化財センター，1980 にもとづき安田修正）

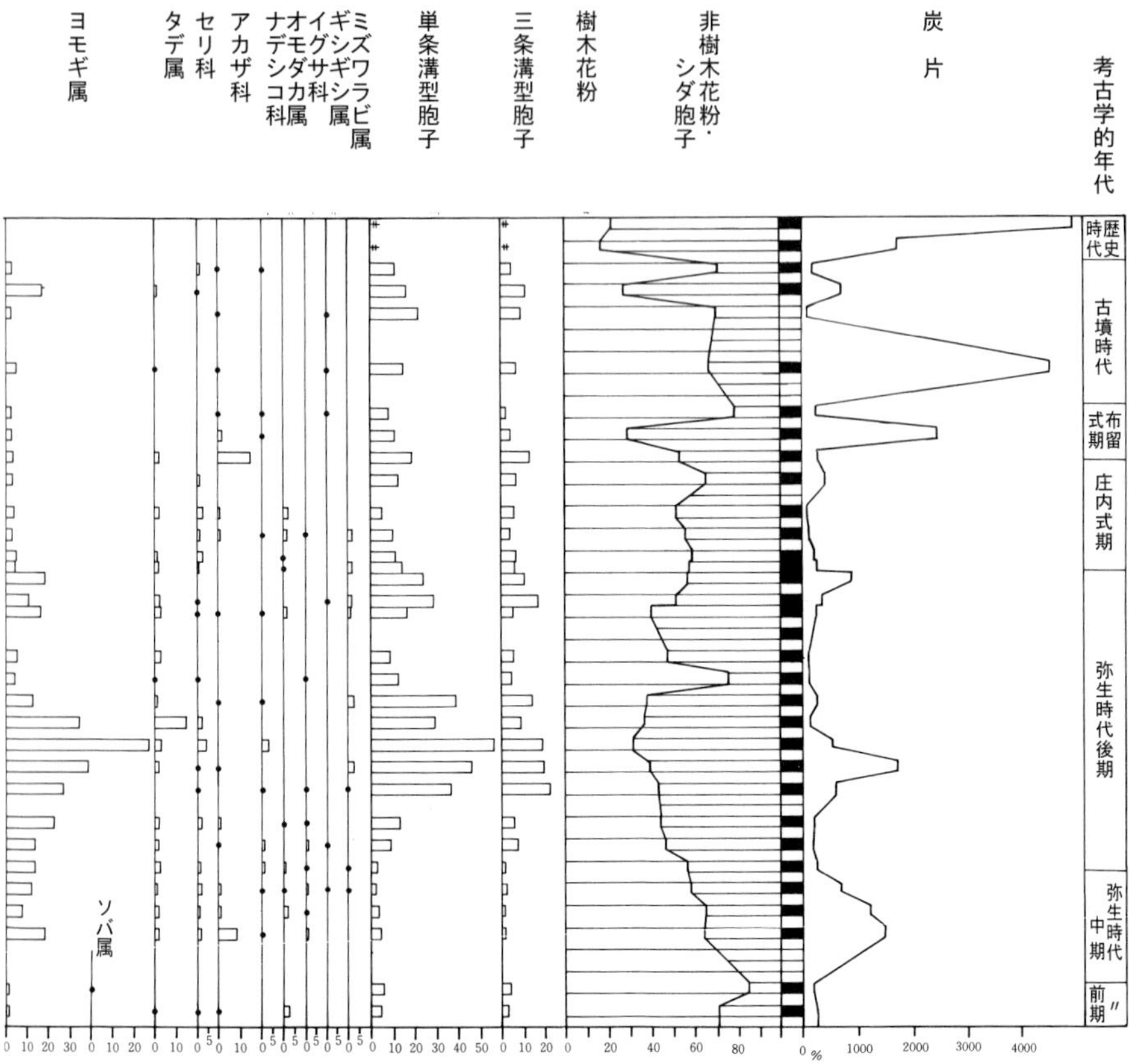

弥生人とアカマツ林

畿内などの弥生時代の水田稲作農業の導入は、アカマツ林の拡大には結びつかなかった。

たとえば、東大阪市巨摩廃寺遺跡や東大阪市若江北遺跡（図6-10中央部の●）の花粉分析の結果（図6-11）（安田、一九八二b・八三a）では、弥生時代中期末から後期にかけて、コナラ属アカガシ亜属が減少し、かわってシダ（羊歯）類胞子やカヤツリグサ科・イネ科などの草本類が増加する。これは明らかに、弥生時代人の森林破壊の証拠である。

コナラ属アカガシ亜属の花

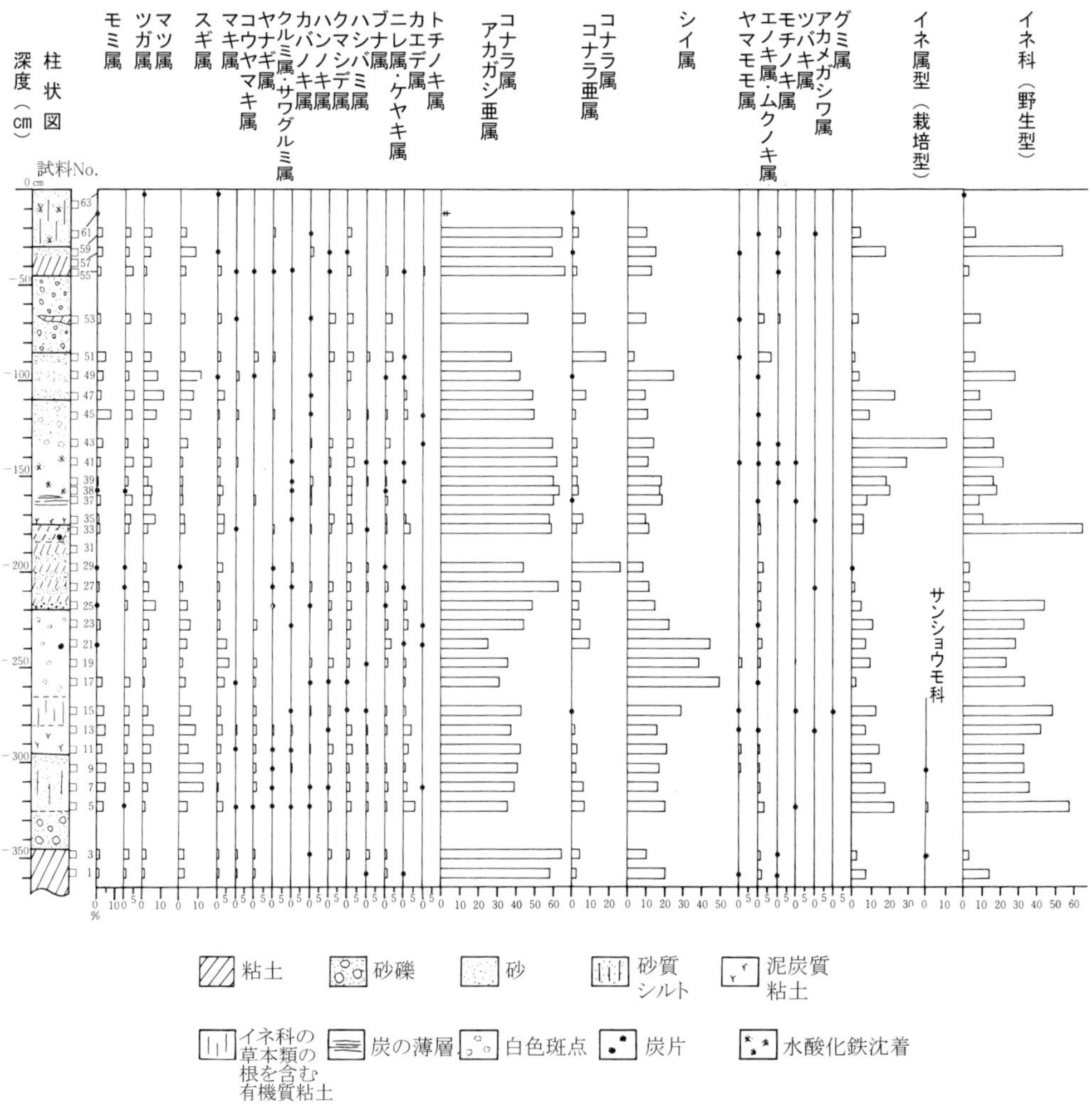

図 6-11　大阪府東大阪市巨摩廃寺遺跡 I 地区の花粉ダイアグラム

花粉の出現率はハンノキ属を含む樹木花粉数を基数とする %.（安田，1983a）

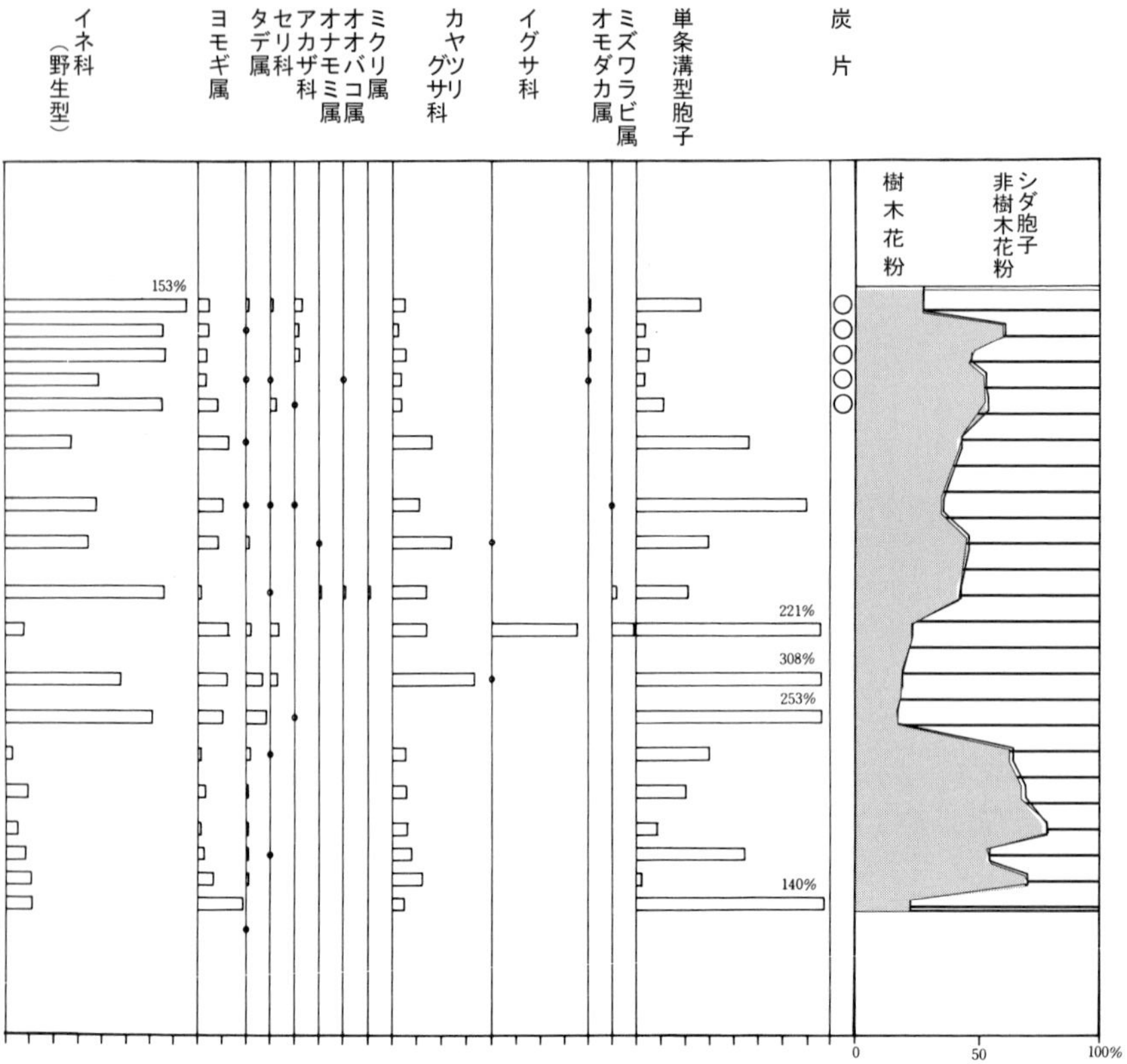

粉はおそらく平地に生育するイチイガシであろう。しかもコナラ属アカガシ亜属は五〇％以上の高い出現率を示す。稲作をたずさえた人々が、畿内の大阪府河内平野にやって来たときには、河内平野にはイチイガシの平地林がうっそうと繁茂していた。イチイガシの巨木の森があった。弥生人は、イチイガシの巨木の森の中に居住地を構えた。そこは大和川の支流がつくった砂礫堆の微高地であり、比較的乾燥し、シダ（羊歯）類やヨシなどの生育する、森の中の小さな開けた小宇宙だった。

人々はイチイガシの森を開拓し、水田を広げた。しかし、アカマツ林はわずかに増加する

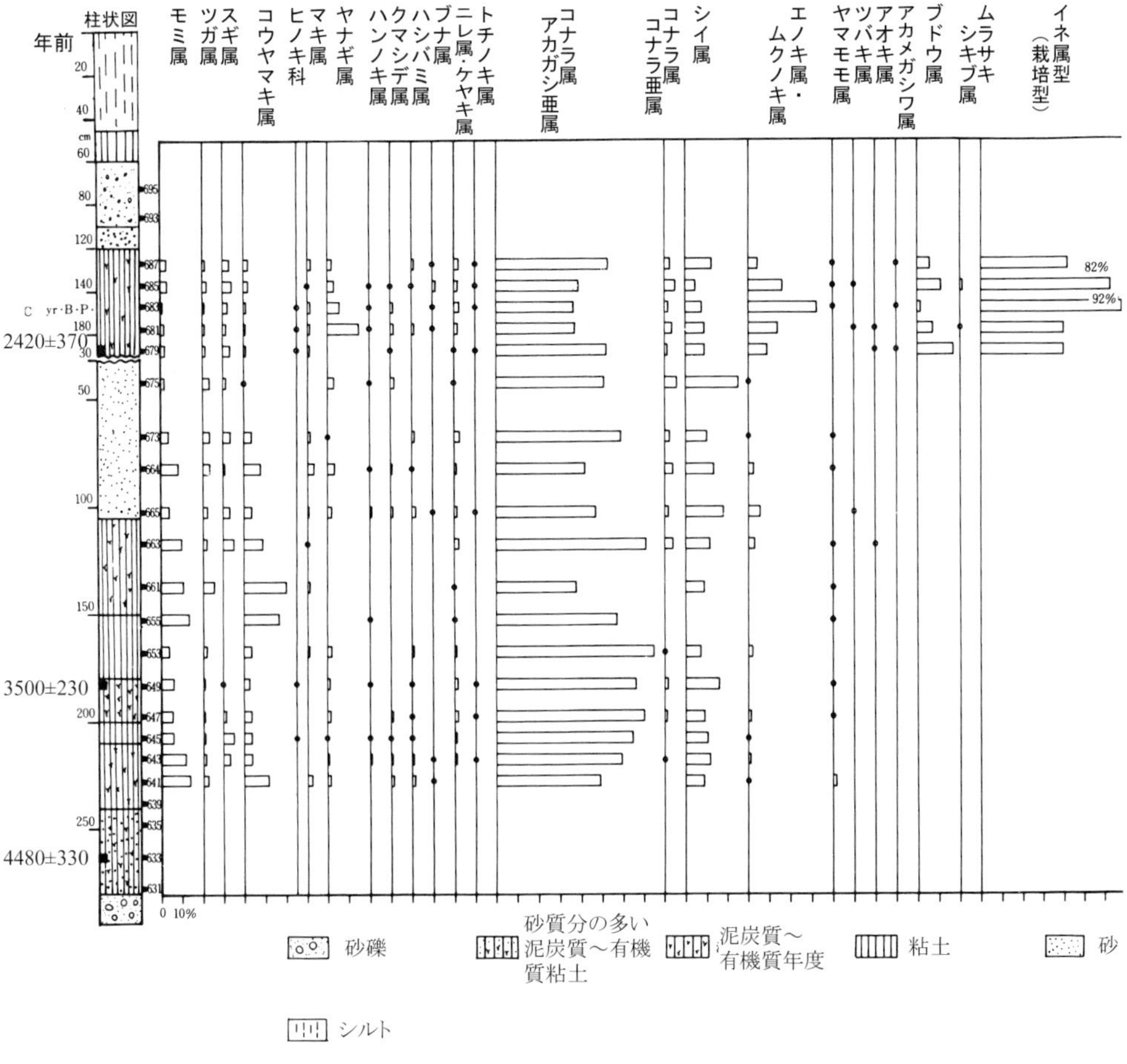

図 6-12　大阪府八尾市恩智遺跡の自然河道 SD33（NW46 地区）の花粉ダイアグラム

花粉の出現率はハンノキ属を含む樹木花粉数を基数とする％.
^{14}C 年代は補正値.（安田，1980a）

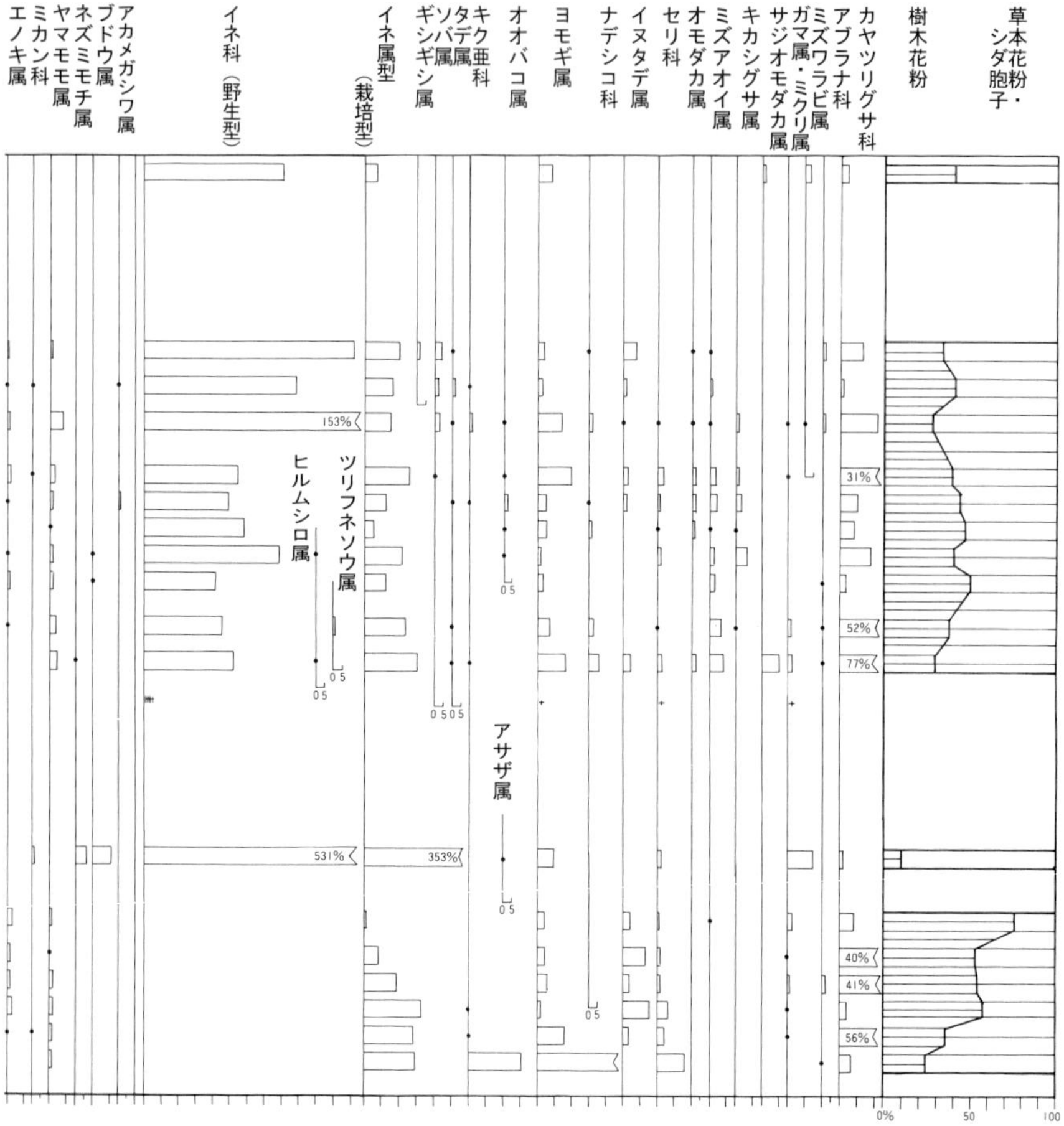

が、拡大はしてこない。花粉分析の結果では、コナラ属アカガシ亜属の花粉が減少すると、むしろ遠方に生育していたとみられるシイ属の花粉が相対的に増加する。当時はまだ河内平野周辺にはびっしりと照葉樹が生育しており、水田稲作を行う弥生人の開拓では、イチイガシの森は破壊できても、アカマツ林が拡大するほどの森林破壊ではなかった。

生駒山麓の八尾市恩智遺跡の花粉分析結果（図6－12）（安田、

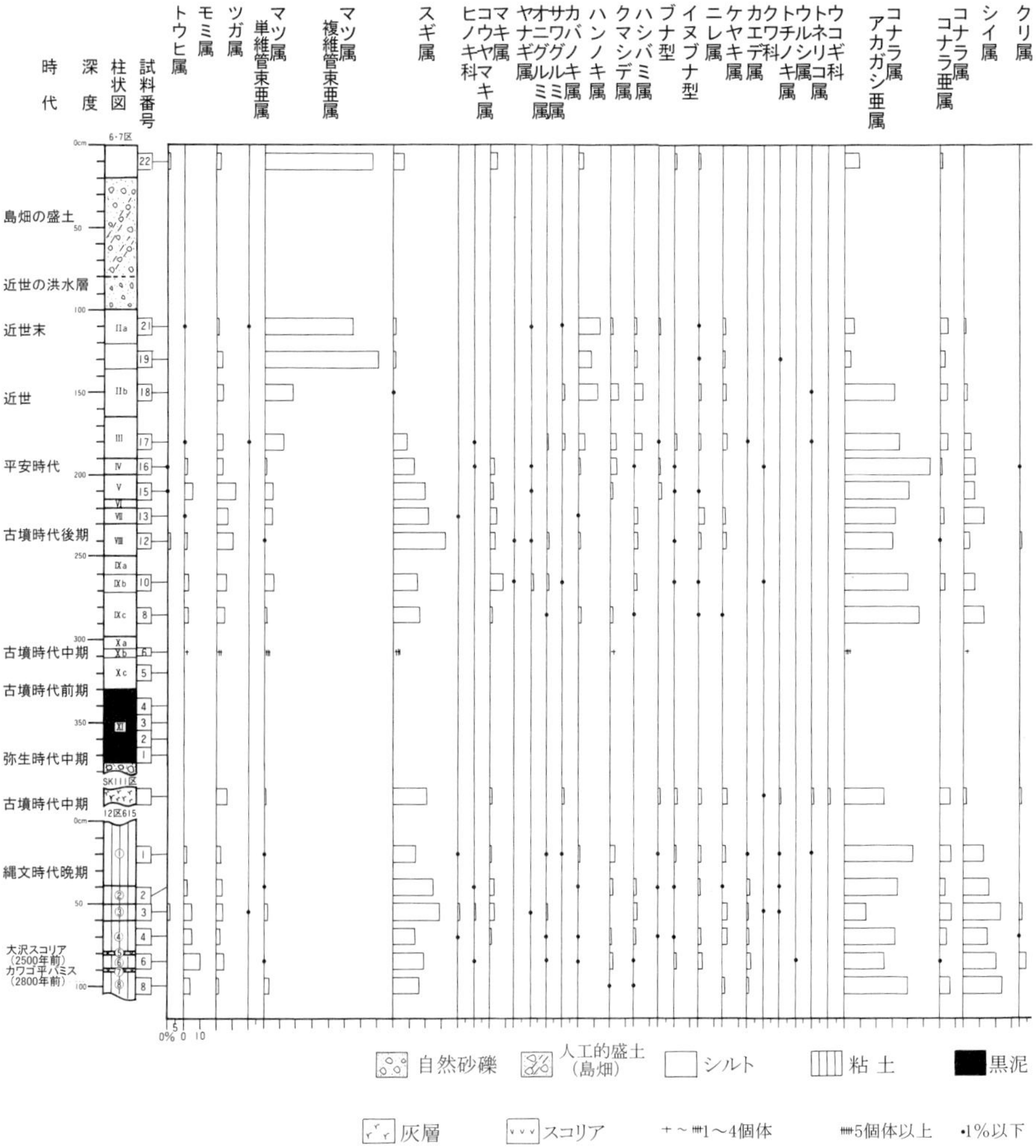

図 6-13　静岡県静岡市川合遺跡の花粉ダイアグラム
花粉の出現率はハンノキ属を含む樹木花粉数を基数とする%．（安田，1986a）

一九八〇a）では、弥生人によってコナラ属アカガシ亜属やシイ属の森が破壊されると、エノキ属・ムクノキ属やヤナギ属が、イネ科などの草本類とともに増加してくる。大阪府河内平野では、東大阪市瓜生堂遺跡の花粉分析結果（安田、一九八二b）でも同様に見られるように、稲作の導入によって確かに周辺のカシ類やシイ類を中心とする照葉樹林は破壊されるが、そのあとに拡大するのは、沖積低地の河畔林であるエノキやムクノキ、ヤナギ類などであり、アカマツの二次林の拡大は認められない。

さらに伊勢湾沿岸の弥生時代の三重県津市納所遺跡の花粉分析の結果（図3-24）（安田、一九七九）でも、アカマツの存在を示す二葉マツ類（マツ属複維管束亜属）はほとんど出現しない。それは弥生時代中期から後期の静岡県静岡市有東遺跡の花粉分析の結果（図3-25）（安田、一九八三c）や静岡市川合遺跡の花粉分析結果（図6-13）（安田、一九九〇b）でも、周辺はコナラ属アカガシ亜属やシイ属とスギの優占する森林であり、二葉マツ類（マツ属複維管束亜属）の出現率は五％以下にとどまっていた。またその状況は北陸地方も同じで、弥生時代後期の福井県敦賀市吉河遺跡の花粉分析の結果（図3-26）（安田、一九八六b）でも、二葉マツ類（マツ属複維管束亜属）はほとんど出現せず、周辺はコナラ属アカガシ亜属とシイ属それにスギの優占する森林だった。

これに対し、北九州（図6-14）は様相が一変した。

畿内の弥生時代の遺跡が、沖積低地のうっそうとしたイチイガシ林の中に点在し、東海地方も類似した状況を呈していたのに対し、北九州の弥生時代の遺跡は、丘陵や台地・段丘上に立地し、はげしい森林破壊をともなっていた。

すでに第五章で述べたように、最古の稲作遺跡として注目された佐賀県唐津市菜畑遺跡（図5-6）では、稲作が伝播する以前には、背後の丘陵にはシイ類やカシ類、ヤマモモ属を中心とする照葉樹林が生育していたが、縄文時代晩期後半の山の寺段階に入ると、陸稲的な状況でイネの栽培がはじまった。さらにアワ、アズキ、ヒョウタン、メロン、ゴボウ、シソなども、畑で栽培されていた。またカタバミ、イヌホウズキ、カナムグラ、ナズナ、ハコベ、アカザ、イヌタデなどの畑雑草の種子も多産した。そして二葉マツ類（マツ属複維管束亜属）の花粉が二〇％以上の高い出現率を示した。海岸に近くクロマツの影響もあるとはいえ、やはり二葉マツ類（マツ属複維管束亜属）の高い出現率は、周辺の森林がある程度荒廃していたことを示す。森閑としたイチイガシの巨木の森に囲まれて立地する河内平野の弥生時代の遺跡とは、周辺の環境が大きく相違する。

　とくにそれが顕著になるのは吉野ヶ里遺跡に近い佐賀県鳥栖市安永田遺跡（図6-14）の花粉分析の結果（図6-15）（安田、一九八五）である。河内平野の弥生時代の遺跡が地表下三～五メートルの地下に埋没していたのに対し、この弥生時代中期末から後期の安永田遺跡は、台地上に立地している。台地上に集落を作

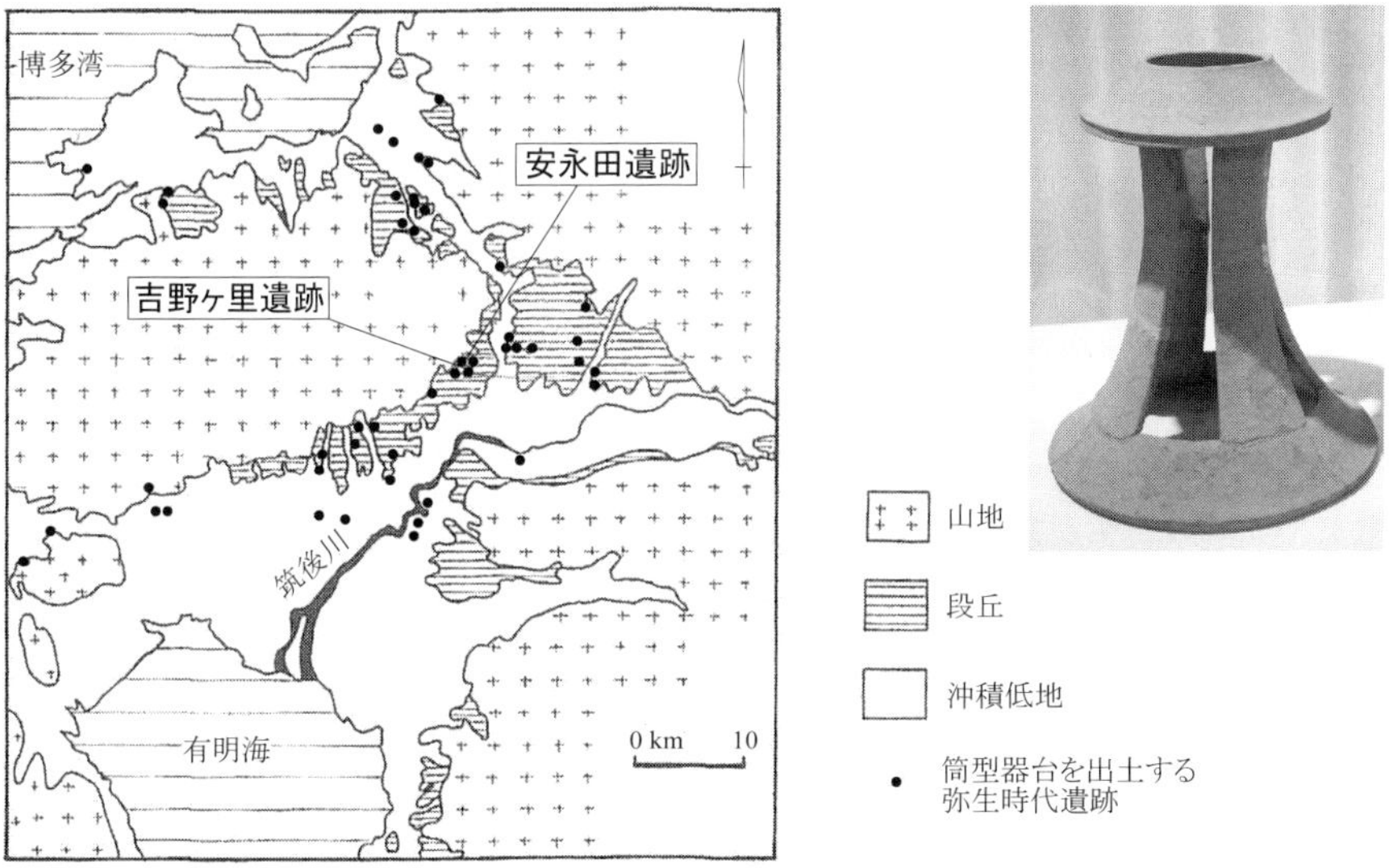

図 6-14　筒型器台を出土する弥生時代の遺跡

北九州の地形と遺跡分布（安田，1985）.
右上は吉野ヶ里遺跡から出土した筒型器台.（撮影 安田喜憲）

るには、沖積低地の湿地を開拓する木器では歯が立たない。台地の森林を破壊し、硬い台地の土を掘り起こし、溝を作り集落を作らなければならない。それには金属器が必要不可欠である。

安永田遺跡の花粉分析の結果(図6-15)(安田、一九八五)、コナラ属アカガシ亜属の花粉の出現率は三五～四〇%前後、二葉マツ類(マツ属複維管束亜属)の出現率は、一〇%前後であり、アカマツ林の拡大はそれほど顕著ではない。ところが樹木花粉の出現比率は全出現花粉の一〇～二〇%前後で、遺跡周辺からはほとんど森が消えていたことを示している。うっそうとしたイチイガシの森に囲まれて立地した畿内の河内平野

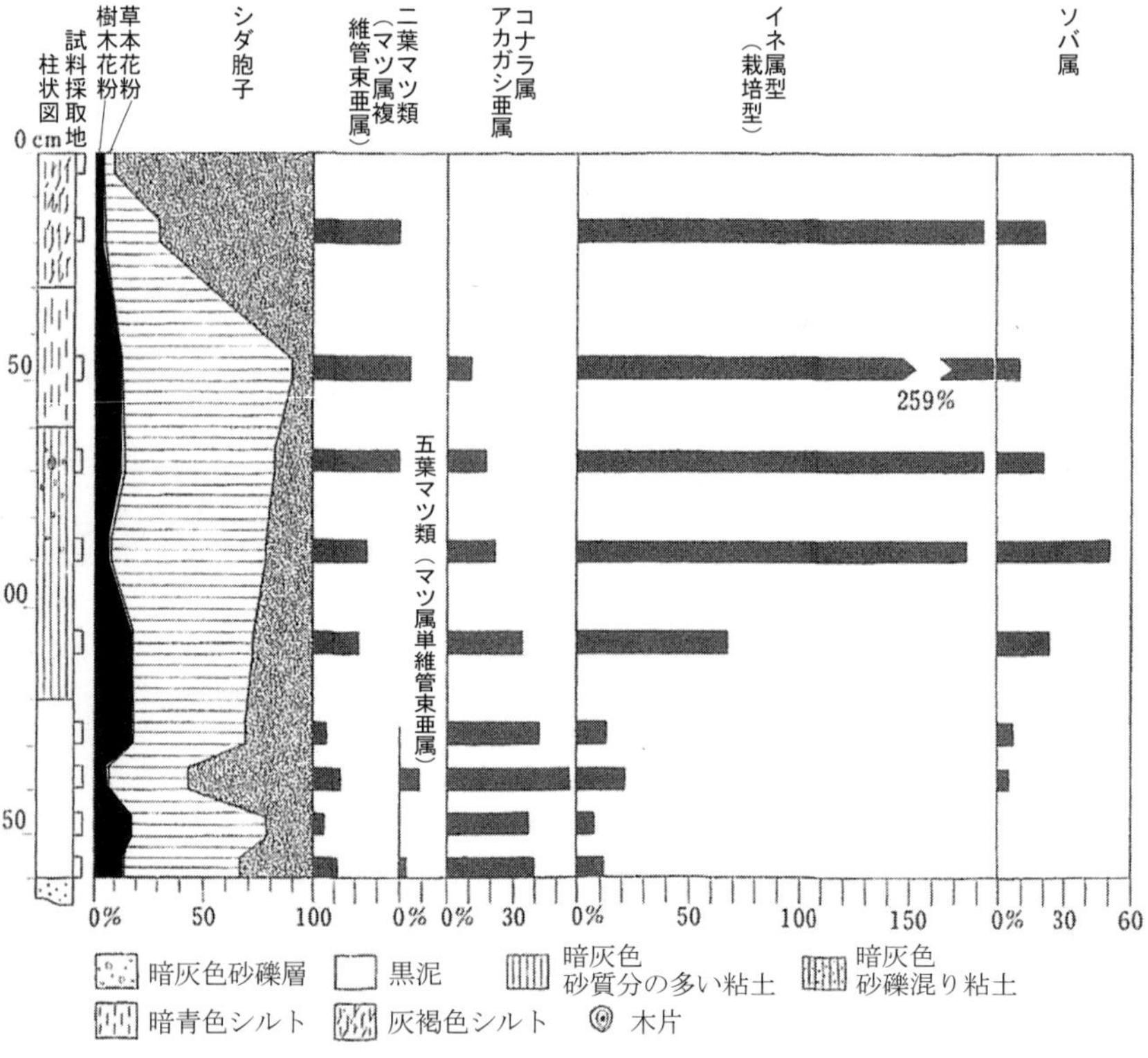

図 6-15　佐賀県鳥栖市安永田遺跡の花粉ダイアグラム

花粉の出現率はハンノキ属を含む樹木花粉数を基数とする%.(安田，1985)

の弥生時代の遺跡とは、大きくその立地環境が相違している。

安永田遺跡でも台地下の沖積低地の花粉分析を実施した結果（安田、一九八五・九二）、多少は樹木花粉の比率は増加したが、畿内の五〇％以上もの高い樹木花粉の出現率に比べて、それは半分以下の値だった。河内平野に比べて北九州の弥生時代の遺跡が、森の少ない環境の中に立地したことは間違いない。吉野ヶ里遺跡（図６‐16）は、台地全面を開拓して巨大な弥生時代の環濠集落を構築していた。

北九州の弥生時代の人々は、台地上に生育したうっそうとした照葉樹林を切り払って、台地の上で暮らしたのである（図６‐14）。その森林破壊の規模は、同じ時代の畿内よりはるかに大規模である。

図 6-16　佐賀県吉野ヶ里遺跡から出土したかめ棺（上），佐賀県吉野ヶ里遺跡の進入を防ぐ防柵（中）と背後の溝（下）
先の尖った杭と高い望楼は見張り台の役割を果たした．出土した土器には朝鮮系の土器が多く含まれることから，在来の人々との緊張関係は，新たに朝鮮半島経由でやって来た渡来人・植民者によって作られたものと見なされる．（撮影 安田喜憲）

こうした北九州と畿内の森林破壊の程度の相違をもたらした背景には、鉄器（図6‐17）の保有数の違いがあると私（安田、一九九二）は指摘した。北九州は鉄器をたくさん保有していたから、あのように台地の開発ができ、大規模な森林破壊をすることができたのである。

北九州の弥生時代の遺跡は，台地に主たる居住地を構え、森林を徹底的に破壊する傾向を示していた。鉄器をたくさん保有し、かめ棺（図6‐16）に埋葬された。これにたいし畿内は北九州に比べてはるかに森林の多い状態が維持され、居住の中心は沖積低地のじめじめした所にあった。鉄器の保有数は少なく、方形周溝墓に埋葬された。

弥生時代の北九州の森林破壊の程度は、畿内を圧倒している。森林破壊の程度は、生産力や人口のバロメーターでもある。弥生時代には北九州のほうが畿内よりも生産力も高く、人口も多かったと見なければならない。

こうした台地や丘陵の開発が積極的に行われたのは北九州であり、その意味で弥生時代の北九州は先進地域であったと言えるだろう。それ以外の大阪府河内平野のような地域では沖積低地に居住の中心があった。こうした地域において、台地や丘陵が、積極的に開発の対象になるのは、次に述べる古

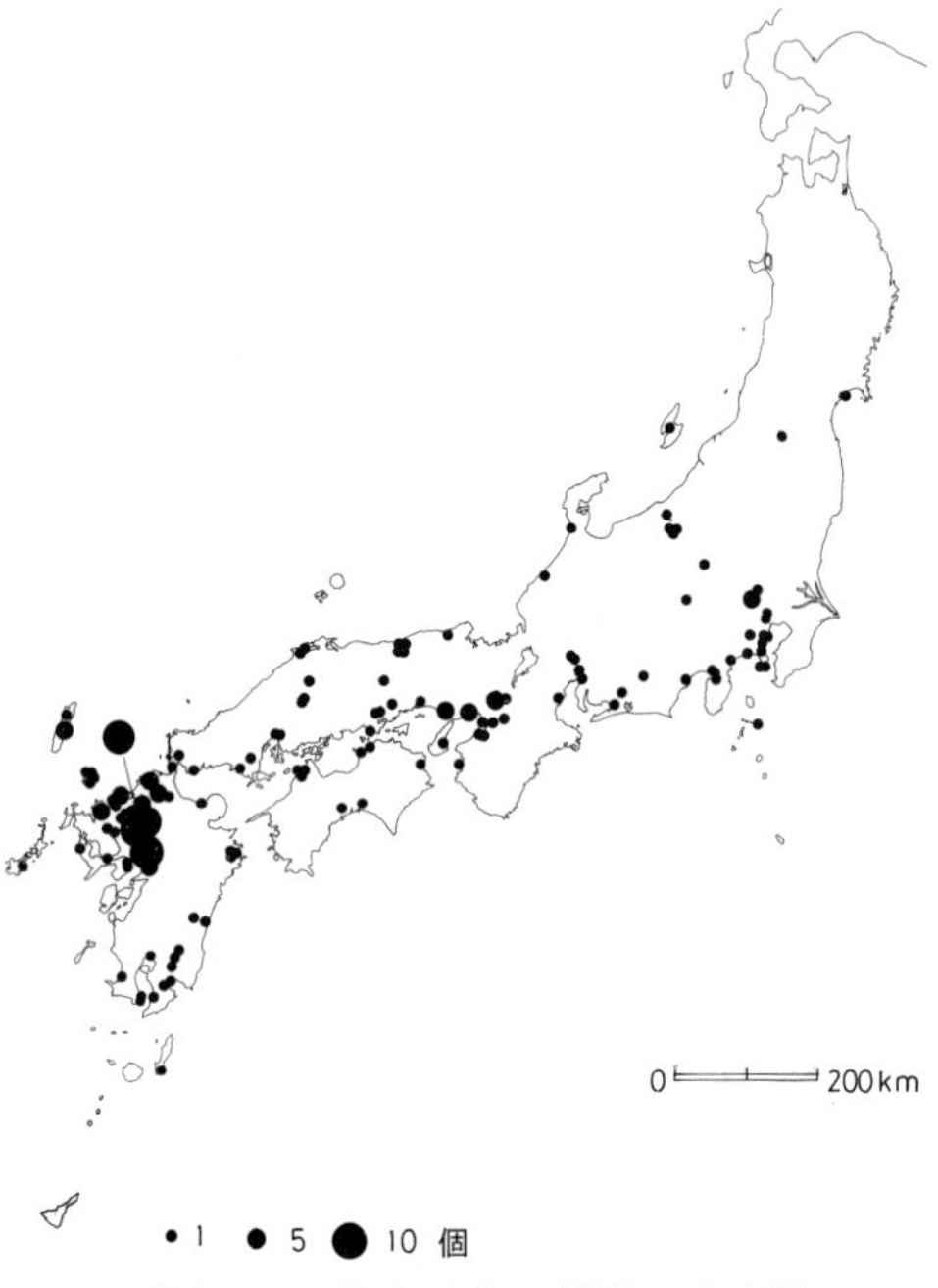

図 6-17　弥生時代の鉄器の出土数
（安田，1992）

墳時代に入ってからである。

邪馬台国は畿内の奈良盆地南東の纒向《まきむく》遺跡を中心とする地域にあり（石野ほか、二〇一五）、箸墓古墳は卑弥呼の墓だったという説が主流を占める。寺沢 薫氏（白石ほか、二〇一六）は、卑弥呼がいた都ではないかと言われる奈良県纒向遺跡の出現は、極めて唐突であることを指摘している。あたかも原始林を切り払って入植したような感を受けるとすれば、私（安田、一九九二）が指摘したように、神武東征によって森林の荒廃した北九州の台地を捨てて、畿内へとやってきた人々の集団が、纒向遺跡を建立したと言えるかもしれない。

古墳時代人とアカマツ林

二葉マツ類（マツ属複維管束亜属）の花粉が、瀬戸内海沿岸や大阪湾沿岸で増加の兆しを見せるのは、六世紀に入ってからである。この時代、対馬から瀬戸内海沿岸それに山陰の海岸部にアカマツ林が拡大を開始する。また関東や中部地方の内陸盆地においても、点的にアカマツ林の拡大地域が分布する。

この時代のアカマツ林の拡大範囲を見ると、それは古墳文化の発展した所に相当している。

その背景には、北九州から畿内への文化の中心地の移動があり、しかもそれは、豊かな森林資源を求めての移動であったのではないかというのが私（安田、一九九二）の仮説である。

すでにのべたように弥生時代の北九州は、台地や段丘の上を居住地にすることができるだけの鉄器を保有し、生産力も高かった。しかし、そのことによって森林は破壊され、遺跡周辺の森林は荒廃し、土壌条件も悪化した。すでに述べた佐賀県鳥栖市安永田遺跡では、古墳時代に入ると二葉マツ類（マツ属複維管束亜属）が三〇％以上も出現し、アカマツの二次林の形成が見られるが、それよりも全出現花粉の中での樹木花粉の出現比率が一〇％以下に落ち込み、著しく森林が荒廃していたことを示している。神武東征として指摘されるような北九州から機内への文化の中心地の移動は、こうした豊かな森林資源、豊かな大地を求めての移動ではなかったかと私（安田、一九九二）は指摘した。

さらに古墳時代は、朝鮮半島経由で大陸の畑作牧畜民の文化が流入した時代に相当している。大陸文化の流入した地域が、アカマツ林の拡大範囲にほぼ相当していることが注目される。

すでに述べたように（図5-11）、この時代すでに朝鮮半島はアカマツ林に広く覆われていた。故郷を懐かしんだ渡来人たちが、アカマツの種を持ち込んで、古墳の近くに播いたようなこともあったかもしれない。

大阪府泉大津市古池遺跡の花粉分析の結果（図6-18）（安田、一九七七）は、弥生時代の開始期には、弥生人の森林破壊によって、周辺には河畔林のエノキ・ムクノキ林が生育していた。そのエノキ・ムクノキ林は、古墳時代の四世紀になると完全に破壊される（図6-12）。しかし、二葉マツ類（マツ属複維管束亜属）は五％前後から一〇％前後に増加する程度で、四世紀の森林破壊は、アカマツ林の拡大には結び付かなかった。その状態は五世紀に入っても大きく変わらない。

ところが六世紀に入ると二葉マツ類（マツ属複維管束亜属）の花粉が、二〇％近い出現率を示すようになるが、まだ照葉樹のコナラ属アカガシ亜属のほうが高い出現率を保持している。泉大津市の古池遺跡周辺には大型の前方後円墳が立地し、大規模な土木工事が行われたとみなされるが、アカマツ林の拡大は六世紀の段階でもそれほど顕著ではない。

それは和泉陶邑（図6-18）の木炭分析の結果（西田、一九七六）にも、はっきり示されていた。須恵器を焼くために使用した木材の比率は、五世紀の段階ではアカマツが五％前後、六世紀の段階でも、二五％前後使用されているにすぎない。残りの大半の燃料は広葉樹である。ところが七世紀の段階に入ると、五〇％近くがアカマツで占められ、七世紀後半にはほとんどがアカマツになる。

巨大古墳が多く営まれた泉北丘陵一帯では、古墳時代の後半の七世紀になって、周辺がアカマツ林の優占する景観に変化した。もちろん還元焔焼成による窯業の普及で、燃料としてアカマツが選択的に選ばれた可能性もあるが、こうした須恵器を焼く窯の燃料の変化は、周辺の植生の変化を反映していると見なしてよいであろう。

七～八世紀につくられた古市大溝（図6-18）の花粉分析の結果（原、一九七九）、八世紀には、樹木花粉の中でもっとも高い出現率を示すのは、二葉マツ類（マツ属複維管束亜属）となっている。二葉マツ類（マツ属複維管束亜属）の花粉の出現率は三〇％以上に達し、七～八世紀には大阪府南西部一帯の丘陵や台地・段丘地帯には、アカマツ林が広がっていたと見なしてよいであろう。それ

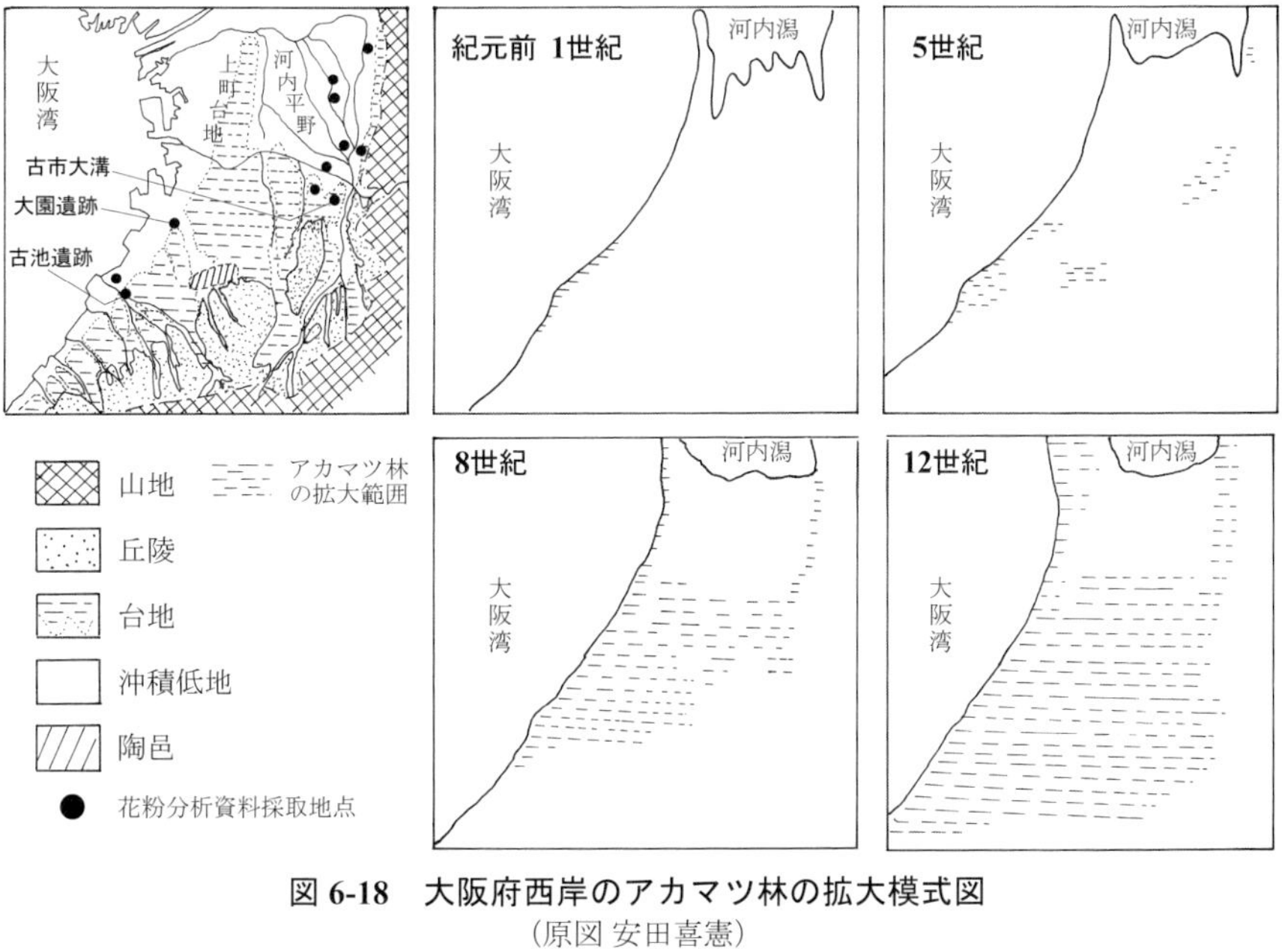

図 6-18　大阪府西岸のアカマツ林の拡大模式図
（原図 安田喜憲）

を模式的に図示すると図6－18のようになる。

ところが生駒山麓の大阪府東大阪市鬼虎川遺跡（図3－22）（安田、一九八一a）、大阪府八尾市中田遺跡（図6－19）（安田、一九八一b）、大阪府大阪市城山遺跡（安田、一九八七a）（以上の遺跡の位置は図6－12参照）の花粉分析の結果は、古墳時代の六世紀頃に入ると、たしかに二葉マツ類（マツ属複維管束亜属）の花粉が一〇～一五％にまで増加するが、いぜんとしてコナラ属アカガシ亜属、シイ属など

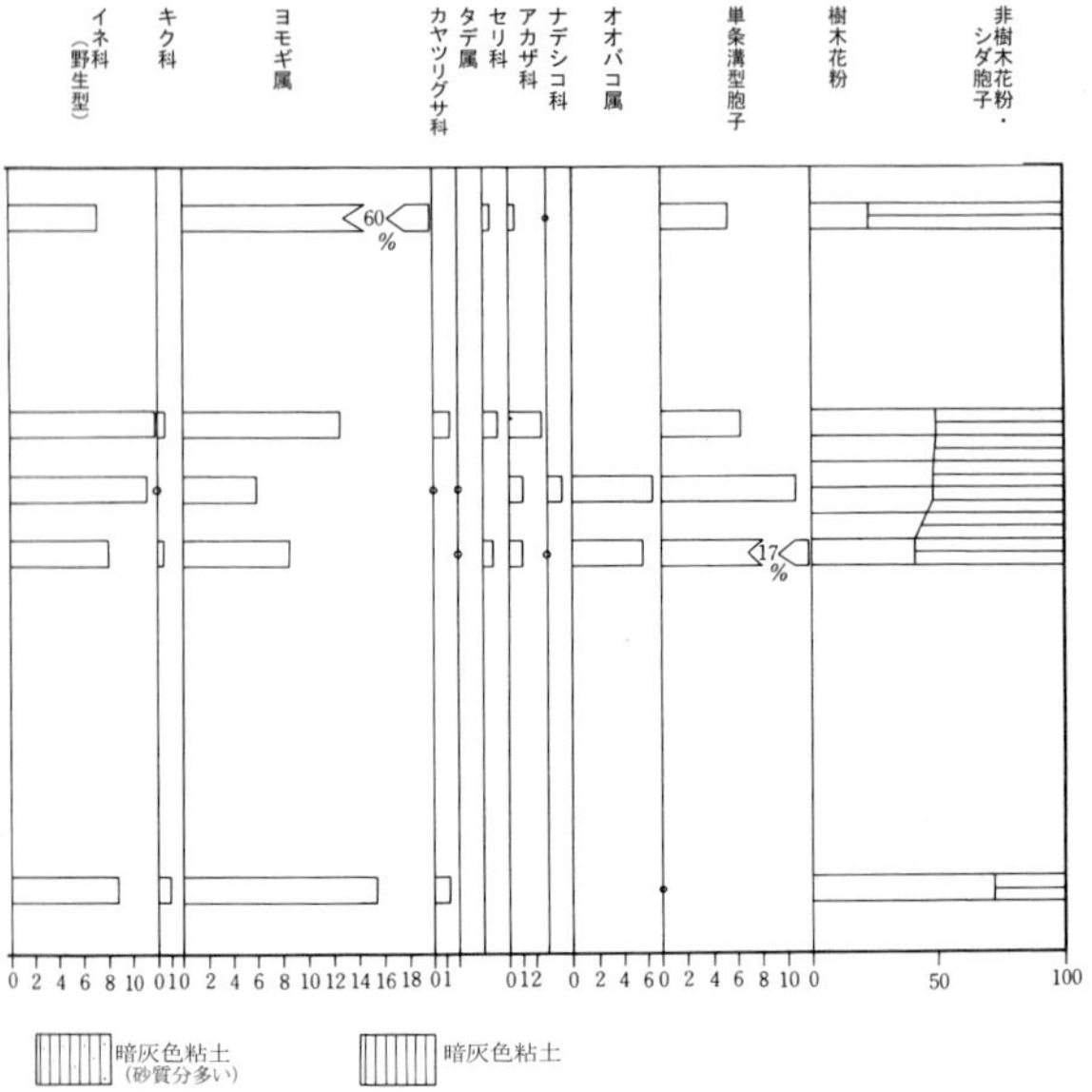

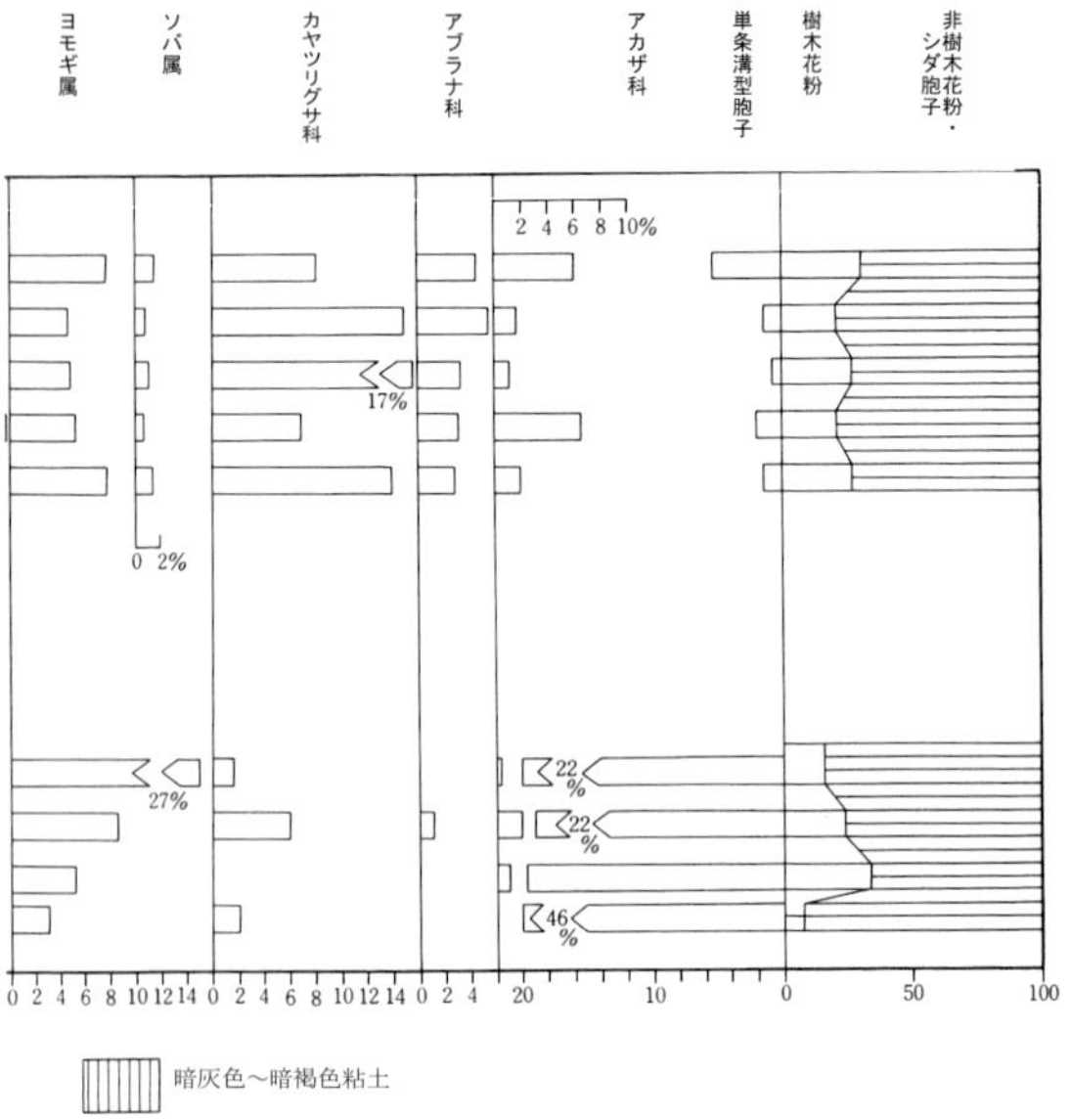

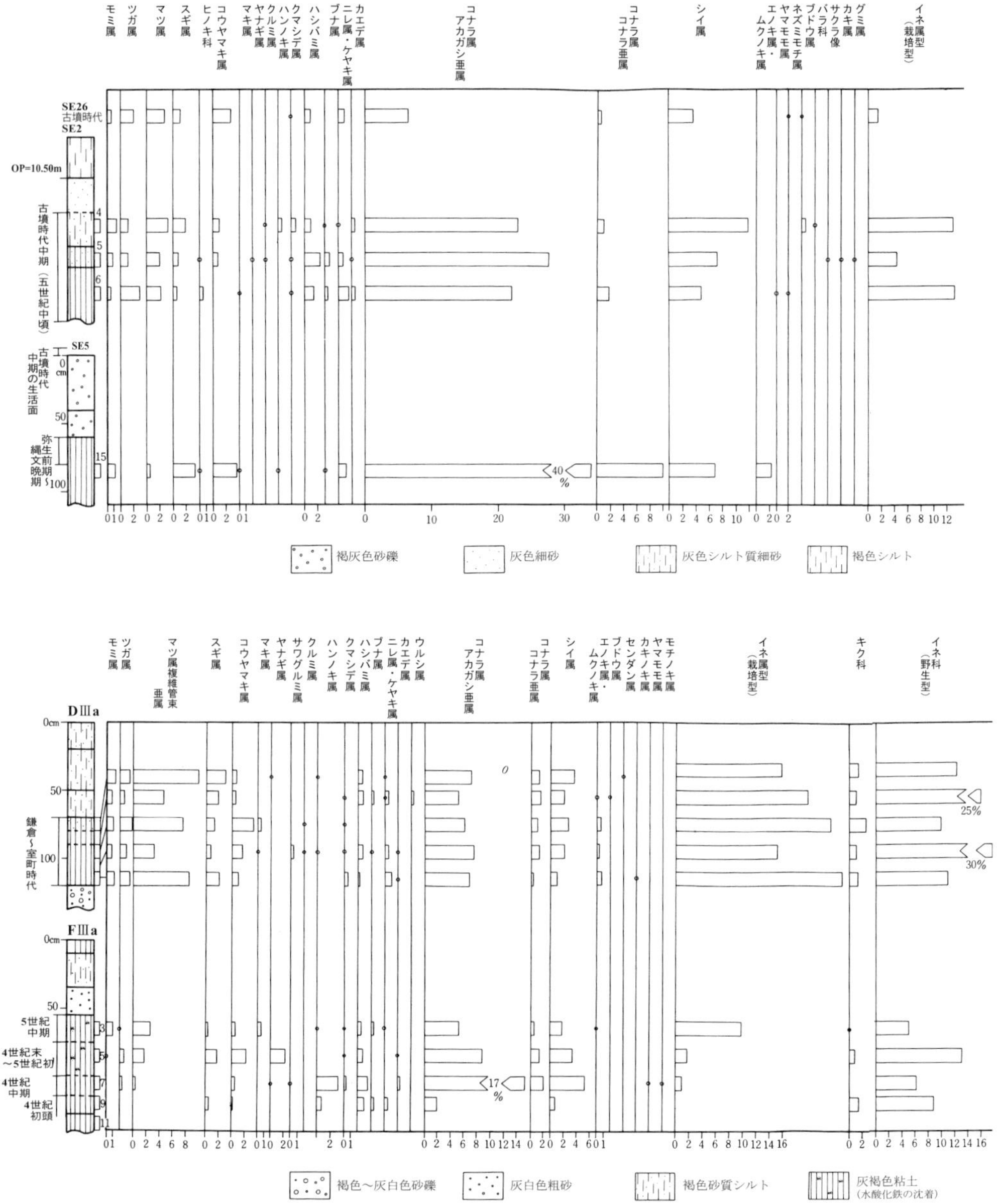

図 6-19　大阪府八尾市八尾南（中田遺跡）井戸跡の花粉ダイアグラム（上）と中田遺跡 DⅢa 地区と FⅢa 地区の花粉ダイアグラム（下）

花粉ダイアグラムはハンノキ属を含む樹木花粉数を基数とする％，
年代は考古学的遺物による．（安田，1981b）

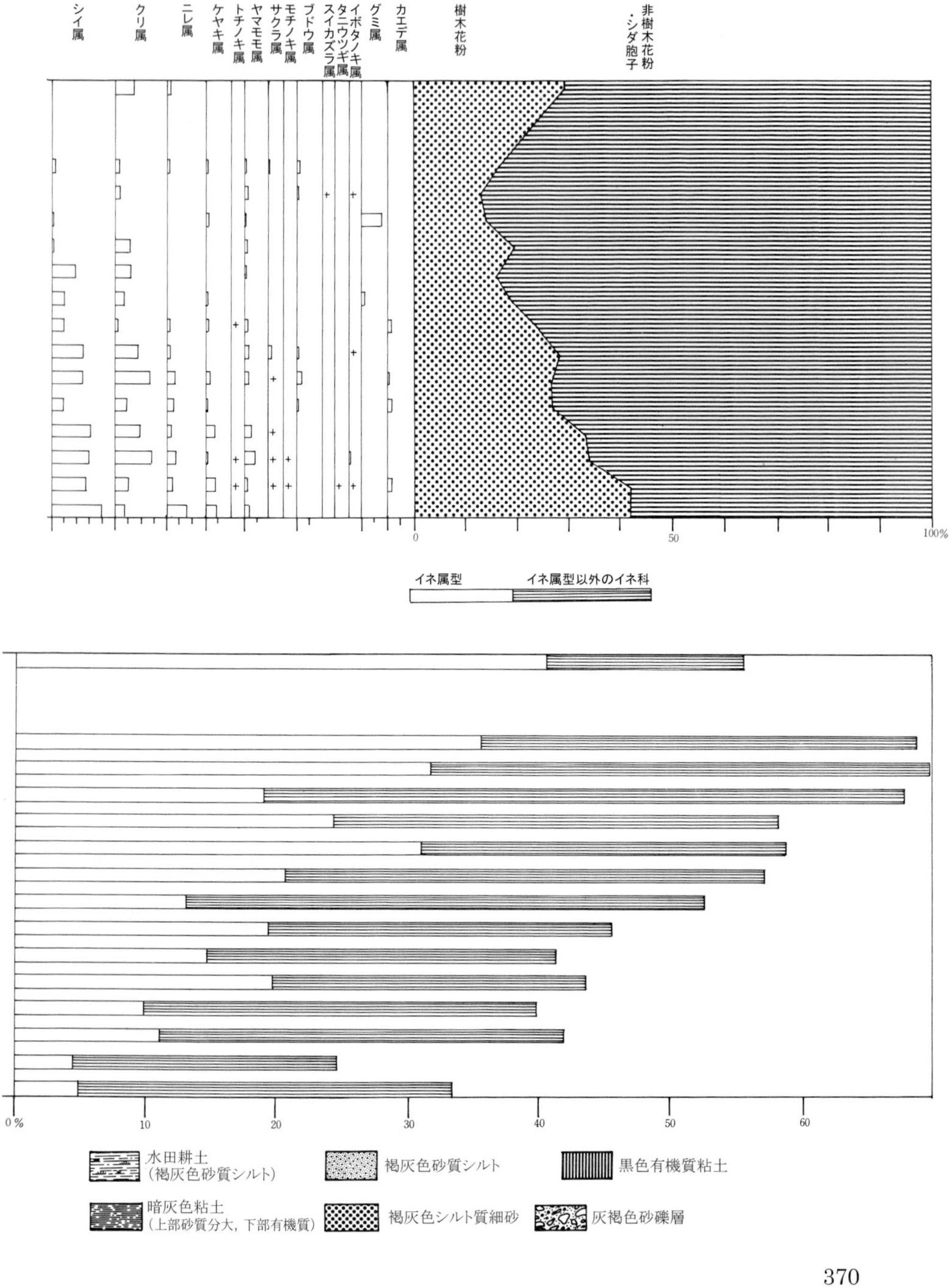

シイ属
クリ属
ニレ属
ケヤキ属
トチノキ属
ヤマモモ属
サクラ属
モチノキ属
ブドウ属
スイカズラ属
タニウツギ属
イボタノキ属
グミ属
カエデ属
樹木花粉
非樹木花粉・シダ胞子
0
50
100%
イネ属型
イネ属型以外のイネ科
0 %
10
20
30
40
50
60
水田耕土（褐灰色砂質シルト）
褐灰色砂質シルト
黒色有機質粘土
暗灰色粘土（上部砂質分大，下部有機質）
褐灰色シルト質細砂
灰褐色砂礫層

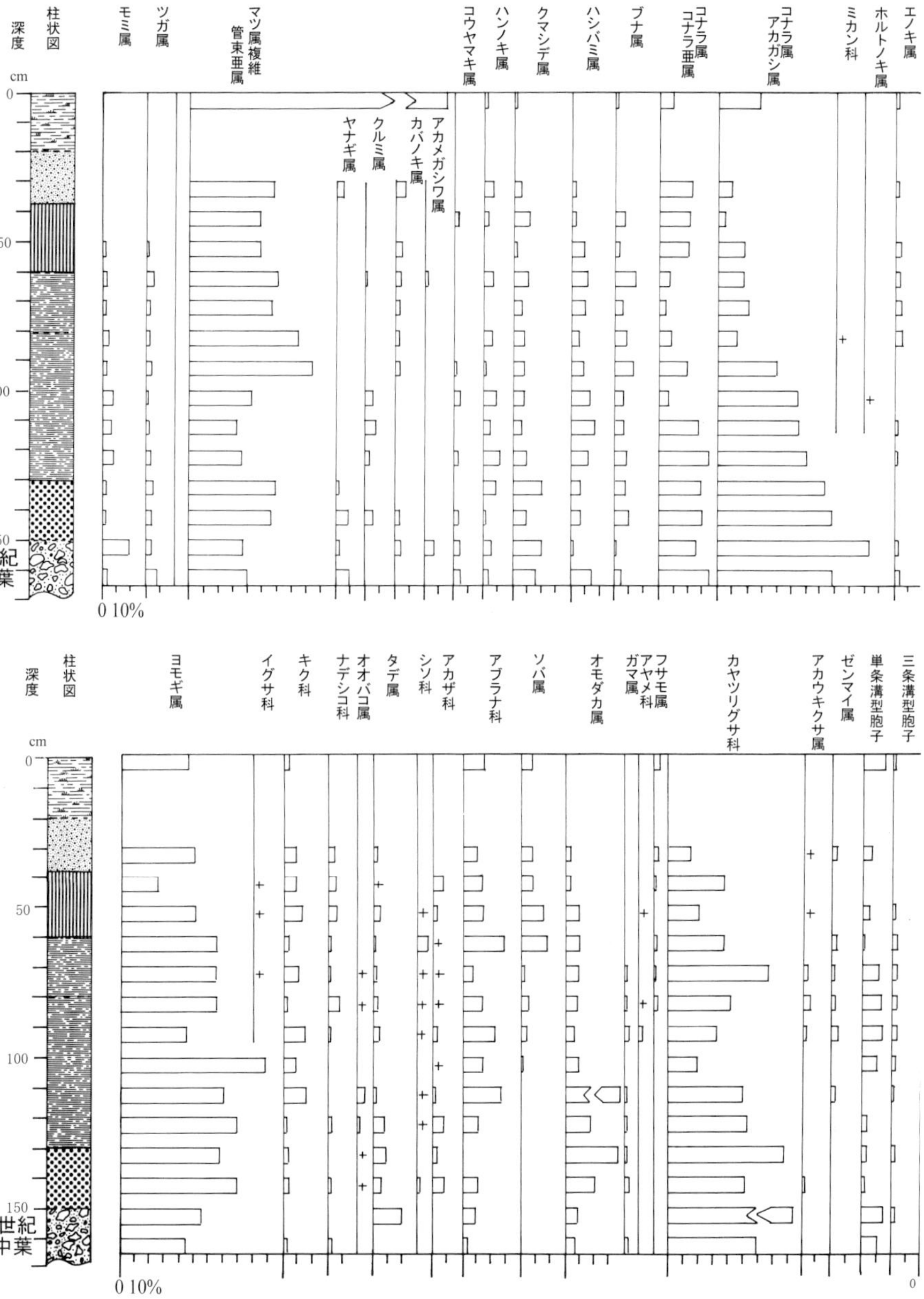

図 6-20　鳥取県青木遺跡の花粉ダイアグラム

出現率はハンノキ属を含む樹木花粉数を基数とする%.（安田，1978b）

の照葉樹林の構成樹種が総樹木花粉の五〇%以上を占める。とりわけ河内平野周辺では、いまだに照葉樹林が優占していたことを示している。

しかも、同じ畿内にあっても、奈良盆地や伊勢湾沿岸におけるアカマツ林の拡大は、さらに遅れる。古墳時代の奈良盆地周辺の二葉マツ類（マツ属複維管束亜属）の出現率は一〇%前後であり（松岡・金原、一九七七）、伊勢湾沿岸の三重県津市納所遺跡（図3-23）にいたっては、二葉マツ類（マツ属複維管束亜属）の増加の傾向さえ見られない（安田、一九七九）。さらに静岡県静岡市川合遺跡（図6-13）（安田、一九八六a）、静岡県静岡市有東遺跡（図3-25）（安田、一九八三c）、でも古墳時代にはコナラ属アカガシ亜属とシイ属それにスギが優占し、二葉マツ類（マツ属複維管束亜属）の出現率は五%前後にとどまっている。

一方、山陰の鳥取県青木遺跡の花粉分析の結果（図6-20）（安田、一九七八b）では、古墳時代後期の六世紀中ごろには、二葉マツ類（マツ属複維管束亜属）の花粉が、コナラ属アカガシ

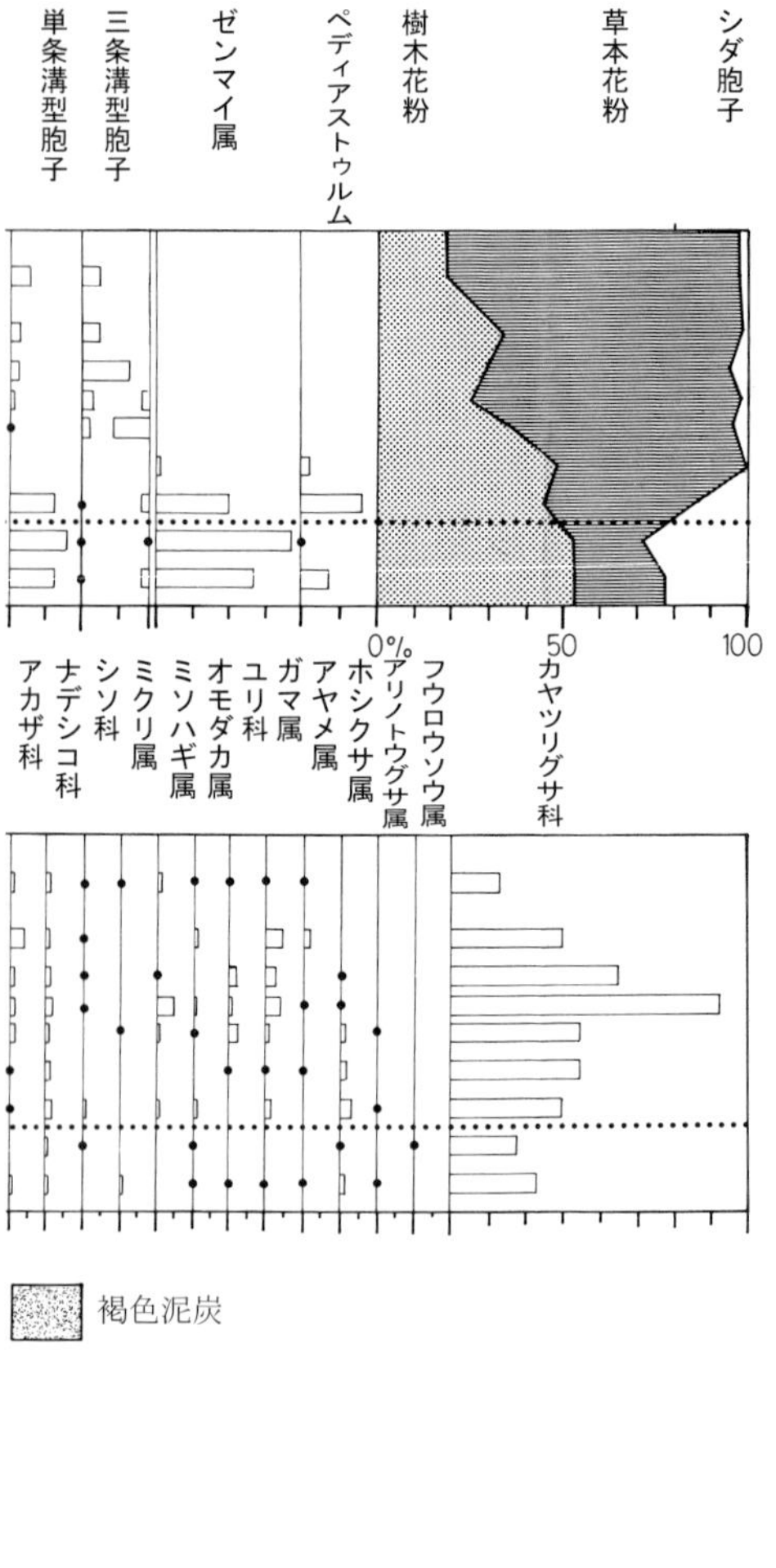

亜属について高い出現率を示している。

この時代の東北地方はまだ深い落葉広葉樹の森に囲まれていた。宮城県多賀城市多賀城址の花粉分析結果（図6-21）（安田、一九七三・八〇b）は、八〜九世紀に多賀城の築造によって、まず沖積低地のハンノキ林が破壊される。その後、周辺の丘陵地帯のブナやナラ類の森も破壊され、アカマツ林がわずかに増加する。しかし、多賀城の放棄にともなって、再び周辺にはブナやナラ類の落葉広葉樹林が丘陵には回復してくる。

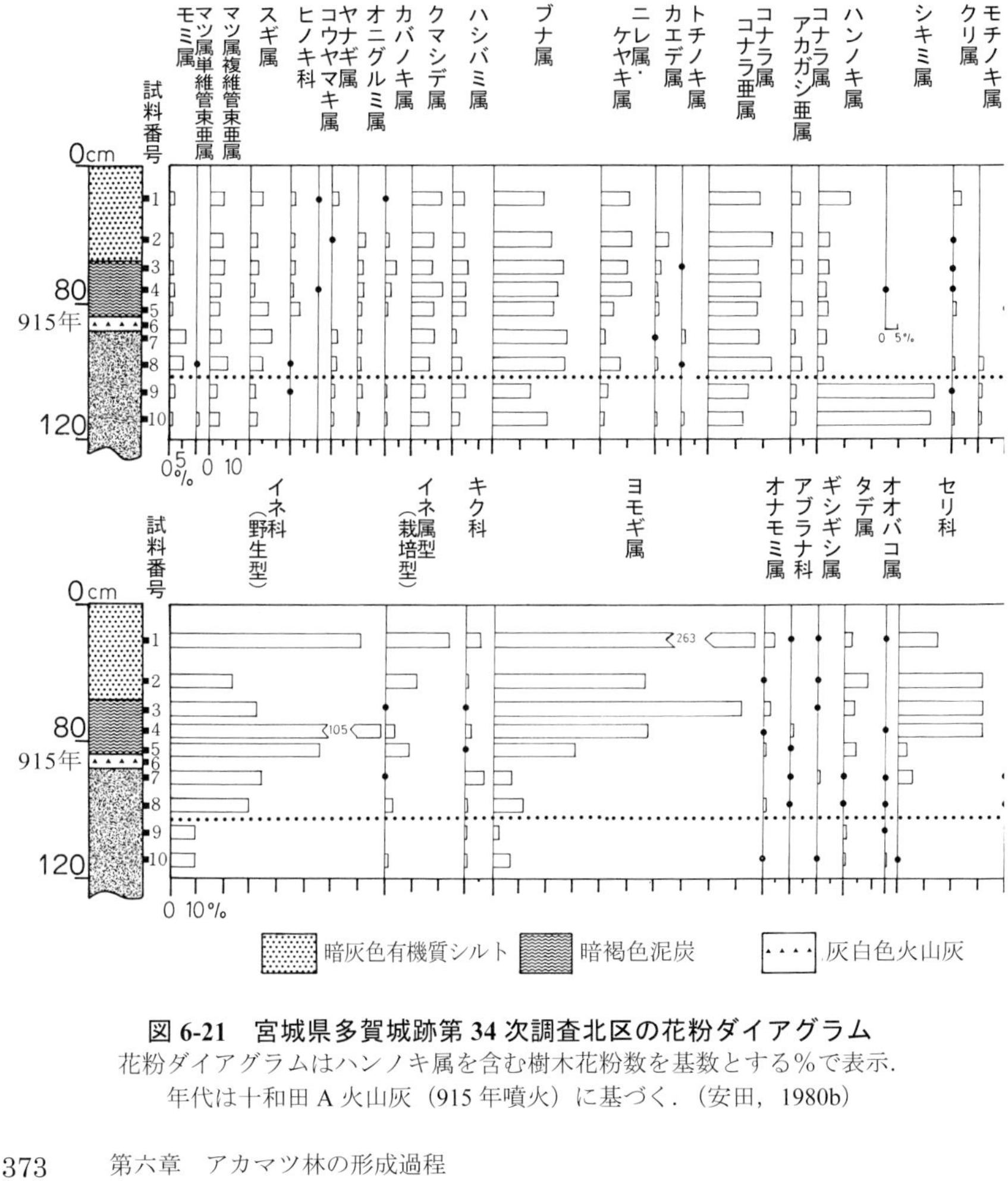

図 6-21　宮城県多賀城跡第 34 次調査北区の花粉ダイアグラム

花粉ダイアグラムはハンノキ属を含む樹木花粉数を基数とする％で表示.
年代は十和田 A 火山灰（915 年噴火）に基づく.（安田，1980b）

一二〜一三世紀のアカマツ林

アカマツ林の拡大が遅れた奈良盆地や伊勢湾沿岸、さらに東海地方や東北地方にまでアカマツ林が拡大するのは、一二〜一三世紀に入ってからである。

この時代以降、京都周辺では大和絵などに、マツ類が重要な要素として登場してくる。それはたんに絵画的手法というだけでなく、おそらく周辺の景観を反映したものであろう。

千葉徳爾氏（千葉、一九七三）は、照葉樹林などの広葉樹林の林床に生育するヒラタケが、京都周辺ではもはや産しなくなったことを一三世紀の「宇治拾遺物語」の事例から報告している。かわってマッタケが藤原定家（一一六四〜一二四一）の日記「明月記」の頃から多くなることを述べている。こうしたことから、一二〜一三世紀頃から、京都周辺からも原始林としての照葉樹林が姿をけし、かわってアカマツ林が拡大したことがわかる。

大阪府古市大溝（図6-18）の花粉分析の結果（原、一九七九）は、一二世紀の段階で二葉マツ類（マツ属複維管束亜属）の

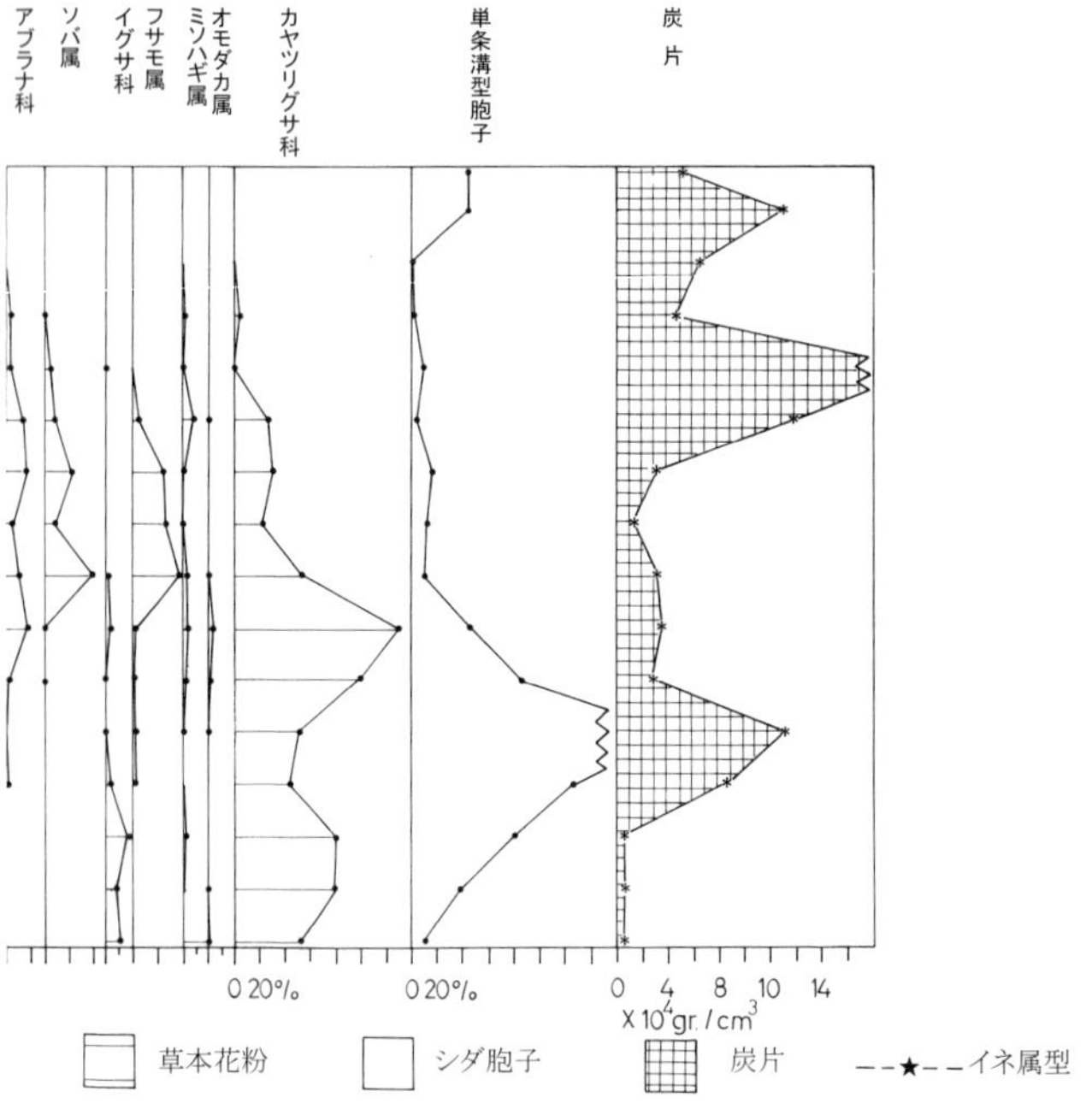

花粉が八〇％以上の高い出現率を示し、この時代すでにアカマツ林だけの林が周辺に成立していたことを示している。

一二〜一三世紀に入ると関東でもアカマツ林が拡大する。東京都自然教育園の花粉分析の結果（図６‐22）（安田ほか、一九八〇）では、これまでコナラ属アカガシ亜属やシイ属、スギ属などが高い出現率を示していたが、それが一二〜一三世紀頃を境に、二葉マツ類（マツ属複維管束亜属）が急増してくる。

自然教育園の花粉分析の結果では、二葉マツ類（マツ属複維管束亜属）が増加する直前にイネの花粉が急増し、台地の谷底で稲作がはじまったことを示している。ややおくれてソバや大根など畑作物と関連する花粉が増加すると、二葉マツ類（マツ属複維管束亜属）の花粉も急増する。ここでも稲作の導入はアカマツ林の拡大には直接結

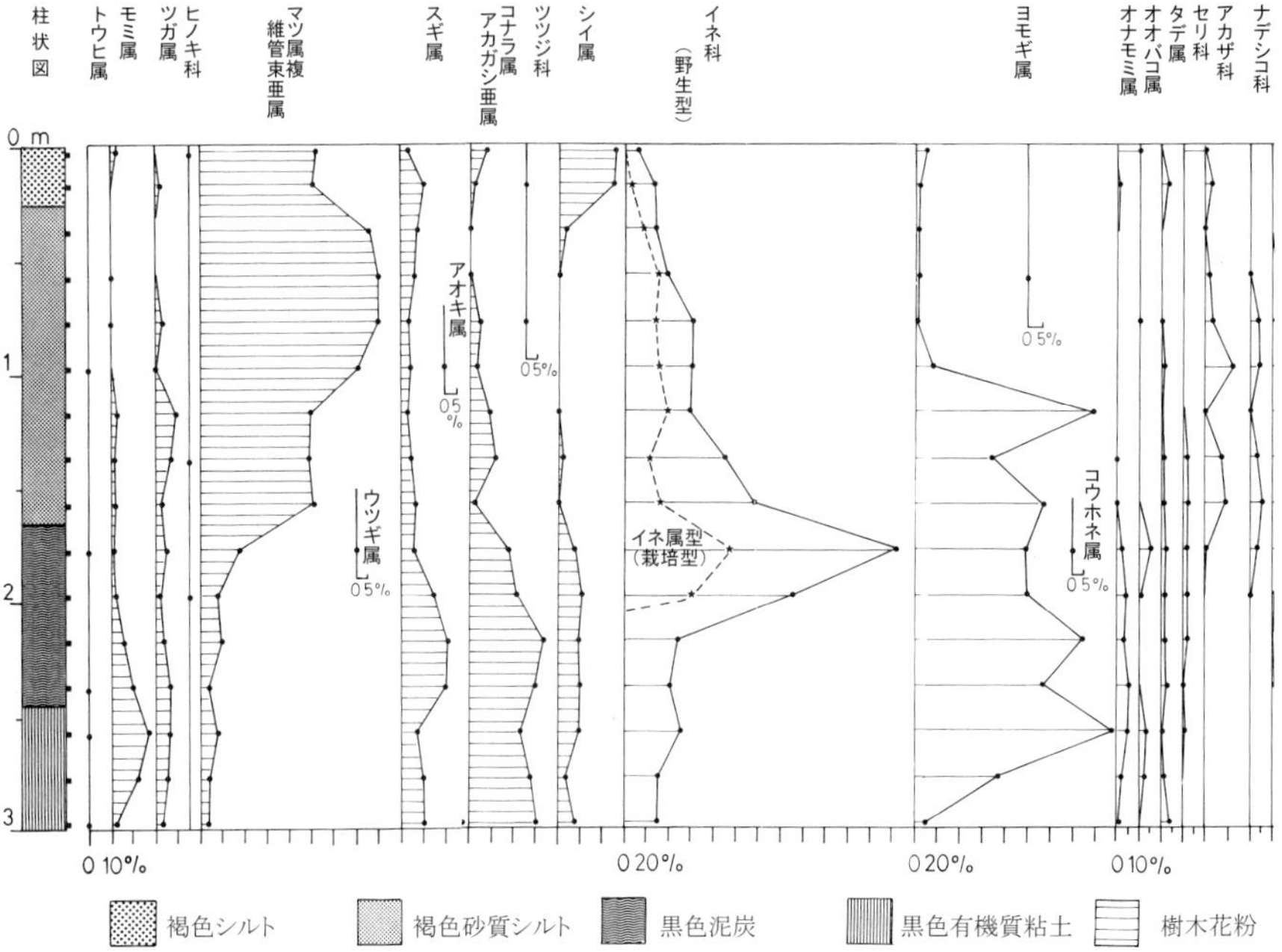

図 6-22　東京都自然教育園の花粉ダイアグラム

出現率はハンノキ属を含む樹木花粉数を基数とする％.（安田ほか，1980）

びつかず、ソバやダイコン類など畑作物の増加とともにアカマツ林が拡大することがわかる。アカマツ林の拡大は、台地や丘陵の開発によってもたらされた。

この一二～一三世紀に入ると、東北地方の北部においてもアカマツ林が拡大する。それを明瞭に示したのが秋田県男鹿半島の一ノ目潟の花粉分析の結果（図6－23）（Yasuda, *et al.*, 2012, Kitagawa *et al.*, 2016）である。この一ノ目潟はすでに述べたように年縞によって正確な年代が特定されており、アカマツ林がいつ頃、東北地方北部の日本海側で拡大したかが明瞭になった。単位体積あたりに含まれる花粉の量を分析した結果（図6－23）（Yasuda *et al.*, 2012, Katagawa *et al.*, 2016）、一ノ目潟周辺では、西暦一〇〇〇年頃にスギの大規模な伐採が行われたことが明らかになった。スギの花粉量は一〇分の一以下に減少し、スギ林がまず伐採された。しかし、アカマツ林の拡大は見られない。それから一五〇年後の西暦一一五〇年頃、今度はブナが五分の一以下にまで減少し、ブナの森の激しい破壊があったことがわかる。するとアカマツ林が拡大をはじめる。

秋田県男鹿半島の一ノ目潟周辺では、アカマツ林が拡大をはじめるのは一二世紀である。それまではアカマツ林の片鱗も見ることはできない。そして西暦一七〇〇年頃には二葉マツ類（マツ属複維管束亜属）は全樹木花粉の中で最大の出現率を示すようになる。

こうしたことから一二～一三世紀には東北地方の北部においても、アカマツ林が拡大を開始したことがわかる。それはちょうど中世温暖期（安田、二〇一三）に相当しており、地球温暖化の中、東北地方北部の開発が行われたことを示している。

西暦一〇〇〇から一一五〇年は、秋田県の日本海側の大森林が、大規模に伐採され、東北地方の大開墾が進行した時代だった。この時代に前九年の役（一〇五一～一〇六二年）や後三年の役

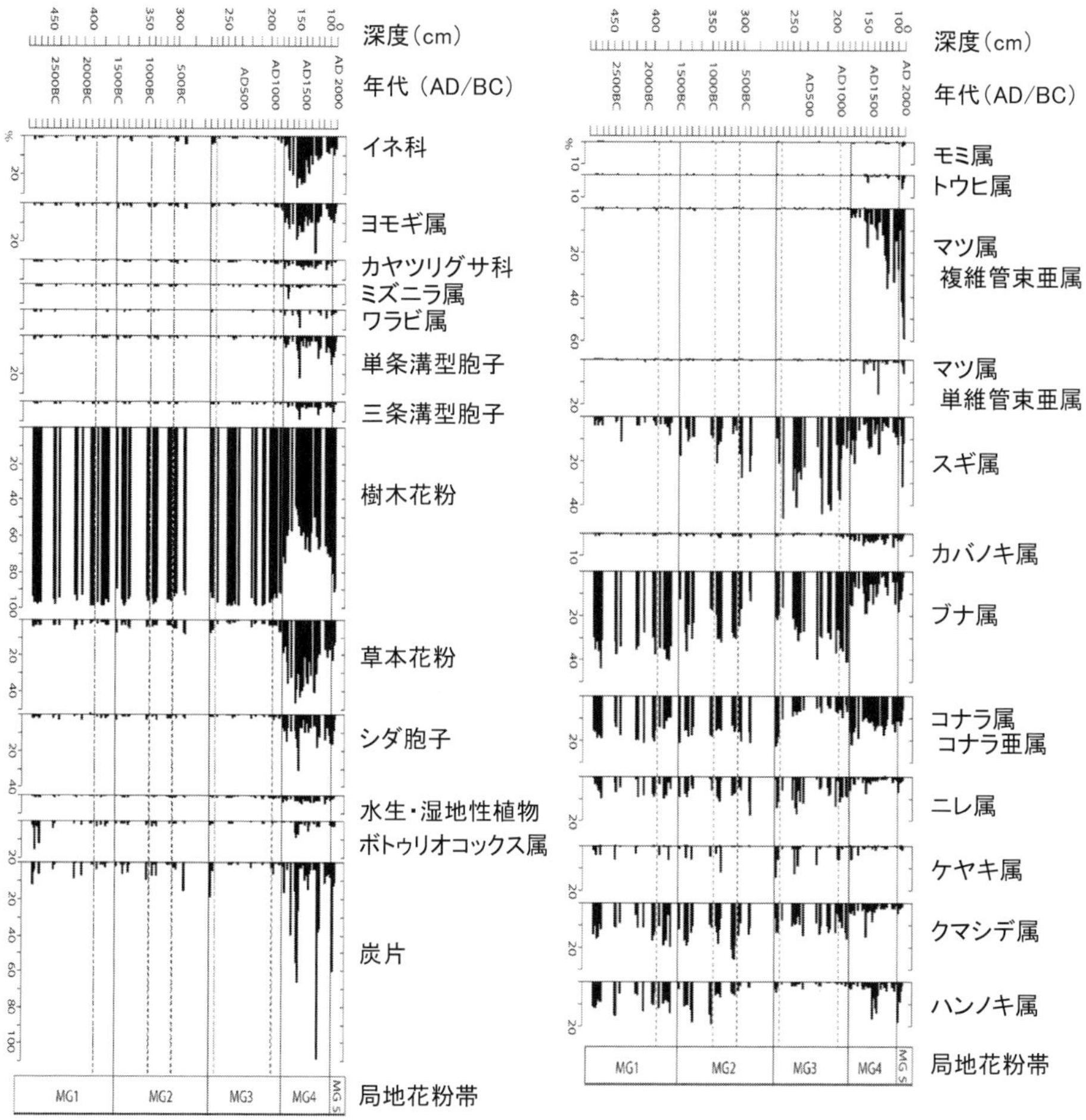

図 6-23　秋田県一ノ目潟の年縞堆積物の花粉ダイアグラム

出現率は単位体積あたりの絶対花粉量.

（Yasuda *et al.*, 2012, Kitagawa *et al.*, 2016）

（一〇八三〜一〇八七年）が起こる。これらはややもすれば、貧しいしいたげられた東北の人々の反乱とみなされてきたが、すでに私（安田、二〇〇九b）が指摘したように、前九年の役と後三年の役が引き起こされた時代は、中世温暖期に相当しており、東北の開拓が進行して、東北の豊かな資源が注目された時代だった。このような視点から、もう一度歴史を解釈しなおす必要があるのではあるまいか。

ヨーロッパでも一二世紀以降は大開墾時代とよばれ、アルプス以北のヨーロッパブナやナラ類の大森林が大規模に破壊されていった。その背景には中世温暖期の温暖な気候と、重輪鋤などの森林土壌を開拓できる新たな技術革新があった。日本でも二毛作や牛馬耕の導入さらには灌漑技術の革新がこの時代にはあった。

中世温暖期に、東洋の日本と西洋のヨーロッパにおいて、ともに大開墾時代が引き起こされ、大森林が開拓されていったことは興味深い。

一七〜一八世紀にアカマツ林の時代が確立した

大阪湾沿岸の泉大津市や泉北丘陵一帯は、一二世紀の段階で、すでにアカマツ林のみの森におおわれていた。アカマツ林の拡大が遅れた河内平野の大阪府藤井寺市西大井遺跡の花粉分析の結果（安田、一九八三b・九〇a）では、二葉マツ類（マツ属複維管束亜属）の花粉が全樹木花粉の中で最大の出現率を示すようになるのは、一七〜一八世紀に入ってからである。鎌倉時代、室町時代、安土桃山時代までは、まだコナラ属アカガシ亜属の花粉の出現率が三五％前後を維持し、二葉マツ類（マツ属複維管束亜属）の花粉の出現率二〇％前後を上回っていた。すでに泉北丘陵一帯がアカマツ林におおわれていた時代に、まだ河内平野周辺の生駒山麓などには、照葉樹林が残っていたのである。

しかし、江戸時代中期以降になると、二葉マツ類（マツ属複維管束亜属）の花粉はコナラ属アカガシ亜属の花粉の出現率を圧倒して、六〇％以上の高い出現率を示すようになる（安田、一九九〇a）。しかもアカマツ林が拡大する時代に、アブラナ科やワタの花粉が出現してくる。河内平野でワタやナタネなどの商品作物が栽培される時代とアカマツ林の拡大期は対応している。河内平野の農業が市場経済の中に組み込まれていくと同時に、周辺の森林も荒廃し、アカマツの二次林に変わっていったのである。

こうした一七〜一八世紀のアカマツ林の拡大期は、静岡市川合遺跡（図6-13）（安田、一九八六）でも、東京都自然教育園の花粉分析結果（図6-22）（安田ほか、一九八〇）にも明瞭に記録されていた。ここでもアカマツ林には二回の拡大期があり、一回目は一二〜一三世紀そして二回目は一七〜一八世紀である。

この二回目の一七〜一八世紀、関東の台地では、新田開発が急速に進行した。東京都自然教育園の花粉ダイアグラム（図6-22）でも、ニレ属・ケヤキ属、コナラ属アカガシ亜属やシイ属などが減少し、ヨモギ属の花粉が激減する。武蔵野台地などの雑木林や荒れ地だったところが、開発によって畑が開墾されていったことを物語る。

こうした一七〜一八世紀のアカマツ林の拡大は、東北地方北部の秋田県一ノ目潟の花粉分析の結果（図6-23）においても確認できる。二葉マツ類（マツ属複維管束亜属）が全樹木花粉の中で最大の出現率をしめすようになるのは、一七〜一八世紀以降のことである。

このようにアカマツ林は近世の一七〜一八世紀にはいって、本州以南の人里周辺では、最大の林分を形成する樹木になった。もちろん北海道へのアカマツ林の侵入は、明治以降のことである。

このようにアカマツ林は近世の一七～一八世紀に入って、日本列島の本州以内の人里周辺では、誰もが見ることができる植生になった。それはまた同時に、森林資源の枯渇と裏腹の関係にあった。花粉ダイアグラムで、八〇～九〇%もの比率で二葉マツ類（マツ属複維管束亜属）が出現する様は、アカマツ林しか人里周辺には生育しないということをも意味した。こうした森林資源の枯渇がピークに達したのが、幕末から明治初期の時代だった。幕末から明治初期の人口増加と、江戸幕府の崩壊による森林統制の消滅によって、著しい林野の荒廃がもたらされた。

こうした幕末から明治初期の林野の荒廃については、小椋純一氏（小椋、二〇一二）に詳しい。一七～一八世紀に確立したアカマツ林の時代は、高度経済成長期の一九七〇年代まで続いた。アカマツ林は近世と近代の日本を代表する森だった。

瀬戸内海沿岸のアカマツ林

瀬戸内海沿岸と島嶼部の森林植生は、ほとんどアカマツ林である。そこはすでに述べたように、日本列島の中でもっとも古い時代から、アカマツ林が形成されていたところである。

マツ枯れが進行するほんの三〇年前までの瀬戸内海沿岸を代表するのは、アカマツ林だった。その背景には瀬戸内海特有の風土と二〇〇〇年以上にわたる人間と森とのかかわりの歴史があった。

瀬戸内海沿岸には、瀬戸内面、吉備高原面とよばれる老年期の平坦な地形面が発達し、花崗岩の貫入岩が広く分布している。花崗岩はマサ土とよばれる特有の風化土壌を形成する。いったん森が破壊されるとこのマサ土は急速に侵食される。しかし、侵食された後の土壌形成は極めて困難になり、表土が流亡し、花崗岩の岩肌が露出した禿山がいたるところで見られるようになる。しかも瀬戸内海東部は年降水量一二〇〇ミリ以下の、日本列島でもっとも小雨地帯に相当していた。そして夏期の高温は、土壌水分の低下と乾燥化を引き起こし、植物の生育にはマイナスの要因をもたらしていた。

このようなマサ土の土壌条件と、乾燥期の出現する小雨気候が、植物社会の中では、アカマツ林の拡大にプラスの要因として作用した。表層土壌の発達が悪く、乾燥した土壌に適応して生育できるのは、アカマツくらいのものである。アカマツはこうした過酷な環境の中で、ほかの植物との競合に打ち勝つことができたのである。

こうした植物にとってはむしろ過酷な環境が、アカマツ林の拡大を助けたのである。そうした過酷な環境は人間によってさらに増幅された。

弥生時代に入ってからは、初期の稲作は微高地の起伏の多い三角州性の扇状地（安田、一九八〇c）が最適地だった。そうした三角州性扇状地は、マサ土を運んでくる急流の河口部につくられた。瀬戸内海沿岸の三角州性の扇状地は、まさに稲作漁撈民には最適の場を提供した。そこは稲作漁撈民の人口密集地帯となった。

図6－24(a)は瀬戸内海沿岸を中心とする弥生時代の鉄器出土地の分布（北九州はぬく）を示した。弥生時代の鉄器の保有数は、北九州に集中していることはすでに述べた（図6－17）。つぎに鉄器が集中して分布するところが瀬戸内海沿岸なのである。鉄器の保有数は森林破壊に極めて大きな影響を持っていた。木器や石器では、照葉樹のカシ類やシイ類の硬い樹木はなかなか伐採できない。鉄器の有無が大規模な照葉樹林の開発を可能にし、硬い照葉樹帯の木器の加工も可能にした。

瀬戸内海沿岸は古くから造船技術に秀でた海洋民が活躍する場所でもあった。大きな波の立たない内海は、航海に最適だった。そのため船材としてクスノキが大量に伐採された。

弥生時代中期に備讃瀬戸ではじまったと言われる土器製塩は、古墳時代には瀬戸内海全域に拡大した。以後、近代に化学製塩が普及するまでは、瀬戸内海沿岸は人間をはじめ哺乳動物が生きるためにはなくてはならない塩の一大生産地となった。この製塩のために海水を濃縮する過程で、大量の薪が燃料として消費された（図6‐24(b)・(c)、図6‐25(a)）。

五世紀の中頃以降にはじまる須恵器の生産は、還元焔焼成による窯業の普及の中で行われた。古墳時代の須恵器生産の窯址は、瀬戸内海沿岸に集中している

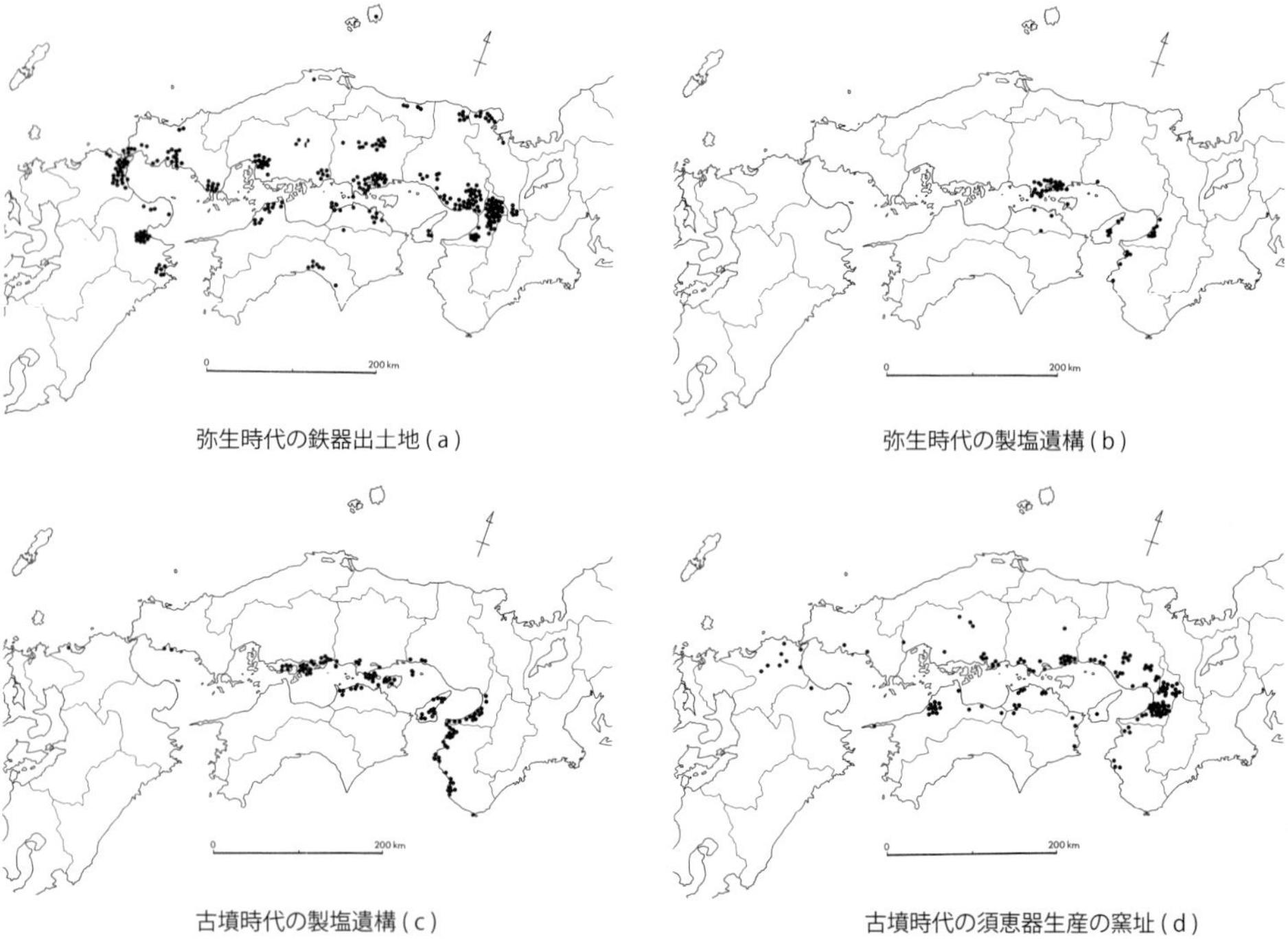

図 6-24　瀬戸内海沿岸を中心とする弥生時代の鉄器出土地 (a)，弥生時代の製塩遺構 (b)，古墳時代の製塩遺構 (c)，古墳時代の須恵器生産の窯址 (d) の分布

ただし (a) については北九州はぬいている．（原図 安田喜憲）

（図６－24(d)）。アカマツはその還元焔焼成の燃料としても最適だった。

さらに奈良時代に入ると巨大な宮殿や寺院建築が建てられ、その大量の屋根瓦を生産する瓦窯も、やはり瀬戸内海沿岸に集中してつくられた。その伝統は奈良時代～平安時代になっても受け継がれた（図６－25(a)～(d)）。

山火事植生としてのアカマツ林

このように瀬戸内海沿岸の森は、古来より人間による激しい収奪を繰り返し受けてきた。そうした人間による収奪の中でやっと生き残ることができたのは、アカマツ林だったのである（安田、一九八四）。

さらに、こうした人間による故意の収奪以外に、人間の不注意が森の再生を不可能にした。

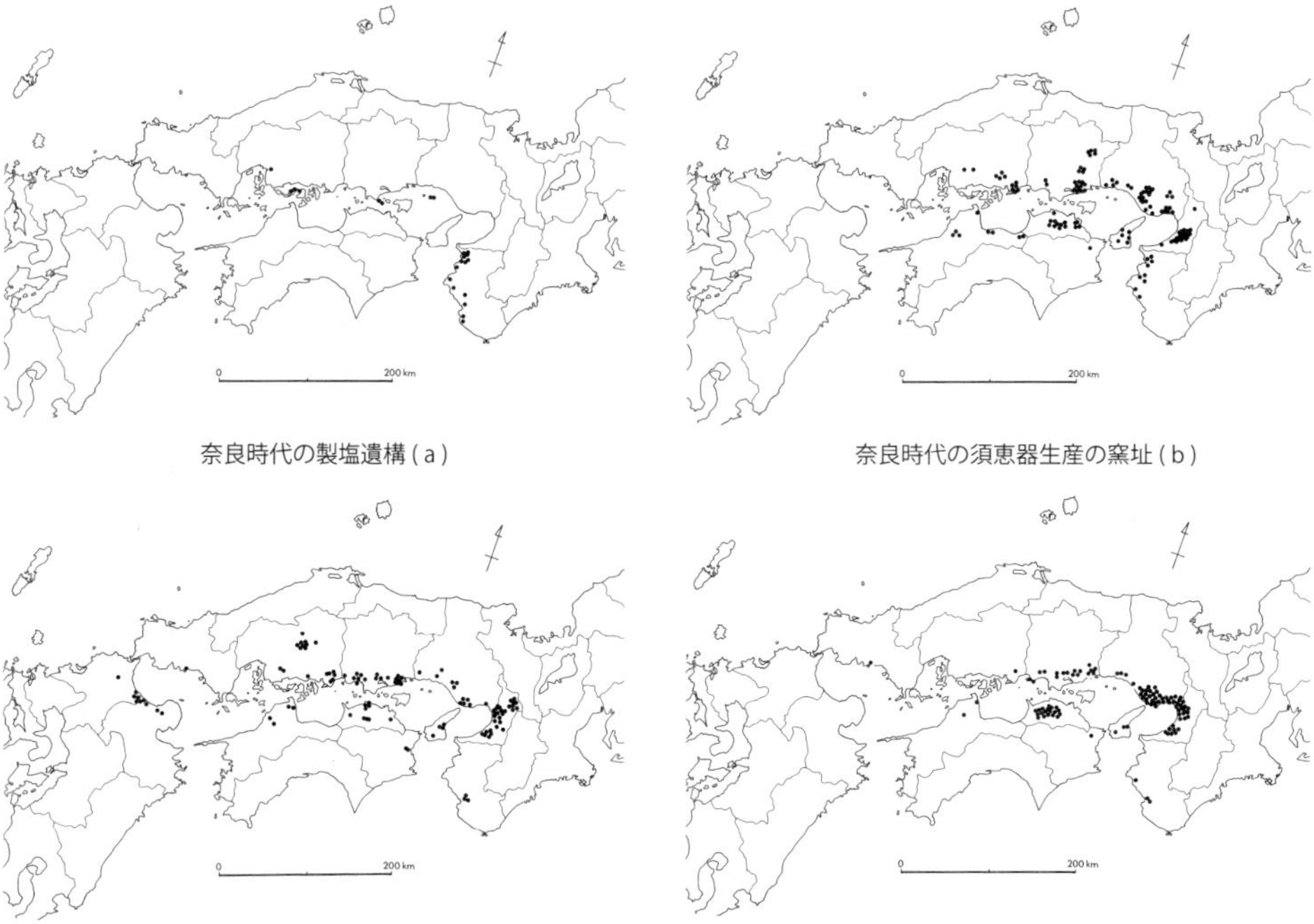

奈良時代の製塩遺構（a）　奈良時代の須恵器生産の窯址（b）
奈良時代の瓦窯址（c）　平安時代の瓦窯址（d）

図 6-25　瀬戸内海沿岸を中心とする奈良時代の製塩遺構 (a)，奈良時代の須恵器生産の窯跡 (b)，奈良時代の瓦窯跡 (c)，平安時代の瓦窯跡 (d) の分布
（原図 安田喜憲）

知念民雄氏・堀 信行氏（知念・堀、一九八二）は中国新聞（一九六九〜七二）と広島県総務部消防防災課資料（一九七三〜七八）に基づき広島県の山火事の分布を明らかにした（図6-26）。広島県の一九六九〜一九七八年間の焼失面積一〇ヘクタール以上の山火事の分布を見ると、山火事は瀬戸内海沿岸と島嶼部に多発しているのがわかる。その多発域は福岡義隆氏（福岡、一九八一）が明らかにした可能蒸発散量八〇〇ミリ以上の所に相当する。この事実からも、瀬戸内海沿岸に山火事が多発する原因には、瀬戸内海沿岸の乾燥気候が大きくかかわっていることがわかる。しかし、山火事の直接の原因は火の不始末や枯草焼きなど人間の不注意である。

図6-26には豊原源太郎氏（豊原、一九八一）による沿岸型アカマツ林（アカマツ—アラカシ群集）と内陸型アカマツ林の分布を、山火事の分布と対応させて示した。沿岸型のアカマツ林は山火事の多発地域に大略対応して分布していることがわかる。コシダ、シャシャンボ、クロキ、ナナメノキを標徴種とする沿岸型のアカマツ—アラカシ群集の形成には、多発する山火事に適応したが山火事植生

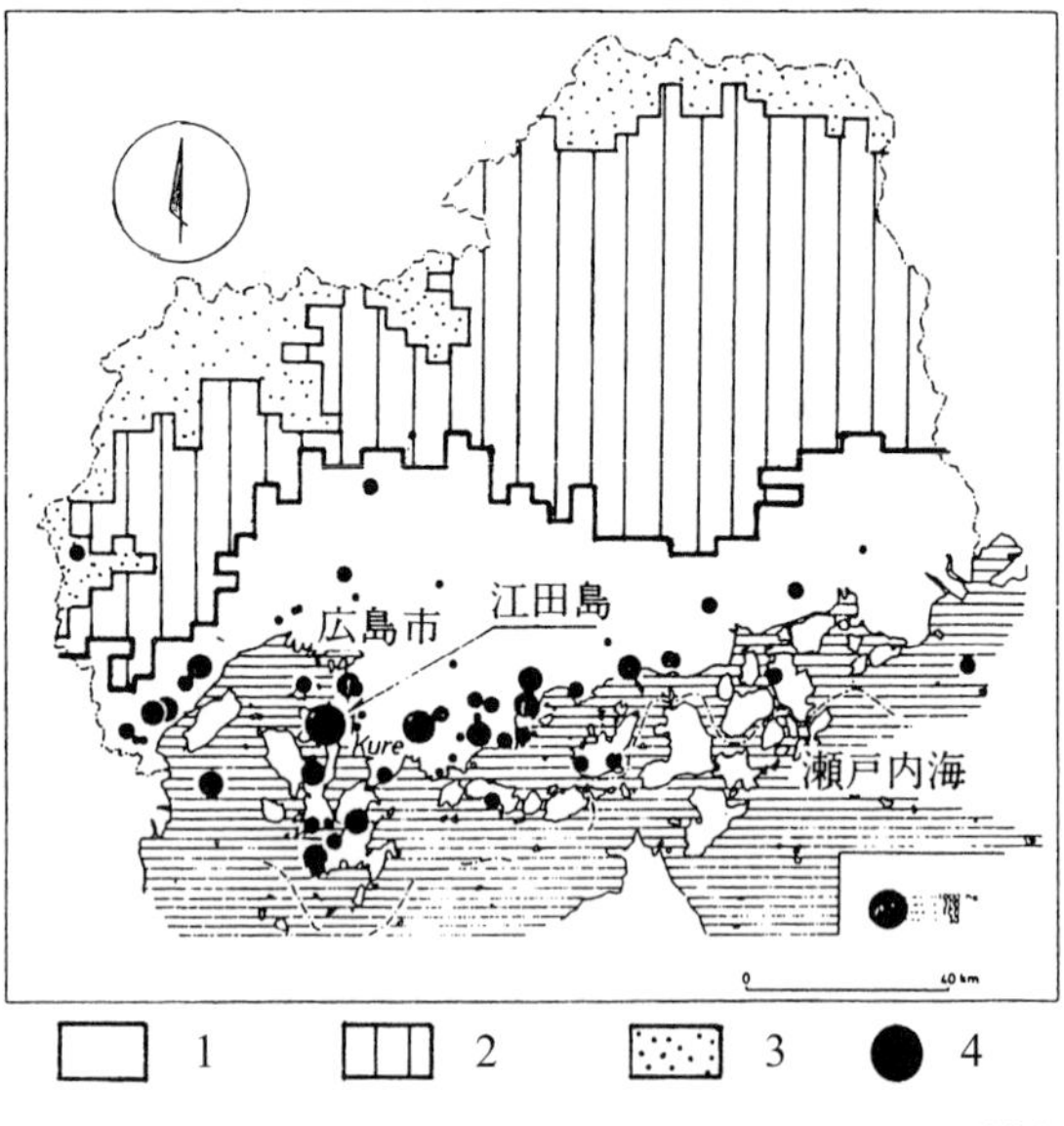

1　沿岸型アカマツ林（アカマツ—アラカシ群集）
2　内陸型アカマツ林（アカマツ—シラカシ群集）
3　落葉広葉樹林
4　山火事による焼失面積（●印が大きいほど，焼失面積が大きい）

図 6-26　広島県の山火事の分布と沿岸型アカマツ林と内陸型アカマツ林の分布

（山火事の分布は知念・堀, 1982，アカマツ林の分布は豊原, 1981，安田, 1988）

であることが深くかかわっていたのである。

このように山火事が瀬戸内海沿岸で多発することも、アカマツ以外の樹木の生育を困難にしていた要因であった（安田、一九八八）。瀬戸内海沿岸の人々は、こうしたアカマツ林を利用し、アカマツ林と共生する特色ある地域システムを構築してきたのである。

第六章の引用文献

・石原博信ほか『箸墓古墳』学生社　二〇一五年
・大阪文化財センター編『瓜生堂』大阪府教育委員会　一九八〇年
・梅原 猛・安田喜憲編『縄文文明の発見』ＰＨＰ　一九九五年
・小椋純一『森と草原の歴史』古今書院　二〇一二年
・川村智子「東北地方における湿原堆積物の花粉分析的研究」『第四紀研究』一八　一九七九年
・佐々木高明『縄文文化と日本人』講談社学術文庫　二〇〇一年
・千田稔『王権の海』角川選書　一九九八年
・古環境研究会「大園遺跡及びその周辺部における完新世後期の環境復原」『大薗遺跡―助松地区第一次発掘調査報告書』豊中古池遺跡調査会　一九七九年
・白石太一郎・鈴木靖民・寺澤 薫・森 公章・上野 誠『纒向《まきむく》発見と邪馬台国の全貌』KADOKAWA　二〇一六年
・知念民雄・堀 信行「江田島山火跡地における斜面侵食プロセスの観測」広島大学総合科学部紀要　Ⅳ―八　一九八二年
・千葉徳爾『はげ山の文化』学生社　一九七三年
・張増祺『晋寧石寨山』雲南美術出版社　一九九八年
・辻 誠一郎「秋田県の低地における完新世後半の花粉群集」東北地理　三三　一九八一年
・豊原源太郎「広島県における沿岸型と内陸型のアカマツ林の境界について」*Hikobia* Suppl 1（鈴木兵二博士退官記念論文集）　一九八一年
・中尾佐助「半栽培という段階について」ドルメン　一三　一九七七年
・中堀謙二「深泥池の花粉分析」『深泥池の自然と人』京都市　一九八一年
・中村 純「北海道第四紀堆積物の花粉分析学的研究Ⅴ」高知大学学術研究報告　一七　一九六八年
・中村 純「板付遺跡の花粉分析学的研究」福岡市埋蔵文化財調査報告書　三五　一九七六年
・中村 純「花粉分析による稲作史の研究」『自然科学の手法による遺跡・古文化財等の研究』文部科学省科学研究費特定研

究総括班　一九八〇年
・那須孝悌・山内文「縄文後期・晩期低湿地性遺跡における古植生の復元」『自然科学の手法による遺跡・古文化財等の研究』
「古文化財」文部科学省科学研究費特定研究総括班　一九八〇年
・西川 治監修『アトラス日本列島の環境変化』朝倉書店　一九九五年
・西田正規「須恵生産の燃料について」大阪府文化財調査報告　三〇　一九七六年
・西永堅・永翁一代・白鳥絢也・森川和子「生きもの多様性とインクルージョン教育」『共生科学』第七巻　二〇一六年
・原 秀禎「古代の「古市大溝」に関する地理学的研究」人文地理　三一　一九七九年
・三好教夫・波田善夫「中国地方の湿原堆積物の花粉分析学的研究Ⅰ」第四紀研究　一四　一九七五年
・福岡義隆「広島県の水収支特性と溜池分布との関係」水温の研究　二五　一九八一年
・松岡数充・金原正明「完新世奈良盆地の自然史」『古文化財教育研究報告』　六　一九七七年
・森 勇一『ムシの考古学　増補改訂版』雄山閣　二〇一六年
・森 勇一『続 ムシの考古学』雄山閣　二〇一六年
・安田喜憲「宮城県多賀城址の泥炭の花粉学的研究」第四紀研究　一二　一九七三年
・安田喜憲「倭国乱期の自然環境」考古学研究二三　一九七七年
・安田喜憲「大阪府河内平野における過去一万三千年間の植生変遷と古地理」第四紀研究一六　一九七八a年
・安田喜憲「鳥取県青木遺跡H跡地区水田部泥土の花粉分析」『青木遺跡調査報告Ⅲ』鳥取県教育委員会　一九七八b年
・安田喜憲「三重県津市納所遺跡の泥土の花粉分析的研究」『納所遺跡』三重県教育委員会　一九七九年
・安田喜憲「大阪府恩智遺跡周辺の古環境の復元」『恩智遺跡』東大阪市瓜生堂遺跡調査会　一九八〇a年
・安田喜憲「宮城県多賀城跡の泥土の花粉分析Ⅱ」『宮城県多賀城跡調査研究所年報一九七九』　一九八〇b年
・安田喜憲『環境考古学事始』NHKブックス　一九八〇c年
・安田喜憲「瓜生堂遺跡の泥土の花粉分析Ⅱ」『瓜生堂』大阪文化財センター　一九八〇d年
・安田喜憲「大阪府鬼虎川遺跡の泥土の花粉分析」『鬼虎川遺跡』東大阪市国道三〇八号線遺跡調査会　一九八一a年
・安田喜憲「大阪府八尾南遺跡の泥土の花粉分析」『八尾南遺跡』八尾市八尾南遺跡調査会　一九八一b年
・安田喜憲「気候変動」、加藤・小林・藤本編『縄文文化の研究　Ⅰ』雄山閣　一九八二a年
・安田喜憲「瓜生堂・巨摩廃寺遺跡の泥土の花粉分析」『巨摩・瓜生堂』大阪文化財センター　一九八二b年
・安田喜憲「大阪府若江北遺跡Aトレンチ北壁の花粉分析」『若江北』大阪文化財センター一九八三a年
・安田喜憲「西大井遺跡の泥土の花粉分析」『西大井遺跡第三次発掘調査概要』大阪府教育委員会　一九八三b年
・安田喜憲「静岡県有東遺跡の泥土の花粉分析」『有東遺跡Ⅰ』静岡県教育委員会　一九八三c年
・安田喜憲「森の文化―生態史的日本論」『現代思想』七　一九八四年
・安田喜憲「佐賀県安永田遺跡の古環境をめぐって」『安永田遺跡』鳥栖市教育委員会　一九八五年
・安田喜憲「静岡県川合遺跡の泥土の花粉分析」『川合遺跡』静岡県教育委員会　一九八六a年

・安田喜憲「吉河遺跡の花粉分析」『吉河遺跡発掘調査概報』福井県教育庁埋蔵文化財センター　一九八六ｂ年
・安田喜憲「大阪府城山遺跡の泥土の花粉分析」『城山その三』大阪文化財センター　一九八七ａ年
・安田喜憲「河内平野の古環境復元に関する諸問題」『河内平野遺跡群の動態Ⅰ』大阪文化財センター　一九八七ｂ年
・安田喜憲「山火事が植生に及ぼす影響について」地理科学　四三　一九八八年
・安田喜憲『気候と文明の盛衰』朝倉書店　一九九〇ａ年
・安田喜憲「静岡県川合遺跡の泥土の花粉分析」『静岡県埋蔵文化財調査研究所報告』第二五集　一九九〇ｂ年
・安田喜憲『日本文化の風土』朝倉書店　一九九二年
・安田喜憲『森を守る文明・支配する文明』ＰＨＰ新書　一九九七年
・安田喜憲『日本よ森の環境国家たれ』中公叢書　二〇〇二年
・安田喜憲『稲作漁撈文明』雄山閣　二〇〇九ａ年
・安田喜憲「気候変動と現代文明：年縞と文明史」池谷和信編『地球環境史からの問い』岩波書店　二〇〇九ｂ年
・安田喜憲『環境考古学への道』ミネルヴァ書房　二〇一三年
・安田喜憲『環境文明論』論創社　二〇一六年
・安田喜憲・塚田松雄・金尊敏・李相泰・任良宰「韓国における環境変遷史と農耕の起源」文部省海外学術調査『韓国における環境変遷史』広島大学総合科学部　一九七八年
・安田喜憲・三寺光雄ほか「自然教育園の泥土の花粉分析的研究Ⅰ」自然教育園報告　一一　一九八〇年
・安田喜憲・山田治「広島県亀山遺跡の古環境復元」『亀山遺跡』広島県埋蔵文化財センター　一九八六年
・山野井徹・佐藤牧子「亀ヶ岡遺跡の花粉分析」、『青森県郷土館調査報告書　亀ヶ岡石器時代遺跡』一九八四年
・Hallmann C. *et al*.: Declines in insectivorous bird are associated with high neonicotinoid concentrations. *Nature*, 511, 341-343, 2014
・Hatanaka, K.: Palynological studies on the vegetational succession since the Würm glacial age on Kyushu and adjacent areas. *Jour. Fac. Literature, Kitakyushu Univ.,* 18, 29-71, 1985
・Kitagawa, J. and Yasuda, Y.: The influence of climatic change on chestnut and horse chestnut preservation around Jomon sites in Northeastern Japan with special reference to the Sannai-Maruyama and Kamegaoka sites. *Quaternary International,* 123-125, 89-103, 2004
・Kitagawa, J. *et al*.: Understanding the human impact on Akitasugi ceder (*Cryptomeria japonica*) forest in the late Holocene through pollen analysis of annually laminated sediments from Ichino Megata, Akita, Japan. *Vegetation History and Archaeobotany,* DOI 10, 1007/s 00334-016-0570-2, 2016
・Mori,Y. : Palaeoenvironment of the areas surrounding the Angkor Thom moat inferred from Entomological analysis. in Yasuda, Y. (ed.) : *Water Cilvilization; from Yangtze to Khmer Civilizations*. Springer, Heidelberg, 383-404, 2012
・Toyohara, G.: A phytosociological study and tentative draft on vegetation mapping of the secondary forest in Hiroshima Prefecture with special reference to pine forest. *J. Sci. Hiroshima Univ., Ser. B, Div.2,* 19: 131-170, 1984

・Yamanaka, M.: Palynological studies of Quaternary sediments in northeast Japan IV. *Ecological Review,* 19, 113-121, 1979

・Yan Wenming: Contributions of the origin of rice agriculture in China. *YRCP Newsletter,* 1-1, 6-8, 1998

・Yasuda, Y.: Influence of prehistoric and historic man on Japanese vegetation. Research Related to the UNESCO's Man and Biosphere Program in Japan, 1981-1982. 35-47,1983

・Yasuda, Y.: *The Origins of Pottery and Agriculture.* Lustre Press and Roli Books, Delhi, 2002

・Yasuda, Y. (ed.) : *Water Civilization; from Yangtze to Khmer Civilizations.* Springer, Heidelberg, 477pp., 2012

・Yasuda,Y., Nasu,H., Fujiki,T., Yamada,K., Kitagawa,J., Gotanda,K., Toyama,S., Okuno,M., Mori,Y.: Climate deterioration and Angkor's demise. in Yasuda, Y. (ed.) *Water Civilization: from Yangtze to Khmer Civilizations.* Springer Heiderberg, Tokyo, 331-362, 2012

あとがき

人は努力すれば自分を真に理解してくれる人に出会える

保柳睦美先生は一九七六年に名著『シルクロード地帯の自然の変遷』（古今書院）を刊行された。その本の書き出しに保柳先生は「私は満七〇歳になった。これから新しい研究など望めそうもない。そこで現在の私に、何ができるかを考えた。そして差し当たり思いついたことは、戦前からやっていた中国の地理学的研究のうち、いくつかのものをまとめて残しておくことである。」と指摘されている。保柳先生が注目されたシルクロードを中心とする中央アジアの探検は、地理学の栄光と重なっていた。列強の地理学者によって中央アジアの探検が次々と実施されたのは二〇世紀初頭のことであった。スウェーデンの地理学者スウェン・ヘディン、イギリスの地理学者オーレル・スタイン、フランスの地理学者　ポール・ペリオそして日本の大谷光瑞。こうした地理学者の探検が、人々に夢とロマンを掻き立て、人々の注目を浴び、地理学がもっとも輝いた時代だった。地理学の黄金時代を代表するもの、それは中央アジアの探検であった。

私はもともと地理学を専攻し、地理学の研究者になることを目指した。学生時代、保柳睦美先生はあこがれの先生だった。そしてスウェン・ヘディンのように自分も、シルクロード地帯の自然の変遷と文明の興亡を、いつかは解明してみたいという夢をもっていた。

だが広島大学総合科学部の地理学教室の助手として在職中に、実に三六回も地理学教室の公募に応募したが、それらはことごとくダメであった。

よく言えば「私の目指した地理学は、これまでの地理学の枠に収まらないものであったため、地理学者からはなかなか理解されなかった」と言いたいが、けっきょくは私のキャラが地理学者には好かれなかったのであろう。もちろん地理学会を追放されたわけではない。

その後私は、梅原猛先生に救われて国際日本文化研究センターに奉職することができ、めぐまれた研究環境の中で、世界の古代文明の興亡の地に出かけ、環境変動と文明の興亡を調査する機会にめぐまれた。そして地理学に代わって環境考古学という新たな学問分野を体系化することもできた（詳しくは安田喜憲『環境考古学への道』ミネルヴァ書房、二〇一三年）。そのうえ京セラ株式会社稲盛和夫先生にもお会いでき、身近でご指導いただくこともできた。人は努力すれば、いつかは自分を真に理解してくれる人に出会うことができるものである。

改革開放以前に保柳睦美先生が、文献資料をたよりに最新の中国情報を探求されたのとは異なり、直接中国に出かけ長江文明の学術調査を実施することさえできた。保柳先生がご存命であれば、近年の目覚ましい中国の経済発展とともに、日本の学問の発展にも目をかがやかされたことであろう。

私はどこかの大学の地理学教室を主宰する教授にはなれなかったが、今にして思うと、小さな地理学教室の講座を運営するよりは、はるかに自由な研究生活を送ることができた。もちろん、その間にあっても地理学を忘れたことは一度もない。その地理学への思いを体系化したのが『朝倉世界地理講座―大地と人間の物語―全一五巻』（朝倉書店二〇〇七年―刊行中）である。地理学者は言うにおよばず、考古学者から歴史学者、文化人類学者や経済学者そして生物学者や農学者にいたるまで、総勢五〇〇名以上の著者による地理学を全世界にわたって体系化した大部の講座である。地理学教室の諸先生方も、表立ってはおっしゃらないが、研究室には買い揃えてくださっているのではないかと勝手に自画自賛している。なぜなら本講座は、各巻が一万六〇〇〇円以上もする大部の書物であるにもかかわらず、これまでに刊行したほとんどが再版になったからである。ありがたいことである。自分で言うのもなんだが、世間の人々に、「地理学とはこんなに魅力ある学問だったのか」ということを知らしめる上で、大きく貢献していると思う。

なぜ地理学は衰退したのか？

しかし、私が地理学者になろうと孤軍奮闘していた時から四〇年以上が過ぎ去った現在、あこがれていた地理学会の現状はかならずしも、もろ手を挙げて賛同できる状況ではない。私が保柳睦美先生やもう一人の地理学者鈴木秀夫先生にあこがれて、地理学者になることを目指していた時代にくらべて、現在の地理学会は、はっきり言って低迷しているのではあるまいか。

「いったいどうしたの？」と私は問いかけたい気持ちでいっぱいである。まるでかつてあこがれていた恋人にひさしぶりにめぐり会ったら、その恋人が哀しみに打ちひしがれた老婆になっていたような気持である。「なぜ日本の地理学会はこんなに低迷しているのか。どこで何を間違ったのか」。地理学者として評価されようと思っても評価されなかった私にとって、それは釈然としない思いである。「なぜ地理学は衰退したのか？」それは自然と人間の関係の科学としての地理学を切り捨ててきたためではないかと私は指摘したい。

戦後日本の地理学は、保柳睦美先生や鈴木秀夫先生が目指された自然と人間の関係の研究を地理学の課題から切り捨て、スウェン・ヘディンや大谷光瑞のような冒険心と探検心を失った。こともあろうに地理学の本流の研究を地理学の添え物にした。それは地理学者として歩もうとして果たせなかった、私の人生とも二重写しになっている。

今や「自然と人間の関係の研究」は文理融合を目指す学問分野にとって、きわめて魅惑的な垂涎の課題となっている。地理学は文理融合の科学として、リッター以来、自然と人間の関係の科学であることを目指してきた。ところがこともあろうに戦後日本の地理学者たちは、その地理学のすばらしい課題を投げ捨ててきたのである。現在における地理学の衰退の原因は、冒険心と探検心を失った地理学者が、自然と人間の関係の科学としての側面を切り捨ててきたところにあるのではないか。

地理学者になろうと思ってもなれなかった私から見れば、その間違った方向性の選択が、地理学を衰退させる根本原因だったように見える。地理学を学説史的視点から見たとき、第二次世界大戦後の日本の地理学をリードされた諸先生方は、日本の地理学が衰亡するという時代の潮流と歩を一にされていたのではあるまいか。

この衰亡した地理学を復権させるためには、自然と人間の関係の科学としての地理学を復権し、地理学者にもう一度、冒険心と探検心を甦らせるしかないと私は思うのである。

文理融合の新たな学問

二〇一二年三月に私は国際日本文化研究センターを定年退職し、東北大学大学院環境科学研究科教授として奉職することになった。東北大学大学院環境科学研究科は、全国の環境科学専攻のなかでも環境技術の研究において抜きん出た成果を出していた。しかもその研究のモットーが文理融合だった。それこそまさに私が長年目指してきた研究課題にほかならなかった。

学生時代に、仙台市青葉山の東北大学理学部地理学教室で過ごした年月は、私にとってはいちばん思い出深いものである。今、青葉山の地に戻って、「ここではこんなことがあったなあ」「あそこではこんなこともあったなあ」となつかしい青春時代の一コマを思い出すとともに、月日のたつ速さがあまりに早いことを実感する。青春時代にやりたいと思っていたことの十分の一も果たせなかった自分を発見する。

「光陰矢のごとし。少年老い易く、学成り難し。」とはよく言ったものである。一人の人間が一生でなせることは限られる。地理学を学び地理学者を目指した若い頃の思い出の地に帰って、やはり自然と人間の関係の地理学・文理融合の科学の一例として一冊本を残すべきであると考えるようになった。

私もいつしか保柳睦美先生が『シルクロード地帯の自然の変遷』を著された年齢になってしまった。私が地理学の研究者になろうとして歩んだ足跡を、どこかに残しておきたいとも思った。現代の地理学者には評価されなくとも、未来を担う若者の中には、私の地理学に共鳴してくれる人が出てくるかもしれない。もちろんこの本が現代の地理学者に読んでいただけるかどうかさえまったくわからない。むしろ「生意気なことを言うな」とまたおしかりを受けるかもしれない。

地理学者になることを目指していた頃に、私はよくおしかりを受けた。それらの先生方が、当時の地理学の在り方に疑問をはさまれる余地は微塵もなかった。生意気にも「地理学の方向性が間違っている」と指摘する助手という底辺の身分にある私は、これらの先生方にとっては、鼻持ちならない存在だったにちがいない。今になって思うと、「わがままな私を学問の世界から抹殺することなく、よく我慢してくださった」と感謝しているが、そうしたおしかりを言ってくださった大恩ある諸先生方も、もう住む世界が異なる黄泉の国に旅立たれた。

若者は未来を創造しているのである。その若者の意見を聞かず、優秀な若者の能力を地理学の発展に生かせなかった結果が、今日の日本の地理学の衰退の姿なのではあるまいか。戦後日本の地理学者には「人と未来を見通す目」がなかったと言わざるを得ない。

今重要なことは、これから日本の未来を担う若者たちに、新しい未来の地理学の在り方の一つの方向性を示唆することである。私が果たそうとしても果たし得なかった地理学を述べることは、未来の地理学を創造することでもある。私の労苦の足跡もまた、これからの地理学の発展のなにかの材料になるだろう。いかなる分野にあっても、焦点は後継者の育成にある。

地球環境史ミュージアムの挑戦

私は今、川勝平太静岡県知事の下に設立された「ふじのくに地球環境史ミュージアム」(自然系)と「ふじのくに富士山世界遺産センター」(仮称：人文社会系)を日本の文理融合の科学の拠点とすべく取り組んでいる。

しかし、戦後七〇年、縦割り行政や自然科学と人文社会科学の分割になれた人々の理解を得ることはなかなか困難である。それでも、その困難にめげることなく夢の実現に向かって取り組んでいる。ただ二〇一五年七月に文部科学省は「国立大学を工学部・医学部の技術系を中心として再編成」するという方針を発表した。理工系というより技術重視のこの方針は、地方の国立大学を窮地に陥れている。困った地方の国立大学は、人文社会系を環境や地域の合言葉の下に組み込み、文理融合の再編成をはじめた。しかし、文理融合は理工系と人文社会系が一緒になったからといって直ちにできるものではない。本当に文理融合の学を構築するのだという研究者の熱い思いがない限り、文理融合の学はなかなかできない。

工学や医学の先進技術を生み出すためには、深遠な哲学的思考が必要不可欠である。アメリカやイギリスの先進国ではこのことを十分に理解し、技術の背景となる哲学や思想の研究教育に熱心である。哲学や思想のない技術の暴走が、原爆を生んだ。同じことがこれからも繰り返されるだろう。

私が東北大学大学院環境科学研究科の学生に対して教えた体験からも、そのことははっきり言える。工学部主体の学生はほとんど哲学や思想の勉強をしていなかった。私が主張したいのは「右手に技術、左手に思想と哲学」を持ってこそ、一人前と言えるということだった。

文理融合はいよいよ正念場を迎えたと言えるだろう。

森の文明史の研究

はっきり言えることは、私が自然と人間の関係の科学としての地理学を遂行するうえで、森を選んだことは、良かったということである。それはくじけそうになる自分の気持ちを奮い立たせる意味でも良かった。

周囲の誰一人として認めてくれない自分の研究、地理学教室で一五年近くも助手をしている研究環境。そんな境遇の中で、時にはくじけそうになる自分の気持ちを鼓舞してくれたのは、東北のブナの森だった。私は東北のブナの森のなかにたたずみ、森のささやきを聞いて、生きる力を得てきた。ブナの森が私を優しく包みこみ、ずたずたになった心を修復してくれた。だから終の棲家も東北の地に建てようと決めたのである。東北のブナの森はまた妻の森でもあった。私を支えてくれた妻恵子と子供達家族に深く感謝したい。

そこで、これまで日本の森について書いた論文を集めて一冊の本としたのが本書である。私が探検してきたのは森だった。「森の文明史」こそ、私がめざそうとした自然と人間の関係の科学としての地理学だった。その森の重要性に目覚めたのも杜の都仙台に来てからであった。

本当にひさしぶりに、地理学の重要性を再認識する契機をつくってくださった石田秀輝東北大学名誉教授、平川新東北大学防災科学国際研究所所長（現、宮城学院女子大学学長）、新妻弘明東北大学名誉教授をはじめ、多くの方々に感謝したい。またさまざまなご支援をいただいている岸本吉生中小企業庁長官官房中小企業政策総括調整官、中井徳太郎大臣官房廃棄物・リサイクル対策部長、中山厚前国税庁国税不服審判所次長、清水昭葛西昌医会病院院長、吉澤保幸場所文化フォーラム名誉理事、谷家衛あすかアセットマネジメント株式会社社長、篠上雄彦日本検査キューエイ株式会社部長、竹林征雄アミタホールディング株式会社社外取締役、谷口正次環境・資源ジャーナリスト、秦陽一王子製紙株式会社元副社長、椎川忍地域活性化センター理事長、塩谷宗之真和総合法律事務所弁護士、長野麻子農林水産省大臣官房報導室長、村山茂樹日刊工業新聞編集委員をはじめ、「ものづくり生命文明研究会」の皆様に厚くお礼申し上げたい。

なお本書では、お世話になった方々を実名で記載したことをお許しいただきたい。地球温暖化が進行し、巨大な災害が多発し、民族移動と核戦争・地球環境の破壊の危機に直面する二一世紀初頭に、日本の未来と人類の未来に責任のある方々が、何を考え、どのような行動を選択されたかの記録を残しておくことも、また重要であると考えたからである。

佐々木高明先生

二〇一二年三月、佐々木高明先生は国際日本文化研究センターの私の退職記念講演会に出席してくださった。京都から仙台に拠点を移すご挨拶に伺った時にも、佐々木先生はお元気で、今後のこと、私の健康のことをいろいろお気遣いくださった。それから一年であの世に旅立たれるとは。人の世の出会いと別れは、思いもかけない時にやって来るものである。一期一会とはよく言ったものである。もうこの歳になると「またお会いできるから」などと考えることはおこがましいことを知らされた。

佐々木高明先生には、父が他界し苦学生であった私をご自宅に泊めていただいたりしてご指導いただいた。

佐々木高明先生のデビュー作はなんと言っても『稲作以前』(NHKブックス、一九七一年)である。京都大学に提出された博士論文の日本と熱帯の焼畑の実証的研究に基づいて、日本列島には縄文時代以来、農耕が存在したことを指摘されたのである。その農耕は、アワやヒエなどの雑穀やエゴマやヒョウタンなどを栽培する原初的農耕で、焼畑によって行われていたと指摘されたのである。

一九七〇年代当時、縄文人は原始的で狩猟採集にあけくれていたと見なされていた。縄文時代に農耕があったなどとは考古学者は考えもしなかった。強烈な考古学者からの反対意見があったことを思い起こす。しかし、佐々木高明先生のこの仮説はその後、福井県鳥浜貝塚や青森県三内丸山遺跡の発見によって、実証されることになった。

さらに佐々木高明先生は、中尾佐助先生とともに照葉樹林文化論を提唱された。そしてこの縄文時代の焼畑農耕に立脚した時代こそが、照葉樹林文化のクライマックスであるというお考えを提示された(上山春平・佐々木高明・中尾佐助『続・照葉樹林文化』中公新書、一九七六年)。当時は「文化は人間が作るものであり、森の生態系が文化に影響を与えることなどありえない」という西洋的世界観が定説だった。その時代に森の生態系が文化に大きな影響を与えることを、世界ではじめて指摘されたのである。もしノーベル賞にこうした分野があるのなら、それはノーベル文化賞に匹敵する学説である。自然と人間の関係における西洋的な世界観を一八〇度ひっくりかえされたのである。それは東洋人の自然観に立脚した新たな人類文明史・世界史のはじまりだった。

そして佐々木高明『照葉樹林文化の道』（NHKブックス、一九八二年）で、日本文化の基層には南方の文化の影響が色濃く存在することを指摘された。大陸北方の黄河文明との関係において日本文化の展開を論じるのが日本古代史の主流の中で、日本文化は大陸南方の文化とも密接に関係していることを指摘されたのである（佐々木高明『南からの日本文化（上）（下）』NHKブックス　二〇〇三年）。その「日本文化の基層は南方から」という視点は、近年の私たちの「長江文明の発見」（梅原猛・安田喜憲『長江文明の探究』新思索社　二〇〇四年、安田喜憲『稲作漁撈文明』雄山閣　二〇〇九年）によってしだいに実証されつつある。

こんなにお別れが早いのなら、佐々木高明『照葉樹林文化とは何か』中公新書　二〇〇七年の中で討論させていただいた時、もっとおだやかに話すべきであったと悔いが残る。

佐々木高明先生は梅棹忠夫先生とともに、国立民族学博物館の創設に尽力され、二代目館長になられた。佐々木先生も地理学から出発して、民族学・文化人類学へと進まれた。その足跡は、最後の著書となった佐々木高明『日本文化の源流を探る』海青社　二〇一三年に示された著作目録をたどることでもわかる。私も地理学から出発して環境考古学を確立した。もちろん私は佐々木高明先生に及ぶべくもないが、その足跡には、どこか共通した点があるように思う。

それはともに学問の出発点が地理学にあるということである。とりわけ自然と人間の関係の科学としての地理学のものの見方や考え方が、新たな学問を創造する源になっている点である。これから地理学を学ぼうとされる方は、どうかこの自然と人間の関係の科学としての地理学のものの見方を忘れないで大切にしてほしい。それこそが新たな科学あらたな学問を創造する出発点なのである。

地理学から出発され、膨大な著作と論文を残され、世界の文化人類学・民族学・文化地理学の発展に巨大な足跡を残された佐々木高明先生のご指導に深く感謝したい。

今は地理学者自身の本物性が問われているのではあるまいか。未来を見通せる本物の人間、本物の地理学者、本物の天才によってしか、新しい時代は切り開き得ないのである。本書はあくまで地理学の本として執筆したが、DNAの分析結果を論じるにも、本書で述べた花粉分析などの手法による分析結果が、基礎的データとしてますます重要になってきた。

本書が植物分類学や生態学さらには考古学や農学など、他の分野においても必要不可欠の本となることを願っている。地理学者に読んでもらいたいと思うのなら、やはり古今書院で本を刊行しなければいけないと思い、原 光一氏と関 秀明氏に無理なお願いをした。とりわけ関氏にはたいへんなお世話になった。出版不況のおり本書を刊行いただいた古今書院の皆様に厚くお礼申し上げる。福井県里山里海湖研究所の北川淳子主任研究員には^{14}C年代の補正値に関して、岡山理科大学藤木利之専任講師には分類学的知見に関して、データを提供していただき、校正の確認もお願いした。北川氏や藤木氏は花粉分析の未来を担う俊英である。「ふじのくに地球環境史ミュージアム」高山浩司准教授には、スギやブナのDNA分析についての知見で多くの文献の紹介をいただいた。本書作成に際してさまざまなご助力をいただいた関係者各位に末筆ながら記して厚くお礼申し上げたい。

二〇一六年一一月二四日　満七〇歳の誕生日

宮城県名取市の寓居にて

安田 喜憲

初出一覧

第一章　第一節　「列島の自然環境」網野善彦ほか編『岩波講座日本通史　第一巻　日本列島と人類社会』岩波書店、四三～六一頁、一九九三年の一部に加筆修正

第二節～第五節　書き下ろし

第二章　「列島の自然環境」網野善彦ほか編『岩波講座日本通史　第一巻　日本列島と人類社会』岩波書店、六一～八一頁、一九九三年の一部に加筆修正

第三章　「スギと日本人」『日本研究』（国際日本文化研究センター紀要）第四集、四一～一一二頁、一九九一年に加筆修正

第四章　「東西二つのブナ林の自然史と文明」梅原猛ほか『ブナ帯文化』思索社、二九～六三頁、一九八五年のちに『ブナ帯文化　新装版』新思索社、一九九五年に加筆修正

第五章　第一節・第三節・第四節　「縄文時代の環境と生業：花粉分析の結果から」佐々木高明・松山利夫編『畑作文化：縄文農耕論へのアプローチ』日本放送出版協会、二五～六三頁、一九八八年の一部に加筆修正

第二節　書き下ろし

第五節　「三内丸山遺跡が語る縄文のビッグバン」「クリ林が支えた高度な文明」梅原猛・安田喜憲編『縄文文明の発見』ＰＨＰ、一三一～一四一頁、一四六～一五一頁、一九九五年に加筆修正

第六章　書き下ろし

著者紹介

安田 喜憲　やすだ よしのり

1946 年三重県生まれ．東北大学大学院理学研究科修了．理学博士．
広島大学助手，国際日本文化センター教授，東北大学大学院教授などをへて，
現在，ふじのくに地球環境史ミュージアム館長，立命館大学環太平洋文明研究センター長．
スウェーデン王立科学アカデミー会員，紫綬褒章受賞．
主な著書：『森と文明の物語』ちくま新書，『森のこころと文明』NHK 出版，
『森を守る文明・支配する文明』PHP 新書，『東西文明の風土』朝倉書店，
『日本よ森の環境国家たれ』中公叢書，『ミルクを飲まない文明』洋泉社歴史新書
ほか多数．

書　名　**森の日本文明史**

コード　ISBN978-4-7722-8117-1

発行日　2017（平成 29）年 3 月 30 日　初版第 1 刷発行

著　者　**安田喜憲**

発行者　株式会社 古今書院　橋本寿資

印刷所　株式会社 理想社

製本所　渡邉製本 株式会社

発行所　**古今書院**　〒 101-0062 東京都千代田区神田駿河台 2-10

TEL/FAX　03-3291-2757 / 03-3233-0303

振　替　00100-8-35340

ﾎｰﾑﾍﾟｰｼﾞ　http://www.kokon.co.jp/　検印省略・Printed in Japan